从校园到职场

造 价 员
——专业技能入门与精通

第 2 版

张淑芬　王春胜　王　慨　宋宝峰　编著

机械工业出版社

本书根据新颁发的《建设工程工程量清单计价规范》（GB 50500—2013）及全国统一定额（包括土建、装饰装修、设备安装）等编写而成。主要内容包括工程造价的基础知识、工程定额的基本理论及其使用、工程计量的基本理论及方法和工程计价软件的应用。书中既涵盖基础知识，又有一定的深度和广度。在编写过程中本着实用性的原则，图文并茂，深入浅出，简单易懂，同时配有手工算量及软件算量、组价实例。本书可指导初学者快速入门。

本书可供现场施工技术人员、管理人员和相关专业大中专院校师生参考使用。

图书在版编目（CIP）数据

造价员：专业技能入门与精通/张淑芬等编著. —2 版.
—北京：机械工业出版社，2013.9（2016.9重印）
（从校园到职场）
ISBN 978 – 7 – 111 – 43738 – 3

Ⅰ.①造… Ⅱ.①张… Ⅲ.①建筑造价管理 – 基本知识 Ⅳ.①TU723.3

中国版本图书馆 CIP 数据核字（2013）第 196981 号

机械工业出版社（北京市百万庄大街 22 号 邮政编码 100037）
策划编辑：张 晶 责任编辑：张 晶 责任校对：程俊巧
封面设计：路恩中 责任印制：常天培
北京京丰印刷厂印刷
2016 年 9 月第 2 版·第 4 次印刷
184mm×260mm·23.25 印张·1 插页·605 千字
标准书号：ISBN 978 – 7 – 111 – 43738 – 3
定价：48.00 元

凡购本书，如有缺页、倒页、脱页，由本社发行部调换
电话服务 网络服务
服务咨询热线：010 – 88361066 机工官网：www.cmpbook.com
读者购书热线：010 – 68326294 机工官博：weibo.com/cmp1952
010 – 88379203 金 书 网：www.golden – book.com
封面无防伪标均为盗版 教育服务网：www.cmpedu.com

出 版 说 明

近年来伴随着国民经济的快速发展，建筑行业的规模越来越大，需要大批的建筑工程技术人才。虽然高等教育机构每年向社会输送大量的学生，但是许多大学生专业理论不扎实、缺乏实践能力，导致就业后不能够很好地胜任工作。因此，针对初始建筑工程技术人员的迫切需求，我们策划了建筑工程技术入门系列指导丛书，包括施工技术系列用书、工程设计系列用书两大类。本系列图书为施工技术入门指导用书。

对于初始施工技术人员来说，工程施工是一项比较复杂的工作，不仅要具备扎实的理论基础，还要有丰富的实践经验。本丛书就是为他们准备的一把钥匙，帮助他们掌握施工基础知识、施工原理、施工要点等关键内容，以期在最短时间内适应工作岗位。

本系列图书包括：《安全员——专业技能入门与精通》、《质量员——专业技能入门与精通》、《造价员——专业技能入门与精通》、《材料员——专业技能入门与精通》、《施工员——专业技能入门与精通》、《资料员——专业技能入门与精通》、《测量员——专业技能入门与精通》、《试验员——专业技能入门与精通》、《机械员——专业技能入门与精通》、《现场电工——专业技能入门与精通》。

本系列丛书的内容特点概括如下：

1. 实用性

本系列丛书的内容按照实际工程的施工思路进行编写，每本书由施工基础知识、施工原理、施工要点、工程实例等内容组成。通过将以上内容有机结合，结合现行规范、规程、标准等，可以使初始施工技术人员快速地熟悉各工作岗位的工作内容与要求，并且掌握工作技巧。

2. 创新性

本系列丛书作者由具有丰富教学经验的教师与具有多年工程实践经验的技术人员组成。丛书紧密结合规范与工程实际，可以使初始施工技术人员掌握施工要领。

在书稿的编写过程当中，征求了多方工程相关人员的意见和建议，作了若干次修改，衷心期待本书能够为刚走上工作岗位的施工技术人员掌握建筑工程施工技能起到积极的推动作用。

前　言

近年来，随着我国经济建设的快速发展，我国工程造价行业的改革不断深化，2003 年，国家住房和城乡建设部颁布了《建设工程工程量清单计价规范》（GB 50500—2003），我国工程造价领域开始实行工程量清单计价，这是我国工程造价计价方式适应社会主义市场经济发展的一次重大改革。2008 年，《建设工程工程量清单计价规范》（GB 50500—2008）颁布，总结了工程量清单计价规范实施以来的经验，针对执行中存在的问题作了修订，同时增加了采用工程量清单计价如何编制工程量清单和招标控制价、投标报价、合同价款约定以及工程计量与价款支付、工程计价争议处理等内容，使工程量清单计价更加完善、规范，同时也使工程量清单计价方式在我国工程造价领域得到了广泛应用。现在，2013 版计价规范也于 2013 年 4 月 1 日实行。随着我国加入世界贸易组织和建筑业市场化、国际化，工程造价行业面临的竞争越来越激烈，工程造价人员需要掌握国际上通用的计价方式，这就要求工程造价从业人员提高自身素质，不断学习以适应这种新的计价方式。

建筑工程造价人员的工作是对工程造价进行合理确定和有效控制，不断提高建设行业的工程造价管理水平。本书根据新颁发的《建设工程工程量清单计价规范》（GB 50500—2013）及全国统一定额（包括土建、装饰装修、设备安装），并且依据行业对工程造价专业人员资格能力的要求等编写而成。目的是为了使工程管理、工程造价管理、土木工程等相关专业从业人员尽快地胜任工作。

本书既涵盖基础知识，又有一定的深度和广度。在编写过程中本着实用的原则，系统地介绍了工程造价的基础知识、工程识图的相关知识、工程建设定额的基本理论及应用、工程建设费用的构成及计算方法，强化了工程量计算的基本方法并配有相关实例，同时把清单算量与定额算量结合起来通过实例进行对比计算，使读者能够更加直观、具体地体会到它们之间的区别与联系，增加了与土建工程相配套的电气、给水排水、采暖、燃气、消防设备、通风空调以及建筑智能化系统设备安装工程工程量的计算，以满足不同专业读者学习参考的需要。另外，本书引用了工程实例，详细地讲述了各个分部分项工程工程量计算的方法。在本书最后一章，结合广联达预算软件和具体的建筑工程施工图样，系统地讲述了运用工程造价软件计算建筑工程造价的全过程。

本书共分十章，第 1 章、第 3 章由王春胜编写；第 4 ~7 章、第 9 章、10 章由张淑芬编写；第 8 章由王慨编写；第 2 章由宋宝峰编写。

由于编写水平有限，书中难免存在疏漏和失误之处，望广大读者批评指正。

编者

目　录

第1章　工程造价概述

1.1　基本建设程序

1.1.1　基本建设程序的含义

基本建设是把投资转化为固定资产的经济活动。基本建设程序是指一个建设项目从决策、设计、施工到竣工验收交付使用整个过程中各个阶段的各项工作及其开展的先后顺序。

基本建设涉及面广，环节多，完成一项建设工程需要进行多方面协调工作，其中有前后衔接的、有平行配合的、有相互交叉的。这些工作必须按照一定的程序依次进行才能达到预期效果。基本建设程序是经过大量实践工作总结出来的工程建设全过程的客观规律，是进行基本建设所必须遵守的工作程序。

1.1.2　基本建设程序的内容

一个建设项目从计划建设到建成投产，一般要经过项目决策、设计、施工和竣工验收等几个阶段，具体工作内容如下：

1. 项目建议书

投资者一般根据国民经济的发展、工农业生产和人民生活的需要，拟投资兴建某建设项目，论证兴建该项目的必要性、可行性，同时把兴建项目的目的、要求、计划等内容写成报告，向国家主管部门申报，供其作出初步决策。

2. 可行性研究

根据批准的项目建议书，对建设项目进行可行性研究，以便减少项目决策的盲目性。这就需要收集确切的资源勘测、工程水文地质勘察、地形测量、地震、气象、环境保护等资料。在此基础上，论证建设项目在技术上是否可行，在经济上是否合理，并做多方案比较，推荐最佳方案作为编制设计任务书的依据。

3. 编制设计任务书

设计任务书是确定建设项目和建设方案的基本文件，也是编制设计文件的主要依据。一切新建、扩建、改建项目都要根据国家的发展计划和要求，按照一定的隶属关系，由主管部门组织计划、设计或筹建等单位编制设计任务书。

4. 选择建设地点

建设地点的选择要求在综合研究和进行多方案比较的基础上，提出选点报告。建设地点选择要考虑如下因素：一是工程、水文地质等自然条件；二是项目建设时所需的水、电及运输条件；三是项目建成投产后的原材料、燃料等是否具备。另外还需考虑生产人员的生活条件和居住环境。

5. 编制设计文件

建设项目设计任务书和选址报告批准后，建设单位应委托设计单位，按照设计任务书的要求编制设计文件。安排建设项目和组织工程施工的主要依据是设计文件。对于一般的大中型项目，通常采用两阶段设计，即初步设计和施工图设计；对于技术复杂且缺乏设计经验的项目，应增加技术设计阶段。

初步设计是从技术上和经济上对建设项目作出全面规划和合理安排，并作出基本决定和确定总的建设费用。其目的是确定建设项目在指定地点及规定期限内进行建设的可行性和合理性。

技术设计是为了进一步研究和确定初步设计所采用的工艺流程、建筑与结构形式、设备选型及数量等方面的主要技术问题，对初步设计进行补充和完善。

施工图设计是在批准的初步设计基础上制定的，比初步设计更具体、准确，全面考虑投资者的要求。设计的施工图样是进行建筑安装工程施工的重要依据。

6. 做好建设准备工作

要保证施工的顺利进行，就必须做好各项建设的准备工作。其主要内容包括＝征地拆迁、平整场地，进行施工用水、电道路的准备工作、组织材料、设备订货、施工图准备等。建设项目设计任务书批准之后，建设单位应根据计划要求的建设进度和工作的实际情况，按照《中华人民共和国招标投标法》的要求通过建筑市场进行工程招投标，择优选定施工企业。

7. 编制年度建设计划

根据批准的总概算和建设工期，合理安排建设项目的分年度实施计划。年度计划安排的建设内容，要与投资、材料、设备和劳动力相适应。配套项目要同时安排且相互衔接。已批准的年度建设计划，是进行基本建设拨款或贷款的主要依据。

8. 组织施工

建设项目在签订工程承包合同后方可组织施工，在施工过程中要按照合理的施工顺序进行，做到各个环节相互衔接。为了保证工程质量，在施工中必须严格按照施工图样、施工验收规范等要求进行施工。

9. 生产准备

固定资产投资的最终目的就是要形成新的生产能力。为保证项目建成后及时投产，建设单位要根据建设项目的生产技术特点，进行职工培训等生产准备工作。

10. 竣工验收，交付使用

竣工验收是对建设项目的全面考核，是检查设计和施工质量的重要环节，一般分为两个阶段：一是单项工程验收，二是全部验收。某一建设项目建成后，由建设、施工、监理等单位共同组织验收，验收合格后移交固定资产，交付使用。

1.2　工程造价的含义及其计价特征

1.2.1　工程造价的含义

工程造价是指完成一个工程项目所需要花费的所有费用总和，即从工程项目确定建设意向直至建成、竣工验收交付使用为止的整个建设期间所支出的全部费用。它主要包括建筑工程费用、安装工程费用、设备及工器具购置费用和工程其他费用。

工程建设活动是一项多环节、受多因素影响且涉及面很广的复杂活动。建设项目产品的形成一般都要经过项目前期计划决策、勘察设计、组织施工和竣工验收交付使用等阶段。工程造价也可以说是工程造价从业人员在工程项目进行过程中，根据不同阶段的要求，遵循相应的估价原则和程序，采用科学的方法，结合拟建工程项目的施工方案等，对拟建工程的价格进行预先计算和确定，从而确定的工程项目价格。

工程造价有两种含义：第一种含义是指建设一项工程预期开支或实际开支的全部固定资产投资费用。显然，这一含义是从投资者（业主）的角度来定义的。投资者选定一个投资项目，为了获得预期的利益，就要通过项目的可行性研究进行决策，然后进行设计招标，工程施工招标，直至竣工验收等一系列投资管理活动。业主在投资活动过程中所支付的全部费用形成了固定资产和无形资产。所有这些开支就构成了工程造价。从这个意义上说，工程造价就是工程投资费用，建设项目工程造价就是建设项目固定资产投资。第二种含义是指工程价格，即为建成一项工程，预计或实际在土地市场、设备市场、技术劳务市场，以及承包市场等交易活动中所形成的建筑安装工程的价格和建设工程的总价格。显然，工程造价的第二种含义是以工程这种特定的商品作为交易对象，通过招投标或其他交易方式，最终由市场形成的价格。在这里，工程的内涵既可以是范围很大一个建设项目，也可以是一个单项工程，甚至可以是整个建设项目中的某个阶段，如建筑安装工程、装饰装修工程等。

工程造价的两种含义；是从不同角度把握同一事物的本质。对建设工程的投资者来说，面对市场经济条件下的工程造价就是项目投资，是"购买"项目要付出的价格；同时也是投资者在作为市场供给主体时"出售"项目时定价的基础；对于承包商，供应商和规划、设计等机构来说，工程造价是他们作为市场供给主体出售商品和劳务的价格的总和，或是特指范围的工程造价，如建筑安装工程造价。

1.2.2　工程造价的特点

1. 工程造价的大额性

能够发挥投资效益的任意一项工程，不仅实物形状庞大，而且造价很高。少则数百万，数千万，多则数亿，十几亿甚至几百亿、上千亿人民币。由于工程造价的大额性，使它关系到投资方、建设方等有关方面的重大经济利益，同时还会对宏观经济产生重大影响。这决定了工程造价的特殊地位及造价管理的重要意义。

2. 工程造价的个别性、差异性

任意一项工程都有特定的要求，都要单独设计，并在指定的地点单独进行建造，是单个定做的。为了适应不同的用途，建筑的设计在总体规划、内容、规模、等级、造型、结构、装饰、建筑材料和设备选用等诸多方面必然各不相同。即使用途完全相同且按同一标准设计进行建造的工程，在其工程的局部构造、结构和施工方法等方面，会因建造时间、当地工程地质、气象等自然条件和社会技术经济条件的不同而发生变化。从而使工程内容和实物形态具有个别性、差异性。产品的差异性决定了工程造价的个别性、差异性。

3. 工程造价的动态性

任何一项工程从决策到竣工交付使用，都要经过一个较长的建设时期，期间存在着许多不可控因素，如由于气候等自然条件的变化引起施工方法的变动或因采取防寒、防汛、防风等措施引起费用增加，再如工程变更、设备材料价格波动、工资标准及费率的变化等都会影响到工程造价的变动。因此，工程造价在整个建设期中处于不确定状态，直至竣工决算后才能最终确定工程的实际造价。

4. 工程造价的层次性

造价的层次性取决于工程的层次性。一个建设项目往往由多个能够独立发挥设计效能的单项工程（又称工程项目）组成。一个单项工程又是由能够各自发挥专业效能的多个单位工程组成。如果专业划分更细，单位工程又可分为若干个分部分项工程。这样工程造价可分为五个层次。分部分项工程是建设项目最基本的单元，要搞好一项建设项目，就要从它的分部分项工程入手，由小到大，由少到多。另外，从造价的计算和工程管理的角度看其层次性也是非常明显的。

5. 工程造价的兼容性

一是表现在它具有两种含义（见工程造价的含义），二是表现在造价构成因素的广泛性和复杂性。在工程造价中，成本因素非常复杂，其中为获得建设工程用地支出的费用、项目可行性研究和规划设计费用、与政府一定时期政策（特别是产业政策和税收政策）相关的费用占有相当大的份额。另外，盈利的构成也比较复杂，资金成本较大。

1.2.3　工程造价的计价特征

工程造价的特点决定了其具有如下计价特征：

1. 单件性计价

工程造价的个别性、差异性决定了其计价的单件性。也就是说每项工程（建筑产品）不可能像工业产品那样统一地成批定价，而只能根据它们各自所需的人工、材料、机械的消耗量等，按照国家统一规定的程序，用单独编制每一个建设项目、单项工程或单位工程造价的方法来确定。

2. 多次性计价

建设工程周期长，规模大、造价高，为控制工程造价，应按基本建设程序分阶段进行，以保证工程造价确定与控制的科学性。多次性计价是个逐步深化、逐步细化和逐步接近实际造价的过程。其过程如图 1-1 所示。

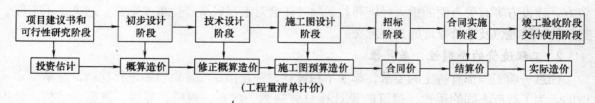

图 1-1　工程建设全过程多次性计价示意图

3. 组合性计价

工程造价的计算是分部组合而成的，这一特征与建设项目的组合性有关。只有把建设项目分解成能够计算造价的基本组成要素，再逐步汇总才能准确计算整个工程造价。

4. 计价方法的多样性

工程造价的不同阶段有各不相同的计价依据，对造价的精度要求也不相同，这就决定了计价方法的多样性，例如：计算概预算造价的方法有单价法和实物法等；计算投资估算的方法有设备系数法、生产能力指数估算法等。不同的方法利弊不同，适应的条件也不同，计价时要根据具体情况选择使用。

1.2.4　工程造价的作用

1. 工程造价是项目决策的依据

由于建设工程投资大、生产和使用周期长等特点，因此项目决策具有重要性。工程造价决定着项目的一次投资费用，投资者是否有足够的财务能力支付这笔费用，是否认为值得支付这项费用，这是项目决策中要考虑的主要问题。如果拟建工程造价超过投资者的支付能力或投资效果达不到预期目标，投资者就会放弃拟建工程。因此在项目决策阶段，建设项目工程造价就成为项目财务分析和经济评价的重要依据。

2. 工程造价是制定投资计划和控制投资的依据

工程造价是经过多次性计价最终通过竣工决算确定工程的实际造价。每一次计价的过程就是对造价的控制过程，具体地说就是后一次计价受到前一次计价的控制，不能超过前一次计价的一定幅度。这种控制是在投资者财务能力的限度内取得既定的投资效益所必须的。建设工程造价对投资的控制还表现在利用制定各类定额、标准和参数，对建设工程造价的计算依据进行控制。在市场经济利益风险机制的作用下，造价对投资控制作用成为投资的内部约束机制。

3. 工程造价是筹集建设资金的依据

建设项目的工程造价基本上决定了建设资金的需要量，它为筹集资金提供了比较准确的依据。另外，当建设资金来源于金融机构的贷款时，金融机构在对项目的偿贷能力进行评估的基础上，也需要依据工程造价来确定给予投资者的贷款数额。

4. 工程造价是评价投资效果的重要指标

建设工程造价是一个包含着多层次工程造价的体系，就一个工程项目来说，它是建设项目总造价，它又包含单项工程的造价和单位工程的造价，同时也包含单位生产能力的造价或单位建筑面积的造价等等。所有这些，使工程造价自身形成了一个指标体系。它能够为评价投资效果提供多种评价指标，并能够逐渐形成新的价格信息，为今后类似项目的投资提供参考。

1.3　建筑工程造价的分类

1.3.1　按基本建设程序分类

1. 投资估算

投资估算一般是指在项目建议书和可行性研究阶段，根据估算指标、类似工程预结算等资料对拟建工程所需的投资进行预先测算和确定的过程。其估算出的价格称为估算造价。投资估算是决策、筹资和控制造价的主要依据。

2. 概算造价

概算造价一般是指设计概算造价。它是指在初步设计阶段，根据初步设计图样、概算定额、各项费用标准等资料，预先计算和确定项目的建设费用，计算出来的价格称为概算造价。概算造价的层次性较为明显，分为建设项目概算总造价、各单项工程综合概算造价和各单位工程概算造价。概算造价较投资估算造价准确，但它受估算造价的控制。

当建设项目采用三阶段设计时，还需要编制修正概算造价。修正概算造价是指在技术设计阶段，随着设计内容的深化，会发现建设规模、结构性质、设备类型和数量等内容可能会出现必要的修改和变动，为此，根据技术设计的要求，对初步设计总概算进行修正而形成的经济文件。它比概算造价准确，但受概算造价的控制。

3. 预算造价

预算造价主要指施工图预算造价。它是指在施工图设计完成之后，工程开工前，由建设单位（或施工单位），根据设计施工图样、预算定额（国家参考定额）、各项取费标准、建设地区的自然技术经济条件等资料进行计算和确定的单位工程或单项工程建设费用，计算出来的价格称为预算造价。它比概算造价更为详尽和准确。但同样要受前一阶段所限定的工程造价的控制。它是签订建筑安装工程承包合同，实行工程预算包干，拨付工程价款及进行竣工结算的依据；实行招标的工程，施工图预算也是确定标底的依据。如果施工图预算满足招标文件的要求，则该施工图预算就是标底。

施工预算是指在施工阶段，工程项目组织施工之前，由施工企业（承包商）根据施工图，单位工程施工组织设计和施工定额（企业定额）等资料，计算和确定完成单位（或分部、分项）工程所需人工、材料、机械台班的消耗量及其相应的费用。施工预算确定的是完成单位工程的计划成本。可作为确定用工、用料计划、备工备料、下达施工任务书等的依据，也是指导施工、控制工料和实行内部经济核算的依据。

4. 工程量清单计价

工程量清单计价是指在建设工程招投标过程中，由招标单位按照国家统一的工程量计算规则提供工程量清单，投标企业根据招标单位提供的工程量清单、拟建工程的施工方案、企业定额等相关资料，结合自身的实际情况并考虑一定的风险因素后，按招标文件规定编制的建筑安装工程造价文件。目前在工程招投标中，工程量清单计价模式是国际上广泛采用的工程造价计价模式。

5. 投标报价与合同价格

投标报价是指在建设工程施工招投标过程中投标方的报价，是投标方为了得到工程承包资格，根据招标文件的要求和提供的施工图样等资料，按照所编制的施工方案或施工组织设计，并根据有关定额规定的工程量计算规则、行业标准等资料编制的工程建设费用的文件。它是买方的要价，如果中标，这个价格就是签订合同确定工程价格的基础。

合同价格是指在工程招投标阶段，根据工程预算价格，由招标方与竞争取胜的投标方签订工程承包合同时共同协商确定的工程承发包价格。它是由承发包双方根据有关协议条款约定的取费标准计算的用以支付给承包方按照合同要求完成工程内容的价款总额。合同价格不等同于实际工程造价，它是工程结算的依据。

6. 工程结算

工程结算是指在一个单项工程、单位工程或分部分项工程完工，并经建设单位及有关部门验收后，由施工单位根据施工过程中现场实际情况的记录、设计变更通知书、现场工程变更签证、合同约定的计价定额、材料价格、各项取费标准等，在合同价的基础上，根据规定编制的反映竣工（或已完）工程全部造价的经济文件。结算价是该结算工程部分的实际价格，是支付工程款项的依据。

7. 竣工决算

竣工决算是指整个建设项目全部完工并经过验收以后，由建设单位编制的项目从筹建到竣工验收，交付使用全过程中实际支付的全部建设费用的经济文件。竣工决算价是整个建设项目的最终实际价格。它是整个建设项目实际投资额和投资效果的反映；是作为核定新增固定资产价值，国家或主管部门验收与交付使用的重要财务成本依据。

从以上内容可以看出，建设工程计价过程是一个由粗到细，由浅入深，最终确定整个工程实际造价的过程，各计划过程之间是相互联系，相互补充，相互制约的关系，前者制约后者，后者补充前者。

1.3.2　按工程对象分类

1. 单位工程概预算

单位工程概预算是以单位工程为编制对象编制的工程建设费用的技术经济文件，是单位工程设计概算和施工图预算的总称。它一般分为建筑工程概预算和设备购置费及安装工程概预算两大类。

2. 工程建设其他费用概预算

工程建设其他费用概预算是以建设项目为对象，根据有关规定应在建设投资中支付的除建筑安装工程费、设备购置费、工、器具及生产家具购置费以外的，为保证工程建设顺利完成和交付使用后能够正常发挥效用而发生的各项费用。它由土地使用费、与工程建设有关的其他费用、与未来企业生产经营有关的其他费用三部分内容组成。工程建设其他费用概预算是根据设计文件和国家、地方主管部门规定的取费标准进行编制的，以独立费用的项目列入单项工程综合概预算或建设项目总概算中。

3. 单项工程综合概预算

单项工程综合概预算是以一个单项工程为编制对象编制的确定单项工程造价的综合性经济文件，它是由组成该单项工程的各专业单位工程概预算汇总编制而成的。当建设项目中只有一个单项工程时，与其有关的工程建设其他费用概预算和预备费等也应列入单项工程综合概预算中。在这种情况下，单项工程综合概预算实际上就是一个建设项目总概预算，以反映该项工程建设的全部费用。

4. 建设项目总概预算

建设项目总概预算是建设项目设计总概算和建设项目施工图预算的总称。

建设项目设计总概算是确定建设项目从筹建到竣工验收、交付使用过程中全部建设费用的经济文件。它是以概算定额或估算指标为依据编制的。它是由单项工程综合概算和工程建设其他费用概算和预备费等组成。

建设项目施工图预算是以预算定额为依据，以施工图预算为基础，首先编制单位工程预算，然后编制单项工程预算和工程建设其他费用预算等，最后汇总而成的建设项目总预算。

1.4　建设项目的分解及其价格的形成

1.4.1　建设项目的分解

一个基本建设项目按照其构成可分为单项工程、单位工程、分部工程、分项工程四个组成部分。

1. 建设项目

是指按照一个总体进行设计，在一个或两个以上工地上进行建造的各单项工程的总称。一个建设项目一般有独立的设计任务书，在行政上具有独立的组织形式，在经济上能够进行独立成本核算，如新建一个工厂、一所医院、一所学校等。

2. 单项工程

又称工程项目，它是建设项目的组成部分，一个建设项目可以包含一个及一个以上的单项工程，单项工程一般是指具有独立的设计文件，能够独立组织施工，建成后能够独立发挥生产能力和使用效益的工程，如一幢办公楼、教学楼、食堂、宿舍楼等。当一个建设项目只有一个单项工程时，该单项工程也就是建设项目。

3. 单位工程

是单项工程的组成部分，是指具有独立的施工图样，能够独立地组织施工和进行成本核算，但建成后不能单独形成生产能力与发挥使用效益的工程，如某幢办公楼中的土建工程、给水排水工程、电力照明工程、设备安装工程等。

4. 分部工程

是单位工程的组成部分。它是按照建筑物的结构部位或主要的工种划分的工程分项，如建筑工程中的一般土建工程可划分为土、石方工程、砌筑工程、脚手架工程、楼地面工程、屋面工程、钢筋混凝土工程、装饰装修工程等。

5. 分项工程

是分部工程的组成部分，是构成分部工程的基本要素，它是通过较为简单的施工方法就可以完成，用适当的计量单位就可以计算其量和价的建筑工程或安装工程。它一般是按照选用的施工方法，所使用的材料、结构构件规格等不同因素划分的施工分项。如砌筑工程中可划分为砖基础、砖墙、砌块墙、钢筋砖过梁等。在土石方工程中可划分为挖土方、回填土、余土外运等分项工程。这种以适当计量单位进行计量的工程实体数量就是工程量，每一分项工程单价是概预算最基本的计价单位（又称基价），每一分项工程的费用即为该分项工程的工程量与其基价的乘积。

1.4.2 建设项目价格的形成

通过正确的分解建设项目，有效地计算每个分项工程的工程量，正确确定每个分项工程的单价，便可准确可靠地编制工程造价。建设项目的分解一般是分析它包含几个单项工程，然后按单项工程、单位工程、分部工程、分项工程的顺序逐步细分，即由大项到小项划分。建设项目概预算价格的形成过程，是在首先正确划分分项工程的基础上，用其基价乘以工程量得出分项工程费用，将某一分部工程的所有分项工程费用相加求出该分部工程费用，再考虑其他相关费用，依次汇总计算单位工程费用、单项工程费用及建设项目的总造价。

1.5 工程造价的计价依据及计价方法

1.5.1 工程造价计价依据

工程造价的计价依据主要包括：《建设工程工程量清单计价规范》（GB50500—2013）、建设工程定额、工程量计算规则、工程价格信息、施工图样、标准图集以及工程造价相关法律法规、标准、规范以及操作规程等。

1.《建设工程工程量清单计价规范》

随着我国建设市场的进一步对外开放，工程造价计价方式的改革也在不断深化，为了与国际接轨，我国正积极稳妥地推行工程量清单计价。为了规范工程量清单计价行为，住房和城乡建设部批准颁布《建设工程工程量清单计价规范》，本规范是实行工程量清单计价的重要依据之一，它确定了工程量清单计价的原则、方法和必须遵守的规则，其中包括统一项目编码、项目名称、计量单位和工程量计算规则等。

2. 建设工程定额

建设工程定额是指按国家有关产品标准、设计标准、施工质量验收标准（规范）等确定的施工过程中完成规定计量单位产品所消耗的人工、材料、机械等消耗量的标准。它有如下几方面的作用：

（1）建设工程定额可以提高生产效率。企业通过使用定额计算人工、材料、施工机械设备及其资金的消耗量，这促使企业加强管理，合理分配和使用资源，从而增强企业的市场竞争能力。

（2）建设工程定额是一种计价依据。依据定额确定的工程造价是价格决策的依据，能够规范市场主体的经济行为，对完善我国固定资产投资市场和建筑市场有着重要作用。

（3）建设工程定额有助于完善市场的信息系统。定额本身是大量信息的集合，它主要包括人工、材料、施工机械的消耗量。建筑工程定额提供的信息，为建筑市场供需双方的交易活动和竞争创造条件。建筑工程造价就是依据定额提供的信息编制的。

3. 工程量计算规则

工程量计算规则包括《建筑面积计算规则》、《建筑工程预算工程量计算规则》和《工程量清单计价规范工程量计算规则》。《建筑面积计算规则》规定了各类建筑物建筑面积的计算方法和要求，《建筑工程预算工程量计算规则》规定了组成建筑物的各分部分项工程工程量的计算方法和原则，《工程量清单计价规范工程量计算规则》规定了各清单项目工程量的计算方法。统一的工程量计算规则有利于量价分离，更适合市场经济的需要。

4. 建设工程价格信息

在市场经济条件下，建设工程价格信息提供的单价信息和费用不具有指令性，只具有参考性，对于发包人和承包人以及工程造价咨询单位来说，都是十分重要的信息来源。单价可以从市场上调查得到，也可以利用政府或中介组织提供的信息。单价有人工单价、材料单价和机械台班单价。

5. 施工图样和标准图集

经审定的施工图样和标准图集，能够完整地反映工程的具体内容，各部位的具体做法、结构尺寸、技术特征及施工方法等，是编制工程造价的直接依据。

6. 施工组织设计或施工方案

施工组织设计或施工方案中包括了编制工程造价必不可少的有关资料，如建设地点的现场施工条件、周围环境、水文地质情况，土石方开挖的施工方法及余土外运方式与运距，施工机械的使用情况，结构构件预制加工方法及运距，主要的梁、板、柱的施工方案，重要或特殊机械设备的安装方案等。

另外，工程造价相关法律法规，工程承包协议等也是编制工程造价不可缺少的依据。

1.5.2 工程造价的计价方法

1. 工料单价法

工料单价法通常用于定额计价模式，工料单价法是以各分部分项工程量乘以相应单价后，汇总为直接工程费，其中各分部分项工程单价由其人工、材料、机械台班的消耗量乘以相应价格合计而成。用公式表示如下：

$$分部分项工程单价 = \sum (工日消耗量 \times 人工工日单价) + \sum (材料消耗量 \times 材料单价) +$$
$$\sum (机械台班消耗量 \times 机械台班单价)$$

$$直接工程费 = \sum (分部分项工程量 \times 分部分项工程单价)$$

再在此基础上计算措施费，间接费，利润和税金最后汇总为单位工程造价。

2. 实物单价法

实物单价法是先根据施工图样计算各分部分项工程工程量，然后套用定额，计算各分部分项工程人工、材料和机械台班消耗量，将所有的分部分项工程人工、材料、机械台班消耗量进行归类汇总。再根据当时、当地的人工、材料、机械台班单价，计算并汇总入工费、材料费、机械使用费，得出分部分项工程直接工程费。在此基础上再计算措施费、间接费、利润和税金，将直接工程费与上述费用相加，即可得到单位工程造价。

3. 综合单价法

综合单价法一般用于工程量清单计价模式，工程量清单计价模式是一套符合市场经济规律的科学的报价体系。这种计价模式是国家统一项目编码、项目名称、计量单位和工程量计算规则，各施工企业根据业主提供的工程量，企业自身所掌握的各种信息、资料，结合企业定额自主报价。工程量清单计价编制过程可分为两个阶段：一是工程量清单编制，二是利用工程量清单来进行投标报价。

工程量清单计价采用综合单价计价。即分部分项工程量乘以其综合单价就直接得到分部分项工程费用，再将各个分部分项工程的费用，与措施项目费、其他项目费和规费、税金加以汇总，就得到单位工程造价；单位工程造价汇总得单项工程造价；单项工程造价汇总就形成了整个建设项目的总造价。

工程量清单计价用公式表示如下：

$$分部分项工程费 = \sum (分部分项工程量 \times 分部分项工程综合单价)$$

式中 分部分项工程综合单价由人工费、材料费、机械费、管理费、利润等组成，并考虑风险因素。

$$单位工程造价 = 分部分项工程费 + 措施项目费 + 其他项目费 + 规费 + 税金$$

式中 规费包括工程排污费、社会保障费、住房公积金、工伤保险。

税金包括营业税、城市维护建设税、教育费附加。

$$单项工程造价 = \sum 单位工程造价$$

$$建设项目总造价 = \sum 单项工程造价$$

第2章 建筑工程施工图识读

2.1 建筑制图的基本规定

从事建筑工程专业的技术人员，对于建筑制图标准中的各项内容都应该熟悉，本节主要对建筑制图标准中部分内容加以介绍。

2.1.1 图纸幅面规格

1. 图纸幅面

(1) 图纸幅面及图框尺寸，应符合表2-1及图2-1~图2-3的规定。

表2-1　图幅及图框尺寸　　　　　　　　　　　　　（单位：mm）

尺寸代码 ＼ 幅面代号	A0	A1	A2	A3	A4
bl	841×1189	594×841	420×594	297×420	210×297
c	10			5	
a	25				

(2) 需要微缩复制的图样，其一个边上应附有一段准确米制尺度，四个边上均附有对中标志，米制尺度的总长应为100mm，分格应为10mm。对中标志应画在图纸各边长的中点处，线宽应为0.35mm，伸入框内应为5mm。

(3) 图纸的短边一般不应加长，长边可加长，但应符合表2-2的规定。

表2-2　图纸长边加长尺寸　　　　　　　　　　　　（单位：mm）

幅面代号	长边尺寸	长边加长后尺寸						
A0	1189	1486	1635	1783	1932	2080	2230	2378
A1	841	1051	1261	1471	1682	1892	2102	
A2	594	743	891	1041	1189	1338	1486	1635
		1783	1932	2080				
A3	420	630	841	1051	1261	1471	1682	1892

注：有特殊需要的图样，可采用 bl 为841mm×891mm与1189mm×1261mm的幅面。

(4) 图纸以短边作为垂直边称为横式，以短边作为水平边称为立式。一般A0~A3图纸宜横式使用；必要时，也可立式使用。

(5) 一个工程设计中，每个专业所使用的图纸，一般不宜多于两种幅面，不含目录及表格所采用的A4幅面。

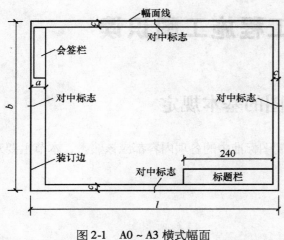

图 2-1　A0～A3 横式幅面

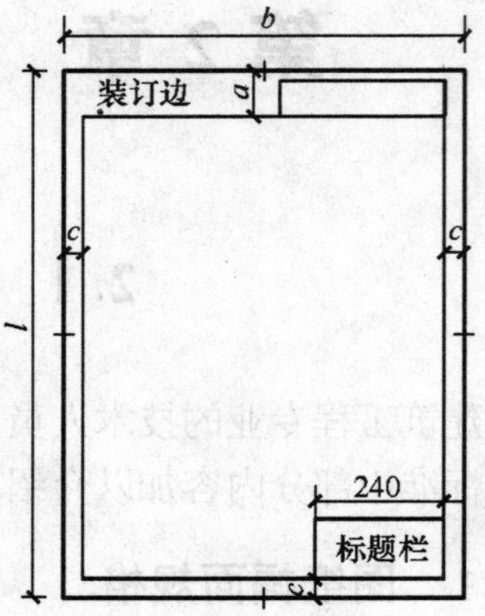

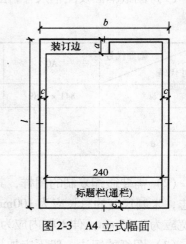

图 2-2　A0～A3 立式幅面

2. 标题栏与会签栏

（1）图纸的标题栏、会签栏及装订边的位置，应符合下列规定。

1）横式使用的图纸，应按图 2-1 的形式布置。

2）立式使用的图纸，应按图 2-2、图 2-3 的形式布置。

（2）标题栏应按图 2-4 所示，根据工程需要选择确定其尺寸、格式及分区。签字区应包含实名列和签名列。涉外工程的标题栏内，各项主要内容的中文下方应附有译文，设计单位的上方或左方，应加"中华人民共和国"字样。

图 2-3　A4 立式幅面

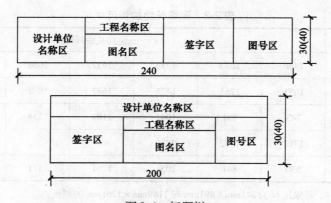

图 2-4　标题栏

（3）会签栏应按图 2-5 的格式绘制，其尺寸应为 100mm×20mm，栏内应填写会签人员所代表的专业、姓名、日期（年、月、日）；一个会签栏不够时，可另加一个，两个会签栏应并列；不需会签的图纸可不设会签栏。

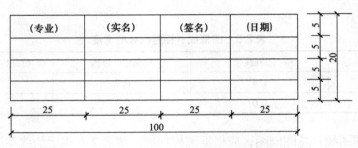

图 2-5　会签栏

2.1.2　图线及比例

1. 图线

（1）图线宽度选取：图线的宽度 b，宜从下列线宽系列中选取：2.0mm、1.4mm、1.0mm、0.7mm、0.5mm、0.35mm。每个图样，应根据复杂程度与比例大小，先选定基本线宽 b，再选用表 2-3 中相应的线宽组。

表 2-3　线宽组　　　　　　　　　　（单位：mm）

线宽比	线宽组					
b	2.0	1.4	1.0	0.7	0.5	0.35
$0.5b$	1.0	0.7	0.5	0.35	0.25	0.18
$0.25b$	0.5	0.35	0.25	0.18	—	—

注：1. 需要微缩的图样，不宜采用 0.18mm 及更细的线宽。
　　2. 同一张图样内，各不同线宽中的细线，可统一采用较细的线宽组的细线。

（2）常见线型宽度及用途：工程建设制图常见线型宽度及用途见表 2-4。

表 2-4　工程建设制图常见线型宽度及用途

名　称		线　型	线　宽	一　般　用　途
实线	粗	——————	b	主要可见轮廓线
	中	——————	$0.5b$	可见轮廓线
	细	——————	$0.25b$	可见轮廓线、图例线
虚线	粗	– – – – –	b	见各有关专业制图标准
	中	– – – – –	$0.5b$	不可见轮廓线
	细	– – – – –	$0.25b$	不可见轮廓线、图例线
单点长画线	粗	—·—·—	b	见各有关专业制图标准
	中	—·—·—	$0.5b$	见各有关专业制图标准
	细	—·—·—	$0.25b$	中心线、对称线等
双点长画线	粗	—··—··	b	见各有关专业制图标准
	中	—··—··	$0.5b$	见各有关专业制图标准
	细	—··—··	$0.25b$	假想轮廓线、成型前原廓线
折断线		⌇	$0.25b$	断开界线
波浪线		∿∿	$0.25b$	断开界线

（3）图框线、标题栏线：工程建设制图，图样的图框和标题栏线，可采用表2-5的线宽。

表2-5　图框线、标题栏线的宽度　　　　　　（单位：mm）

幅面代号	图框线	标题栏外框线	标题栏分格线、会签栏线
A0，A1	1.4	0.7	0.35
A2，A3，A4	1.0	0.7	0.35

（4）总图制图图线：总图制图，应根据图样功能，按表2-6规定的线型选用。

表2-6　总图制图图线

名　称		线　型	线　宽	用　途
实线	粗	———————	b	（1）新建建筑物±0.000高度的可见轮廓线 （2）新建的铁路，管线
	中	———————	$0.5b$	（1）新建构筑物、道路、桥涵、围墙、露天堆场、运输设施、挡土墙的可见轮廓线 （2）场地、区域分界线、用地红线，建筑红线、尺寸起止符号、河道蓝线 （3）新建建筑物±0.000高度以外的可见轮廓线
	细	———————	$0.25b$	（1）新建道路路肩、人行道、排水沟、树丛、草地、花坛的可见轮廓线 （2）原有（包括保留和拟拆除的）建筑物、构筑物、铁路、道路、桥涵、围墙的可见轮廓线 （3）坐标网线、图例线、尺寸线、尺寸界线、引出线、索引符号等
虚线	粗	— — — — —	b	新建建筑物、构筑物的不可见轮廓线
	中	— — — — —	$0.5b$	（1）计划扩建建筑物、构筑物、预留地、铁路、道路、桥涵、围墙、运输设施、管线的轮廓线 （2）洪水淹没线
	细	— — — — —	$0.25b$	原有建筑物、构筑物、铁路、道路、桥涵、围墙的不可见轮廓线
单点长画线	粗	—·—·—·—	b	露天矿开采边界线
	中	—·—·—·—	$0.5b$	土方填挖区的零点线
	细	—·—·—·—	$0.25b$	分水线、中心线、对称线、定位轴线
粗双点长画线		—··—··—··	b	地下开采区塌落界线
折断线		——／\——	$0.5b$	断开界线
波浪线		∿∿∿	$0.5b$	

注：应根据图样中所表示的不同重点，确定不同的粗细线型。例如，绘制总平面图时，新建建筑物采用粗实线，其他部分采用中线和细线；绘制管线综合图或铁路图时，管线、铁路采用粗实线。

（5）建筑制图图线：建筑专业、室内设计专业制图采用的各种图线，应符合表2-7的规定。

表 2-7　建筑制图图线

名　称	线　型	线　宽	用　途
粗实线	——————	b	(1) 平、剖面图中被剖切的主要建筑构造（包括构配件）的轮廓线 (2) 建筑立面图或室内立面图的外轮廓线 (3) 建筑构造详图中被剖切的主要部分轮廓线 (4) 建筑构配件详图中的外轮廓线 (5) 平、立、剖面图的剖切符号
中实线	——————	$0.5b$	(1) 平、剖面图中被剖切的次要建筑构造（包括构配件）的轮廓线 (2) 建筑平、立、剖面图中建筑构配件的轮廓线 (3) 建筑构造详图及建筑构配件详图中的一般轮廓线
细实线	——————	$0.25b$	小于 $0.5b$ 的图形线、尺寸线、尺寸界线、图例线、索引符号、标高符号、详图材料做法引出线等
中虚线	– – – –	$0.5b$	(1) 建筑构造详图及建筑构配件不可见的轮廓线 (2) 平面图中的起重机轮廓线 (3) 拟扩建的建筑物轮廓线
细虚线	- - - -	$0.25b$	图例线、小于 $0.5b$ 的不可见轮廓线
粗单点长画线	–·–·–	b	起重机轨道线
细单点长画线	–·–·–	$0.25b$	中心线、对称线、定位轴线
折断线	——∿——	$0.25b$	不需画全的断开界线
波浪线	∿∿∿	$0.25b$	不需画全的断开界线 构造层次的断开界线

注：地平线的线宽可用 $1.4b$。

（6）建筑结构制图图线：建筑结构专业制图应选用表 2-8 所示的图线。

表 2-8　建筑结构制图图线

名　称		线　型	线　宽	一 般 用 途
实线	粗	——————	b	螺栓、主钢筋线、结构平面图中的单线结构构件线、钢木支撑及系杆线、图名下横线、剖切线
	中	——————	$0.5b$	结构平面图及详图中剖到或可见的墙身轮廓线、基础轮廓线、钢、木结构轮廓线、箍筋线、板钢筋线
	细	——————	$0.25b$	可见的钢筋混凝土构件的轮廓线、尺寸线、标注引出线，标高符号，索引符号
虚线	粗	– – – –	b	不可见的钢筋、螺栓线，结构平面图中的不可见的单线结构构件线及钢、木支撑线
	中	– – – –	$0.5b$	结构平面图中的不可见构件、墙身轮廓线及钢、木构件轮廓线
	细	- - - -	$0.25b$	基础平面图中的管沟轮廓线、不可见的钢筋混凝土构件轮廓线
单点长画线	粗	–·–·–	b	柱间支撑、垂直支撑、设备基础轴线图中的中心线
	细	–·–·–	$0.25b$	定位轴线、对称线、中心线
双点长画线	粗	–··–··–	b	预应力钢筋线
	细	–··–··–	$0.25b$	原有结构轮廓线
折断线		——∿——	$0.25b$	断开界线
波浪线		∿∿∿	$0.25b$	断开界线

（7）其他规定

1）同一张图样内，相同比例的各图样，应选用相同的线宽组。

2）相互平行的图线，其间隙不宜小于其中的粗线宽度，且不宜小于 0.7mm。

3）虚线、单点长画线或双点长画线的线段长度和间隔，宜各自相等。

4）单点长画线或双点长画线，当在较小图形中绘制有困难时，可用实线代替。

5）单点长画线或双点长画线的两端，不应是点。点画线与点画线交接或点画线与其他图线交接时，应是线段交接。

6）虚线与虚线交接或虚线与其他图线交接时，应是线段交接。虚线为实线的延长线时，不得与实线连接。

7）图线不得与文字、数字或符号重叠、混淆，不可避免时，应首先保证文字等的清晰。

2. 比例

图样的比例，应为图形与实物相对应的线性尺寸之比。例如 1 : 100 就是用图上 1m 的长度表示房屋实际长度 100m。比例的大小是指比值的大小，如 1 : 50 大于 1 : 100。建筑工程中大都用缩小比例。比例的符号为 " : "，比例应以阿拉伯数字表示，如 1 : 1、1 : 2、1 : 100 等。比例宜注写在图名的右侧，字的基准线应取平；比例的字高宜比图名的字高小一号或二号（图 2-6）。

平面图1 : 100　　⑥1 : 20

图 2-6　比例的注写

（1）常用绘图比例：绘图所用的比例，应根据图样的用途与被绘对象的复杂程度选用，常用绘图比例见表 2-9，并应优先用表中常用比例。

表 2-9　绘图所用的比例

常用比例	1 : 1、1 : 2、1 : 5、1 : 10、1 : 20、1 : 50、1 : 100、1 : 150、1 : 200、1 : 500、1 : 1000、1 : 2000、1 : 5000、1 : 10000、1 : 20000、1 : 50000、1 : 100000、1 : 200000
可用比例	1 : 3、1 : 4、1 : 6、1 : 15、1 : 25、1 : 30、1 : 40、1 : 60、1 : 80、1 : 250、1 : 300、1 : 400、1 : 600

（2）总图制图比例。总图制图采用的比例，宜符合表 2-10 的规定。

表 2-10　总图制图比例

图　名	比　例
地理交通位置图	1 : 25000 ~ 1 : 200000
总体规划、总体布置、区域位置图	1 : 2000、1 : 5000、1 : 10000、1 : 25000、1 : 50000
总平面图、竖向布置图、管线综合图、土方图、排水图、铁路、道路平面图、绿化平面图	1 : 500、1 : 1000、1 : 2000
铁路、道路纵断面图	垂直：1 : 100、1 : 200、1 : 500 水平：1 : 1000、1 : 2000、1 : 5000
铁路、道路横断面图	1 : 50、1 : 100、1 : 200
场地断面图	1 : 100、1 : 200、1 : 500、1 : 1000
详图	1 : 1、1 : 2、1 : 5、1 : 10、1 : 20、1 : 50、1 : 100、1 : 200

（3）建筑制图比例：建筑专业，室内设计专业制图选用的比例，宜符合表 2-11 的规定。

表 2-11　建筑制图比例

图　名	比　例
建筑物或构筑物的平面图、立面图、剖面图	1∶50、1∶100、1∶150、1∶200、1∶300
建筑物或构筑物的局部放大图	1∶10、1∶20、1∶25、1∶30、1∶50
配件及构造详图	1∶1、1∶2、1∶5、1∶10、1∶15、1∶20、1∶25、1∶30、1∶50

（4）建筑结构制图比例。绘图时根据图样的用途，被绘物体的复杂程度，应选用表 2-12 中的常用比例，特殊情况下也可选用可用比例。

表 2-12　建筑结构制图比例

图　名	常用比例	可用比例
结构平面图 基础平面图	1∶50、1∶100 1∶150、1∶200	1∶60
圈梁平面图、总图中管沟、地下设施等	1∶200，1∶500	1∶300
详图	1∶10，1∶20	1∶5、1∶25、1∶4

（5）其他规定

1）一般情况下，一个图样应选用一种比例。根据专业制图需要，同一图样可选用两种比例。

2）特殊情况下也可自选比例，这时除应注出绘图比例外，还必须在适当位置绘制出相应的比例尺。

① 在建筑制图中，铁路、道路、土方等的纵断面图，可在水平方向和垂直方向选用不同比例。

② 在建筑结构制图中，当构件的纵、横向断面尺寸相差悬殊时，可在同一详图中的纵、横向选用不同的比例绘制。轴线尺寸与构件尺寸也可选用不同的比例绘制。

3）在同一张图样中，相同比例的各图样，应选用相同的线宽组。

2.1.3　尺寸标注

（1）图样上的尺寸，包括尺寸界线、尺寸线、尺寸起止符号和尺寸数字（图 2-7）。

（2）尺寸分为总尺寸、定位尺寸、细部尺寸三种。绘图时，应根据设计深度和图样用途确定所需注写的尺寸。

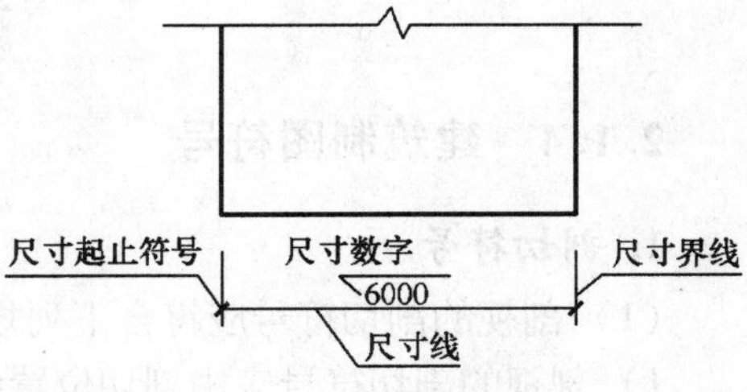

（3）尺寸界线和尺寸线应采用细实线绘制。尺寸界线可从图形的轮廓线，轴线或中心线引出。轮廓线，轴线或中心线也可作为尺寸界线。尺寸界线宜超出尺寸线 2~3mm。

图 2-7　尺寸的组成

（4）尺寸线应与被标注的线段平行，图样中的图线不得作为尺寸线。

（5）尺寸界线应与尺寸线垂直，当标注困难时，尺寸界线可不垂直于尺寸线，但应互相平行（图 2-8）。

（6）当图样采用断开画法时，尺寸线不得间断，并应标注整体尺寸数值（图 2-9）。

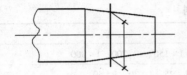
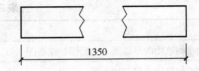

图2-8　尺寸界线与尺寸线不垂直的画法　　　图2-9　断开画法的尺寸标注方法

（7）尺寸线的终端标注应符合下列规定：

1）尺寸线的终端符号应用实心箭头（图2-10a），斜短线（图2-10b）或圆点（图2-10c）表示。斜短线的倾斜方向应按顺时针方向与尺寸界线呈45°角，并通过尺寸线与尺寸界线的交点。斜短线宜长2～5mm，宽度宜为尺寸线宽度的2倍。

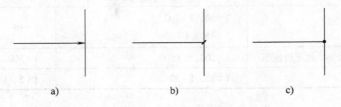

图2-10　尺寸线终端画法

2）同一张图中采用的尺寸线终端符号应一致，但箭头与圆点可在同一张图中同时使用。

3）同一张图中需同时标注线段尺寸和圆弧尺寸时，可同时使用箭头和斜短线。

4）曲线尺寸线的终端符号应采用箭头表示。

（8）尺寸数值应标注在水平尺寸线的上方中部和垂直尺寸线的左侧中部。弧形尺寸线上尺寸数值应水平标注，斜尺寸线上的数值应沿斜向标注，尺寸数值不应被任何图线通过，当必须通过时，该图线应断开。

（9）尺寸数值的标注位置狭窄时，所标注的一系列数值，最外侧的数值可标注在尺寸界线外侧，中间相邻的数值可在尺寸线上下错开或引出标注（图2-11）。

图2-11　尺寸数值标注方法

2.1.4　建筑制图符号

1. 剖切符号

（1）剖视的剖切符号应符合下列规定：

1）剖视的剖切符号应由剖切位置线及投射方向线组成，均应以粗实线绘制。剖切位置线的长度宜为6～10mm；投射方向线应垂直于剖切位置线，长度应短于剖切位置线，宜为4～6mm（图2-12）。绘制时剖视的剖切符号不应与其他图线相接触。

2）剖视剖切符号的编号宜采用阿拉伯数字，按顺序由左至右，由下至上连续编排，并应注写在剖视方向线的端部。

3）需要转折的剖切位置线，应在转角的外侧加注与该符号相同的编号。

4）建（构）筑物剖面图的剖切符号宜注在±0.000标高的平面图上。

（2）断面的剖切符号应符合下列规定：

1）断面的剖切符号应只用剖切位置线表示，并应以粗实线绘制，长度宜为 6 ~ 10m。

2）断面剖切符号的编号宜采用阿拉伯数字，按顺序连续编排，并应注写在剖切位置线的一侧；编号所在的一侧应为该断面的剖视方向（图 2-13）。

图 2-12　剖视的剖切符号　　　　　　　图 2-13　断面剖切符号

（3）剖面图或断面图，如与被剖切图样不在同一张图内，可在剖切位置线的另一侧注明其所在图样的编号，也可以在图上集中说明。

2. 索引符号与详图符号

（1）图样中的某一局部或构件，如需另见详图，应以索引符号索引（图 2-14a）。索引符号是由直径为 10mm 的圆和水平直径组成，圆及水平直径均应以细实线绘制。索引符号应按下列规定编写：

1）索引出的详图，如与被索引的详图同在一张图样内，应在索引符号的上半圆中用阿拉伯数字注明该详图的编号，并在下半圆中间画一段水平细实线（图 2-14b）。

2）索引出的详图，如与被索引的详图不在同一张图样内，应在索引符号的上半圆中用阿拉伯数字注明该详图的编号，在索引符号的下半圆中用阿拉伯数字注明该详图所在图样的编号（图 2-14c）。数字较多时，可加文字标注。

3）索引出的详图，如采用标准图，应在索引符号水平直径的延长线上加注该标准图册的编号（图 2-14d）。

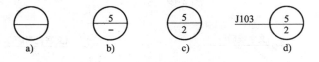

图 2-14　索引符号

（2）索引符号如用于索引剖视详图，应在被剖切的部位绘制剖切位置线，并以引出线引出索引符号，引出线所在的一侧应为投射方向。索引符号的编写如图 2-15 所示。

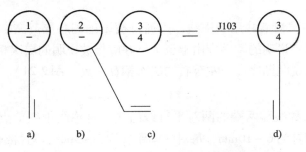

图 2-15　用于索引剖面详图的索引符号

（3）零件、钢筋、杆件、设备等的编号，以直径为 4 ~ 6mm（同一图样应保持一致）的细实线圆表示，其编号应用阿拉伯数字按顺序编写（图2-16）。

（4）详图的位置和编号，应以详图符号表示。详图符号的圆应以直径为 14mm 粗实线绘制。详图应按下列规定编号。

1）详图与被索引的详图同在一张图样内，应在详图符号内用阿拉伯数字注明该详图的编号（图2-17）。

2）详图与被索引的详图不在同一张图样内，应用细实线在详图符号内画一水平直径，在上半圆中注明详图编号，在下半圆中注明被索引的图样的编号（图2-18）。

图2-16　零件、钢筋　　　　图2-17　与被索引图样同在一　　　图2-18　与被索引图样不在同
等的编号　　　　　　　　张图样内的详图符号　　　　　一张图样内的详图符号

3. 引出线

（1）引出线应以细实线绘制，宜采用水平方向的直线、与水平方向呈 30°、45°、60°、90° 的直线，或上述角度再折为水平线。文字说明宜注写在水平线的上方（图2-19a），也可注写在水平线的端部（图2-19b）。索引详图的引出线，应对准索引符号的圆心（图2-19c）。

（2）同时引出几个相同部分的引出线，宜互相平行（图2-20a），也可画成集中于一点的放射线（图2-20b）。

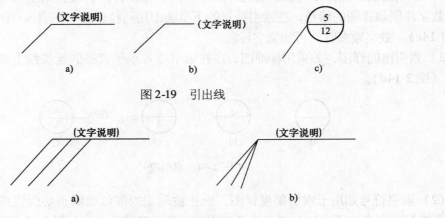

图2-19　引出线

图2-20　共用引出线

（3）多层构造或多层管道共用引出线，应通过被引出的各层。文字说明宜注写在水平线的上方或水平线的端部，说明的顺序应由上至下，并应与被说明的层次相互一致；如层次为横向排序，则由上至下的说明顺序应与左至右的层次相互一致（图2-21）。

4. 其他符号

（1）对称符号由对称线和两端的两对平行线组成。对称线用细单点长画线绘制；平行线用细实线绘制，其长度宜为 6 ~ 10mm，每对的间距宜为 2 ~ 3mm；对称线垂直平分于两对平行线，两端超出平行线宜为 2 ~ 3mm（图2-22）。

（2）连接符号应以折断线表示需连接的部位。两部位相距过远时，折断线两端靠图样一

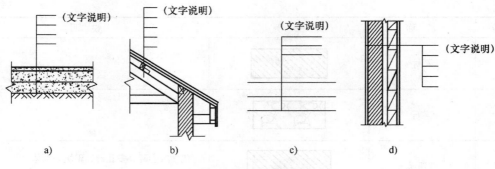

图 2-21　多层构造引出线

侧应标注大写拉丁字母表示连接编号。两个被连接的图样必须用相同的字母编号（图 2-23）。

（3）指北针的形状宜如图 2-24 所示，其圆的直径宜为 24mm，用细实线绘制；指针尾部的宽度宜为 3mm，指针头部应注"北"或"N"字。需用较大直径绘制指北针时，指针尾部的宽度宜为直径的 1/8。

建筑制图中，指北针应绘制在建筑物 ±0.000 标高的平面图上，并放在明显位置，所指方向应与总图一致。

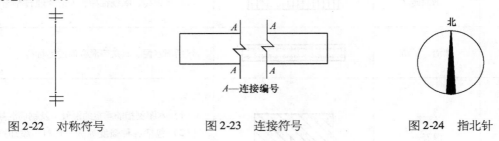

图 2-22　对称符号　　　　　　　图 2-23　连接符号　　　　　　图 2-24　指北针

2.2　建筑工程施工图常用图例

图例就是指把房屋建筑的一些结构、配件、设备和材料等采用统一的图示形式表示出来。

2.2.1　常用建筑材料图例

常用建筑材料图例，见表 2-13。

表 2-13　常用建筑材料图例

序 号	名 称	图 例	说 明
1	自然土壤		包括各种自然土壤
2	夯实土壤		
3	砂、灰土		靠近轮廓线点较密的点
4	砂砾石 碎砖三合土		

（续）

序号	名称	图例	说明
5	石材	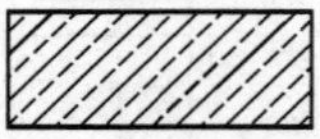	
6	毛石		
7	普通砖	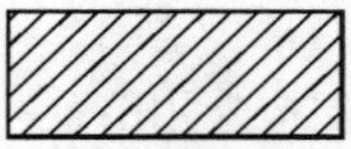	包括实心砖、多孔砖、砌块等砌体 断面较窄，不易画出图例线时，可涂红
8	耐火砖		包括耐酸砖等砌体
9	空心砖	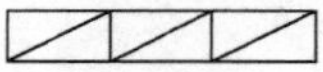	指非承重砖砌体
10	饰面砖		包括铺地砖、陶瓷锦砖、人造大理石等
11	焦渣、矿渣	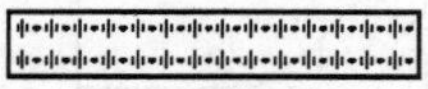	包括与水泥、石灰等混合而成的材料
12	钢筋混凝土		（1）本图例指能承重的混凝土及钢筋混凝土 （2）包括各种强度等级、骨料、添加剂的混凝土 （3）在剖面图上画出钢筋时，不画图例线 （4）断面图形小，不易画出图例线时，可涂黑
13	混凝土	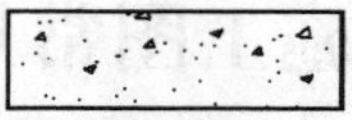	
14	多孔材料		包括水泥珍珠岩、沥青珍珠岩、泡沫混凝土、非承重加气混凝土、软木、蛭石制品等
15	纤维材料	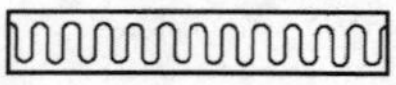	包括矿棉、岩棉、玻璃棉、麻丝、木丝板、纤维板等
16	泡沫塑料材料	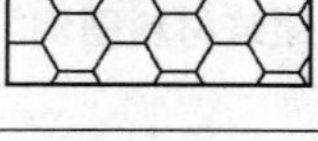	包括聚苯乙烯、聚乙烯、聚氨酯等多孔聚合物类材料
17	木材		（1）上图为横断面：依次为垫木、木砖、木龙骨 （2）下图为纵断面
18	胶合板	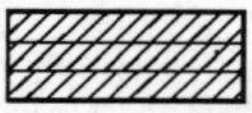	应注明几层胶合板
19	石膏板	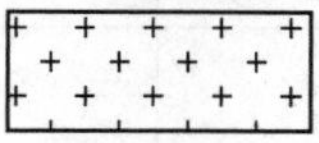	包括圆孔、方孔石膏板、防水石膏板等

（续）

序　号	名　称	图　例	说　明
20	金属		包括各种金属；图形小时，可涂黑
21	网状材料		（1）包括金属、塑料等网状材料 （2）应注明具体材料名称
22	液体		应注明具体液体名称
23	玻璃		包括平板玻璃、磨砂玻璃、夹丝玻璃、钢化玻璃、中空玻璃、加层玻璃、镀膜玻璃等
24	橡胶		
25	塑料		包括各种软硬塑料及有机玻璃等
26	防水材料		构造层次多或比例较大时，采用上面图例
27	粉刷		本图例采用较稀的点

注：序号1、2、5、7、8、13、14、16、17、18、20、24、25 图例中的斜线、短斜线、交叉斜线等一律为45°。

2.2.2　建筑构造及配件图例

常用建筑构造及配件图例，见表2-14。

表2-14　常用建筑构造及配件图例

序　号	名　称	图　例	说　明
1	墙体		应加注文字或填充图例表示墙体材料，在项目设计图样说明中列材料图例表给予说明
2	隔断		（1）包括板条抹灰、木制、石膏板、金属材料等隔断 （2）适用于到顶与不到顶隔断
3	栏杆		
4	墙预留洞	宽×高或直径 底（顶或中心）	（1）以洞中心或洞边定位 （2）宜以涂色区别墙体和留洞位置
5	墙预留槽	宽×高×深或直径 底（顶或中心）标高	（1）以洞中心或洞边定位 （2）宜以涂色区别墙体和留洞位置

（续）

序　号	名　称	图　例	说　明
6	楼梯	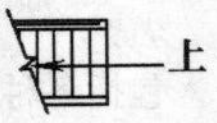	底层楼梯平面图
		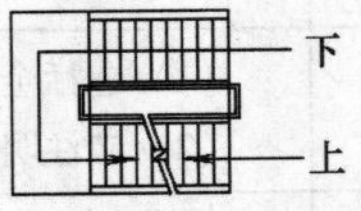	标准层楼梯平面图
		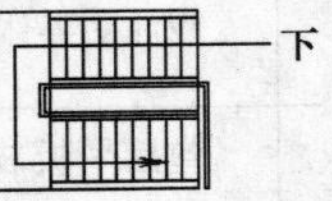	（1）顶层楼梯平面图 （2）楼梯及栏杆扶手的形式和梯段踏步数应按实际情况绘制
7	坡道	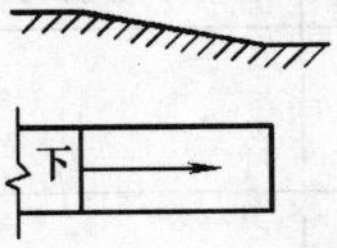	长坡道
		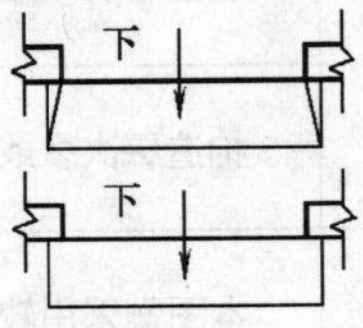	门口坡道
8	平面高差	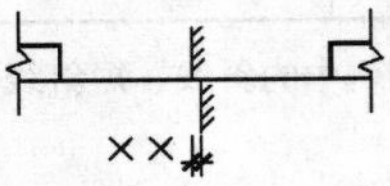	适用于高差小于100mm的两个地面或楼面相接处
9	检查孔		左图为可见检查孔，右图为不可见检查孔
10	孔洞		阴影部分可以涂色代替
11	坑槽		
12	烟道	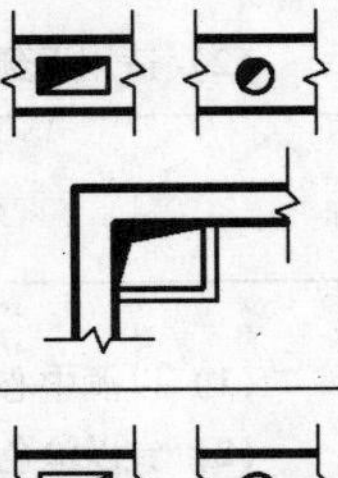	（1）阴影部分可以涂色代替 （2）烟道与墙体为同一材料，其相接处墙身线应断开
13	通风道	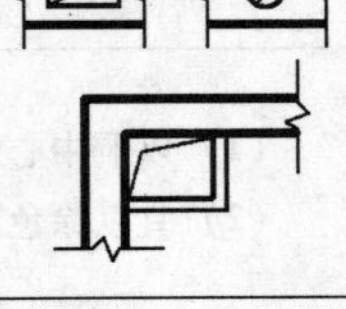	

（续）

序号	名称	图例	说明
14	新建的墙和窗		（1）本图以小型砌块为图例，绘图时应按所用材料的图例绘制，不易以图例绘制的，可在墙面上以文字或代号注明 （2）小比例绘图时平、剖面窗线可用单粗实线表示
15	电梯		（1）电梯应注明类型，并绘出门和平衡锤的实际位置 （2）观景电梯等特殊类型电梯应参照本图例按实际情况绘制
16	自动扶梯		（1）自动扶梯和自动人行道、自动人行坡道可正逆向运行，箭头方向为设计运行方向 （2）自动人行坡道应在箭头线段尾部加注上或下
17	自动人行道及自动人行坡道		

2.2.3　卫生间设备及水池图例

卫生间设备及水池的图例见表 2-15。

表 2-15　卫生间设备及水池

序号	名称	图例	说明
1	立式洗脸盆		
2	台式洗脸盆		
3	挂式洗脸盆		
4	浴盆		
5	化验盆、洗涤盆		
6	带沥水板洗涤盆		不锈钢制品

（续）

序　号	名　称	图　例	说　明
7	盥洗槽		
8	污水池		
9	妇女卫生盆		
10	立式小便器		
11	壁挂式小便器		
12	蹲式大便器		
13	坐式大便器		
14	小便槽		
15	淋浴喷头		

2.3　建筑工程施工图识读方法

2.3.1　施工图的分类与编排顺序

1. 施工图的分类

一套完整的施工图按各专业内容不同，一般分为：

（1）图样目录：说明各专业图样名称、数量、编号。其目的是便于查阅。

（2）设计说明：主要说明工程概况和设计依据。包括建筑面积、有关的地质、水文、气象资料；采暖通风及照明要求；建筑标准、荷载等级、抗震要求；主要施工技术和材料使用等。

（3）建筑施工图（简称建施）：它的基本内容包括：建筑总平面图、平面图、立面图和剖面图及建筑详图；它的建筑详图包括墙身剖面图、楼梯详图、浴厕详图、门窗详图及门窗表，以及各种装修、构造做法、说明等。在建筑施工图的标题栏内均注写建施××号，以供查阅。

（4）结构施工图（简称结施）：它的基本内容包括：基础平面图、各楼层结构平面图、屋顶结构平面图、楼梯结构图及结构详图；它的结构详图有：基础详图、梁、板、柱等构件详图及节点详图等。在结构施工图的标题栏内均注写结施××号，以供查阅。

（5）设备施工图（简称设施）。设施包括以下三部分专业图样：

1）给水排水施工图：主要表示管道的布置和走向，构件做法和加工安装要求。图样包括平面图、系统图、详图等。

2）采暖通风施工图：主要表示管道布置和构造安装要求。图样包括平面图、系统图、安装详图等。

3）电气施工图：主要表示电气线路走向及安装要求。图样包括平面图、系统图、接线原理图以及详图等。

在这些图样的标题栏内分别注写水施××号，暖施××号，电施××号，以便查阅。

2. 施工图编排顺序

1）工程图样应按专业顺序编排。一般应为图样目录、总平面图、建筑施工图、结构施工图、给水排水施工图、暖通空调施工图、电气施工图等。

2）各专业的图样应该按图样内容的主次关系、逻辑关系，有序排列。

2.3.2　建筑施工图的识读

1. 总平面图的识读

将拟建工程四周一定范围内的新建、拟建、原有和拆除的建筑物、构筑物连同其周围的地形地物状况，用水平投影方法和相应的图例所画出的图样，称为总平面图。

（1）总平面图的用途

1）工程施工的依据（如施工定位、施工放线和土方工程）。

2）是室外管线布置的依据。

3）工程造价的重要依据（如土石方工程量、室外管线工程量的计算）。

（2）总平面图的主要内容

1）表明新建区域的地形、地貌、平面布置，包括红线位置，各建（构）筑物、道路、河流、绿化等的位置及其相互间的位置关系。

2）确定新建房屋的平面位置。一般根据原有建筑物或道路定位，标注定位尺寸；修建成片住宅、较大的公共建筑物、工厂或地形复杂时，用坐标确定房屋及道路转折点的位置。

3）表明建筑物首层地面的绝对标高，室外地坪、道路的绝对标高；说明土方填挖情况、地面坡度及雨水排除方向。

4）用指北针和风向频率玫瑰图来表示建筑物的朝向。

风向频率玫瑰图还表示该地区常年风向频率。它是根据某一地区多年统计的各个方向吹风次数的百分数值，按一定比例绘制，用 16 个罗盘方位表示。风向频率玫瑰图上所表示的风的吹向，是指从外面吹向地区中心的。实线图形表示常年方向频率；虚线图形表示夏季（六、七、八三个月）的风向频率。

5）根据工程的需要，有时还有水、暖、电等管线总平面，各种管线综合布置图、竖向设计图、道路纵横剖面图以及绿化布置图等。

2. 建筑施工图的识读

建筑施工图包括各层平面图、立面图、剖面图、建筑详图、特殊房间布置等。阅读施工图时，要核对其室内开间、进深、层高、檐高、屋面做法、建筑配件、细部尺寸及构件规格数量等数据有无矛盾。

（1）建筑平面图的识读：建筑平面图，简称平面图，实际上是一幢楼房的水平剖面图。它是假想用一水平剖面将房屋沿门窗洞口剖开，移去上部分，剖面以下部分的水平投影图就是平面图。多层建筑就应画出各层平面图，当某些楼层平面相同时，可以画出其中一个平面图，称其为标准层平面图（或中间层平面图）。

为了表明屋面构造，一般还要画出屋顶平面图。它是俯视屋顶时的水平投影图，主要表示屋面的形状及排水情况和突出屋面的构造位置。

1）建筑平面图的用途：建筑平面图的用途一是施工放线，砌墙、柱、安装门窗框、设备的依据。二是编制和审查工程预结算的主要依据。

2）建筑平面图的基本内容：

① 表明建筑物的平面形状，内部各房间包括走廊、楼梯、出入口的布置及朝向。

② 表明建筑物及其各部分的平面尺寸。在建筑平面中，必须详细标注尺寸。平面图中的尺寸分为外部尺寸和内部尺寸。外部尺寸有三道，一般沿横向、竖向分别标注在图形的下方和左方。

第一道尺寸，表示建筑物外轮廓的总体尺寸，也称为外包尺寸。它是从建筑物一端外墙边到另一端外墙边的总长和总宽尺寸。

第二道尺寸，表示轴线之间的距离，也称为轴线尺寸。它标注在各轴线之间，说明房间的开间及进深的尺寸。

第三道尺寸，表示各细部的位置和大小尺寸，也称细部尺寸。它以轴线为基准，标注出门、窗的大小和位置；墙、柱的大小和位置。此外，台阶（或坡道）、散水等细部结构的尺寸可分别单独标出。

内部尺寸标注在图形内部。用以说明房间的净空大小；内门、窗的宽度；内墙厚度以及固定设备的大小和位置。

③ 表明地面及各层楼面标高。

④ 表明各种门、窗的位置，代号和编号，以及门的开启方向。门的代号用 M 表示，窗的代号用 C 表示，编号数用阿拉伯数字表示。

⑤ 表示剖面图剖切符号、详图索引符号的位置及编号。

⑥ 综合反映其他各工种（工艺、水、暖、电）对土建的要求：各工程要求的坑、台、水池、地沟、电闸箱、消火栓、雨水管等及其在墙或楼板上的预留洞，应在图中表明其位置及尺寸。

以上所列内容，可根据具体项目的实际情况取舍增加。

（2）建筑立面图识读：建筑立面图，简称立面图，就是对房屋的前后左右各个方向所作的正投影图。立面图的命名方法有：

① 按房屋朝向，如南立面图，北立面图，东立面图，西立面图。

② 轴线的编号，如①－⑩立面图，A－D 立面图。

③ 按房屋的外貌特征命名，如正立面图，背立面图等。

1）建筑立面图的用途

① 表示建筑物的体型、外貌和室外装修要求的图样。

② 主要用于外墙的装修施工和编制工程造价。

2）建筑立面图的基本内容

① 图名，比例（立面图的比例常与平面图一致）。

② 标注建筑物两端的定位轴线及其编号。

③ 表示出室内外高差，房屋的勒脚，外部装饰及墙面分格线。为了使立面图外形清晰，通常把房屋立面最外轮廓线画成粗实线，室外地面用特粗线表示，门窗洞口、檐口、阳台、雨篷、台阶等用中实线表示，其余的如墙面分隔线、雨水管及引出线等均用细实线表示。

④ 表示门窗在外立面的分布、外形、开启方向。在立面图上，门窗应按标准图例画出。门窗立面图中的斜细线，是开启方向符号。细实线表示向外开，细虚线表示向内开。

⑤ 标注各部位的标高及必须标注的局部尺寸。在立面图上，高度尺寸主要用标高表示。一般要注出室内外地坪、一层楼地面、窗台、阳台面、檐口、女儿墙压顶面、进口平台面及雨篷底面等的标高。

⑥ 标注出详图索引符号。

⑦ 文字说明外墙装修做法。

（3）建筑剖面图的识读：建筑剖面图简称剖面图，一般是指建筑物的垂直剖面图，且多为横向剖切形式。

1）剖面图的用途

① 主要表示建筑物内部垂直方向的结构形式、分层情况、内部构造及各部位的高度等。

② 编制工程造价时，与平、立面图配合计算墙体、内部装修等的工程量。

2）建筑剖面图的基本内容

① 图名、比例及定位轴线。剖面图的图名与底层平面图所标注的剖切位置符号的编号一致。

② 表示出室内底层地面到屋顶的结构形式、分层情况。

③ 标注各部分结构的标高和高度方向尺寸，剖面图中应标注出室内外地面、各层楼面、楼梯平台、檐口、女儿墙顶面等处的标高。其他结构则应标注高度尺寸。高度尺寸分为三道：第一道是总高尺寸，标注在最外边；第二道是层高尺寸，主要表示各层的高度；第三道是细部尺寸，表示门窗洞、阳台、勒脚等的高度。

④ 文字说明某些用料及楼、地面的做法等。需画详图的部位，还应标注出详图索引符号。

（4）建筑详图的识读：建筑详图是把房屋的某些细部构造及构配件用较大的比例（如1:20,1:10，1:5 等）将其形状、大小、材料和做法详细表达出来的图样，简称详图或大样图、节点图。建筑详图常用的有：墙身详图、楼梯详图、门窗详图、厨房、卫生间、浴室、壁橱及装修详图（吊顶、墙裙、贴面）等。

1）外墙身详图识读：外墙身详图主要表示房屋的屋顶、檐口、楼层、地面、窗台、门窗顶、勒脚、散水等处的构造，楼板与墙的连接关系。

外墙身详图的主要内容：

① 标注墙身轴线编号和详图符号。

② 采用分层文字说明的方法表示屋面、楼面、地面的构造。

③ 表示各层梁、板的位置及与墙身的关系。

④ 表示檐口部分如女儿墙的构造、防水及排水构造。

⑤ 表示窗台、窗过梁（或圈梁）的构造情况。

⑥ 表示勒脚部分如房屋外墙的防潮、防水和排水的做法。

⑦ 标注各部位的标高及高度方向和墙身细部的大小尺寸。

⑧ 文字说明各装饰内、外表面的厚度及所用的材料。

外墙身详图阅读时应注意的问题：

① ±0.000 或防潮层以下的砖墙以结构基础图为施工依据，看墙身剖面图时，必须与基础图配合，并注意 ±0.000 处的搭接关系及防潮层做法。

② 屋面、地面、散水、勒脚等的做法、尺寸应和材料做法对照。

③ 要注意建筑标高和结构标高的关系。建筑标高一般是指地面或楼面装修完成后上表面的标高，结构标高主要指结构构件的下皮或上皮标高。在建筑墙身剖面图中只注明建筑标高。

2）楼梯详图识读

房屋的楼梯多采用预制或现浇钢筋混凝土结构。楼梯由楼梯段、休息平台和栏板（或栏杆）组成。

楼梯详图分建筑详图、结构详图和节点详图。建筑详图一般包括平面图、剖面图，它表示出楼梯的形式。结构详图主要表示楼梯的配筋情况。节点详图主要表示踏步、平台、栏杆的细部构造、尺寸、材料和做法。楼梯的建筑详图和结构详图分别绘制，对于比较简单的楼梯，建筑详图和结构详图可以合并绘制。

① 楼梯平面图：一般每层楼梯都要画一张楼梯平面图，三层以上的房屋，若中间各层的楼梯位置及其梯段数，踏步数和大小相同时，通常只画底层、中间层和顶层三个平面图。

在各层楼梯平面图中，我们可以知道：

a. 该楼梯间的轴线及编号，用来确定其在平面图中的位置。

b. 底层楼梯平面图还注明楼梯剖面图的剖切符号。

c. 楼梯间的开间和进深尺寸、楼地面和平台面的标高及各细部的详细尺寸。通常把梯段长度尺寸与踏面数、踏面宽的尺寸合写在一起。

② 楼梯剖面图：假想用一个铅垂平面通过各层的一个梯段和门窗洞将楼梯剖开，向另一未剖到的梯段方向投影，所得到的剖面图即为楼梯剖面图。

楼梯剖面图的主要内容：

a. 楼梯剖面图表达出房屋的层数，楼梯段段数，步级数以及楼梯形式，楼地面、平台的构造及与墙身的连接等。

b. 楼梯剖面图中还应标注地面、平台面、楼面等处的标高和梯段、楼层、门窗洞口的高度尺寸。

c. 楼梯剖面图中应标注承重结构的定位轴线及编号。对需画详图的部位注出详图索引符号。

③ 楼梯节点详图：主要表示栏杆、扶手和踏步的细部构造和做法。

3. 结构施工图的识读

结构施工图是表示建筑物的承重构件（如基础、承重墙、梁、板、柱等）的布置，形状大小，内部构造和材料做法等的图样。阅读结构施工图时要结合建筑施工图（平面、立面、剖面图），对结构尺寸，如总长、总高、分段长、分层高、大样详图、节点标高等数据进行核对，以免发生差错。

结构施工图的主要用途：

（1）作为施工放线，构件定位，支模板，绑扎钢筋，浇筑混凝土，安装梁、板、柱等构件以及编制施工组织设计的依据。

（2）作为编制工程造价和工料分析的依据。

4. 基础施工图的识读

基础结构图或称基础图，是表示建筑物室内地面（±0.000）以下基础部分的平面布置和构造的图样，包括基础平面图、基础详图和文字说明等。

（1）基础平面图。基础平面图主要表示基础的平面位置，以及基础与墙、柱轴线的相对关系。在基础平面图中，必须注写与建筑平面图一致的轴间尺寸。此外，还应注出基础的宽度尺寸和定位尺寸。宽度尺寸包括基础墙宽和大放脚宽；定位尺寸包括基础墙、大放脚与轴线的联系尺寸。

基础平面图包括的主要内容：① 图名、比例。②纵横定位线及其编号（必须与建筑平面图中的轴线一致）。③基础平面布置图，即基础墙、柱及基础底面的形状、大小及其与轴线的关系。④断面图的剖切符号。⑤轴线尺寸、基础大小尺寸和定位尺寸。⑥施工说明。

（2）基础详图：基础详图是用放大的比例画出的基础局部构造图，它表示基础不同断面处的构造做法，详图尺寸和材料。基础详图包括的主要内容：

1）轴线及编号。

2）基础的断面形状，基础形式，材料及配筋情况。

3）基础详细尺寸：表示基础的各部分长宽高，基础埋深，垫层宽度和厚度等尺寸；主要部位标高，如室内外地坪及基础底面标高等。

4）防潮层的位置及做法。

5. 楼层结构施工图的识读

楼层结构施工图主要表示楼板、柱、梁、墙等结构的平面布置，现浇楼板、梁等的构造、配筋以及各构件间的联结关系。通常由平面图和详图组成。

详图是指把各构件形状、大小、内部结构及构造详尽地表达出来的图样。它主要包括以下内容：①构件详图的图名及比例。②详图的定位轴线及编号。③构件构造尺寸及配筋情况（即构件内部钢筋的级别、尺寸、数量和配置）。

阅读柱、梁、板等的结构施工图时，需要掌握柱、梁、板等的断面形状，长度、高度或厚度及钢筋的布置情况。

6. 屋顶结构施工图的识读

屋顶结构施工图是表示屋顶承重构件平面布置及配筋情况的图样，它的内容与楼层结构施工图基本相同。阅读时应注意具有一定坡度的承重构件、天沟、上人孔、屋顶水箱等。

2.3.3　施工图识读应注意的问题

（1）施工图是根据投影原理绘制的，用图样表明房屋建筑的设计及构造做法。要想看懂、看透施工图，掌握投影原理和熟悉房屋建筑的基本构造是十分必要的。

（2）设计的施工图，通常采用了许多图例符号和必要的文字说明把其内容表示出来。因此要看懂施工图，需要记住常用的图例符号。

（3）看图施工时，要注意从粗到细，从大到小。先粗略看图，了解工程的概貌，再细看图。细看时应先看总说明和基本图样，然后再深入看构件图和详图。

（4）一套施工图由许多张图样组成，各图样之间是互相配合紧密联系的，因此要有联系地、综合地看图。

（5）结合实际看图。看图时结合实际施工现场情况，就能比较准确地掌握图样的内容。

2.4 安装工程施工图常用图例

2.4.1 电气照明设备安装工程常用图例

电气照明设备安装工程常用图例见表2-16。

表2-16 电气照明设备安装工程常用图例

名　称	符　号	名　称	符　号
照明配电箱	▬	单相两孔加三孔暗插座	
配电箱	▭	单相两孔加三孔暗插座	P
插座箱	◁	单相两孔加三孔暗插座	C
电视进线箱	VH	三相两孔加三孔暗插座	
电话网络进线箱	DP	单相两孔加三孔防溅插座	
事故照明配电箱	⊠	单相翘板式单级开关	S
多种电源配电箱	⊡	单相翘板式单级开关	
电源自动切换箱	⊘	单相翘板式双级开关	
电阻箱	G	单相翘板式三级开关	
自动开关换箱	▯	单相翘板式四级开关	
刀开关箱	▯	电视插座	TV
熔断器箱	⊟	双孔信息插座	⊡
组合开关箱	▤	带指示灯的按钮	⊗
避雷针	●	屋顶插座	◧
顶棚平灯口	○	接线盒	G
吸顶灯	▬	电压表	Ⓥ
防水防尘灯	⊛	电流表	Ⓐ
单管荧光灯	├──┤	电度表	WH
双管荧光灯	▭	深照型灯	⟰
三管荧光灯	▤	壁灯	◓
五管荧光灯	5 ├──┤	安全灯	⊖
防爆荧光灯	├──◀	隔爆灯	○
专用电器上的事故照明灯	✷	花灯	⊗

2.4.2 给水排水安装工程常用图例

给水排水安装工程常用图例见表 2-17。

表 2-17 给水排水安装工程常用图例

名　称	图　例	名　称	图　例
采暖供水干管		压力调节阀	
采暖回水干管		止回阀	
给水管（不分类）	—— J ——	消防喷头（闭式）	
排水管（不分类）	—— P ——	消防报警阀	
套管伸缩器		坐便器	
地沟管	代号	蹲便器	
排水明沟		洗脸盆	
排水暗沟		洗涤盆	
存水弯		淋浴喷头	
自动冲洗水箱		矩形化粪池	HC
清扫口		除油池	YC
通气帽		沉淀池	CC
雨水斗	YD	自动排气阀	
排水漏斗		水表	
圆形地漏		管道固定支架	
阀门（不分类）		检查口	
闸阀		散热器	
截止阀		三通阀	

（续）

名　称	图　例	名　称	图　例
电动阀		管道泵	
减压阀		过滤器	
球阀		集气罐	
温度调节阀		风机	
手动调节阀		旋塞阀	

2.4.3　燃气工程常用图例

燃气工程常用图例见表2-18。

表2-18　燃气工程常用图例

名　称	图　例	名　称	图　例
地下煤气管道		法兰	
地上煤气管道		法兰堵板	
管帽		管堵	
法兰连接管道		灶具	
螺纹连接管道		凝水器	
焊接连接管道		自立式调压器	
有导管煤气管道		扁形过滤器	
丝堵		罗茨表	
活接头		皮膜表	
煤气气流方向		开放式弹簧安全阀	

2.4.4　通风空调安装工程常用图例

通风空调安装工程常用图例见表2-19。

表2-19　通风空调安装工程常用图例

名　称	符　号	名　称	符　号
轴流风机		加湿器	
离心风机		挡水板	
水泵		窗式空调器	
空气加热冷却器		分体空调器	
板式热换器		风机盘管	
空气过滤器		减振器	
电加热器		送风口	
风管		回风口	
砖、混凝土风道		百叶窗	
风管检查孔		通风空调设备	
风管测定孔		风机	
柔性连接		空气冷却器	
伞形风帽		空气加热器	
筒形风帽		异径管	
锥形风帽		天圆地方	
消声器		窗式空调器	

2.4.5　智能建筑工程常用图例

智能建筑工程常用图例见表 2-20。

表 2-20　智能建筑工程常用图例

名　称	符　号	名　称	符　号
电话机一般符号		系统出线端	
传声器一般符号		室内分线盒	
扬声器一般符号		室外分线盒	
传真机一般符号		分线箱	
天线一般符号		两路分配器	
电信一般插座符号		报警器	
监听器		警卫信号探测器	
呼叫机		警卫信号区域报警器	
用户分支器		警卫信号区总报警器	

第3章 工程造价的费用构成及计算

3.1 工程造价的费用构成

工程建设项目费用是指工程建设项目从筹建到竣工验收交付使用过程中，所投入的全部费用的总和。包括固定资产投资和流动资产投资两部分。

固定资产投资构成了建设项目的工程造价，由设备及工具、器具购置费用，建筑安装工程费用，工程建设其他费用，预备费，建设期贷款利息和固定资产投资方向调节税构成。

流动资产投资是指生产性建设项目为保证其投产后的生产和经营活动的正常进行，按规定应列入工程建设项目费用的铺底流动资金（一般占流动资金总额的30%）。

我国现行建设项目总投资的构成如图3-1所示。

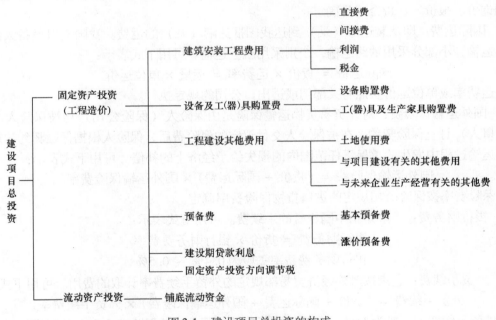

图 3-1 建设项目总投资的构成

3.1.1 设备及工器具购置费用

设备及工器具购置费由设备购置费和工（器）具及生产家具购置费组成。

1. 设备购置费

设备购置费是指为工程建设项目购置或自制的达到固定资产标准的各种国产或进口设备的购置费用。它由设备原价和设备运杂费组成。即

设备购置费 = 设备原价 + 设备运杂费

（1）国产设备原价：国产设备原价分为国产标准设备原价和国产非标准设备原价。

1）国产标准设备原价：国产标准设备是指按照主管部门颁布的标准图样和技术规范，由我国设备生产厂批量生产的符合国家质量标准的设备。国产标准设备原价一般是指设备制造厂的交货价（出厂价）。若设备由设备成套公司提供，则以订货合同价为设备原价。

2）国产非标准设备原价：国产非标准设备是指国家尚无定型标准，各设备生产厂不可能采用批量生产，只能按一次订货，并根据具体的设计图样制造的设备。

非标准设备原价有多种不同的计算方法，如成本计算估价法、系列设备插入估价法、分部组合估价法、定额估价法等。无论采用哪种方法都应该使非标准设备计价的准确度接近实际出厂价，并且计算方法要简便。按成本计算估价法，非标准设备原价由材料费、加工费、辅助材料费、专用工具费、废品损失费、外购配套件费、包装费、利润、税金、非标准设备设计费组成。

（2）进口设备原价：进口设备原价是指进口设备的抵岸价，即抵达买方边境港口或边境车站，且交完关税以后的价格。

进口设备有不同的交货方式，相应的抵岸价构成也有所不同。在我国，进口设备采用最多的是装运港船上交货（FOB）方式。其抵岸价可由下式表示：

进口设备的抵岸价 = 货价 + 国际运费 + 运输保险费 + 银行财务费 + 外贸手续费 + 关税 + 增值税 + 消费税 + 海关监管手续费 + 车辆购置附加费

1）进口设备的货价：一般指装运港船上交货价（FOB价），又称离岸价，可按有关生产厂商的询价、报价、订货合同价确定

2）国际运费：即从装运港（站）到达我国抵达港（站）的运费。我国进口设备大部分采用海洋运输，小部分采用铁路运输，个别采用航空运输。可用下式表示：

国际运费 = 货价 × 运费率 = 运量 × 单位运价

式中 运费率或单位运价参照有关部门或进出口公司的规定执行。

3）国外运输保险费：对外贸易货物运输保险是由保险人（保险公司）与被保险人（出口人或进口人）订立保险契约，在被保险人交付议定的保险费后，保险人根据保险契约的规定对货物在运输过程中发生的承保责任范围内的损失给予经济上的补偿。可用下式表示：

国外运输保险费 = （货价 + 国际运费）× 国外运输保险费率

式中 保险费率按保险公司规定的进口货物保险费率确定。

4）银行财务费：一般是指中国银行的手续费。可用下式表示：

银行财务费 = 货价 × 银行财务费费率

银行财务费费率一般为 0.4% ~ 0.5%

5）外贸手续费：它指按对外经济贸易部规定的外贸手续费率计取的费用。可用下式表示：

外贸手续费 = （货价 + 国际运费 + 国外运输保险费）× 外贸手续费率

式中 外贸手续费率一般为15%，货价、国际运费、国外运输保险费之和又称到岸价（CIF）。

6）关税：由海关对进出国境的货物和物品征收的一种税。可用下式表示：

进口关税 = （货价 + 国际运费 + 国外运输保险费）× 进口关税税率

式中 进口关税税率按我国海关总署发布的进口关税税率计算。

7）消费税：是指对部分进口产品（如轿车、摩托车等）征收的税种。可用下式表示：

$$消费税 = \frac{到岸价 + 关税}{1 - 消费税税率} × 消费税税率$$

式中 消费税税率根据规定的税率计算。

8）增值税：是我国政府对从事进口贸易的单位和个人，在进口商品报关进口后征收的税种。我国增值税条例规定，进口应税产品均按组成计税价格和增值税税率直接计算应纳税额。

可用下式表示：

$$进口产品增值税额 = 组成计税价格 \times 增值税税率$$
$$组成计税价格 = 到岸价 \times 人民币外汇牌价 + 进口关税 + 消费税$$

式中　增值税税率根据规定的税率计算，其基本税率为 17%。

9）海关监管手续费：是指海关对进口减税、免税、保税货物实施监督、管理、提供服务的手续费。对于全额征收进口关税的货物不计本项费用。可用下式表示：

$$海关监管手续费 = 到岸价 \times 海关监管手续费率$$

海关监管手续费率一般为 0.3%。

10）车辆购置附加费：进口车辆需缴纳进口车辆购置附加费。可用下式表示：

$$车辆购置附加费 = （到岸价 + 关税 + 增值税 + 消费税） \times 进口车辆购置附加费率$$

（3）设备运杂费：设备运杂费通常由下列各项构成：

1）运费和装卸费：国产设备由设备制造厂交货地点起至工地仓库（施工组织设计指定的需要安装设备的堆放地点）止所发生的运费和装卸费；进口设备则由我国到岸港口或边境车站起至工地仓库（施工组织设计指定的需要安装设备的堆放地点）止所发生的运费和装卸费。

2）包装费：指在设备原价中没有包含的，为运输而进行的包装支出的各项费用。

3）供销部门手续费：按有关部门规定的统一费率计算。

4）采购与仓库保管费：指采购、验收、保管和收发设备所发生的各种费用，包括设备采购、保管和管理人员的工资、工资附加费、办公费、差旅交通费、设备供应部门办公和仓库所占固定资产使用费、工具用具使用费、劳动保护费、检验试验费等。这些费用可按主管部门规定的采购与保管费率计算。

$$设备运杂费 = 设备原价 \times 设备运杂费率$$

式中　设备运杂费率按各部门及省、市等的规定计算。

2. 工（器）具及生产家具购置费

工（器）具及生产家具购置费是指新建或扩建项目初步设计规定的，保证初期正常生产必需购置的没有达到固定资产标准的设备、仪器、工夹模具、器具、生产家具和备品备件等的购置费用。一般以设备购置费为计算基数，按照有关部门规定的费率计算。计算公式为

$$工（器）具及生产家具购置费 = 设备购置费 \times 规定费率$$

3.1.2　建筑安装工程费用

建筑安装工程费用又称建筑安装工程造价，由建筑工程费用和安装工程费用两部分组成。它是指直接发生在工程施工过程中的费用，施工企业在组织管理施工中间接为工程支出的费用，以及施工企业获得的利润和按国家规定应缴纳的税金的总和。现行的建筑安装工程费用由直接费、间接费、利润及税金组成。（详见下节）

3.1.3　工程建设其他费用

工程建设其他费用是指从工程筹建到工程竣工验收交付使用为止的整个建设期间，除建筑安装工程费用和设备及工器具购置费用以外的，为保证工程建设顺利完成和交付使用后能够正常发挥效用而发生的费用。

工程建设其他费用，按其内容可由三类费用构成：

1. 土地使用费

土地使用费是指为获得建设用地而支付的费用。它包括土地征收及迁移补偿费和取得国有

土地使用费。

（1）土地征收及迁移补偿费。是指建设项目通过划拨方式取得无限期的土地使用权，依照《中华人民共和国土地管理法》等规定所支付的费用。它包括土地补偿费；青苗补偿费和被征收土地上的房屋、水井、树木等附着物补偿费；安置补助费；缴纳耕地占用税或城镇土地使用税、土地登记费及征地管理费等；征地动迁费；水利水电工程水库淹没处理补偿费。

（2）取得国有土地使用费。取得国有土地使用费包括：土地使用权出让金、城市建设配套费、拆迁补偿与临时安置补助费等。其中土地使用权出让金是指建设工程通过土地使用权出让方式，取得有限的土地使用权，依照《中华人民共和国城镇国有土地使用权出让和转让暂行条例》规定，支付的土地使用权出让金。

2. 与建设项目有关的其他费用

根据项目的不同与项目有关的其他费用的构成也不尽相同，一般包括以下几项。

（1）建设单位管理费：是指建设项目从立项、筹建、建设、联合试运转、竣工验收、交付使用及后评估等全过程管理所需的费用。

（2）勘察设计费：是指为本建设项目提供项目建议书、可行性研究报告及设计文件等所需费用。

（3）研究试验费：是指为建设项目提供和验证设计参数、数据资料等进行的必要的研究、试验以及设计规定在施工中必须进行试验、验证所需费用。包括自行研究试验或委托其他部门研究试验所需人工费、材料费、试验设备及仪器使用费等。这项费用按照设计单位根据本工程项目的需要提出的研究试验内容和要求计算。

（4）建设单位临时设施费：是指项目建设期间建设单位所需临时设施的搭设、维修、摊销费用或租赁费用。

（5）工程监理费：是指建设单位委托工程监理单位对工程实施监理工作所需的费用。

（6）工程保险费：是指建设项目在建设期间根据需要，实施工程保险所需的费用。包括以各种建筑工程及其在施工过程中的物料、机器设备为保险标的的建筑工程一切保险，以安装工程中的各种机器、设备为保险标的的安装工程一切保险，以及机器损坏保险等。工程保险费根据不同的工程类别，分别以其建筑安装工程费乘以建筑、安装工程保险费率计算。

（7）引进技术和进口设备其他费用：它包括出国人员费用、国外工程技术人员来华费用、技术引进费、分期或延期付款利息、担保费以及进口设备检验鉴定费。

（8）工程承包费：工程承包费是指具有总承包条件的工程公司，对工程建设项目从开始建设至竣工投产全过程的总承包所需的管理费用。具体内容包括组织勘察设计，设备材料采购，非标准设备设计制造，施工招标、发包、工程预决算，项目管理，施工质量监督，隐蔽工程检查、验收和试车直至竣工投产的各种管理费用。

3. 与未来企业生产经营有关的其他费用

与未来企业生产经营有关的其他费用由以下几项费用构成：

（1）联合试运转费：是指新建企业或改扩建企业在工程竣工验收前，按照设计的生产工艺流程和质量标准，进行整个车间的负荷试运转所发生的费用支出与试运转期间的收入部分的差额部分。联合试运转费用一般根据不同性质的项目按需进行试运转的工艺设备购置费的百分比计算。

（2）生产准备费：是指新建企业或新增生产能力的企业，为保证竣工交付使用进行必要的生产准备所发生的费用。费用内容包括生产职工培训费，生产单位提前进厂参加施工、设备安装、调试以及熟悉工艺流程及设备性能等人员的工资、工资性补贴、职工福利费、差旅交通费、劳动保护费等。

（3）办公和生活家具购置费：办公和生活家具购置费是指为保证新建、改建、扩建项目初期正常生产、使用和管理所必需购置的办公和生活家具、用具的费用。该费用按照设计定员人数乘以综合指标计算。

3.1.4　预备费

按我国现行规定，预备费包括基本预备费和涨价预备费。

（1）基本预备费指建设项目在建设期间可能发生的难以预料的工程费用，费用内容主要包括设计变更、局部地基处理等增加的费用，工程验收时对隐蔽工程进行必要挖掘和修复费用等。

（2）涨价预备费指建设项目在建设期间内由于物价上涨、汇率变化等因素影响而需要增加的费用。费用内容主要包括人工、设备、材料、施工机械的价差费，利率、汇率调整等增加的费用。

3.1.5　建设期贷款利息、固定资产投资方向调节税和铺底流动资金

（1）建设期贷款利息：建设期贷款利息是指建设项目使用银行或其他金融机构的贷款，在建设期应偿还的贷款利息。

（2）固定资产投资方向调节税：固定资产投资方向调节税是指对在我国境内进行固定资产投资的单位和个人（不含中外合资经营企业、中外合作经营企业和外资企业）征收的税种，其目的是为了贯彻国家产业政策，控制投资规模，引导投资方向，调整投资结构，加强重点建设，促进国民经济持续稳定协调发展。

（3）铺底流动资金：流动资金是指生产经营性项目投产后，为进行正常生产运营，用于购买原材料、燃料、支付工资及其他经营费用等所需的周转资金。按规定应列入工程建设费用的铺底流动资金一般按流动资金总额的 30% 估算。

3.2　建筑安装工程费用的组成与计算

3.2.1　建筑安装工程费用的构成

建筑安装工程费用又称建筑安装工程造价，包括建筑工程费用和安装工程费用两部分。我国现行的建筑安装工程费用由直接费、间接费、利润及税金组成，如图 3-2 所示。

1. 直接费的组成及计算

直接费由直接工程费和措施费组成。

（1）直接工程费：直接工程费是指在施工过程中耗费的构成工程实体的各项费用，包括人工费、材料费、施工机械使用费，即：

$$直接工程费 = 人工费 + 材料费 + 施工机械使用费$$

1）人工费：人工费是指直接从事建筑安装工程施工的生产工人开支的各项费用。内容包括基本工资、工资性补贴、生产工人辅助工资、职工福利费及生产工人劳动保护费。

① 基本工资：是指发放给生产工人的基本工资。基本工资可按下式计算：

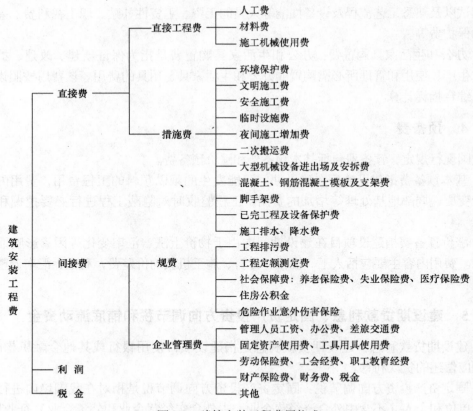

图 3-2　建筑安装工程费用构成

$$基本工资(G_1) = \frac{生产工人平均月工资}{年平均每月法定工作日}$$

② 工资性补贴：是指按规定标准发放的物价补贴，煤、燃气补贴，交通补贴，住房补贴，流动施工津贴等。工资性补贴可按下式计算：

$$基本工资(G_2) = \frac{\sum 年发放标准}{全年日历日 - 法定节假日} + \frac{\sum 月发放标准}{年平均每月法定工作日} + 每工作日发放标准$$

③ 生产工人辅助工资：是指生产工人年有效施工天数以外非作业天数的工资，包括职工学习、培训期间的工资，调动工作、探亲、休假期间的工资，因气候影响的停工工资，女工哺乳期间的工资，病假在六个月以内的工资及产、婚、丧假期间的工资。生产工人辅助工资可按下式计算：

$$生产工人辅助工资(G_3) = \frac{全年无效工作日 \times (G_1 + G_2)}{全年日历日 - 法定节假日}$$

④ 职工福利费：是指按规律标准计提的职工福利费。职工福利费可按下式计算：
$$职工福利费(G_4) = (G_1 + G_2 + G_3) \times 福利费计提比例$$

⑤ 生产工人劳动保护费：是指按规定标准发放的劳动保护用品的购置费及修理费，徒工服装补贴，防暑降温费，在有碍身体健康环境中施工的保健费用等。生产工人劳动保护费可按下式计算：

$$生产工人劳动保护费(G_5) = \frac{生产工人年平均支出劳动保护费}{全年日历日 - 法定节假日}$$

$$人工费 = \sum（工日消耗量 × 日工资单价）$$

式中，日工资单价包括生产工人的基本工资、工资性补贴、生产工人辅助工资、职工福利费及生产工人劳动保护费。不同地区、不同行业、不同时期的日工资单价都是不同的。

2）材料费：是指在施工过程中耗费的构成工程实体的原材料，辅助材料，构配件，零件、半成品的费用。内容包括以下几项：

① 材料原价（或供应价格）。

② 材料运杂费：是指材料自来源地运至工地仓库或指定堆放地点所发生的全部费用。

③ 运输损耗费：是指材料在运输装卸过程中不可避免的损耗。

④ 采购及保管费：是指为组织采购、供应和保管材料过程中所需要的各项费用。包括采购费、仓储费、工地保管费及仓储损耗。

⑤ 检验试验费：是指对建筑材料、构件和建筑安装物进行一般鉴定、检查所发生的费用，包括自设实验室进行试验所耗用的材料和化学药品等费用。不包括新结构，新材料的试验费和建设单位对具有出厂合格证明的材料进行检验，对构件做破坏性试验及其他特殊要求检验试验的费用。

$$材料费 = \sum（材料消耗量 × 材料基价）+ 检验试验费$$

式中　材料基价 = ［（材料原价 + 材料运杂费）×（1 + 运输损耗费率）］×（1 + 采购及保管费率）

$$检验试验费 = \sum（单位材料量检验试验费 × 材料消耗量）$$

3）施工机械使用费：施工机械使用费是指施工机械作业所发生的机械使用费以及机械安拆费和场外运费。施工机械台班单价由以下费用组成：

① 折旧费：是指施工机械在规定的使用年限内，陆续收回其原值及购置资金的时间价值的费用。

② 大修理费：是指施工机械按规定的大修理间隔进行必要的大修理，以恢复其正常功能所需的费用。

③ 经常修理费：是指施工机械除大修理以外的各级保养和临时的故障排除所需的费用。包括为保障机械正常运转所需替换设备与随机配备工具附具的摊销和维护费用，机械运转中日常保养所需润滑与擦拭的材料费用及机械停滞期间的维护和保养费用等。

④ 安拆费及场外运费：安拆费是指施工机械在现场进行安装与拆卸所需的人工、材料、机械和试运转费用以及机械辅助设施的折旧、搭设、拆除等费用；场外运费指施工机械整体或分体自停放地点运至施工现场或由一施工地点运至另一施工地点的运输、装卸、辅助材料及架线等费用。

⑤ 人工费：指机上司机（司炉）和其他操作人员的工作日人工费及上述人员在施工机械规定的年工作台班外的人工费。

⑥ 燃料动力费：是指施工机械在运转作业中所消耗的固体燃料（煤炭、木材）、液油燃料（汽油、柴油）及水电等。

⑦ 养路费及车船使用税：指施工机械按照国家规定和有关部门规定应缴纳的养路费、车船使用税、保险费及年检费等。

$$施工机械使用费 = \sum（施工机械台班消耗量 × 机械台班单价）$$

式中　机械台班单价 = 台班折旧费 + 台班大修理费 + 台班经常修理费 + 台班安拆费及场外运费 + 台班人工费 + 台班燃料动力费 + 台班养路费及车船使用税

（2）措施费：措施费是指为完成工程项目施工，发生于该工程施工前和施工过程中非工程实体项目的费用。

1）措施费包括的内容

① 环境保护费：是指施工现场为达到环保部门要求所需要的各项费用。

② 文明施工费：是指施工现场文明施工所需要的各项费用。

③ 安全施工费：是指施工现场安全施工所需要的各项费用。

④ 临时设施费：是指施工企业为进行建筑工程施工所必须搭设的生活和生产用的临时建筑物，构筑物和其他临时设施费用等。

临时设施包括：临时宿舍，文化福利及公用事业房屋与构筑物；仓库、办公室、加工厂以及规定范围内道路、水、电、管线等临时设施和小型临时设施。

临时设施费用包括：临时设施的搭设、维修、拆除费或摊销费。

⑤ 夜间施工费：是指因夜间施工所发生的夜班补助费、夜间施工降效、夜间施工照明设备摊销及照明用电等费用。

⑥ 二次搬运费：是指因施工场地狭小等特殊情况而发生的二次搬运费用。

⑦ 大型机械设备进出场及安拆费：是指机械整体或分体自停放场地运至施工现场或由一个施工地点运至另一个施工地点，所发生的机械进出场运输及转移费用及机械在施工现场进行安装、拆卸所需的人工费、材料费、机械费、试运转费和安装所需的辅助设施费用。

⑧ 混凝土、钢筋混凝土模板及支架费：是指混凝土施工过程中需要的各种钢模板、木模板、支架等的支、拆、运输费用及模板、支架的摊销（或租赁）费用。

⑨ 脚手架费：是指施工需要的各种脚手架搭、拆、运输费用及脚手架的摊销（或租赁）费用。

⑩ 已完工程及设备保护费：是指竣工验收前，对已完工程及设备进行保护所需费用。

⑪ 施工排水、降水费：是指为确保工程在正常条件下施工，采取各种排水、降水措施所发生的各种费用。

2）措施费的计算

① 环境保护费

$$环境保护费 = 直接工程费 \times 环境保护费费率$$

$$环境保护费费率 = \frac{本项费用年度平均支出}{全年建安产值 \times 直接工程费占总造价比例} \times 100\%$$

② 文明施工费

$$文明施工费 = 直接工程费 \times 文明施工费费率$$

$$文明施工费费率 = \frac{本项费用年度平均支出}{全年建安产值 \times 直接工程费占总造价比例} \times 100\%$$

③ 安全施工费

$$安全施工费 = 直接工程费 \times 安全施工费费率$$

$$安全施工费费率 = \frac{本项费用年度平均支出}{全年建安产值 \times 直接工程费占总造价比例} \times 100\%$$

④ 临时设施费

临时设施费由三部分组成：一是周转使用临时建筑（如活动房屋）；二是一次性使用临时建筑（如简易建筑）；三是其他临时设施（如临时管线）。

$$临时设施费 = （周转使用临建费 + 一次性使用临建费） \times （1 + 其他临时设施所占比例）$$

$$其中，周转使用临建费 = \sum \left[\frac{临建面积 \times 每平方米造价}{使用年限 \times 365 \times 利用率} \times 工期（天） \right] + 一次性拆除费用$$

$$一次性使用临时建筑费 = \sum 临时建筑面积 \times 每平方米造价 \times （1 - 残值率） + 一次性拆除费$$

其他临时设施费，可按其他临时设施费占临时设施费的比例计算。

⑤ 夜间施工增加费

$$夜间施工增加费 = \left(1 - \frac{合同工期}{定额工期}\right) \times \frac{直接费中的人工费合计}{平均日工资单价} \times 每工日夜间施工费开支$$

⑥ 二次搬运费

$$二次搬运费 = 直接工程费 \times 二次搬运费费率$$

$$二次搬运费费率 = \frac{年平均二次搬运费开支额}{全年建安产值 \times 直接工程费占总造价比例}$$

或以现场签证为准，按实计算。

⑦ 大型机械设备进出场及安拆费

$$大型机械进出场及安拆费 = \frac{一次进出厂及安拆费 \times 年平均安拆次数}{年工作台班}$$

⑧ 混凝土、钢筋混凝土模板及支架费

$$模板及支架费 = 模板摊销量 \times 模板价格 + 支、拆、运输费$$

式中　摊销量 = 一次使用量 ×（1 + 施工损耗）×［1 +（周转次数 - 1）× 补损率/周转次数 -（1 - 补损率）×50%/周转次数］

$$租赁费 = 模板使用量 \times 使用日期 \times 租赁价格 + 支、拆、运输费$$

⑨ 脚手架费

$$脚手架搭拆费 = 脚手架摊销量 \times 脚手架价格 + 搭、拆、运输费$$

式中　脚手架摊销量 = $\dfrac{单位一次使用量 \times（1 - 残值率）}{耐用期/一次使用期}$

$$租赁费 = 脚手架每日租金 \times 搭设周期 + 搭、拆、运输费$$

⑩ 已完工程及设备保护费：已完工程及设备保护费按施工组织设计中确定的保护措施计算。包括成品保护所需的人工费、材料费、机械费。

⑪ 施工排水、降水费

$$施工排水、降水费 = \sum 排水、降水机械台班费 \times 排水、降水周期 +$$
$$排水、降水使用的人工费、材料费$$

对于措施费的计算，本书中只列出通用措施费项目的计算方法，各专业工程的专用措施费项目的计算方法由各地区或国务院有关专业主管部门的工程造价管理机构自行确定。

2. 间接费的组成及计算

间接费是指建筑安装工程施工中，除在该项工程上直接耗用的人力、物力以外，建筑安装企业为组织施工和进行经营管理以及间接为建筑安装生产服务的各项费用。

（1）间接费的组成：它由规费和企业管理费组成。

1）规费：规费是指政府和有关权力部门规定必须缴纳的费用（简称规费）。内容包括：

① 工程排污费：是指施工现场按规定缴纳的工程排污费。

② 工程定额测定费：是指按规定支付工程造价（定额）管理部门的定额测定费。

③ 社会保障费，包括：a. 养老保险费：是指企业按规定标准为职工缴纳的基本养老保险费。b. 失业保险费：是指企业按照国家规定标准为职工缴纳的失业保险费。c. 医疗保险费：是指企业按照规定标准为职工缴纳的基本医疗保险费。

④ 住房公积金：是指企业按规定标准为职工缴纳的住房公积金。

⑤ 危险作业意外伤害保险：是指按照建筑法规定，企业为从事危险作业的建筑安装施工人员支付的意外伤害保险费。

2）企业管理费：企业管理费是指建筑安装企业组织施工生产和经营管理所需费用。包括：

① 管理人员工资：是指管理人员的基本工资、工资性补贴、职工福利费、劳动保护费等。

② 办公费：是指企业管理办公用的文具、纸张、账表、印刷、邮电、书报、会议、水电、烧水和集体取暖（包括现场临时宿舍取暖）用煤等费用。

③ 差旅交通费：是指职工因公出差、调动工作的差旅费，住勤补助费，市内交通费和午餐补助费，职工探亲路费，劳动力招募费，职工离退休、退职一次性路费，工伤人员就医路费，工地转移以及管理部门使用的交通工具的油料、燃料、养路费及牌照费。

④ 固定资产使用费：是指管理和试验部门及附属生产单位使用的属于固定资产的房屋、设备仪器等的折旧、大修、维修或租赁费。

⑤ 工具用具使用费：是指管理使用的不属于固定资产的生产工具、器具、家具、交通工具和检验、试验、测绘、消防用具等的购置、维修和摊销费。

⑥ 劳动保险费：是指由企业支付离退休职工的易地安家补助费，职工退职金，六个月以上的病假人员工资，职工死亡丧葬补助费，抚恤费，按规定支付给离休干部的各项经费。

⑦ 工会经费：是指企业按职工工资总额计提的工会经费。

⑧ 职工教育经费：是指企业为职工学习先进技术和提高文化水平，按职工工资总额计提的费用。

⑨ 财产保险费：是指施工管理用财产、车辆保险费。

⑩ 财务费：是指企业为筹集资金而发生的各种费用。

⑪ 税金：是指企业按规定缴纳的房产税、车船使用税、土地使用税、印花税等。

⑫ 其他：包括技术转让费、技术开发费、业务招待费、绿化费、广告费、公证费、法律顾问费、审计费、咨询费等。

（2）间接费的计算

$$间接费 = 规费 + 企业管理费$$

1）间接费的计算方法按取费基数的不同分为以下三种：

① 以直接费为计算基础：

$$间接费 = 直接费合计 \times 间接费费率$$
$$间接费费率 = 规费费率 + 企业管理费费率$$

② 以人工费和机械费之和为计算基础：

$$间接费 = 人工费和机械费合计 \times 间接费费率$$
$$间接费费率 = 规费费率 + 企业管理费费率$$

③ 以人工费为计算基础：

$$间接费 = 人工费合计 \times 间接费费率$$
$$间接费费率 = 规费费率 + 企业管理费费率$$

2）规费费率和企业管理费费率

① 规费费率的计算

以直接费为计算基础：

$$规费费率 = \frac{\sum 规费缴纳标准 \times 每万元发承包价计算基数}{每万元发承包价中的人工费含量} \times 人工费占直接费的比例$$

以人工费和机械费合计为计算基础：

$$规费费率 = \frac{\sum 规费缴纳标准 \times 每万元发承包价计算基数}{每万元发承包价中的人工费含量和机械费含量} \times 100\%$$

以人工费为计算基础：

$$规费费率 = \frac{\sum 规费缴纳标准 \times 每万元发承包价计算基数}{每万元发承包价中的人工费含量} \times 100\%$$

② 企业管理费费率的计算

以直接费为计算基础：

$$企业管理费费率 = \frac{生产工人年平均管理费}{年有效施工天数 \times 人工单价} \times 人工费占直接费的比例$$

以人工费和机械费合计为计算基础：

$$企业管理费费率 = \frac{生产工人年平均管理费}{年有效施工天数 \times (人工单价 - 每一日机械使用费)} \times 100\%$$

以人工费为计算基础：

$$企业管理费费率 = \frac{生产工人年平均管理费}{年有效施工天数 \times 人工单价} \times 100\%$$

3. 利润

利润是指施工企业完成所承包的工程获得的盈利。在编制概预算时，利润依据不同工程类别实行差别利润率。在投标报价时，企业可根据工程的难易程度，市场竞争情况和自身的经营管理水平自行确定合理的利润率。

$$利润 = 计费基数 \times 利润率$$

式中　计费基数可为直接费与间接费之和、人工费和机械费之和、人工费。

4. 税金

税金是指按国家税法规定的应计入建筑安装工程造价的营业税、城市维护建设税及教育费附加等。纳税人所在地在市区者综合税率为 3.413%，纳税人所在地在县镇者综合税率为 3.348%，纳税人所在地在农村者综合税率为 3.22%，各省市根据有关税务政策可做一些微调调整。

税金是以直接费、间接费、利润之和（即不含税工程造价）为基数计算。

$$税金 = (直接费 + 间接费 + 利润) \times 税率(\%)$$

3.2.2　工程量清单计价的费用构成

根据《建设工程工程量清单计价规范》的规定，建筑安装工程造价可由分部分项工程费、措施项目费、其他项目费、规费、税金组成。

1. 分部分项工程费

分部分项工程费包括以下内容：①人工费。②材料费。③施工机械使用费。④企业管理费（企业管理费包括管理人员工资、办公费、差旅交通费、固定资产使用费、工具用具使用费、劳动保险费、工会经费、职工教育经费、财产保险费、财务费用、税金、其他费用）。⑤利润。

2. 措施项目费

措施项目费包括以下内容：①安全文明施工费（含环境保护、文明施工、安全施工、临时设施）。②夜间施工费。③二次搬运费。④冬雨期施工费。⑤大型机械设备进出场及安拆费。⑥施工排水、降水费。⑦地上地下设施、建筑物的临时保护设施。⑧已完工程及设备保护费。⑨各专业工程的措施项目费。

3. 其他项目费

其他项目费包括以下内容：①暂列金额。②暂估价（包括材料（工程设备）暂估价和专业工程暂估价）。③计日工费。④总承包服务费。⑤其他：索赔、现场签证。

4. 规费

规费包括以下内容：①工程排污费。②社会保障费（养老保险费、失业保险费、医疗保险费）。③住房公积金。④工伤保险。

5. 税金

税金包括以下内容：①营业税。②城市维护建设税。③教育费附加。

3.2.3　建筑安装工程计价程序

建筑安装工程取费程序有两种：一种是工料单价法计价程序，另一种是综合单价法计价程序。

1. 工料单价法计价程序

工料单价法是以分部分项工程工程量乘以其单价合计为直接工程费，直接工程费内容包括人工费、材料费和机械使用费。直接工程费汇总后考虑措施费构成直接费，另加间接费、利润和税金生成工程发承包价。其计算程序分为以下三种：

（1）以直接费为计算基础（见表3-1）。

表3-1　以直接费为计算基础的计价程序

序　号	费用项目	计算方法	备　注
1	直接工程费	按预算表	
2	措施项目费	按规定标准计算	
3	小计	1＋2	
4	间接费	3×相应费率	
5	利润	（3＋4）×相应利润率	
6	合计（不含税工程造价）	3＋4＋5	
7	税金	6×相应税率	
8	工程造价（含税）	6＋7	

（2）以人工费和机械费为计算基础（见表3-2）。

表3-2　以人工费和机械费为计算基础的计价程序

序　号	费用项目	计算方法	备　注
1	直接工程费	按预算表	
2	其中人工费和机械费	按预算表	
3	措施项目费	按规定标准计算	
4	其中人工费和机械费	按规定标准计算	
5	小计	1＋3	
6	人工费和机械费小计	2＋4	
7	间接费	6×相应费率	
8	利润	6×相应利润率	
9	合计（不含税工程造价）	5＋7＋8	
10	税金	9×相应税率	
11	工程造价（含税）	9＋10	

（3）以人工费为计算基础（见表3-3）。

表3-3　以人工费为计算基础的计价程序

序　号	费用项目	计算方法	备　注
1	直接工程费	按预算表	
2	其中人工费	按预算表	
3	措施项目费	按规定标准计算	
4	其中人工费	按规定标准计算	
5	小计	1＋3	
6	人工费小计	2＋4	
7	间接费	6×相应费率	
8	利润	6×相应利润率	
9	合计（不含税工程造价）	5＋7＋8	
10	税金	9×相应税率	
11	工程造价（含税）	9＋10	

2. 综合单价法计价程序表

综合单价法是以分部分项工程单价为全费用单价，全费用单价内容包括直接工程费、间接费、利润和税金。措施费也可按此方法生成全费用单价。各分项工程量乘以综合单价的合价汇总后，生成工程发承包价格。

由于各分部分项工程中的人工、材料、机械含量的比例不同，各分项工程可根据其材料费占人工费、材料费、机械费合计的比例（以字母"C"代表该项比值）在以下三种计算程序中选择一种计算其综合单价。

（1）当 $C > C_0$，（C_0 为本地区原费用定额测算所选典型工程材料费占人工费、材料费、机械费合计的比例）时，可采用以人工费、材料费、机械费合计为基数计算该分项的间接费和利润（表3-4）。

表3-4　以直接费为计算基础的综合单价计价程序

序　号	费用项目	计算方法	备　注
1	分项直接工程费	人工费＋材料费＋机械费	
2	间接费	1×相应费率	
3	利润	（1＋2）×相应利润率	
4	合计	1＋2＋3	
5	工程造价（含税）	4×（1＋相应税率）	

（2）当为 $C < C_0$ 值的下限时，可采用以人工费和机械费合计为基数计算该分项的间接费和利润（表3-5）。

表3-5　以人工费和机械费为计算基础的综合单价计价程序

序　号	费用项目	计算方法	备　注
1	分项直接工程费	人工费＋材料费＋机械费	
2	其中人工费和机械费	人工费＋机械费	
3	间接费	2×相应费率	
4	利润	2×相应利润率	
5	合计	1＋3＋4	
6	工程造价（含税）	5×（1＋相应税率）	

（3）如该分项的直接费仅为人工费，无材料费和机械费时，可采用以人工费为基数计算该分项的间接费和利润（表3-6）。

表3-6　以人工费为计算基础的综合单价计价程序

序　号	费用项目	计算方法	备　注
1	分项直接工程费	人工费＋材料费＋机械费	
2	其中人工费	人工费	
3	间接费	2×相应费率	
4	利润	2×相应利润率	
5	合计	1＋3＋4	
6	工程造价（含税）	5×（1＋相应税率）	

第4章 建筑工程定额

4.1 定额概述

4.1.1 定额的概念

定额是在正常的施工生产条件下，规定完成单位合格产品所需各种消耗资源（人力、物力、财力）的数量标准。在建筑生产中，为了完成建筑产品，必须消耗一定数量的劳动力、材料和机械台班以及相应的资金。在正常的施工生产条件下，用科学方法制定出生产质量合格的单位建筑产品所需要消耗的劳动力、材料和机械台班等的数量标准，就称为建筑工程定额。

在社会生产中，为了生产某一合格产品，都要消耗一定数量的劳动力、材料、机械台班和资金，由于受到各种生产条件的影响，这种消耗数量各不相同。在一个产品生产中，这种消耗越大，产品的成本就越高，当产品价格一定时，企业的盈利就会减少，对社会的贡献也就减小。因此降低产品生产过程中的消耗，具有十分重要的意义。但是这种消耗的降低是有一定限制的，它在一定的生产条件下，必有一个合理的额度。规定出完成某一单位合格产品的合理消耗标准，就是生产性的定额。由于不同的产品有不同的质量要求和安全规范要求，因此定额就不单纯是一种数量标准，而是数量、质量和安全要求的统一体。

4.1.2 定额的水平

定额水平是一定时期社会生产力水平的反映，它与操作人员的技术水平、机械化程度、新材料、新结构、新工艺、新技术的发展和应用密切相关，与企业的组织管理水平和全体人员的劳动积极性也密切关。工程建设定额的定额水平，必须与当时的生产力发展水平相适应。人们一般把工程建设定额所反映的资源消耗量的多少称为定额水平。定额水平受一定的生产力发展水平的制约，一般来说，生产力发展水平高，则生产效率高，生产过程中的消耗就少，定额所规定的资源消耗量相应地降低，称为定额水平高；反之，生产力发展水平低，则生产效率低，生产过程中的消耗就多，定额所规定的资源消耗量相应地提高，称为定额水平低。

4.1.3 定额的特点

1. 定额的科学性

工程建设定额的科学性主要表现在定额的制定是在认真研究客观规律的基础上，遵循客观规律的要求，认真调查研究和总结生产实践经验，同时不断吸收现代科学技术的新成就，运用系统的、科学的方法制定的，它能正确反映生产单位合格产品所需的资源消耗量。

2. 定额的系统性

工程建设定额是相对独立的系统，工程建设定额是为工程建设这个庞大的实体系统服务的，工程建设的特点决定了它的系统性。工程建设本身多种类、多层次，是一个有着多项工程的集合体。每项工程的建设都有严格项目划分，如建设项目、单项工程、单位工程、分部分项工程等，在计划和实施过程中有着严密的逻辑阶段，如规划、可行性研究、设计、施工、竣工交付使用。与此相适应必然形成工程建设定额的多种类、多层次。

3. 定额的统一性

工程建设定额的统一性，主要是由国家对经济发展的有计划的宏观调控职能决定的。为了使国民经济按照既定的目标发展，就需要借助于某些标准、定额、参数等对工程建设进行规划、组织、调节、控制。而这些标准、定额参数必须在一定范围内是一种统一的尺度，才能实现上述职能，才能利用它进行项目的决策，进行设计方案、投标报价、成本控制进行比选和评价。

工程建设定额的统一性按照其影响力和执行范围来看，有全国统一定额，地区统一定额和行业统一定额等；按照定额的制定、颁布和贯彻使用来看，有统一的程序、原则、要求和用途。

4. 定额的可变性和相对稳定性

定额水平的高低是根据一定时期社会平均生产力水平确定的。随着科学技术水平和管理水平的提高，社会生产力的水平也必然提高，当原有定额已不能适应生产需要时，就要对它进行修订和补充。社会生产力的发展有一个由量变到质变的过程，存在一个变动周期，因此定额的执行在一段时间内表现出稳定状态。所以定额既不是固定不变的，但也不能朝定夕改，它既有严格的时效性，又有一个相对稳定的执行期间。

4.1.4　工程建设定额的分类

工程建设定额是工程建设中各类定额的总称，是一个综合性的概念。在基本建设工程中，定额的种类很多，可以按照不同原则和方法把它进行科学分类。

1. 按生产要素分类

工程建设定额按其生产要素，可分为劳动定额、材料消耗定额和机械台班使用定额。

（1）劳动定额：劳动定额又称人工定额，是指在正常施工生产条件下，完成单位合格建筑工程产品所需消耗的劳动力的数量标准。劳动定额大多采用时间定额的形式。

（2）材料消耗定额：材料消耗定额又称材料定额，是指在正常施工生产条件下，完成单位合格建筑工程产品所需消耗的各种材料的数量标准。包括工程建设中使用的原材料、成品、半成品、构配件、燃料以及水、电等动力资源等。

材料消耗定额在很大程度上可以影响材料的合理调配和使用。它关系到资源的有效利用，制定合理的材料消耗定额，是组织材料的正常供应，保证生产顺利进行，减少积压、浪费的必要前提。

（3）机械台班使用定额：机械台班使用定额是指在正常施工生产条件下，完成单位合格建筑工程产品所需消耗的机械台班的数量标准。按反映机械消耗的方式不同，机械台班使用定额可分为时间定额和产量定额两种表现形式。

2. 按编制程序和用途划分

（1）施工定额：施工定额是指在正常施工条件下，具有合理劳动组织的建筑安装工人，为完成单位合格工程建设产品所需人工、材料、机械台班消耗的数量标准。它包括劳动定额、材料消耗定额和机械台班使用定额，是最基本的定额，它是以同一性质的施工过程（工序）作为研究对象，表示生产产品数量与时间消耗综合关系编制的定额。施工定额是施工企业组织生产和加强管理，在行业内部使用的一种定额，属于企业生产、作业性质的定额。

（2）预算定额：预算定额是以施工定额为基础，以建筑物或构筑物的各个分部分项工程为对象编制的定额。其内容包括人工工日数，各种材料的消耗量，机械台班消耗量三部分。同时表示相应的地区基价。

预算定额是编制工程预算造价的重要依据，同时也是编制施工组织设计、工程结算和竣工决算等的依据。预算定额也是编制概算定额的基础。

（3）概算定额：概算定额是以扩大的分部分项工程为对象编制的，确定其人工、材料、机械台班的消耗量及费用的标准。是编制扩大初步设计概算时，计算和确定工程概算造价的依据。

（4）投资估算指标：投资估算指标用于编制投资估算，它是以独立的单项工程或完整的工程项目为计算对象，根据同类项目的预、决算等资料编制的定额。它是在项目建议书和可行性研究阶段编制投资估算、计算投资需要量时使用的，它非常概略，它的精确程度与可行性研究阶段相适应。

3. 按管理权限和适用范围划分

（1）全国统一定额：全国统一定额是由国家建设行政主管部门制定发布，在全国范围内执行的定额。它反映了全国建设工程生产力水平的一种状况，综合全国工程建设中技术和施工组织管理的情况编制。

（2）行业统一定额：行业统一定额是由国务院行业行政主管部门制定发布的，一般只在本行业和相同专业性质的范围内使用的专业定额。它是考虑到各行业部门专业技术特点，以及施工生产和管理水平编制的。如矿井工程建设定额、铁路工程建设定额。

（3）地区统一定额：地区统一定额是由各省、自治区、直辖市建设行政主管部门结合本地区的气候、物质资源、交通运输、经济技术等条件和特点，在全国统一定额的基础上做适当调整补充而编制的。

（4）企业定额：企业定额是由建筑安装施工企业结合本企业的生产技术和管理水平等具体情况，参考国家、部门或地区定额的水平制定的定额。企业定额只在企业内部范围内使用，是企业从事生产经营活动的重要依据，也是企业不断提高生产管理水平和市场竞争能力的重要标志。

（5）补充定额：补充定额是指随着设计、施工技术的发展，在现行定额不能满足需要的情况下，为了补充缺项所编制的定额。补充定额只能在指定的范围内使用，可以作为以后修订定额的基础。

4. 按专业性质分类

（1）建筑工程消耗量定额：建筑工程消耗量定额是指建筑工程的人工、材料、机械的消耗量标准。

（2）装饰装修工程消耗量定额：装饰装修工程是指房屋建筑的装饰装修工程。装饰装修工程消耗量定额是指建筑装饰装修工程的人工、材料、机械的消耗量标准。

（3）安装工程消耗量定额：安装工程是指各种管线、设备等的安装工程。安装工程消耗量定额是指安装工程的人工、材料、机械的消耗量标准。

（4）市政工程消耗量定额：市政工程是指城市的道路、桥梁等公共设施的建设工程。市政工程消耗量定额是指市政工程的人工、材料、机械的消耗量标准。

（5）仿古建筑及园林工程消耗量定额：仿古建筑及园林工程定额是指仿古建筑、园林工程的人工、材料、机械的消耗量标准。

（6）房屋修缮工程消耗量定额：房屋修缮工程消耗量定额是指房屋修缮工程的人工、材料、机械的消耗量标准。

4.2 劳动定额、材料消耗定额、机械台班使用定额

劳动定额、材料消耗定额、机械台班使用定额合称为施工定额，它是最基本的定额，也是编制预算定额的基础。

4.2.1 劳动定额

1. 劳动定额的概念

劳动定额又称人工定额。是指建筑安装工人在正常的施工（生产）条件下、在一定的生产技术和合理的劳动组织条件下、在平均先进水平的基础上制定的。它是指每个建筑安装工人生产单位合格产品所必须消耗的劳动时间，或在单位时间内所生产的合格产品的数量。

2. 劳动定额的作用

劳动定额的作用主要表现在组织生产和按劳分配两个方面。具体表现在以下几方面：

（1）劳动定额是签发施工任务书、编制施工进度计划、劳动工资计划及企业计划管理的依据。

（2）劳动定额是企业改善劳动组织，提高劳动生产率，挖掘企业生产潜力的基础。

（3）劳动定额是贯彻按劳分配原则，推行经济责任制的重要依据。建筑企业实行计件工资、计时奖励工资，都是以劳动定额为基准进行按劳分配的。

（4）劳动定额是企业经济核算的重要基础。

3. 劳动定额的表示方法

劳动定额又称人工定额，按照用途的不同可以分为时间定额和产量定额两种表现形式。

1）时间定额就是某种专业（工种）、某种技术等级的工人小组或个人，在合理的劳动组织、合理的使用材料、合理的施工机械配合条件下，生产某一单位合格产品所必需的工作时间。它包括准备与结束时间、基本工作时间、辅助工作时间、不可避免的中断时间以及工人必要的休息时间。例如，一砖半混水外墙的劳动定额为 2.07 工日/m³，即表示一个建筑安装工人完成 1m³ 一砖半混水外墙的所必需的工作时间为 2.07 工日。

时间定额以工日为单位，每一工日按 8h 计算。其计算公式为

$$单位产品时间定额(工日) = \frac{1}{每工产量}$$

或

$$单位产品时间定额(工日) = \frac{小组成员工日数总和}{台班产量}$$

2）产量定额就是在合理的劳动组合、合理的使用材料、合理的机械配合条件下，某种专业（工种）、某种技术等级的工人小组或个人，在单位时间（工日）中所完成的合格产品的数量。

产量定额根据时间定额计算，其计算公式为

$$每工产量 = \frac{1}{单位产品时间定额工日}$$

或

$$台班产量 = \frac{小组成员工日数的总和}{单位产品时间定额（工日）}$$

产量定额的计量单位，通常以自然单位或物理单位来表示。如台、套、个、m、m²、m³ 等。

产量定额的高低与时间定额成反比，两者互为倒数。生产某一单位合格产品所消耗的工时越少，则在单位时间内的产品产量就越高。反之就越低。

$$时间定额 \times 产量定额 = 1$$

时间定额和产量定额是同一个劳动定额量的不同表示方法，有着各自不同的用处。时间定额便于综合，便于计算总工日数，便于核算工资，所以劳动定额一般均采用时间定额的形式。产量定额便于施工班组分配任务，便于编制施工作业计划。

4. 劳动定额的编制方法

劳动定额的编制方法有技术测定法、统计分析法、经验估计法、比较类推法等。其中技术测定法是我国建筑安装工程收集定额基础资料的基本方法。

（1）技术测定法：技术测定法是在正常的施工条件下，对施工过程中的具体活动进行现场观察，详细记录工人和机械工作时间消耗及完成产品的数量，将记录的结果加以整理，客观地分析各种因素的影响，从而制定出劳动定额。

具体地说，首先，用时间测定的方法确定被选定的工作过程（施工定额研究对象）中各工序的基本工作时间和辅助工作时间，并相应地确定不可避免中断时间、准备与结束的工作时间以及休息时间占工作班延续时间的百分比。其次，计算各工序的标准时间消耗，并按该工作过程中各工序在工艺及组织上的逻辑关系进行综合，把各工序的标准时间综合成工作过程的标准时间消耗，该标准时间消耗即为该工作过程的定额时间。

这种方法有较高的科学性和准确性，但大量观测耗时耗力较多，常用来制定新定额和典型定额。根据施工过程的特点不同，技术测定法又分为测时法（用于研究以循环形式重复作业的工作），写实记录法和工作日写实法（可研究所有种类的工作），简易测定法（只测定定额时间中的作业时间）。

（2）统计分析法：统计分析法是将过去一定时期内在施工中积累的同类工程或生产同类产品的实际工时消耗和产量的统计资料，与当前生产技术和组织条件的变化因素结合起来进行分析研究，以制定劳动定额的一种方法。这种方法适合于施工条件正常，产品稳定且批量大，统计工作健全的施工过程。

（3）比较类推法：比较类推法也称典型定额法，它是选定一个精确测定好的典型项目定额，计算出同类型其他相邻项目定额的方法。例如已知架设单排脚手架的时间定额，推算架设双排脚手架的时间定额。比较类推法计算简便而准确，但选择典型定额要恰当合理，类推计算的结果有的需要作一定调整。这种方法适用于制定规格较多的同类型工作过程的劳动定额。

（4）经验估计法：此法适用于那些次要的、消耗量小的、品种规格多的工作过程的劳动定额。其完全是凭借经验，根据分析图样、现场观察，了解施工工艺、分析施工生产的技术组织条件和操作方法等情况来估计。采用经验估计法时，必须挑选有丰富经验的、秉公正派的工人和技术人员参加，并且要在充分调查和征求群众意见的基础上确定。

4.2.2　材料消耗定额

1. 材料消耗定额的概念

材料消耗定额是指在正常的施工（生产）条件下，在节约和合理使用材料的情况下，生产单位合格产品所必须消耗的一定品种、规格的材料、半成品、配件等的数量标准。

2. 材料消耗定额的内容

1）直接性消耗材料：施工中直接性材料也称非周转性材料或实体性材料，它是指在建设工程施工中，一次性消耗并直接构成工程实体的材料，如砖、石、水泥等。这类材料消耗量由材料净用量和材料损耗量两部分组成。材料净用量是指为了完成单位合格产品所必需的材料使用量，构成工程实体所净耗的材料数量。材料损耗量是指材料从现场仓库领出到完成合格产品的过程中不可避免的施工损耗，它包括场内搬运的合理损耗、加工制作的合理损耗和施工操作的合理损耗等。

用公式表示为

$$材料消耗量 = 材料净用量 + 材料损耗量$$

材料损耗量通常以材料损耗率来计算。材料损耗率是材料损耗量与材料消耗量之比。即

$$材料损耗率 = \frac{材料损耗量}{材料消耗量} \times 100\%$$

$$材料消耗量 = \frac{材料净用量}{1 - 损耗率}$$

为了简便，通常将材料损耗量与材料净用量之比，作为损耗率。即

$$材料损耗率 = \frac{材料损耗量}{材料净用量} \times 100\%$$

$$材料消耗量 = 材料净用量(1 + 材料损耗率)$$

2）周转性材料：周转性材料是指施工过程中能多次重复使用的材料，如脚手架、模板、土方工程的挡土板、支撑等。这类材料在施工中不是一次性消耗掉，而是在多次周转使用中逐渐消耗掉的。其消耗量的确定应按照多次使用、分次摊销的方法计算。

在材料消耗定额中，周转性材料每使用一次，在单位产品上的消耗量称为摊销量。

$$材料摊销量 = 周转使用量 - 回收量$$

周转使用量是指周转性材料在周转使用和补损的条件下，每周转一次平均所需的材料量。

$$周转使用量 = \frac{一次使用量 + 补损量}{周转次数}$$

$$= \frac{一次使用量 + 一次使用量 \times (周转次数 - 1) \times 损耗率}{周转次数}$$

$$回收量 = \frac{一次使用量 - (一次使用量 \times 损耗率)}{周转次数}$$

$$= 一次使用量 \times \frac{1 - 损耗率}{周转次数}$$

回收量是指每周转一次后，平均可以收回的材料量。

一次使用量是指周转性材料为完成产品每一次生产时所需要的基本量，也是第一次使用时投入的材料量。

周转次数是指周转性材料在补损的条件下，可以重复使用的次数，这与周转材料的坚固程度、使用寿命以及施工使用方法、管理、保养等有关。

损耗率又称补损率，是指周转性材料使用一次后，因损坏不能再次使用而必须补充的数量占一次使用量的百分数。

3. 材料消耗定额的制定方法

（1）直接性消耗材料：直接性消耗材料的净用量和损耗量可通过现场技术测定法、试验

法、统计分析法和理论计算法等方法获得。

1）现场技术测定法：现场技术测定法是在施工现场使用的测定方法，是指在合理使用材料的条件下，通过对完成合格产品的材料净用量和损耗量的观察与测定，然后分析、整理和计算，确定材料消耗定额的方法。

2）试验法：试验法是指在实验室或施工现场内对材料进行试验和测定，通过整理和计算，制定材料消耗定额的方法。如测定混凝土、砂浆、沥青、油漆、涂料等材料消耗。

3）统计分析法：统计分析法是指根据现场积累的分部分项工程拨付材料数量，剩余材料数量，完成产品数量的统计资料，经过分析研究、计算确定单位产品材料消耗量的方法。

4）理论计算法：理论计算法是指根据施工图所确定的建筑构件类型和其他技术资料，用理论计算公式计算，确定材料消耗定额的方法。此种方法只能计算出单位产品的材料净用量，材料的损耗量仍要在现场通过实测取得。

（2）周转性材料：制定周转性材料消耗定额的关键是确定该种材料的周转次数。影响材料周转次数的主要因素有以下几点：

1）周转性材料的结构及其坚固程度。

2）工程的结构、规格、形状的变化及相同工程的数量。

3）工程进度的快慢与使用条件的好坏，特别是工人操作技术的熟练程度。

4）周转性材料的保管情况、维修程度。

因此，周转性材料的消耗定额不可能完全用计算的方法确定，而是在深入施工现场调查、观测和大量统计分析的基础上，按合理的平均先进水平来确定。

4.2.3　机械台班使用定额

1. 机械台班使用定额的概念

在建筑安装工程中，有些工程产品或工作是由工人来完成的，有些是由机械来完成的，有些则是由人工和机械配合共同完成的。由机械或人机配合来完成的产品或工作中，就包含一个机械工作时间。

机械台班使用定额或称机械台班消耗定额，是指在正常施工条件下，合理的施工组合和使用机械，由技术熟练的工人操纵机械，完成单位合格产品或某项工作所必需消耗的机械工作时间的标准。它包括准备与结束时间、基本工作时间、辅助工作时间、不可避免的中断时间以及使用机械的工人生理需要与休息时间。

2. 机械台班使用定额的表现形式

机械台班使用定额按其表现形式不同，可分为机械时间定额和机械产量定额，此外还要考虑人工配合机械工作时的人工定额。

（1）机械时间定额：它是指在合理施工组织与合理使用机械条件下，某种机械完成单位合格产品所必需的工作时间。机械时间定额以"台班"为单位，即一台机械作业一个工作班时间称为一个台班。一个工作班时间为 8h。

$$单位产品机械时间定额（台班）= \frac{1}{台班产量}$$

由于机械必须由工人小组配合，所以完成单位合格产品的时间定额，同时列出人工时间定额。即

$$单位产品人工时间定额（工日）= \frac{小组成员总人数}{台班产量}$$

（2）机械产量定额：它是指在合理劳动组织与合理使用机械条件下，机械在每个台班时间内应完成合格产品的数量。机械产量定额的单位以产品的计量单位来表示，如 m^3、m^2、m、t、件等。用公式表示为

$$机械产量定额 = \frac{1}{机械时间定额}$$

机械时间定额和机械产量定额互为倒数关系。

例1 斗容量 $1m^3$ 正铲挖土机，挖四类土，装车，深度在 2m 内，小组成员 2 人，机械台班产量为 4.76（定额单位 $100m^3$），则利用机械产量定额与时间定额的倒数关系，便可以计算出机械的时间定额。

挖 $100m^3$ 的人工时间定额为(2/4.76) 工日 = 0.42 工日

挖 $100m^3$ 的机械时间定额为(1/4.76) 台班 = 0.21 台班

3. 机械台班使用定额的制定方法

（1）拟定机械正常施工条件：这包括确定正常的工作地点，即指对施工机械停置位置或行驶路线、材料或构件的堆放位置，工人操作场地等作出合理的布置；以及拟定合理的工人编制，即确定操作机械工人和直接参加机械化施工过程的工人的编制人数。

（2）确定机械净工作时间和净工作 1h 的生产率：机械的净工作时间是指完成基本操作所必须消耗的时间。它主要包括：机械的有效工作时间（即机械正常负荷和有根据的降低负荷下的工作时间），以及准备和结束工作时间（如机械开动、停机后清洗）；机械在工作循环中不可避免的无负荷时间（如运输汽车空车返回）；与操作有关的，循环的不可避免的中断时间（如运输汽车等待装卸）。

对于循环的工作机械（如单斗挖土机、起重机等），其净工作 1h 的生产率可以通过技术测定法来确定。对于连续动作机械（如碎石机、压路机等）生产率主要是根据机械性能来确定。

循环动作机械纯工作 1h 正常生产率可用下式表示：

机械一次循环的正常延续时间 = ∑ 循环各组成部分正常延续时间 – 交叠时间

$$机械纯工作1h循环次数 = \frac{60 \times 60(s)}{一次循环的正常延续时间}$$

循环动作机械纯工作 1h 正常生产率 = 机械纯工作 1h 循环次数 × 一次循环生产的产品数量
连续动作机械纯工作 1h 正常生产率可用下式表示

连续动作机械纯工作 1h 正常生产率 = 工作时间内生产的产品数量／工作时间(h)

（3）确定施工机械工作时间利用系数：施工机械工作时间利用系数是指机械净工作时间与工作班延续时间的比值。

$$即施工机械工作时间利用系数 = \frac{机械在一个工作班内净工作时间}{一个工作班延续时间(8h)}$$

工作班延续时间仅考虑生产产品所必须消耗的定额时间，它除了净工作时间之外，还包括其他工作时间。其他工作时间主要是：机械操纵者或配合机械的工人在工作班内或任务内的准备与结束工作时间；正常维修保养机械等辅助工作时间；以及工人休息时间。而机械的多余工作时间（超过工艺规定的时间）、机械停工机工损失时间和工人违反劳动纪律所损失的时间则为非定额时间，不应考虑。

（4）计算机械台班产量定额

机械台班产量 = 该机械净工作 1h 的生产率 × 工作班延续时间（8h）× 机械时间利用系数

例 2 某规格的混凝土搅拌机，正常生产率是每小时生产 6.95m³ 混凝土，工作班内净工作时间是 7.2h，则工作时间利用系数为 7.2/8 = 0.9，机械台班产量为（6.95 × 8 × 0.9）m² = 50m³ 混凝土，生产每立方米混凝的时间定额为（1/50）台班 = 0.02 台班。

例 3 砌筑一砖砖墙，砂浆用 400L 灰浆搅拌机现场搅拌，其测定资料如下：运料 200s，装料 40s，搅拌 80s，卸料 30s，正常中断 10s，机械时间利用系数 0.8，试确定灰浆搅拌机的机械产量定额。

解：装料时间 + 搅拌时间 + 卸料时间 + 正常中断时间 = 160s < 运料时间 200s

所以装料时间、搅拌时间、卸料时间、正常中断时间为交叠时间，不能用以计算循环时间。灰浆搅拌机循环一次所需时间为 200s。

灰浆搅拌机的机械产量定额为：

$$（60 × 60/200）× 0.4 × 8h × 0.8m³/ 台班 = 46.08m³/ 台班$$

4.3 建筑工程消耗量定额

4.3.1 建筑工程消耗量定额概述

1. 建筑工程消耗量定额的概念

建筑工程消耗量定额也称预算定额，是指在正常合理的施工条件下，为完成一定计量单位的分项工程或结构构件，所消耗的人工、材料和机械台班的数量标准。

建筑工程消耗量定额，它是一种行业定额，有两种表现形式：一种是由国务院行业主管部门制定颁布《全国统一建筑工程基础定额》（GJD101—1995），即全国统一定额；另一种是由各地建设行政主管部门根据《全国统一建筑工程基础定额》结合本地区实际情况加以制定的地区定额。一般情况下地区定额不但表示人工、材料、机械的消耗量，同时还表示出相应单价。如辽宁省建筑工程计价定额（2008）。

2. 建筑工程消耗量定额的作用

（1）它是编制施工图预算，确定建筑安装工程造价的基础：施工图设计完成后，工程造价就取决于消耗量定额的水平和人工、材料、机械台班的单价。消耗量定额起着控制劳动力消耗、材料消耗和机械台班消耗的作用，进而起着控制工程造价的作用。

（2）它是编制施工组织设计的依据：施工组织设计的重要任务之一，是确定施工中所需人力、物力的供求量，并作出合理安排。施工单位在没有企业定额的情况下，根据消耗量定额也能比较精确地计算出施工中各项资源的需要量，为有计划地进行材料采购、预制构件加工、劳动力和施工机械的调配，提供可靠的计算依据。

（3）它是工程结算的依据：施工中按照工程进度对已完的分部分项工程进行结算，支付工程价款。这需要根据消耗量定额将已完成的分部分项工程造价算出。单位工程验收后，再按实际工程量、消耗量定额和施工合同进行结算。以保证建设单位资金的合理使用和施工单位的经济收入。

（4）它是合理编制招标控制价、投标报价的基础：随着工程造价改革的深化，消耗量定额的指令性作用逐渐削弱，对施工单位按照工程个别成本报价的指导性作用仍然存在。所以消耗量定额作为编制招标控制价的依据和施工企业报价的基础性作用仍将存在。

4.3.2 建筑工程消耗量定额的编制

1. 编制原则

（1）按社会平均水平确定定额水平的原则：社会平均水平是指在正常的施工条件，合理的施工组织和工艺条件，平均劳动熟练程度和劳动强度下，完成单位分项工程基本构造要素所需的劳动时间。这个水平是多数企业能够达到和超过，少数企业经过努力也能够达到的水平。

（2）技术先进，经济合理的原则：技术先进是指定额项目的确定、施工方法和材料的选择等，要及时反映和采用已经成熟并推广的新结构、新材料、新技术和先进的管理经验。经济合理是指定额所规定的消耗量指标，要符合当前大多数企业的生产和经营管理水平，按照生产过程中所消耗的社会必要劳动时间确定定额水平。

（3）简明适用，严谨准确原则：一是指定额的项目划分应简明扼要，具有可操作性，便于使用者掌握。二是要求定额的结构严谨，层次清晰，文字说明含义清楚，计算规则规定严密，各项指标综合因素互相衔接，准确无误。

（4）统一性和差别性相结合的原则：统一性就是通过编制全国统一定额，使建筑安装工程具有一个统一的计价依据，同时也使考核设计和施工的经济效果具有一个统一的尺度。差别性就是在统一性的基础上，各部门和省、自治区、直辖市主管部门可以在自己管辖的范围内，根据本部门和地区的具体情况，制定部门的地区性定额、补充性制度和管理办法，以适应我国幅员辽阔，地区间、部门间发展不平衡和差异大的实际情况。

2. 编制依据

（1）现行的全国统一劳动定额、材料消耗定额和机械台班使用定额。它是确定消耗量定额中人工、材料、机械台班消耗水平的依据，消耗量定额的计量单位的选择，也要以它为参考，从而保证二者的协调和可比性，减轻定额编制的工作量，缩短编制时间。

（2）现行设计规范、施工及验收规范、质量评定标准、技术和安全操作规程等建筑技术法规。这些是确定定额中人工、材料、机械台班消耗量时必须要考虑的因素。

（3）通用的标准设计和定型设计图集，以及有代表性的典型设计图样等设计资料。对图样进行认真的分析研究，计算出工程数量，作为编制定额时选择施工方法、确定定额含量的依据。

（4）有关科学实验、技术测定、统计资料和经验数据是确定定额水平的重要依据。成熟推广的新技术、新结构、新材料和先进施工方法等，是调整定额水平和增加新的定额项目所必需的依据。

（5）现行预算定额、材料预算价格、相关文件规定及其他基础资料。这些也是编制消耗量定额的依据和参考。

3. 定额编制中的主要工作

（1）制定定额的编制方案：它主要包括确定编制定额的指导思想、编制原则，明确定额的作用，确定定额的适用范围和内容等。

（2）确定定额项目名称和工作内容：定额的项目划分通常是以分项工程为基础的，作为计算工程量的基本构造要素，在此基础上编制定额项目。在划分定额项目确定定额项目名称的同时，确定各个分项工程的工作内容。

（3）确定定额的计量单位：计量单位主要是根据分部分项工程和结构构件形体特征及其变化规律确定。一般情况下，当长、宽、高都发生变化时，按 m^3 计算；当厚度不变，面积变化时，按 m^2 计算；当只有长度变化时，用延长米作为计量单位。另外，根据具体情况还可用吨、千克、套、个、台等作为计量单位。另外，为了提高定额的准确性，通常采用扩大单位的办法，把单位扩大 10、100、1000 倍，这样可以达到相应的准确性。同时还应规定定额小数位数的确定原则。

（4）确定施工方法：施工方法是确定定额项目用工数量，各种材料、成品或半成品的用量，施工机械类型及其台班用量等的依据。因此，编制定额时必须以施工验收规范、安全技术操作规程以及已经成熟和推广的新工艺、新材料、新结构、新的操作方法等为依据合理确定施工方法，使其正确反映当前的社会生产力水平。

（5）确定定额中的人工、材料、施工机械消耗量：定额中的人工、材料、施工机械消耗量指标，应根据定额的编制要求，以施工定额为基础，采用理论与实际相结合、图样计算与施工现场测算相结合、编制人员与现场工作人员相结合等方法进行计算和确定，使定额既满足政策要求，又与客观情况一致。

（6）编制定额项目表和拟定有关说明：定额项目表的一般格式是：横向排列为各分项工程的项目名称。竖向排列为分项工程的人工、材料、施工机械消耗量指标。有的项目表下部附注用以说明设计有特殊要求时，怎样进行换算和调整。

消耗量定额的主要内容包括：目录，总说明，各章、节说明，定额项目表以及有关附注、附录等。

4.3.3 建筑工程消耗量定额中各消耗指标的确定

1. 人工消耗指标的确定

消耗量定额中的人工消耗指标是指在正常的施工条件下，完成该定额项目单位分项工程所需的用工数量，它包括基本用工、辅助用工、超运距用工及人工幅度差。人工消耗指标一是根据现行的《全国建筑安装工程统一劳动定额》为基础进行计算的，二是以现场观察测定资料为基础确定的。

（1）基本用工：基本用工是指完成定额规定单位合格分项工程所包括的各项工作过程的施工任务必须消耗的主要工种用工。例如，在完成墙体工程中的砌砖、调运砂浆、铺砂浆、运砖等所需的工日数量。用工数量按综合取定的工程量和相应劳动定额进行计算。

$$基本用工 = \sum (综合取定的工程量 \times 劳动定额)$$

（2）辅助用工：辅助用工是指劳动定额内未包括但在消耗量定额内又必须考虑的工时，如筛砂、洗石、淋石灰膏、材料零星加工等增加的用工量。

$$辅助用工 = \sum (材料加工数量 \times 相应加工材料的时间定额)$$

（3）超运距用工：超运距用工是指消耗量定额中取定的材料、半成品等运距一般比劳动定额规定的运距要大，而发生在超运距上运输材料、半成品的人工消耗即为超运距用工。

$$超运距用工 = \sum (超运距材料数量 \times 时间定额)$$

（4）人工幅度差：人工幅度差是指劳动定额作业时间之外，而在一般正常施工情况之下又不可避免的一些零星用工因素。这些因素不便计算出工程量，常以百分率计算。这些因素包括：

1）各工种之间的工序搭接及交叉作业所需停歇用工。

2）施工机械的临时维修用工、施工机械在单位工程之间转移及临时水电线路移动所造成的停工。

3）工程质量检查和隐蔽工程验收而影响作业的时间。

4）班组操作地点转移用工。

5）工序交接时对前一工序不可避免的检查、修整用工。

6）施工中不可避免的其他零星用工。

人工幅度差可用下式计算：

人工幅度差 =（基本用工 + 辅助用工 + 超运距用工）× 人工幅度差系数

人工幅度差系数一般为 10% ~ 15%。

以劳动定额为基础确定的人工工日消耗量可用公式表示如下：

人工工日消耗量 = 基本用工 + 超运距用工 + 辅助用工 + 人工幅度差

= （基本用工 + 超运距用工 + 辅助用工）×（1 + 人工幅度差系数）

2. 材料消耗量指标的确定

（1）材料消耗量的含义：材料消耗量是指在合理和节约使用材料的条件下，完成单位合格产品的施工任务所必需消耗的各种材料、成品、半成品、构配件及周转性材料的数量标准。

（2）材料分类：消耗量定额中的材料按其性质、用途等可分为如下几类：

1）主要材料：是指直接构成工程实体的材料，其中也包括成品、半成品材料。如标准砖、混凝土、钢筋等。

2）辅助材料：指除主要材料以外，构成工程实体但用量较少的其他材料。如垫木、钉子、钢丝等。

3）周转性材料：指脚手架、模板等多次周转使用的，不构成工程实体的摊销性材料。

4）其他材料：指用量较少，难以计量的零星用料。如棉纱、编号用的油漆等。

（3）材料消耗量的确定方法：建筑工程消耗量定额中主要材料、辅助材料消耗量的确定方法是以施工定额的材料消耗定额为计算基础。先计算出材料的净用量，然后确定材料的损耗率，最后计算出材料的消耗量，并结合测定的资料，综合测定出材料消耗指标。如果某些材料成品、半成品没有材料消耗定额时，则应选择有代表性的施工图样，通过分析、计算，求得材料消耗指标。

周转性材料消耗量的确定方法与施工定额中材料消耗量的确定方法一样，是按多次使用，分次摊销的方法计算的。

其他材料的确定，一般按工艺测算并在定额项目材料计算表内列出名称、数量，并依据编制期价格以其他材料占主要材料的比率计算，列在定额材料栏之下，定额内可不列材料名称及消耗量。

另外，值得注意的是，消耗量定额中材料的损耗率与施工定额中材料的损耗率不同，消耗量定额中材料的损耗率比施工定额中材料的损耗率范围更广，它必须考虑整个施工现场范围内材料堆放、运输、制作及施工操作过程中的损耗。

3. 机械台班消耗量指标的确定

消耗量定额中机械台班消耗量是指在正常施工条件下，为完成单位合格产品（分部分项工程或结构件）的施工任务所必须消耗的某种型号施工机械的台班数量。其机械台班消耗量指标一是按施工定额中"机械台班使用定额"并考虑一定的机械幅度差进行计算的，二是以现场观测资料为基础确定的。

以施工定额为基础来确定的机械台班消耗量可用公式表示如下：

机械台班消耗量 = 施工定额机械台班消耗量 + 机械幅度差

= 施工定额机械台班消耗量 ×（1 + 机械幅度差系数）

　　机械幅度差是指施工定额内未包括，而机械在合理的施工组织条件下所必须的机械停歇时间。其考虑的因素有：

（1）施工机械转移工作面及配套机械互相影响损失的时间。

（2）正常施工条件下，机械不可避免的工序间歇的时间。

（3）机械的临时维修所造成的机械停歇时间。

（4）临时水、电线路在施工中移动位置所发生的机械操作间歇时间。

（5）工程质量检查影响机械操作时间。

（6）施工开始和结束时，由于工作量不饱满所损失的时间。

（7）机械的偶然性停歇，如临时停水、停电所损失的时间。

（8）施工中不可避免的其他零星的机械中断时间等。

　　机械幅度差系数一般根据测定和统计资料取定。大型机械如土石方机械的机械幅度差系数为 25%，打桩机械为 33%，吊装机械为 30%。

　　按操作小组配用机械如垂直运输的塔式起重机、卷扬机、砂浆搅拌机、混凝土搅拌机等，一般以小组产量计算机械台班产量，不考虑机械幅度差。

　　分部工程专用机械如打夯、钢筋加工、木作、水磨石等专用机械，一般按机械幅度差系数为 10% 计算其台班消耗量。

　　占比重不大的零星小型机械按劳动定额小组成员计算出机械台班使用量，以"机械费"或"其他机械费"表示，不再列台班数量。

4.3.4　建筑工程消耗量定额的内容和应用

1. 建筑工程消耗量定额项目组成内容

　　建筑工程消耗量定额主要有总说明、目录、建筑面积计算规则、分部说明、工程量计算规则、定额项目表和定额附录（附表）等部分组成。

　　（1）总说明：在总说明中主要阐述定额的编制原则、编制依据、使用定额应遵循的原则和适用范围；所用材料规格、材料标准、允许换算的原则；编制定额时已经考虑和未考虑的因素；使用中应注意的事项和有关问题的规定等。

　　（2）建筑面积计算规则：建筑面积计算规则系统地规定了计算建筑面积的内容范围和方法，同时也规定了不计算建筑面积的范围。

　　（3）分部说明：分部说明是定额手册的重要组成部分，每一分部工程即为定额的每一章，在分部说明中介绍了分部工程定额内综合的内容、编制中有关问题的说明、执行中的一些规定、特殊情况的处理、调整系数、允许换算的有关规定。

　　（4）工程量计算规则：工程量计算规则详细介绍了各分部工程定额项目工程量计算的方法。

　　（5）定额项目表：定额项目表是定额的核心内容，一般由工作内容、定额单位、项目表和附注组成。

　　1）工作内容在定额项目表头上方说明分项工程的工作内容，主要工序操作方法及相应的计量单位。

　　2）项目表中包含各分项工程的定额编号、名称、人工工种、工日数、材料名称及数量、机械名称及数量，辽宁省 2008 定额还标有人工、材料、机械台班单价及合价。

　　3）在项目表下部可能有些说明和附注，这是对定额表中的某些问题进一步说明和补充。

（6）定额附录（附表）：定额附录（附表）放在预算定额的最后，是配合定额使用的一部分内容，供分析定额、换算定额和补充定额时使用。

部分定额项目表摘录如下：

表4-1 砌块砌体（编码：010304）

多孔砖墙、空心砖墙、砌块墙（编码：010304001）

工作内容：运、铺砂浆，运砖；砌砖包括窗台虎头砖、腰线、门窗套；安放木砖、铁件等。（单位：10m³）

项目编码			001	002	003	004
			3－74	3－75	3－76	3－77
项目			多孔砖墙			
			1/4 砖	1/2 砖	1 砖	1 砖半
基价/元			3193.80	2330.62	2176.66	2063.64
其中	人工费/元		488.19	488.19	411.02	328.55
	材料费/元		1883.18	1842.13	1765.64	1735.09
	机械费/元					
名　称		单位	消耗量			
人工	普工	工日	3.985	3.985	3.355	2.682
	技工	工日	5.978	5.978	5.033	4.023
材料	水泥砂浆 M7.5	m³	(1.29)	(1.50)	(1.89)	—
	混合砂浆 M5	m³	—	—	—	(2.21)
	多孔砖 240×115×90	千块	3.413	3.339	3.20	3.14
	机制砖（红砖）	千块	0.363	0.355	0.34	0.34
	水	m³	1.21	1.23	1.17	1.42

注：1. 本表录自 2008 年《辽宁省建筑工程计价定额》。

2. 基价 = 人工费 + 材料费 + 机械费，其中人工费 = $\sum$（人工工日消耗量×日工资单价）；材料费 = $\sum$（材料消耗量×相应材料单价）；机械费 = $\sum$（机械台班消耗量×相应台班单价）。

3. 定额中带有"（ ）"者均为未计价材料。

表4-2 现浇混凝土柱（编码：010402）

1. 矩形柱（编码：010402001）

工作内容：混凝土搅拌、水平运输、浇捣、养护。　　　　　　　　（单位：10m³）

项目编码			001	002	003	004
			4－23	4－24	4－25	4－26
项目			现浇混凝土			
			矩形柱		构造柱	
			商混凝土	现场混凝土	商混凝土	现场混凝土
基价/元			3193.80	2619.38	3228.56	2728.38
其中	人工费/元		190.57	595.12	225.62	704.56
	材料费/元		2999.36	1913.78	2999.07	1913.34
	机械费/元		3.87	110.48	3.87	110.48
名　称		单位	消耗量			
人工	普工	工日	3.546	11.072	4.198	13.108
	技工	工日	0.886	2.768	1.049	3.277

（续）

名　称		单位	消耗量			
材料	商品混凝土（综合）混凝土（二）砾石 C25 – 40 水泥 32.5MPa	m³	9.76	—	9.76	—
	水泥砂浆 1∶2	m³	—	9.86	—	9.86
	塑料薄膜	m³	0.31	0.31	0.31	0.31
	水	m³	4.00	4.00	3.36	3.36
		m³	1.212	6.664	1.199	6.594
机械	混凝土搅拌机 400L	台班	—	0.63	—	0.63
	灰浆搅拌机 200L	台班	0.04	0.04	0.04	0.04

注：1. 本表录自 2008 年《辽宁省建筑工程计价定额》。

　　2. 基价 = 人工费 + 材料费 + 机械费。

　　3. C25 – 40，C25 为混凝土标号（或强度等级），40 为粗骨料最大粒径。

表 4-3　土方工程（编码：010101）

2. 人工挖土方（编码：010101002）

工作内容：挖土，修理边底。　　　　　　　　　　　　　　　（单位：100m³）

项目编码		001	002	003	004
		1 – 2	1 – 3	1 – 4	1 – 5
项目		挖土方			
		一、二类土			
		深度（m）以内			
		1.5	2	4	6
基价/元		635.36	830.72	1254.88	1556.20
其中	人工费/元	635.36	830.72	1254.88	1556.20
	材料费/元	—	—	—	—
	机械费/元	—	—	—	—
名　称		单位	消耗量			
人工	普工	工日	3.985	3.985	3.355	2.682

注：1. 本表录自 2008 年《辽宁省建筑工程计价定额》。

　　2. 基价 = 人工费 + 材料费 + 机械费。

2. 定额手册的应用

（1）根据工程量计算规则正确计算工程量：工程量计算规则在定额手册中各章定额项目表的前面，系统地介绍了各分项工程工程量的计算方法，是计算工程量的直接依据。

（2）根据定额项目表计算各分项工程人工、材料、机械台班消耗量及其价格：在定额的使用中，一般可分为定额直接套用、定额的换算和编制补充定额三种情况。现以消耗量定额的地区表现形式——辽宁省计价定额为例说明具体的使用方法。

1）定额的直接套用

① 当施工图样设计要求与定额项目的内容相符时，可直接套用相应定额项目。在套用定额时应注意以下几点：

a. 正确选用定额项目，根据施工图样列出的分项工程所包括的工作内容和范围、采用的材料和做法等与定额规定完全相符时，才能正确套用。避免高套或低套现象的发生，如碎石灌浆不能套用毛石灌浆项目。

b. 分项工程量计算单位必须与定额计量单位相一致。例如定额中有些项目以 $10m^3$，$100m^2$ 等为计量单位，套用时应注意，以免影响造价的准确性。

c. 若分项工程的内容与定额中内容不完全一致，而定额又规定不允许换算或调整的，必须执行定额规定，套用相应定额项目。

② 定额的直接套用计算举例：

例 4　某工程用 M10 的水泥砂浆砌筑 1/2 砖的多孔砖墙，其工程量为 $60m^3$，试求该多孔砖墙的直接工程费及主要材料消耗量。

解：① 确定定额编号。由于该分项工程内容与定额规定的内容完全相符，即可直接套用定额项目，从定额目录中查得（见表 4-1，选择 3-75 子目）。

② 计算该分项工程直接工程费

查建设工程砂浆配合比标准可知：$1m^3$ 砌筑砂浆 M10，其单价为 149.44 元。

直接工程费 = 工程量 × 定额基价 + 未计价材料单价 × 未计价材料消耗量

$\qquad$ = $(60/10 \times 2330.62 + 1.5 \times 149.44)$ 元 = $(13983.72 + 224.16)$ 元 = 14207.88 元

其中人工费　$60/10 \times 488.19$ 元 = 2929.14 元

材料费　$(60/10 \times 1842.43 + 1.5 \times 149.44)$ 元 = $(11054.58 + 224.16)$ 元 = 11278.74 元

③ 计算主要材料消耗量（又称工料分析）

查建设工程砂浆配合比标准可知：配制 $1m^3$ 砌筑砂浆 M10 需水泥 32.5 级 323.00kg，中砂 $1.03m^3$，水 $0.40m^3$。

砌筑砂浆 M10　$60/10 \times 1.5m^3 = 9m^3$

其中，水泥 32.5 级　　　$323.00kg \times 1.5 \times 60/10 = 2907kg = 2.907t$

$\qquad$ 中砂　　　　　　$1.03m^3 \times 1.5 \times 60/10 = 9.27m^3$

$\qquad$ 水　　　　　　　$0.40m^3 \times 1.5 \times 60/10 = 3.6m^3$

多孔砖 $240 \times 115 \times 90$　　　$3.339 \times 60/10$ 千块 = 20.034 千块

水　　　　　　　　$60/10 \times 1.23m^3 = 7.38m^3$

2）定额的换算：当施工图设计的工程项目内容与选套定额项目的内容不完全一致，而定额又规定允许换算时，则应按定额规定的范围、内容和方法进行换算或调整，然后再套用换算或调整后的定额及其基价。对换算后的定额项目，应在其定额编号后注明"换"字以示区别，如：4-24 换。

① 定额换算的基本原理是：

换算后工料消耗量 = 分项工程定额工料消耗量 + 换入的工料消耗量 − 换出工料的消耗量

$\qquad$ 换算后的定额基价 = 定额基价 − 应换出的半成品数量 × 该半成品单价 +

$\qquad\qquad$ 应换入的半成品数量 × 该半成品单价

或

$\qquad$ 换算后的定额基价 = 定额基价 + （应换入的半成品单价 − 应换出的半成品单价）×

$\qquad\qquad$ 该半成品定额数量

② 定额换算的依据：在建筑安装工程预算定额的总说明、分章说明及附注内容中，对定额换算的范围和方法都有具体规定，这些规定是进行定额换算的基本依据。

③ 定额的换算主要表现在以下几个方面：

a. 混凝土、砂浆强度等级不同的换算：如施工图设计是 M7.5 混合砂浆砌筑墙体，而定额中砌筑砂浆为 M2.5，则在使用定额时需要换算，使其符合设计要求。再如施工图设计的是 C30 钢筋混凝土柱，而定额中柱的混凝土为 C20，则在使用定额时需要换算，使其符合设计要求。

b. 抹灰厚度不同的换算：对于抹灰砂浆的厚度，如设计与定额规定不同时，定额规定按实际调整。

c. 木门窗断面积的换算：当定额中木门窗框的取定断面与设计规定不同时，应按规定换算。框料以边框断面为准，扇料以主梃断面为准。

即换算后的相应木材用量 $= \dfrac{\text{设计断面（加刨光损耗）}}{\text{定额断面}} \times$ 定额材料消耗量

d. 系数换算：当施工工艺条件不同时，发生对人工工日、机械台班消耗量的增减，定额中用人工乘系数、机械乘系数调整。如人工挖土项目，定额是以干土考虑，若挖湿土时，人工乘以系数 1.18。

e. 按定额说明有关规定的其他换算。

3）定额的换算计算举例：

例 5　某工程钢筋混凝土（C30）矩形柱（450mm×500mm）的工程量为 80m³，现浇混凝土，试求钢筋混凝土矩形柱的直接工程费及主要材料消耗量。

解：①确定定额编号：由于该分项工程内容与定额规定的内容不完全相符，即不可直接套用定额项目需进行换算，从定额目录中查得见表 4-2，选择 4-24 子目，以 4-24 换表示。

② 计算该分项工程直接工程费：查建设工程混凝土、砂浆配合比标准可知：1m³ 混凝土（砾石 C25 – 40 水泥 32.5 级）单价为 185.42 元，1m³ 混凝土（砾石 C30 – 40 水泥 32.5 级）单价为 193.37 元。

直接工程费 = 工程量 × 换算定额基价

换算定额基价 = 定额基价 +（应换入的半成品单价 – 应换出的半成品单价）× 该半成品定额数量 = 2619.38 +（193.37 – 185.42）× 9.86 = 2697.77

直接工程费 = 80/10 × 2697.77 元 = 21582.16 元

其中人工费　80/10 × 595.12 元 = 4760.96 元

材料费　　　80/10 × [1913.78 +（193.37 – 185.42）× 9.86] 元 = 15937.34 元

机械费　　　80/10 × 110.48 元 = 883.84 元

③ 计算主要材料消耗量（又称工料分析）：查建设工程混凝土、砂浆配合比标准可知：配制 1m³ 混凝土（砾石 C30 – 40 水泥 32.5 级）需 32.5 级水泥 422.00kg，砾石 0.86m³，砂 0.38m³，水 0.18m³。配制 1m³ 1：2 水泥砂浆需 32.5 级水泥 557.00kg，粗砂 0.94m³，水 0.30m³。

矩形柱混凝土（C30）　　　　　80/10 × 9.86m³ = 78.88m³

其中，水泥 32.5 级　422kg × 9.86 × 80/10 = 33287.36kg = 33.29t

　　　砾石　　　　　0.86m³ × 9.86 × 80/10 = 67.837m³

　　　砂　　　　　　0.38m³ × 9.86 × 80/10 = 29.974m³

　　　水　　　　　　0.18m³ × 9.86 × 80/10 = 14.198m³

水泥砂浆 1：2　　　　　　　　80/10 × 0.31m³ = 2.48m³

其中，水泥 32.5 级　557.00kg × 0.31 × 80/10 = 1381.36kg = 1.381t

砂　　　　　　　　$0.94m^3 \times 0.31 \times 80/10 = 2.331m^3$

水　　　　　　　　$0.30m^3 \times 0.31 \times 80/10 = 0.744m^3$

水　　　　　　　　　　　$80/10 \times 6.664m^3 = 53.312m^3$

合计：水泥32.5级　　$33.29t + 1.381t = 34.671t$

砾石　　　　$67.837m^3$

砂　　　　　$29.974m^3 + 2.331m^3 = 32.305m^3$

水　　　　　$14.198m^3 + 0.744m^3 + 53.312m^3 = 68.254m^3$

例6　某工程人工挖土方，二类土、湿土、其工程量为120m³，试求该工程的直接工程费及人工消耗量。

解：①确定定额编号：由于该分项工程内容与定额规定的内容不完全相符，即不可直接套用定额项目需进行换算，从定额目录中查得见表4-3，选择1-3子目，以1-3换表示。

② 计算该分项工程直接工程费

定额规定人工土方定额是按干土编制的，如挖湿土时，人工乘以系数1.18。

直接工程费 = 工程量 × 换算定额基价

换算定额基价 = 定额基价 + 人工费 × (1.18 − 1) = 980.25

直接工程费 = 1.2 × 980.25 = 1176.3 元

其中，人工费 = 1176.3 元

③ 计算人工消耗量

人工　$3.985 \times 1.18 \times 1.2$ 工日 = 5.643 工日

4）编制补充定额：随着科学技术的飞速发展，新型的建筑材料不断涌现，新工艺、新结构层出不穷。为了满足编审工程造价的要求，就需要编制一定的补充定额。

编制补充定额的方法通常有两种：一是按消耗量定额的编制方法计算人工、材料、机械台班消耗量指标；二是参照同类工序、同类型产品消耗量定额的人工、机械台班指标，而材料消耗量则是按施工图样进行计算或实际测定。

4.4　建筑工程人工、材料、机械台班单价的确定

4.4.1　人工单价的确定

人工工日单价是指一个建筑安装工人工作一个工作日应计入预算中的全部人工费用。当前，我国生产工人的工日单价主要包括基本工资、工资性津贴、辅助工资、职工福利费和劳动保护费。

1. 基本工资

是指生产工人将一定时间的劳动消耗在生产上所得到的劳动报酬。一般由岗位工资、技能工资和年功工资（按职工工作年限确定的工资）组成。

2. 工资性津贴

是指为了补偿工人额外或特殊的劳动消耗及为了保证工人的工资水平不受特殊条件影响，而以补贴形式支付给工人的劳动报酬。如物价补贴、交通补贴、流动施工津贴及地区津贴等。

3. 辅助工资

是指生产工人年有效施工天数以外非作业天数的工资。如职工学习培训期间的工资，调动

工作、探亲、休假期间工资，因气候影响的停工工资，女工哺乳时间的工资，病假在六个月以内的工资及产、婚、丧假期的工资等。

4. 职工福利费

是指按规定标准计取的职工福利费。

5. 生产工人劳动保护费

是指按规定标准发放的劳动保护用品等的购置费、修理费和特殊工程及特殊环境施工的保健费、防暑降温费等。

近几年，国家陆续出台了养老保险、医疗保险、住房公积金、失业保险等社会保障的改革措施，新的工资标准会将上述内容逐步纳入人工单价之中。

人工单价在各地区并不完全相同，但其中每一项内容都是根据有关法规、政策文件的精神，结合本部门、本地区的特点，通过反复测算最终确定的。2008 年《辽宁省建筑工程计价定额》中人工日工资单价为：普工 40 元，技工 55 元（其中抹灰、装饰 65 元）。

4.4.2 材料预算价格的确定

材料费在建设工程造价中占有很大比重，如建筑工程中的材料费约占工程造价的 60% ~ 70%，是直接工程费的主要组成部分。

材料预算价格是指工程材料（包括构配件、半成品等）从其来源地或交货地点，运达工地仓库（或工地内存放材料的地方）后的出库价格。它一般由材料原价、供销部门手续费、材料包装费、运输费、运输损耗费、采购保管费等组成。

1. 材料原价

材料原价是指材料的出厂价、销售部门批发价和市场采购价格；进口材料则按国家批准的进口物资调拨价格或材料到岸价为原价。在确定材料原价时，同一种材料因产地、供货单位或生产厂家不同而有几种原价时，应根据不同来源地的供应数量的比例，采取加权平均的方法计算其综合原价。计算公式：

$$加权平均原价 = \sum（各来源地材料数量 \times 相应单价）/\sum 各来源地材料数量$$
$$= \sum（各来源地材料原价 \times 各来源地数量百分比）$$

例 7 某工程所需水泥 32.5 级，由甲地供应 200t，每吨 160 元，乙地供应 400t，每吨 155 元，丙地供应 350t，每吨 150 元，计算每吨水泥的综合平均市场价。

解： ① 综合平均市场价 = (200 × 160 + 400 × 155 + 350 × 150)/(200 + 400 + 350)元/t = 154.2 元/t

② 甲地占 200/(200 + 400 + 350) = 21%

乙地占 400/(200 + 400 + 350) = 42%

丙地占 350/(200 + 400 + 350) = 37%

综合平均市场价 = (160 × 21% + 155 × 42% + 150 × 37%)元/t = 154.2 元/t

2. 供销部门手续费

供销部门手续费指根据国家现行的物资供应体制，不能直接向生产厂家采购、订货，需通过物资部门供应而发生的经营管理费用。不经物资供应部门的材料，不计供销部门手续费。

供销部门手续费 = 材料原价 × 供销部门手续费率

供销部门手续费率由地区物资管理部门规定，一般 1% ~ 3%

3. 材料包装费

材料包装费是指为了便于运输，保护材料免受损坏或损失，而必须进行包装时所需的费用。材料包装费应按下面几种情况分别计算：

（1）材料原价中生产单位负责包装材料的情况：像水泥、玻璃、铁钉、卫生瓷器、油漆等材料，其包装费已计算在材料原价内，就不再计算包装费用。但对某些能回收的包装品，应计算包装品回收价值，并从材料预算价格中扣除。其计算公式为

$$包装品回收价值 = \frac{包装品原价 \times 回收率 \times 回收价值率}{包装品标准容量}$$

式中，回收率是指包装品回收量占其原量的比例；回收价值率是指包装品回收时的价值与其原价的比值。若包装费未计入原价的，则应计算包装费。

（2）采购单位自备包装且包装品周转多次使用的情况：这时应按摊销方法计算包装费，列入材料预算价格中。其计算公式为

$$包装费 = \frac{包装品原价 \times (1 - 回收率 \times 回收价值率) + 使用期间维修费用}{周转使用次数 \times 包装品标准容量}$$

（3）材料原价中不包括包装费或采购单位自备包装品，但其包装品一次使用情况：这时应分别计算包装品原值和其回收值，并将原值和扣除回收值后的净值作为包装费计入材料预算价中。

（4）租赁包装品时，其包装费按租金计算。

4. 材料运输费

材料运输费是指材料由来源地或交货地点起（包括中间仓库转运）运至工地仓库（或存放地点）止，全部运输过程中发生的一切费用。包括运费、调车费或驳船费、装卸费及附加工作费等。运费是指火车、轮船、汽车的材料运费，它一般分外埠运费、市内运费、中心仓库至工地仓库的运费三段进行计算。调车费是指铁路机车往专用线、货物支线调送车辆的费用。驳船费是在港口用驳船从码头到船舶取送货物的费用。装卸费是指给火车、轮船、汽车装卸货物时所发生的费用。附加工作费是指材料从货源地运至工地仓库期间所发生的材料搬运、分类堆放及整理时发生的费用。

同一种材料若有几个来源地，其运费可根据每个来源地的运输里程、运输方法、运价标准，采用加权平均方法计算。

5. 材料运输损耗费

材料运输损耗费又称场外运输损耗费，是指材料在到达工地仓库（或存放地点）之前的全部运输过程中的不可避免的合理损耗。材料运输损耗费一般按下式计算

材料运输损耗费 =（材料原价 + 供销部门手续费 + 包装费 + 运输费）× 场外运输损耗费率

6. 材料采购保管费

材料采购保管费是指材料供应部门（包括工地仓库及以上各级材料管理部门）在组织材料采购、供应和进行保管过程中所需的各种费用，包括材料在工地仓库储存保管期间所发生的损耗费。材料采购保管费通常是按费率来计算。

材料采购保管费 =（材料原价 + 供销部门手续费 + 包装费 + 运输费 + 运输损耗费）× 采购保管费率

综上所述，材料预算价值的一般计算公式如下：

材料预算价格 =［材料原价 × (1 + 供销部门手续费率) + 包装费 + 运输费 + 运输损耗费］× (1 + 采购保管费率) - 包装品回收价值

例 8　某住宅工程，水泥分别从甲、乙、丙三地采购，所占比例分别为 40%、40%、20%，价格分别为 290 元/t，310 元/t，330 元/t，包装费 1.5 元/袋，装卸费 1.0 元/袋，运输费分别为 15 元/t，25 元/t，20 元/t，运输损耗费率 1.5%，采购及保管费费率为 3.5%，一包装袋 1.5 元，按 65% 回收，价值回收费 50% 考虑，计算每吨水泥的预算价格（1t 水泥 20 袋）。

解：水泥原价 =（290 × 40% + 310 × 40% + 330 × 20%）元 = 306 元

包装费 = 20 × 1.5 元 = 30 元

装卸费 = 20 × 1.0 元 = 20 元

运输费 =（15 × 40% + 25 × 40% + 20 × 20%）元 = 20 元

运输损耗费 =（306 + 30 + 20 + 20）× 1.5% 元 = 5.64 元

采购及保管费 =（306 + 30 + 20 + 20 + 5.64）× 3.5% 元 = 13.35 元

包装品回收值 = 20 × 1.5 × 65% × 50% 元 = 9.75 元

每吨水泥预算价格 =（306 + 30 + 20 + 20 + 5.64 + 13.35 - 9.75）元 = 385.24 元

4.4.3　机械台班单价的确定

随着我国施工机械化水平的不断提高，施工机械费在工程造价中的比重正逐步增大。确定合理的机械台班单价（又称台班使用费），不仅直接关系到预算造价的准确性，而且也使施工机械的消耗得到合理的补偿，使企业能不断改善施工机械的装备。这对于促进建设行业机械化的发展，提高企业劳动生产率，加快基本建设速度都具有现实的意义。

施工机械台班单价是指一台施工机械，在正常运转条件下，一个工作班中所需支付及分摊的各项费用之和。每台班按 8h 工作制计算。

机械台班单价按费用因素的性质，可划分为两大类：即第一类费用和第二类费用。

1. 第一类费用的计算

第一类费用又称不变费用。它的特点是不管机械运转程度如何，不管施工地点和条件的变化，都需要支出，是一种比较固定的费用。这类费用是根据施工机械的年工作制度，按全年所需要费用分摊到每一台班中。

（1）机械折旧费：它是指施工机械在规定的使用期限内，陆续收回其原值及支付贷款利息的费用。其计算公式为

$$台班折旧费 = \frac{机械预算价格 ×（1 - 残值率）× 贷款利息系数}{耐用总台班}$$

国产机械预算价格是指机械出厂价加上从生产厂家（或销售单位）交货地点运至使用单位机械管理部门验收入库的全部费用。进口机械预算价格是指进口机械到岸完税价格加上关税、外贸部门手续费、银行财务费等以及由口岸运至使用单位机械管理部门验收入库的全部费用。

残值率是指施工机械报废时其回收的残余价值占机械原值（即机械预算价格）的比率。

贷款利息系数是指为了补偿企业贷款购置机械设备所支付的利息，从而合理反映资金时间价值，以大于 1 的贷款利息系数，将贷款利息（单利）分摊在台班折旧费中。其计算公式为

$$贷款利息系数 = 1 + \frac{(n + 1)}{2}i$$

式中　n 为机械的折旧年限；i 为设备更新贷款年利率。

耐用总台班又称使用总台班是指施工机械在正常施工作业条件下，从开始投入使用起到报废止，按规定应达到的使用总台班数。

$$耐用总台班 = 年工作台班 \times 折旧年限 = 大修周期 \times 大修间隔台班$$

大修周期是指机械在正常的施工作业条件下，将其寿命期按规定的大修理次数划分为若干个周期。即大修周期 = 寿命期大修理次数 + 1

大修间隔台班是指机械自投入使用起至第一次大修止或自上一次大修后投入使用起至下一次大修止，应达到的使用台班数。

（2）大修理费：它是指机械设备使用达到规定的期限（或大修间隔台班）进行必要的大修理，以恢复机械正常使用功能所需的全部费用。其计算公式为

$$台班大修理费 = \frac{一次大修理费 \times 寿命期内大修理次数}{耐用总台班}$$

一次大修理费是指机械设备按规定的大修理范围和修理工作内容，进行一次全面修理所消耗的工时、配件、辅助材料、油燃料以及送修运输等全部费用。

寿命期内大修理次数是指机械设备为恢复原机械功能按规定在使用期限内需要进行的大修理次数。

$$大修理次数 = 使用周期 - 1 = （耐用总台班／大修理间隔台班）- 1$$

（3）经常修理费：它是指机械设备除大修以外的为保障机械正常运转进行各种保养（包括一、二、三级保养）以及临时故障排除和机械停置期间的维护保养所需各项费用；为保障机械正常运转所需替换设备、随机使用工具附具的摊销和维护费用；机械运转与日常保养所需的润滑、擦拭材料费用等。其计算公式为

$$台班经常修理费 = \frac{\sum（各级保养一次费用 \times 各级保养次数）+ 临时故障排除费用 + 替换设备台班摊销费 + 工具附具台班摊销费 + 例保辅料费}{耐用总台班}$$

为简化计算，也可采用下列公式：

$$台班经常修理费 = 台班大修理费 \times K$$

系数 K 是根据历次编制定额时台班经常修理费与台班大修理费的比例综合确定的。

（4）安拆费及场外运输费用：安拆费是指机械在施工现场进行安装、拆卸所需的人工、材料、机械费及试运转费，以及安装所需要的辅助设施的费用。

$$台班安拆费 = [（机械一次安拆费 \times 年平均安拆次数）／年工作台班] + 台班辅助设施摊销费$$

$$台班辅助设施摊销费 = [辅助设施一次使用费 \times （1 - 残值率）]／辅助设施使用台班$$

场外运输费用是指机械整体或分体自停放场地运至施工现场或某一工地运至另一工地，所发生的运距在 25km 以内的运输、装卸、辅助材料以及架线等费用。超过 25km 或到外埠的转移运输费用另行计算。计算公式为：

$$台班场外运费 = \frac{（一次运输及装卸费 + 辅助材料一次摊销费 + 一次架线费）\times 年平均场外运输次数}{年工作台班}$$

某些大型机械，如塔式起重机、施工电梯、打桩机等，其安拆费及场外运输费用往往不分摊到台班单价中，在编制预算时单独计取费用。

2. 第二类费用的计算

第二类费用的特点是只有在机械作业运转时才发生，且还会因地区和条件的改变而变化，因此又称为可变费用。

（1）人工费：机械台班中的人工费是指机上司机、司炉和其他操作机械的工人的工作日

工资及上述人员在机械规定的年工作台班以外的基本工资及工资性津贴等。

（2）动力燃料费：它是指机械在运转施工作业中所耗用的电力、固体燃料（煤炭、木柴）、液体燃料（汽油、柴油）、电力、风力和水等的费用。

$$台班动力燃料费 = 台班动力燃料消耗量 \times 相应单价$$

（3）养路费及车船使用税：它是指机械按照国家有关规定应交纳的养路费和车船使用税。按各省、自治区、直辖市规定标准计算后列入定额。其计算公式为

$$台班养路费及车船使用税 = \frac{载重量（或核定吨位） \times [养路费（元/（月 \cdot t）） \times 12 + 车船使用税（元/（t \cdot 年））]}{年工作台班}$$

其中核定吨位：运输车辆按载重量计算；汽车式起重机、轮胎式起重机、装载机按自重计算。

例9　某设备预算价格为 225000 元，该设备报废时残值率为 5%，按国家规定该设备使用 5 年，每年工作台班 800 台班，一次大修理费用 15000 元，每年年终大修一次，经常修理费为大修理费的 1.5 倍，该设备需配备 3 个工人，人工单价为 60 元/台班，该设备燃料动力费为 55 元/台班，养路费为 90 元/台班。计算设备机械台班单价。

解：耐用总台班 = 800 × 5 台班 = 4000 台班

台班折旧费 = ［225000 × （1 - 5%）］/4000 = 53.438 元

台班大修理费 = ［15000 × （5 - 1）/4000］元 = 15 元

经常修理费 = 1.5 × 15 元 = 22.5 元

机械台班单价 = （53.438 + 15 + 22.5 + 60 × 3 + 55 + 90）元 = 415.938 元

4.5　企　业　定　额

4.5.1　企业定额的概念、性质和作用

1. 企业定额的概念

企业定额是指建筑安装企业根据本企业的技术水平和管理水平，编制完成单位合格产品所必需的人工、材料和施工机械台班的消耗量，以及其他生产经营要素消耗的数量标准。企业定额反映企业的施工生产与生产消费之间的数量关系，是施工企业生产力水平的体现，每个企业均应拥有反映自己企业实力的企业定额。企业的技术和管理水平不同，企业的定额水平也就不同。因此，企业定额是施工企业进行施工管理和投标报价的基础和依据，从一定意义上讲，企业定额是企业的商业秘密，是企业参与市场竞争的核心竞争能力的具体表现。

2. 企业定额的性质

企业定额是建筑安装企业内部管理的定额，它是企业按照国家有关政策，法规以及相应的施工技术标准、验收规范、施工方法的资料，根据现行自身的机械装备状况、生产工人技术操作水平、企业生产（施工）组织能力、管理水平、机构的设置形式和运作效率以及可能挖掘的潜力情况，自行编制的，它是企业内部进行经营管理、成本核算以及投标报价的依据。

3. 企业定额的作用

在市场经济条件下，国家或地方政府部门颁布的定额，主要是起宏观管理和指导性作用。企业定额则是建筑企业生产与经营活动的基础，企业定额为施工企业编制施工作业计划、施工组织设计、成本核算提供了必要依据。企业定额反映了企业的劳动生产率和技术装备水平，同

时也是衡量企业管理水平的标尺，它代表了本企业的生产力水平。其主要作用有：①是企业计划管理的依据。②是编制施工组织设计和施工作业计划的依据。③是企业内部主要经济指标考核的基础。④是向施工队和施工班组下达施工任务书和限制领料、计算施工工时和工人劳动报酬的依据。⑤是企业走向市场参与竞争，加强工程成本管理，进行投标报价的主要依据。

4.5.2　企业定额的编制原则和意义

1. 企业定额的编制原则

（1）定额水平的平均先进原则：定额水平的高低直接影响着企业将来的发展。定额水平低，企业无法在竞争中获取机会，定额水平太高又会导致亏损。政府发布的参考定额的水平是社会平均水平。企业定额的水平应该是平均先进水平，只有平均先进水平才能提高企业的劳动生产率，才能真正体现企业的实力和管理水平，增强企业竞争力。所谓平均先进水平是指在正常条件下，多数班组或生产者经过努力可以达到，少数班组或生产者可以接近，个别班组或生产者可以达到的水平。一般来讲，它低于先进水平高于平均水平。

（2）定额内容和形式的简明适用原则：定额从内容到形式均要方便定额的贯彻和执行，要简明扼要，易于掌握，便于计算。既要满足施工管理与组织，又要能够满足工程计价的需要，贯彻简明适用原则关键做到项目齐全、项目粗细划分恰当，即项目划分细而不繁，粗而不漏，以工序为基础，适当进行综合；计量单位的选择要准确反映产品的特性，系数使用要恰当合理；说明和附注要明确，同时要在定额内体现本企业已经使用的新技术、新材料、新机具等内容。

（3）以专家为主编制定额的原则：编制企业施工定额，需要有一支经验丰富，技术与管理知识全面，有一定政策水平的专家队伍，以保证编制施工定额的延续性、专业性和实践性。

（4）坚持实事求是，动态管理的原则：企业定额的编制应坚持实事求是的原则，结合企业经营管理的特点，确定人工、材料、机械各项消耗的数量，对影响造价较大的主要常用项目，要多考虑施工组织设计，先进的工艺，从而使定额在运用上更贴切实际，技术上更先进，经济上更合理，使工程单价真实反映企业的个别成本。

市场行情瞬息万变，企业的技术、管理水平也在不断进步，不同的工程，在不同的时段，其价格都有可能不同，所以企业施工定额的编制要遵循动态管理的原则。

另外，企业施工定额的编制还要注意量价分离，及时采用新技术、新结构、新材料，新工艺等。

2. 编制企业定额的意义

（1）建立企业内部施工定额是实行工程量清单计价模式的需要：工程量清单计价模式是目前国际上通行的工程造价计价模式，由施工企业自主报价，通过市场竞争形成价格。在定额计价模式下，同一个工程，按照同样的计价依据来报价，这样不能完全体现出市场竞争，也不能真正确定其工程成本；在工程量清单计价模式下，各施工企业应建立起企业内部定额，按照本企业的企业定额、施工技术装备水平、管理水平、掌握的人工、材料、机械价格的信息及对工程利润的预期要求来确定工程报价。这样同一工程，由于其计价依据的差异所形成的价格也会不尽相同，这才能真正反映出企业成本的差异，在施工企业之间形成实力的竞争，从而真正达到市场形成价格的目的。

（2）企业定额的建立有助于规范建设项目的承发包行为：目前建筑市场竞争激烈，以预算定额为基础的报价被严重下浮，压低，这种恶性的竞争会使施工企业偷工减料或是层层转包，工程质量得不到保证，一些新工艺、新材料也得不到推广和使用，施工企业本身不能获得应有的充足的利润，甚至亏损，会影响企业的进一步发展。施工企业建立内部定额后，根据自身实力和市场价格水平参与竞争，能够反映企业个别成本，并且保证获得一定的利润，这将能规范招投标市场，有利于施工企业在建筑市场的公平竞争中求生存，求发展。

（3）建立企业定额有利于提高企业管理水平，推广先进施工技术，提高竞争力：施工企业要在激烈的市场竞争中取胜，就要降低成本，提高效益。企业定额的编制管理过程中，要多考虑合理的施工组织设计，采用先进的工艺，较好的施工技术装备水平、管理水平，采用平均先进水平进行编制，进而能够降低成本，提高效益。由于企业内部施工定额结合了企业自身技术力量，利用了科学管理的方法，它作为企业内部生产管理的标准文件，能够提高企业的竞争力和经济效益，为企业发展打下坚实的基础。

（4）建立企业定额有利于加速我国建筑企业综合生产能力的发展：我国加入 WTO 后，建筑企业将面临着与装备更精良、技术更先进的国际施工力量的竞争，因为国外施工企业会进入中国市场，我国施工企业也将走出国门。制定企业定额，施工企业可自觉运用价值规律和价格杠杆，及时掌握市场行情，在市场竞争中，不断学习和吸取先进的施工技术，充实和改进企业定额，以先进的企业定额指导企业生产，使企业的综合生产能力与企业定额水平得到共同提高。

4.5.3　企业定额的编制方法和依据

1. 编制方法

企业定额的编制方法可以依据编制子目特殊性，所占工程造价的比重，技术含量等因素选择不同的方法，以下几种方法仅供参考。

（1）现场观察测定法：我国多年来专业测定定额常用方法是现场观察测定法。它以研究工时消耗为对象，以观察测时为手段。通过密集抽样和粗放抽样等技术进行直接的时间研究，确定人工消耗和机械台班定额水平。这种方法的特点是，能够把现场工时消耗情况与施工组织技术条件联系起来加以观察、测时、计量和分析，以获得该施工过程的技术组织条件和工时消耗的有技术依据的基础资料。它不仅能为制定定额提供基础数据，而且也能为改善施工组织管理，改善工艺过程和操作方法，消除不合理的工时损失和进一步挖掘生产潜力提供依据。这种方法技术简便、应用面广和资料全面，适用影响工程造价大的主要项目及新技术、新工艺、新施工方法的劳动力消耗和机械台班水平的测定。这里要强调的是劳动定额中要包含人工幅度差的因素，至于人工幅度差考虑多少，是低于现行预算定额水平还是做不同的取值，由企业在实践中探索确定。

（2）经验统计法：经验统计法是运用抽样统计的方法，从以往类似工程施工的竣工结算资料和典型设计图样资料及成本核算资料中抽取若干个项目的资料，进行分析和测算的方法。运用这种方法，首先要建立一系列数学模型，对以往不同类型的样本工程项目成本降低情况进行统计、分析，然后得出同类型工程的平均值或平均先进值。由于典型工程的经验数据权重不断增加，使其统计数据越来越完善、真实、可靠。这种方法只要正确确定基础类型，然后对号入座就行了。此方法的特点是积累过程长、统计分析细致，使用时简单易行、方便快捷。缺点是模型中考虑的因素有限，而工程实际情况则要复杂得多，对各种变化情况的需要不能一一适应，准确性也不够。因此这种方法对于设计方案较规范的一般住宅建筑工程常用项目的人、材、机消耗及管理费测定较适用。

2. 定额换算法

定额换算法是按照工程预算的计算程序计算出造价，分析出成本，然后根据具体工程项目的施工图样、现场条件和企业劳务、设备及材料储备情况，结合实际情况对企业水平进行调增或调减，从而确定工程实际成本。在各施工单位企业定额尚未建立的今天，采用这种定额换算的方法建立部分定额水平，不失为一捷径。这种方法在假设条件下，把变化的条件罗列出来进行适当的增减，既比较简单易行，又相对准确，是补充企业一般工程项目人、材、机和管理费标准的较好方法之一，不过这种方法制定的定额水平要在实践中得到检验和完善。

3. 编制依据

（1）现行验收规范、技术、安全操作规程、质量评定标准。

（2）现场测定的技术资料和有关历史统计资料。

（3）有关混凝土、砂浆等半成品配合比资料和工人技术等级资料。

（4）现行的劳动定额、机械台班使用定额、材料消耗定额和有关定额编制资料及手册。

（5）现行全国通用的标准图集和典型图样。

（6）高新技术、新型结构、新研制的建筑材料和新的施工方法。

（7）目前本企业拥有的机械设备状况等。

4.5.4 企业定额的编制步骤

企业定额的编制方法有多种，无论采用何种方法，其编制步骤主要有以下几个方面：

（1）依照专群结合，以专为主的原则，建立企业定额编制小组，制定编制计划：定额的编制工作，需要一支有丰富的技术知识和管理经验的专业队伍，同时要有专职机构和人员负责组织，掌握方针政策，进行资料积累和管理工作。另外，还要有工人的配合，了解实际消耗水平，这样编制的定额才有实际性和操作性。

（2）进行大量的数据统计及分析工作：第一要熟悉政府的相关文件，进行市场考察，将企业的自身力量和市场需求相结合。掌握市场行情，然后进行企业定额的编制工作。第二要了解自己进行工程建设的实际成本，计算出各个项目的平均成本，形成自己的实物消耗量，同时要考虑竞争对手的能力。具体实施时，应以目前总公司在建工程为依托，进行大量的施工数理统计及分析工作，建立定额库的基本资料，并随时更新。

（3）制定企业定额的编制方案及计划：企业定额的编制方案及计划的主要内容有：一是明确参编人员的工作内容、职责及要求；二是确定企业定额的内容及专业划分；三是确定企业定额的册、章、节的划分和内容的框架，以及定额的结构形式。

（4）进行企业定额的编制工作

1）企业定额项目的划分：企业定额项目可以按施工方法不同、结构类型及形体复杂程度不同、建筑材料品种和规格不同、构造方法不同、施工作业面高度不同等进行划分。以分项工程为基本要素，合理确定其步距，同时应对分项工程的工作内容做简明扼要的说明。

2）确定定额项目的计量单位：依据分项工程的特点，原则上是能确切地、形象地反映产品的形态特征，且要准确、贴切，便于工程量及工料消耗的计算，同时能够保证定额的精度。

3）确定企业定额的消耗量指标：确定企业定额的消耗量指标是企业定额编制的重点和难点，企业定额的消耗量指标的确定，应根据企业采用的施工方法、新材料的替代以及机械装备的装配和管理模式，结合搜集整理的各类基础资料进行确定。企业定额的消耗量指标包括人工消耗指标、材料消耗指标和机械台班消耗指标等。

4）编制企业定额项目表：定额项目表的内容一般包括：项目名称、工作内容、计量单位、定额编号、人工、机械、材料消耗量指标、附注等。表格编排形式多种多样，一般依据定额的具体内容，按简明实用原则进行编制。

5）企业定额的册、章、节的编排：定额的册编排一般按工种、专业和结构部位划分，以施工顺序先后排列；章的编排和划分方法可以按同工种不同工作内容和不同生产工艺划分；节的编排可以按结构不同类别划分或按材料及施工方法不同划分。在每节中可分为若干项目，项目下面又可细分成不同子目。

6）企业定额相关项目说明的编制：企业定额相关项目说明包括：前言、总说明、目录、建筑面积计算规则、分部（分章）说明及工程量计算规则、分项工程工作内容等。

7）企业定额估价表的编制：根据投标报价工作的需要，企业可以编制企业定额估价表。企业定额估价表是在人工、材料、机械台班三项消耗量的企业定额的基础上，计算定额中每个分项工程及其子目在定额单位下的单价，并以表格形式体现形成企业定额估价表。企业定额估价表中的人工、材料、机械台班单价是企业通过市场调查，结合国家有关法律文件及规定由企业自主确定。

4.5.5　企业定额的编制中应该注意的问题

（1）合理的企业定额的水平，它能够有助于企业正确的决策，增强企业的竞争力，指导企业提高经济效益。因此，企业定额从编制到实行，必须经过科学、审慎的论证，才能用于企业招投标工作和成本核算管理。

（2）由于生产技术的发展，新材料、新工艺的不断出现，一些建筑产品会被淘汰，一些施工工艺将落伍，因此企业定额总有一定的滞后性，施工企业应该设立专门的部门和组织，及时搜集和了解各类市场信息和变化因素的具体资料，不断的补充、完善和调整企业定额，使之更具生命力和科学性，同时改进企业各项管理工作，保持企业在建筑市场竞争中的优势地位。

（3）在工程量清单计价模式下，由于不同的工程特征、实施方案等因素，不同的工程报价方式也有所不同，因此对企业定额要进行科学有效的动态管理，针对不同的工程，灵活使用企业定额，建立完整的工程资料库。

（4）企业定额要用先进的思想和科学手段来管理，施工单位应利用高速发展的计算机技术，建立起完善的工程测算信息系统，从而提高企业定额的工作效率和管理效能。

现在，我国加入 WTO 后，经济日趋全球化，由于企业定额代表了企业自身的实力，因此施工企业应高度重视企业定额的编制和应用，有效地控制成本，取得最大的经济效益，才能在日渐激烈的市场经济竞争中立于不败之地。

第5章 建筑工程工程量的计算

5.1 工程量概述

5.1.1 工程量的概念

1. 工程量的概念

工程量是把设计图样的内容按定额的分部分项工程或按结构构件项目划分，按工程量计算规则进行计算，以物理计量单位或自然计量单位表示的实体数量。物理计量单位是以分项工程或按结构构件的物理属性为计量单位，如长度、面积、体积和重量等；自然计量单位是指以客观存在的自然实体为单位的计算计量单位。如套、个、组、台、座等。

2. 工程量计算依据的资料

（1）审定的施工图样及设计说明，如相关图集、设计变更资料、图样答疑、会审记录等。

（2）经审定的施工组织设计或施工方案。

（3）工程施工合同，招标文件的商务条款。

（4）工程量计算规则等地方及国家标准。

5.1.2 工程量计算的一般原则

工程量计算准确与否会直接影响到工程造价的准确性。因此，工程量的计算必须认真仔细，并遵循一定的原则，这样才能保证工程造价的质量。工程量计算应遵循的原则有以下几点：

1. 计算项目应与相应地区的定额项目口径一致

计算工程量时，根据施工图列出的分部分项工程项目，它所包括的工作内容和范围，必须与定额中相应分项工程的规定一致。如楼地面工程卷材防潮层定额项目中，已包括刷冷底子油一遍附加层工料的消耗，所以在计算该分项工程时，不能再列刷冷底子油项目，否则就是重复计算工程量。

2. 计量单位应与相应地区定额规定的计量单位一致

按施工图样计算工程量时，分部分项工程的计量单位必须与定额相应项目中的计量单位一致。如现浇钢筋混凝土柱、梁、板定额计算单位是立方米。工程量的计量单位应与其相同。又如现浇钢筋混凝土整体楼梯定额计量单位按平方米计算，则其工程量的计量单位也按平方米（水平投影面积）计算。

3. 工程量的计算必须按工程量计算规则计算

预（概）算定额各个分部都列有工程量计算规则，在计算工程量时，必须严格执行工程量计算规则，才能保证工程量计算的准确性，如在砖墙工程量计算中，定额中规定了哪些是应扣除的体积，哪些是不应扣除的体积，应按其规定计算而不能擅自决定。

4. 工程量的计算必须与设计的施工图样规定一致

设计的施工图样是计算工程量的依据，工程量计算项目应与图样规定的内容保持一致，不得随意修改内容去高套或低套定额。

5. 工程量的计算必须准确，不重算，不漏算

各种数据在工程量计算过程中一般保留三位小数，计算结果通常保留两位小数，以保证计算的精确。

5.1.3　工程量计算的一般方法与计算顺序

1. 工程量计算的一般方法

为了准确地、快速地计算工程量，避免漏项、重复现象的发生，在计算中应按照一定的规律进行。计算工程量的方法实际上是计算顺序的问题，通常的计算顺序有两种：

（1）按照施工顺序计算：按照施工的先后顺序，即从平整场地、基础挖土算起，直至装修工程等全部施工内容结束为止。一般自下而上，由外向内依次进行计算。

（2）按照定额手册中各项目的排列顺序计算：定额的顺序，即是按定额的章节、子目顺序，由前到后，同时参照施工图列项计算。

另外，还可以利用统筹法计算工程量，统筹法计算工程量的基本思路是先进行基数计算，把计算全过程中基本数据、被重复使用的结果数据按先后使用的需要，统筹安排数据的计算，运用统筹原理和统筹图来合理安排工程量的计算程序，以最少的计算次数简化工程量计算过程，从而节省时间，以提高工程造价的编制速度和准确性。

2. 同一分部分项工程工程量计算的顺序

对于同一分部分项工程中工程量的计算，建筑工程一般采用以下几种顺序：

（1）按顺时针方向计算：从平面图左上角开始，按顺时针方向逐步计算，绕一周后回到左上角，（图 5-1 所示）。此方法可以用于计算外墙的挖地槽、浇筑或砌筑基础、砌筑墙体和装饰等项目，以及以房间为单位的楼面、顶棚室内装修等工程项目。

（2）按先横后竖、先左后右的顺序计算：以平面图上和横竖方向分别从上到下或从左到右逐步计算（图 5-2 所示）。先计算横向，先上后下有① ② ③ ④ ⑤道；后计算竖向，先左后右有⑥ ⑦ ⑧ ⑨ ⑩道。此方法适用于计算内墙基础、内墙和各种间壁墙等的工程量。

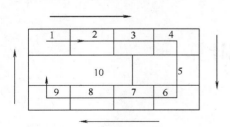

图 5-1　顺时针方向计算示意图

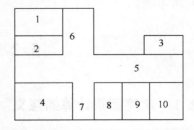

图 5-2　先横后竖、先左后右的顺序计算示意图

（3）按轴线编号计算：据平面图上定位轴线的编号顺序，如按①、②、③……轴和Ⓐ、Ⓑ、Ⓒ……轴依次进行计算，并将其部位以轴线号表示出来。这种方法主要适用于造型或结构复杂的工程。

（4）按构（配）件编号计算：按照图样上各类构（配）件所注明的编号顺序计算，如钢筋混凝土构件、门窗构件、金属结构等，都可以按此种方法计算。如框架结构，柱按 Z1、Z2、

Z3……,框架梁按 KL1、KL2、KL3、……,板按 B1、B2、B3……这样分类依次计算(图5-3 所示)。

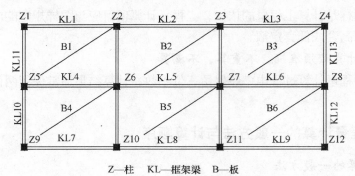

图 5-3　按编号顺序计算示意图

5.1.4　工程量计算的注意事项

(1) 必须口径一致：根据施工图列出的项目所包括的内容及范围必须与计算规则中规定的相应项目一致，才能准确地套用工程量单价。计算工程量除必须熟悉施工图样外，还应熟悉计量规则中每个项目所包括的内容和范围。

(2) 根据设计图样和设计说明进行准确的项目描述，对图样中的错漏、尺寸符号、用料及做法不清等问题应及时请设计单位解决，计算时应以设计图样为依据，不能任意更改。

(3) 注意计算中的整体性和相关性：一个工程项目是一个整体，计算工程量时应从整体出发。例如墙体工程量，开始计算时不论有无门窗洞口，先按整体墙体计算，在算到门窗或其他相关分部时，再在墙体工程中扣除这部分洞口工程量。又如计算土方工程量，要注意自然地坪标高与设计室内地坪标高的差数，为计算挖、填深度提供可靠数据。

(4) 注意计算的切实性：工程量计算前应深入了解工程现场情况，拟采用的施工方案、施工方法等，从而使工程量更切合实际。

(5) 注意对计算结果的自检和他检：另外，工程量的计算应注意按照相应的工程量计算规则进行。与《全国统一建筑工程基础定额》相配套的是《全国统一建筑工程预算工程量计算规则》。各地区的预算定额中有些计算规则不完全相同，且工程量清单计价规范的某些计算规则也有所不同。

5.2　建筑面积计算

5.2.1　建筑面积计算的意义

建筑面积是指建筑物各层外墙外围水平投影面积的总和，它是反映建筑平面建设规模的数量指标。建筑面积中包括结构面积（墙、柱等结构所占面积）和有效面积（扣除结构面积后的面积）。正确计算建筑面积的重要意义表现为以下几方面：

建筑面积是一项重要的技术经济指标，正确计算建筑面积具有重要意义。它用来衡量基本建设的规模，如基本建设计划、统计工作中的开工面积、竣工面积等，均指建筑面积；在编制初步设计概算阶段，它是选择概算指标的依据之一；在编制预算造价时，建筑面积是计算某些分项工程工程量的基本数据，某些分项工程的工程量可以直接引用或参照建筑面积的数值，如平整场地、综合脚手架、建筑物垂直运输工程量等；另外，建筑面积是计算建筑物每平方米工程造价、每平方米用工量、每平方米用钢量等技术经济指标的基础；建筑面积是对设计方案的经济性、合理性进行评价分析的重要数据。如建筑占地利用系数、建筑平面系数等指标未达到要求标准时，就应重新修改设计。

计算建筑面积，应按照《全国统一建筑工程预算工程量计算规则》中的规定进行。

5.2.2　建筑面积的计算规则

1. 计算建筑面积的范围

（1）单层建筑物的建筑面积：应按其外墙勒脚以上结构外围水平面积计算，并符合下列规定：

1）单层建筑物高度在 2.20m 及以上者应计算全面积；高度不足 2.20m 者应计算 1/2 面积。

2）利用坡屋顶内空间时净高超过 2.10m 的部位应计算全面积；净高在 1.20～2.10m 的部位应计算 1/2 面积；净高不足 1.20m 的部位不应计算面积。

3）单层建筑物内设有部分楼层者，部分楼层的二层及以上楼层，有围护结构的应按其围护结构外围水平面积计算，无围护结构的应按其结构底板水平面积计算。层高在 2.20m 及以上者应计算全面积；高度不足 2.20m 者应计算 1/2 面积。

4）单层建筑物应按不同的高度确定其面积的计算。其高度是指室内地面标高至屋面板板面结构标高之间的垂直距离。遇有以屋面板找坡的平屋顶单层建筑物，其高度指室内地面标高至屋面板最低处板面结构标高之间的垂直距离。

5）坡屋顶内空间建筑面积计算，可参照《住宅设计规范》的有关规定，将坡屋顶的建筑按不同净高确定其面积计算。净高是指楼面或地面至上部楼板底面或吊顶底面之间的垂直距离。

（2）多层建筑物首层按外墙勒脚以上结构的外围水平面积计算；二层及以上按外墙结构的外围水平面积计算。层高在 2.20m 及以上者应计算全面积；层高不足 2.20m 者应计算 1/2 面积。

多层建筑物的建筑面积应按不同的层高分别计算。层高是指上下两层楼面结构标高之间的垂直距离。建筑物最底层的层高，有基础底板的指基础底板上表面结构标高至上层楼面的结构标高之间的垂直距离；没基础底板的指地面标高至上层楼面的结构标高之间的垂直距离。最上一层的层高是指楼面结构标高至屋面板板面结构标高之间的垂直距离，遇有以屋面板找坡的屋面，层高指楼面结构标高至屋面板最低处板面结构标高之间的垂直距离。

（3）多层建筑物坡屋顶内和场馆看台下，当设计加以利用时净高超过 2.10m 的部位应计算全面积；净高在 1.20～2.10m 的部位应计算 1/2 面积；当设计不利用或室内净高不足 1.20m 时不应计算面积。

（4）地下室、半地下室（车间、仓库、商店、车站等），包括相应的有永久性顶盖的出入口，应按其外墙上口（不包括采光井、外墙防潮层及其保护墙）外边线所围水平面积计算（图 5-4 所示）。层高在 2.20m 及以上者应计算全面积；层高不足 2.20m 者应计算1/2面积。

（5）坡地的建筑物吊脚架空层（图 5-5

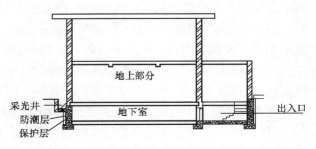

图 5-4　有地下室的建筑物

所示)、深基础架空层(图5-6所示),设计加以利用并有围护结构的,层高在2.2m及以上者应计算全面积;层高不足2.20m者应计算1/2面积。设计加以利用无围护结构的建筑吊脚架空层,应按其利用部位水平面积的1/2计算;设计不利用的深基础架空层、坡地吊脚架空层、多层建筑坡屋顶内、场馆看台下的空间不应计算面积。

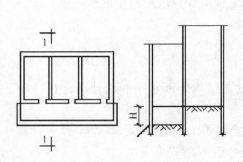

图5-5　利用吊脚空间设置架空层

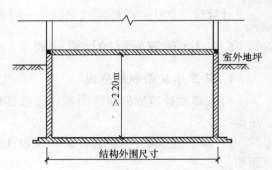

图5-6　深基础地下架空层

(6)建筑物的门厅、大厅按一层计算建筑面积。门厅、大厅内设有回廊时(图5-7所示),按其结构底板水平面积计算。层高在2.20m及以上者应计算全面积;层高不足2.20m者应计算1/2面积。

(7)建筑物间有围护结构的架空走廊(图5-8所示),应按其围护结构外围水平面积计算。层高在2.20m及以上者应计算全面积;层高不足2.20m者应计算1/2面积。有永久性顶盖无围护结构的应按其结构底板水平面积的1/2计算。

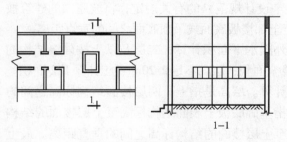

1—1

图5-7　建筑物内的大厅

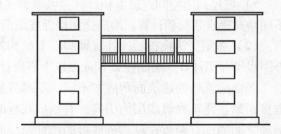

图5-8　有围护结构的架空走廊

(8)立体书库、立体仓库、立体车库无结构层的应按一层计算,有结构层的按其结构层面积分别计算。层高在2.20m及以上者应计算全面积;层高不足2.20m者应计算1/2面积。立体书库、立体仓库、立体车库不论是否有围护结构,均按是否有结构层计算,应区分不同的层高确定建筑面积计算的范围,改变过去按书架层和货架层计算面积的规定。

(9)有围护结构的舞台灯光控制室,应按其围护结构外围水平面积计算。层高在2.20m及以上者应计算全面积;层高不足2.20m者应计算1/2面积。

(10)建筑物外有围护结构的落地橱窗、门斗(图5-9所示)、挑廊、走廊、檐廊(图5-10所示),应按其围护结构外围水平面积计算。层高在2.20m及以上者应计算全面积;层高不足2.20m者应计算1/2面积。有永久性顶盖无围护结构的应按其结构底板水平面积的1/2计算。

(11)有永久性顶盖无围护结构的场馆看台应按其顶盖水平投影面积1/2计算。

(12)建筑物顶部有围护结构的楼梯间、水箱间、电梯机房等,层高在2.20m及以上者应计算全面积；层高不足 2.20m 者应计算 1/2 面积。如遇建筑物屋顶的楼梯间是坡屋顶，应按坡屋顶的相关规定计算面积。

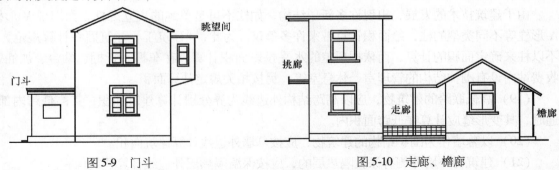

图 5-9　门斗　　　　　　　　　　　图 5-10　走廊、檐廊

（13）设有围护结构不垂直于水平面而超出底板外沿的建筑物，应按其底板面的外围水平面积计算。层高在 2.20m 及以上者应计算全面积；层高不足 2.20m 者应计算 1/2 面积。

设有围护结构不垂直于水平面而超出底板外沿的建筑物是指向建筑物外倾斜的墙体，若遇有向建筑物内倾斜的墙体，应视为坡屋顶，应按坡屋顶有关规定计算面积。

（14）建筑物的室内楼梯间、电梯井、观光电梯井、提物井、垃圾道、管道井等应按建筑物的自然层计算（图 5-11 所示）。室内楼梯间的面积计算，应按楼梯依附的建筑物的自然层数计算并在建筑物面积内。遇跃层建筑，其共用的室内楼梯应按自然层计算面积；上下两错层户室共用的室内楼梯，应选上一层的自然层计算面积。

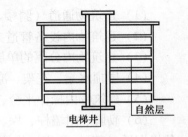

图 5-11　室内电梯井

（15）雨篷结构的外边线至外墙结构外边线的宽度超过 2.10m 者，应按雨篷结构板的水平投影面积的 1/2 计算。

雨篷均以其宽度超过 2.10m 或不超过 2.10m 衡量，有柱雨篷和无柱雨篷计算应一致。

（16）有永久性顶盖的室外楼梯，应按建筑物自然层的水平投影面积的 1/2 计算。

室外楼梯，最上层楼梯无永久性顶盖，或不能完全遮盖楼梯的雨篷，上层楼梯不计算面积，上层楼梯可视为下层楼梯的永久性顶盖，下层楼梯应计算面积。

（17）建筑物的阳台，不论是凹阳台、挑阳台、封闭阳台、不封闭阳台均按其水平投影面积的 1/2 计算（图 5-12 所示）。

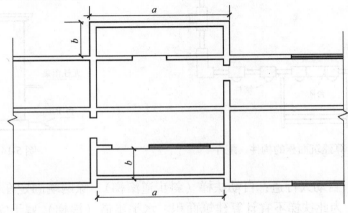

图 5-12　无围护结构的凹阳台、挑阳台

（18）有永久性顶盖无围护结构的车棚、货棚、站台、加油站、收费站等，应按其顶盖水平投影面积的 1/2 计算。

由于建筑技术的发展，出现许多新型结构，如柱不再是单纯的直立的柱，而出现 V 形柱、Λ 形柱等不同类型的柱，给面积计算带来许多争议。为此，《建筑工程建筑面积计算规范》中不以柱来确定面积的计算，而依据顶盖的水平投影面积计算。在车棚、货棚、站台、加油站、收费站内设有围护结构的管理室、休息室等，另按相关规定计算面积。

（19）高低联跨的建筑物，应以高跨结构外边线为界分别计算建筑面积；其高低跨内部连通时，其变形缝应计算在低跨面积内。

（20）以幕墙作为围护结构的建筑物，应按幕墙外边线计算建筑面积。

（21）建筑物外墙外侧有保温隔热层的，应按保温隔热层外边线计算建筑面积。

（22）建筑物内的变形缝，应按其自然层合并在建筑物面积内计算。

此处所指建筑物内的变形缝是与建筑物相连通的变形缝，即暴露在建筑物内，在建筑物内可以看得见的变形缝。

2. 不计算建筑面积的项目

（1）建筑物通道（骑楼、过街楼的底层）。

（2）建筑物内设备管道夹层。

（3）建筑物内分隔的单层房间、舞台及后台悬挂的幕布、布景的天桥、挑台等。

（4）屋顶水箱、花架、凉棚、露台、露天游泳池。

（5）建筑物内操作平台、上料平台、安装箱和罐体平台。

（6）勒脚、附墙柱、垛、台阶、墙面抹灰、镶贴块料面层、装饰面、装饰性幕墙、空调室外机搁板（箱）、飘窗、构件、配件、宽度在 2.10m 及以内的雨篷以及与建筑物内不相连通的装饰性阳台、挑廊（图 5-13 所示）。

（7）无永久性顶盖的架空走廊、室外楼梯和用于检修、消防等的室外钢楼梯、爬梯（图 5-14 所示）。

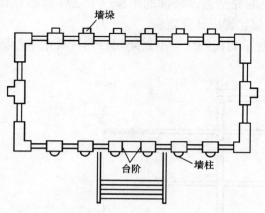

图 5-13　不计算建筑面积的构件、配件

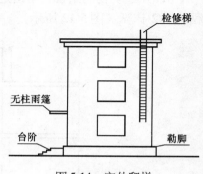

图 5-14　室外爬梯

（8）自动扶梯、自动人行道：自动扶梯（斜步道滚梯），除两端固定在楼层板或梁之外，扶梯本身属于设备，为此扶梯不宜计算建筑面积。水平步道（滚梯）属于安装在楼板上的设备，不应单独计算建筑面积。

（9）独立烟囱、烟道、地沟、油（水）罐、气柜、水塔、贮水（油）池、贮仓、栈桥、地下人防通道、地铁隧道。

5.2.3　建筑面积计算举例

例1　如图 5-15 所示，外墙 370mm，轴线距外墙外边线 250mm，内墙 240mm，轴线居中，计算三线一面。

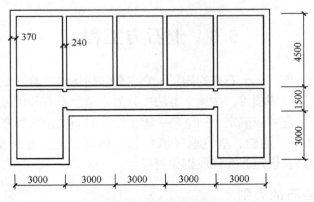

图 5-15　某建筑物平面图

解：三线是指外墙外边线、外墙中心线、内墙净长线，一面指底层建筑面积。

外墙外边线$(L_外) = [(3.0 \times 5 + 0.25 \times 2) \times 2 + (3.0 + 1.5 + 4.5 + 0.25 \times 2) \times 2 + 3.0 \times 2]m = 56.0m$

外墙中心线$(L_中) = (56.0 - 4 \times 0.37)m = 54.52m$

内墙净长线$(L_内) = [(4.5 - 0.12 \times 2) \times 2 + (4.5 + 1.5 - 0.12 \times 2) \times 2 + (3.0 - 0.12 \times 2) \times 2 + (3.0 \times 3 - 0.12 \times 2)]m = 34.32m$

底层建筑面积 $S_1 = [(3.0 \times 5 + 0.25 \times 2) \times (3.0 + 1.5 + 4.5 + 0.25 \times 2) - (3.0 \times 3 - 0.25 \times 2) \times 3]m^2 = 121.75m^2$

例2　如图 5-16 所示，外墙 370mm，轴线距外墙外边线 250mm，内墙 240mm，轴线居中，计算三线一面。

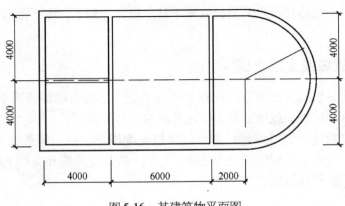

图 5-16　某建筑物平面图

解：外墙外边线$(L_外) = [(4.0 + 6.0 + 2.0 + 0.25) \times 2 + (4.0 + 4.0 + 0.25 \times 2) + 1/2 \times 3.14 \times (4.0 + 0.25) \times 2]m = 46.35m$

外墙中心线$(L_{中}) = [(4.0+6.0+2.0+0.25) \times 2 + (4.0+4.0+0.25 \times 2) - 2 \times 0.37 + 3.14 \times (4.0+0.25-1/2 \times 0.37)]m = 45.02m$

内墙净长线$(L_{内}) = (4.0 \times 2 - 0.12 \times 2) \times 2 + (4.0-0.12 \times 2)m = 19.28m$

底层建筑面积$S_1 = [(4.0+6.0+2.0+0.25) \times (4.0+4.0+0.25 \times 2) + 1/2 \times 3.14 \times (4.0+0.25)^2]m^2 = 132.5m^2$

5.3　土石方工程

土石方工程是指挖、填、运土石方的施工。它主要包括场地平整、挖土、人工凿石、石方爆破、回填土、土石方运输等项目，按施工方法可分为人工土石方和机械土石方两类。

在计算土石方工程量之前应确定下列资料：①土壤及岩石类别的确定。②地下水位标高及排（降）水方法。③土方、沟槽、基坑挖（填）起止标高、施工方法及运距。④岩石开凿、爆破方法、石渣清运方法及运距。⑤其他相关资料。

5.3.1　土壤及岩石的类别

由于各个建筑物、构筑物所处的地理位置不同，其土壤的强度、密实度、透水性等物理性质和力学性质也有很大的差别，进而影响到土石方工程的施工方法。不同的施工方法单位工程土石方所消耗的人工数量和机械台班会有所不同，综合反映的施工费用也不相同，因此，准确确定工程造价需要正确区分土石方的类别。

土石方工程土壤及岩石类别的划分，依据工程勘测资料与基础定额中的《土壤及岩石（普氏）分类表》对照后确定。《全国统一建筑工程基础定额》将土壤划分为一、二类土壤（普氏Ⅰ、Ⅱ类），三类土壤（普氏Ⅲ类），四类土壤（普氏Ⅳ类）；岩石划分为松石（普氏Ⅴ类），次坚石（普氏Ⅵ、Ⅶ、Ⅷ类），普坚石（普氏Ⅸ、Ⅹ类），特坚石（普氏Ⅺ~ⅩⅥ类）。

5.3.2　地下水位标高及干湿土的划分

地下水位高低对工程预算造价影响很大。当地下水位标高超过基础底面标高时，通常要结合工地具体情况，采取排（降）水措施。土方开挖定额因干土和湿土不同而不同。

干湿土的划分，应根据地质勘测资料以地下常水位为准划分，地下常水位以上为干土，以下为湿土。

5.3.3　土方放坡或支挡土板

不论是用人工或是机械开挖土方，在施工时为了防止土壤坍塌都要采取一定的施工措施，如放坡、支挡板或打护坡桩。放坡是施工中较常用的一种措施。

当土方开挖深度超过一定限度时，将上口开挖宽度增大，将土壁做成具有一定坡度的边坡，防止土壁坍塌，在土方工程中称之为放坡。定额一般规定放坡和支挡土板的工程量不得重复计算，需明确施工的具体做法。

1. 放坡起点

放坡起点是指某类别的土壤边坡壁直立而不加支撑，可以开挖的最大深度。放坡起点深度应根据土质情况确定（见表5-1）。

表 5-1 放坡系数表

土壤类别	放坡起点深度/m	人工挖土 (1:k)	机械挖土 (1:k)		
			在坑内作业	在坑上作业	顺沟槽在坑上作业
一、二类土	1.20	1:0.5 ($k=1/2$)	1:0.33 ($k=1/3$)	1:0.75 ($k=3/4$)	1:0.5
三类土	1.50	1:0.33 ($k=1/3$)	1:0.25 ($k=1/4$)	1:0.67 ($k=2/3$)	1:0.33
四类土	2.00	1:0.25 ($k=1/4$)	1:0.1 ($k=1/10$)	1:0.33 ($k=1/3$)	1:0.25

注：1. 在同一沟槽基坑中如遇土壤类别不同时，分别按其放坡起点、放坡系数，依不同土类别厚度加权平均计算其放坡系数。

2. 计算放坡时交接处的重复工程量不予扣除。符合放坡深度规定时才能放坡。原槽、坑作基础垫层时，放坡自垫层上表面开始计算。

2. 放坡系数

将土壁做成一定坡度的边坡时，土方边坡的坡度，以其高度 H 与边坡宽度 B 之比表示（图 5-17 所示）。即

$$土方坡度 = H/B = 1/(B/H) = 1:B/H$$

设 $K = B/H$，所以土方坡度 $= 1:K$，称 K 为坡度系数。

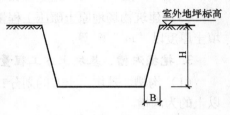

图 5-17 土方边坡坡度

3. 挡土板

挡土板是指用于不能放坡或淤泥流砂类土方的挖土工程，挡土板分木、钢材质，每种材质又分为密撑挡土板和疏撑挡土板（图 5-18 所示）。

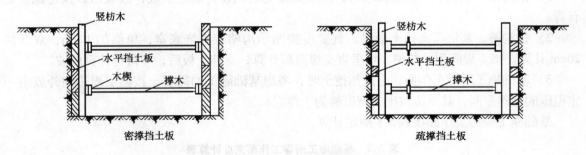

图 5-18 密撑挡土板和疏撑挡土板

5.3.4 土石方工程基础定额工程量计算规则

1. 一般规则

（1）土方体积均以挖掘前的天然密实体积为准计算。如遇有必须以天然密实体积折算时，可按表 5-2 所列数值换算。

表 5-2 土方体积折算表

虚方体积	天然密实度体积	夯实后体积	松填体积	虚方体积	天然密实度体积	夯实后体积	松填体积
1.00	0.77	0.67	0.83	1.50	1.15	1.00	1.25
1.30	1.00	0.87	1.08	1.20	0.92	0.80	1.00

注：虚方指未经碾压，堆积时间≤1 年的土壤。

（2）挖土一律以设计室外地坪标高为准计算。

2. 平整场地及碾压工程量计算

（1）人工平整场地是指建筑场地挖、填土方厚度在±30cm以内及找平的工程。挖、填土方厚度超过±30cm以外时，按场地土方平衡竖向布置图另行计算。

（2）平整场地工程量的计算：平整场地工程量按建筑物外墙外边线每边各加2m，以"m²"计算。对于一般常见矩形或是有几个长方形拼成的建筑平面场地平整工程量，可用下面的公式计算：

$$S_{场} = S_{底} + 2L_{外} + 16$$

式中　$S_{场}$——平整场地工程量（m²）；

$S_{底}$——底层建筑面积（m²）；

$L_{外}$——底层外墙外边线总长（m）。

（3）建筑物场地原土碾压工程量，按图示尺寸以"m²"计算。填土碾压工程量，按图示填土厚度以"m³"计算。

3. 挖掘沟槽、基坑土方工程量计算

（1）沟槽、基坑、土方的划分：凡图示沟槽底宽度在3m以内，且沟槽长度大于槽宽3倍以上的为沟槽。

凡图示基坑底面积在20m²以内的为基坑。

凡图示沟槽底宽在3m以外，坑底面积在20m²以外，平整场地挖土方厚度在30cm以外，均按挖土方计算。

（2）工程量计算一般规定：挖掘沟槽、基坑、土方工程量均按其体积以"m³"计算。

1）挖沟槽、基坑、土方需放坡时，应根据施工组织设计规定放坡，放坡系数按定额规定计算。

2）挖沟槽、基坑需支挡土板时，其宽度按图示沟槽、基坑底宽，单面加10cm，双面加20cm计算。挡土板面积，按槽、坑垂直支撑面积计算，支挡土板后，不得再计算放坡。

3）基础施工所需工作面，它是指挖土时，考虑基础施工的需要，按垫层周边向外放出一定范围的操作空间，其单边放出的宽度称为工作面。

基础施工所需工作面按表5-3规定计算。

表5-3　基础施工所需工作面宽度计算表

基础材料	每边各增加工作面宽度/mm
砖基础	200
浆砌毛石、条石基础	150
混凝土基础垫层支模板	300
混凝土基础支模板	300
基础垂直面做防水层	1000（防水层面）

注：本表按《全国统一建筑工程预算工程量计算规则》（GJDGZ—101—1995）整理。

4）挖沟槽长度外墙按图示中心线长度计算；内墙按图示基础底面之间净长线长度计算。内外突出部分（垛、附墙烟囱等）体积并入沟槽土方工程量内计算。

5）人工挖土方深度超过1.5m时，按表5-4增加工日。

表5-4　人工挖土方超深增加工日表

深2m以内	深4m以内	深6m以内
5.55 工日	17.60 工日	26.16 工日

6）挖管道沟槽按图示中心线长度计算。沟底宽度，设计有规定的，按设计规定尺寸计算；设计无规定的，可按表5-5规定计算。

表5-5　管沟施工每侧所需工作面宽度计算表　　　　　（单位：mm）

管沟材料	管道结构宽			
	≤500	≤1000	≤2500	>2500
混凝土及钢筋混凝土管道	400	500	600	700
其他材质管道	300	400	500	600

注：管道结构宽：有管座的按基础外缘，无管座的按管道外径。

7）沟槽、基坑深度，按图示槽、坑底面至室外地坪深度计算；管道地沟按图示沟底至室外地坪深度计算。

（3）挖沟槽工程量计算公式：挖沟槽工程量按体积以"m³"计算，区分挖土类别与挖土深度分别计算工程量。

如图5-19、图5-20所示挖基槽的几种情况，其土方工程量应分别采用下列不同公式进行计算。

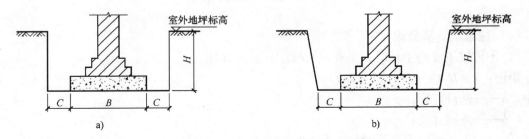

图5-19　挖沟槽断面示意图

1）不放坡不支挡土板时见图5-19a。

$$V = L(B + 2C)H$$

式中　V——挖土体积（m³）；

　　　L——沟槽长度（m）；

　　　B——图示基础底宽度（m）；

　　　C——工作面宽度（m）；

　　　H——沟槽深度（m）。

2）由垫层下表面放坡时见图5-19b。

$$V = L(B + 2C + KH)H$$

式中　K——放坡系数。

公式中其他符号注释同上。

3）由垫层上表面放坡时见图5-20a。

$$V = L[BH_1 + (B + KH)H]$$

4）双面支挡土板时见图 5-20b。

$$V = L(B + 2C + 0.2)H$$

5）一面放坡，一面支挡土板时见图 5-20c。

$$V = L\left(B + 2C + 0.1 + \frac{1}{2}KH\right)H$$

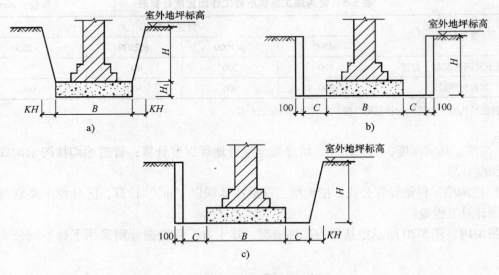

图 5-20　挖沟槽断面示意图

（4）挖地坑计算公式

1）不放坡不支挡土板时，工程量可按下列公式计算

矩形：$V = H(a + 2c)(b + 2c)$

式中　a——基础底宽；

　　　b——基础底长；

　　　c——工作面宽度，不增加工作面时，$c = 0$；

　　　H——地坑深度。

圆形：$V = \pi r^2 H$

2）放坡时，如图 5-21、图 5-22 所示，工程量可按下列公式计算。

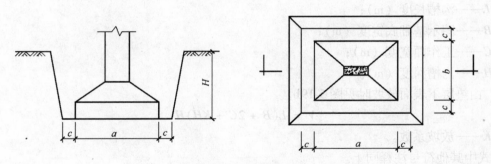

图 5-21　矩形基坑示意图

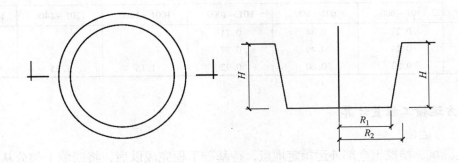

图 5-22　圆形基坑示意图

矩形：$V = (a + 2c)(b + 2c)H + 2 \times \dfrac{1}{2}KH(a + 2c)H + 2 \times \dfrac{1}{2}KH(b + 2c)H + \dfrac{4}{3}k^2H^3$

$\qquad\quad = (a + 2c + KH)(b + 2c + KH)H + \dfrac{1}{3}k^2H^3$

式中　a、b——图示基础底长度、宽度（m）；

$\qquad\quad K$——地坑土壤放坡系数，其余字母同上。

圆形：$V = \dfrac{1}{3}\pi(R_1^2 + R_2^2 + R_1R_2)H$

式中　R_1——坑底半径（m）；

$\qquad\quad R_2$——坑口半径（m），$R_2 = R_1 + KH$

4. 人工挖孔桩工程量计算

人工挖孔桩工程量按图示桩断面积乘以设计桩孔中心线深度计算。

5. 石方工程

岩石开凿及爆破工程量，区别石质按下列规定计算：

（1）人工凿岩石，按图示尺寸以"m³"计算。

（2）爆破岩石按图示尺寸以"m³"计算，其沟槽、基坑深度、宽度允许超挖量：次坚石为 200mm，特坚石为 150mm，超挖部分岩石并入岩石挖方量之内计算。

6. 回填土工程量计算

回填土分松填土和夯填土，松填土是指不经任何压实的填土；夯填土是指回填后用人工或机械方法增加回填土密度的填土方法。

回填土工程量区分夯填、松填，按图示回填体积并依下列规定，以"m³"计算。

（1）沟槽、基坑回填土：沟槽、基坑回填土体积以挖方体积减去设计室外地坪以下埋设砌筑物（包括基础垫层、基础等）体积计算。

（2）管道沟槽回填：以挖方体积减去管径所占体积计算。管径在 500mm 以下的不扣除管道所占体积；管径超过 500mm 以上时，按表 5-6 规定扣除管道所占体积计算。

（3）房心回填土：即室内回填土，按主墙之间的面积乘以回填土厚度计算。

（4）余土或取土工程量：余土外运体积 = 挖土总体积 - 回填土总体积

式中，计算结果为正值时，为余土外运体积，负值时为取土体积。

表5-6　管道扣除土方体积表　　　　　　　　（单位：mm）

管道名称	管道直径					
	501~600	601~800	801~1000	1001~1200	1201~1400	1401~1600
钢管	0.21	0.44	0.71			
铸铁管	0.24	0.49	0.77			
混凝土管	0.33	0.60	0.92	1.15	1.35	1.55

7. 土方运输工程量计算

（1）土方运输

1）基础坑、槽挖土全部外运指定地点，待基础工程完成以后，将回填土部分从相应推土地点运回来。

2）挖土全部在坑槽边堆放，待回填完后有余土时，余土外运。

3）其他需运进或运出的土方运输等。

$$运土工程量 = 挖土工程量 - 回填土工程量$$

正值为余土外运，负值为缺土内运。

（2）土方运距的计算

1）推土机推土运距：按挖方区重心至回填区重心之间的直线距离计算。

2）铲运机运土运距：按挖方区重心至卸土区重心加转向距离45m计算。

3）自卸汽车运土运距：按挖土区重心至回填区（或堆放地点）重心的最短距离计算。

8. 地基强夯工程量计算

地基强夯是指用起重机将大吨位夯锤（一般不小于80t）起吊到一般不小于6m的高处自由落下，对土体进行强力夯实，以提高地基强度、降低地基的压缩性。地基强夯工程量，按设计图示强夯面积，区分夯击能量（如100tm以内，200tm以内等），夯击遍数以"m²"计算。

9. 井点降水工程量计算

当建筑物或构筑物的基础埋深在地下水位以下时，为保证土方施工的顺利进行需要将地下水位降到基础埋置深度以下，这项工作称为降水。降水通常分为集水坑降水和井点降水两类。

井点降水工程量区别轻型井点、喷射井点、大口径井点、电渗井点、水平井点，按不同井管深度的井管安装、拆除，以"根"为单位计算，使用按"套、天"计算。

井点套组成：

轻型井点：50根为一套；喷射井点：30根为一套；大口径井点：45根为一套；电渗井点阳极：30根为一套；水平井点：10根为一套。

井管间距应根据地质条件和施工降水要求，按施工组织设计确定；施工组织设计没有规定时，可按轻型井点管距0.8~1.6m，喷射井点管距2~3m确定。

使用天应以每昼夜24小时为一天，使用天数应按施工组织设计规定的使用天数计算。

5.3.5　土石方工程基础定额的相关规定

1. 人工土石方

（1）土壤、岩石分类

1）土壤分四类：一、二类土用锹，少许用镐，条锄开挖。机械能全部直接铲挖满载者。

三类土主要用镐、条锄，少许用锹开挖。机械需部分刨松方能铲挖满载者或可直接铲挖但不能满载者。四类土全部用镐、条锄挖掘、少许用撬棍挖掘。机械需普遍刨松方能铲挖满载者。

2）岩石分三大类：①极软岩，部分用手凿工具，部分用爆破法开挖。②软质岩，分软岩和较软岩，其中软岩用风镐和爆破法开挖；较软岩用爆破法开挖。③硬质岩，分较硬岩和坚硬岩，均用爆破法开挖。

（2）人工土方定额是按干土编制的，如挖湿土时，人工乘以系数 1.18。

（3）人工挖孔桩定额，适用于在有安全防护措施的条件下施工。

（4）土石方工程定额未包括地下水位以下施工的排水费用，发生时另行计算。挖土方时如有地表水需要排除时，亦应另行计算。

（5）支挡土板定额项目分为密撑和疏撑，密撑是指满支挡土板；疏撑是指间隔支挡土板，实际间距不同时，定额不作调整。在有挡土板支撑下挖土时，按实际体积，人工乘以系数 1.43。

（6）挖桩间土方时，按实际体积（扣除桩体占用体积），人工乘以系数 1.5。

（7）人工挖孔桩，桩内垂直运输方式按人工考虑。如深度超过 12m 时，16m 以内按 12m 项目人工用量乘以系数 1.3；20m 以内乘以系数 1.5 计算。同一孔内土壤类别不同时，按定额加权计算，如遇有流沙、流泥时，另行处理。

（8）场地竖向布置挖填土方时，不再计算平整场地的工程量。

（9）石方爆破定额是按炮眼法松动爆破编制的，不分明炮、闷炮，但闷炮的覆盖材料应另行计算。

（10）石方爆破定额是按电雷管导电起爆编制的，如采用火雷管爆破时，雷管应换算，数量不变。扣除定额中的胶质导线，换为导火索，导火索的长度按每个雷管 2.12m 计算。

2. 机械土石方

（1）推土机推土、推石渣，铲运机铲运土重车上坡时，如果坡度大于 5% 时，其运距按坡度区段斜长乘表 5-7 中的系数计算。

表 5-7　坡度系数表

坡度（%）	5～10	15 以内	20 以内	25 以内
系数	1.75	2.0	2.25	2.50

（2）汽车、人力车，重车上坡降效因素，已综合在相应的运输定额项目中，不再另行计算。

（3）机械挖土方工程量，按机械挖土方 90%，人工挖土方 10% 计算，人工挖土部分按相应定额项目人工乘以系数 2。

（4）土壤含水率定额是按天然含水率为准制定：含水率大于 25% 时，定额人工、机械乘以系数 1.15，若含水率大于 40% 时另行计算。

（5）推土机推土或铲运机铲土土层平均厚度小于 300mm 时，推土机台班用量乘以系数 1.25；铲运机台班用量乘以系数 1.17。

（6）挖掘机在垫板上进行作业时，人工、机械乘以系数 1.25，定额内不包括垫板铺设所需的工料、机械消耗。

（7）推土机、铲运机推、铲未经压实的积土时，按定额项目乘以系数 0.73。

（8）机械土方定额是按三类土编制的，如实际土壤类别不同时，定额中机械台班量乘以表5-8系数。

表5-8　机械台班系数

项　目	一、二类土	四类土	项　目	一、二类土	四类土
推土机土方	0.84	1.18	自行铲运机运土方	0.86	1.09
铲运机铲运土方	0.84	1.26	挖掘机挖土方	0.84	1.14

（9）定额中的爆破材料是按炮孔中无地下水渗水、积水编制的，炮孔中如出现地下渗水、积水时，处理渗水或积水发生的费用另行计算。定额内未计爆破时所需覆盖的安全网、草袋、架设安全屏障等设施，发生时另行计算。

（10）机械上下行驶坡道土方，合并在土方工程量内计算。

（11）汽车运土运输道路是按一、二、三类道路综合确定的，已考虑了运输过程中，道路清理的人工，如需要铺筑材料时，另行计算。

5.3.6　清单计价工程量计算规则

（1）土方工程（编码：010101）工程量清单项目设置及工程量计算规则见表5-9。

表5-9　土方工程（编码：010101）

项目编码	项目名称	项目特征	计量单位	工程量计算规则	工作内容
010101001	平整场地	1. 土壤类别 2. 弃土运距 3. 取土运距	m²	按设计图示尺寸以建筑物首层建筑面积计算	1. 土方挖填 2. 场地找平 3. 运输
010101002	挖一般土方	1. 土壤类别 2. 挖土深度		按设计图示尺寸以体积计算	
010101003	挖沟槽土方	1. 土壤类别 2. 挖土深度		1. 房屋建筑按设计图示尺寸以基础垫层底面积乘以挖土深度计算 2. 构筑物按最大水平投影面积乘以挖土深度（原地面平均标高至坑底高度）以体积计算	1. 排地表水 2. 土方开挖 3. 围护（挡土板）、支撑 4. 基底钎探 5. 运输
010101004	挖基坑土方		m³		
010101005	冻土开挖	冻土厚度		按设计图示尺寸开挖面积乘以厚度以体积计算	1. 爆破 2. 开挖 3. 清理 4. 运输
010101006	挖淤泥、流沙	1. 挖掘深度 2. 弃淤泥、流沙距离		按设计图示位置、界限以体积计算	1. 开挖 2. 运输

（续）

项目编码	项目名称	项目特征	计量单位	工程量计算规则	工作内容
010101007	管沟土方	1. 土壤类别 2. 管外径 3. 挖沟深度 4. 回填要求	1. m 2. m³	1. 以"m"计量，按设计图示以管道中心线长度计算 2. 以"m³"计量，按设计图示管底垫层面积乘以挖土深度计算；无管底垫层按管外径的水平投影面积乘以挖土深度计算	1. 排地表水 2. 土方开挖 3. 围护（挡土板）、支撑 4. 运输 5. 回填

注：1. 挖土应按自然地面测量标高至设计地坪标高的平均厚度确定。竖向土方、山坡切土开挖深度应按基础垫层底表面标高至交付施工场地标高确定，无交付施工场地标高时，应按自然地面标高确定。

2. 建筑物场地厚度≤±300mm的挖、填、运、找平，应按本表中平整场地项目编码列项。厚度>±300mm的竖向布置挖土或山坡切土应按本表中挖一般土方项目编码列项。

3. 沟槽、基坑、一般土方的划分为：底宽≤7m，底长>3倍底宽为沟槽；底长≤3倍底宽、底面积≤150m²为基坑；超出上述范围则为一般土方。

4. 挖土方如需截桩头时，应按桩基工程相关项目编码列项。

5. 弃、取土运距可以不描述，但应注明由投标人根据施工现场实际情况自行考虑，决定报价。

6. 土壤的分类应按规范确定，如土壤类别不能准确划分时，招标人可注明为综合，由投标人根据地勘报告决定报价。

7. 土方体积应按挖掘前的天然密实体积计算。如需按天然密实体积折算时，应按规范计算。

8. 挖沟槽、基坑、一般土方因工作面和放坡增加的工程量（管沟工作面增加的工程量），是否并入各土方工程量中，按各省、自治区、直辖市或行业建设主管部门的规定实施，如并入各土方工程量中，办理工程结算时，按经发包人认可的施工组织设计规定计算，编制工程量清单时，可按规范规定计算。

9. 挖方出现流沙、淤泥时，应根据实际情况由发包人与承包人双方现场签证确认工程量。

10. 管沟土方项目适用于管道（给水排水、工业、电力、通信）、光（电）缆沟（包括：人孔桩、接口坑）及连接井（检查井）等。

（2）石方工程（编码：010102）工程量清单项目设置及工程量计算规则见表5-10。

表5-10　石方工程（编码：010102）

项目编码	项目名称	项目特征	计量单位	工程量计算规则	工作内容
010102001	挖一般石方	1. 岩石类别 2. 开凿深度 3. 弃碴运距	m³	按设计图示尺寸以体积计算	1. 排地表水 2. 凿石 3. 运输
010102002	挖沟槽石方			按设计图示尺寸以沟槽底面积乘以挖石深度以体积计算	
010102003	挖基坑石方			按设计图示尺寸以基坑底面积乘以挖石深度以体积计算	
010102004	基底摊座		m²	按设计图示尺寸以展开面积计算	
010102005	管沟石方	1. 岩石类别 2. 管外径 3. 挖沟深度	1. m 2. m³	1. 以"m"计量，按设计图示以管道中心线长度计算 2. 以"m³"计量，按设计图示截面积乘以长度计算	1. 排地表水 2. 凿石 3. 回填 4. 运输

注：1. 挖石应按自然地面测量标高至设计地坪标高的平均厚度确定。基础石方开挖深度应按基础垫层底表面标高至交付施工现场地标高确定，无交付施工场地标高时，应按自然地面标高确定。

2. 厚度>±300mm的竖向布置挖石或山坡凿石应按本表中挖一般石方项目编码列项。

3. 沟槽、基坑、一般石方的划分为：底宽≤7m，底长>3倍底宽为沟槽；底长≤3倍底宽，底面积≤150m²为基坑；超出上述范围则为一般石方。

4. 弃碴运距可以不描述，但应注明由投标人根据施工现场实际情况自行考虑，决定报价。

5. 岩石的分类应按规范确定。

6. 石方体积应按挖掘前的天然密实体积计算。如需按天然密实体积折算时，应按规范计算。

7. 管沟石方项目适用于管道（给水排水、工业、电力、通信）、电缆沟及连接井（检查井）等。

（3）回填（编码：010103）工程量清单项目设置及工程量计算规则见表5-11。

表5-11　回填（编码：010103）

项目编码	项目名称	项目特征	计量单位	工程量计算规则	工作内容
010103001	回填方	1. 密实度要求 2. 填方材料品种 3. 填方粒径要求 4. 填方来源运距	m³	按设计图示尺寸以体积计算 1. 场地回填：回填面积乘以平均回填厚度 2. 室内回填：主墙间净面积乘以回填厚度不扣除间隔墙 3. 基础回填：挖方体积减去自然地坪以下埋设的基础体积（包括基础垫层及其他构筑物）	1. 运输 2. 回填 3. 压实
010103002	余方弃置	1. 废弃料品种 2. 运距		按挖方清单项目工程量减利用回填方体积（正数）计算	余方点装料运输至弃置点
010103003	缺方内运	1. 填方材料品种 2. 运距		按挖方清单项目工程量减利用回填方体积（负数）计算	取料点装料运输至缺方点

注：1. 填方密实度要求，在无特殊要求情况下，项目特征可描述为满足设计和规范的要求。

2. 填方材料品种可以不描述，但应注明由投标人根据设计要求验方后方可填入，并符合相关工程的质量规范要求。

3. 填方粒径要求，在无特殊要求情况下，项目特征可以不描述。

5.3.7　土石方工程工程量计算举例

例3　某建筑物基础平面及剖面如图5-23所示。已知设计室外地坪以下砖基础体积量为9.95m³，毛石基础体积为65.26m³，室内地面厚度为180mm，工作面$C = 150mm$土质为三类土。要求挖出土方堆于现场，回填后余下的土外运。试对土石方工程相关项目进行列项，并计算各分项工程量。

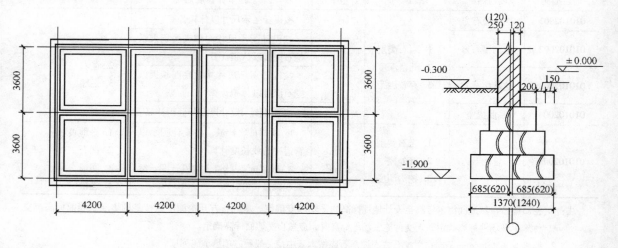

图5-23　某建筑物基础平面及剖面

解：

1. 列项

应列的土石方工程定额项目有：平整场地、挖沟槽、基础回填土、房心回填土、运土。

2. 计算工程量

（1）基数计算

$L_外 = (4.2 \times 4 + 0.5 + 3.6 \times 2 + 0.5) \times 2m = 50m$

$L_中 = L_外 - 0.37 \times 4m = 48.52m$

$L_内 = (3.6 \times 2 - 0.24) \times 3 + (4.2 - 0.24) \times 2m = 28.8m$

$S_1 = (3.6 \times 2 + 0.5) \times (4.2 \times 4 + 0.5)m^2 = 133.21m^2$

（2）平整场地

定额平整场地工程量 $= S_1 + 2L_外 + 16 = (133.21 + 2 \times 50 + 16)m^2 = 249.21m^2$

清单工程量 $= S_1 = 133.21m^2$

（3）挖沟槽

如图 5-23 所示，挖沟槽深度 $= 1.9m - 0.3m = 1.6m > 1.5m$。

需放坡开挖沟槽（其中放坡系数为 0.33），则定额挖沟槽工程量：

外墙外沟槽工程量 $= (a + 2c + KH)HL_中 = (1.37 + 2 \times 0.15 + 1.6 \times 0.33) \times 1.6 \times 48.52m^3 = 170.64m^3$

内墙挖沟槽工程量 $= (a + 2c + KH)H \times$ 基础底面净长线

内墙挖沟槽工程量 $= (1.24 + 2 \times 0.15 + 1.6 \times 0.33) \times 1.6 \times \{[3.6 \times 2 - (0.685 - 0.065) \times 2] \times 3 + [4.2 - (0.685 - 0.065) - 0.62] \times 2\}m^3 = 78.75m^3$

定额挖沟槽工程量合计 = 外墙挖沟槽工程量 + 内墙沟槽工程量

$= (170.64 + 78.75) \ m^3 = 249.39m^3$

清单挖沟槽工程量：

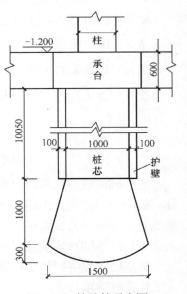

图 5-24　挖孔桩示意图

外墙挖沟槽工程量 $= L_中 \times 1.37 \times 1.6m^3 = 106.36m^3$

内墙挖沟槽工程量 $= 1.24 \times 1.6 \times$ 基础底面净长线 $= 1.24 \times 1.6 \times \{[3.6 \times 2 - (0.685 - 0.065) \times 2] \times 3 + [4.2 - (0.685 - 0.065) - 0.62] \times 2\}m^3 = 47.22m^3$

清单挖沟槽工程量合计 = 外墙挖沟槽工程量 + 内墙挖沟槽工程量

$= (106.36 + 47.22) \ m^3 = 153.58m^3$

（4）回填土

定额基础回填土工程量 = 挖土体积 - 室外地坪以下埋设的砌筑物体 $= [248.53 - (9.95 + 65.26)]m^3 = 173.32m^3$

清单基础回填土工程 $= (153.06 - 9.95 - 65.26) \ m^3 = 77.85m^3$

房心回填土工程量 = 主墙之间净面积 × 回填土厚度 $= [(3.6 - 0.24) \times (4.2 - 0.24) \times 4 + (4.2 - 0.24) \times (3.6 \times 2 - 0.24) \times 2] \times (0.3 - 0.18)m^3 = 13m^3$

定额回填土工程量合计 $(173.32 + 13) \ m^3 = 186.32m^3$

清单回填土工程量合计 $= (77.85 + 13) \ m^3 = 90.85m^3$

（5）运土

定额运土工程量 = 挖土总体积 - 回填土体积 $= (248.53 - 186.32) \ m^3 = 62.21m^3$

清单运土工程量 $= (153.06 - 90.85) \ m^3 = 62.21m^3$

例4　如图5-24所示，计算挖孔桩土方工程量。

解：（1）桩身部分 $V = \pi R^2 H$

$$V = 3.14 \times (1.2/2)^2 \times 10.05 \text{m}^3 = 11.36 \text{m}^3$$

（2）圆台部分 $V = \frac{1}{3} \pi \left(R_1^2 + R_2^2 + R_1 R_2 \right) H$

$$V = \frac{1}{3} \times 3.14 \times \left[(1.0/2)^2 + (1.2/2)^2 + \frac{1.0}{2} \times \frac{1.2}{2} \right] \times 1.0 \text{m}^3 = 1.79 \text{m}^3$$

（3）球冠部分 $V = \pi h^2 (R - h/3)$

$R^2 = (R - 0.3)^2 + (1.5/2)^2$

$R = 1.08$

$V = 3.14 \times 0.3^2 \times (1.08 - 0.3/3) = 0.28 \text{m}^3$

挖孔桩土方工程量 = $(11.36 + 1.79 + 0.28) \text{m}^3 = 13.43 \text{m}^3$

5.4　桩基工程

桩基础由桩身及承台组成，是用承台梁把沉入土中的若干个单桩的顶部联系起来的一种基础。桩的作用是将上部建筑物的荷载传递到深处承载力较大的土层上，或将软弱土层挤密以提高地基上的承载力及密实度。当遇到地基软弱土层较厚，上部荷载较大的情况，用天然地基将无法满足建筑物对地基变形和强度方面的要求，在设计时常采用桩基础。

桩基础工程主要包括打钢筋混凝土预制桩、打钢板桩、现场灌注混凝土桩、接桩、送桩、人工挖孔桩等项目。

5.4.1　计算打桩工程量前应确定的资料

打桩工程量计算与工程地质、工程规模、桩的类型和规格，以及打桩工艺等因素密切相关，在计算工作开始之前，必须明确以下计算依据：

1）确定土壤级别：依工程地质中的土层构造，土壤物理、化学性质及每米沉桩时间鉴别使用定额土质级别。

2）确定施工方法、工艺流程、采用机型、桩土壤泥浆运距。

5.4.2　打桩工程的适用范围及分类

建筑工程定额中打桩工程适用于一般工业与民用建筑的桩基础工程，不适用于水工建筑、公路桥梁工程等。

桩的种类很多，按桩的受力情况可分为端承桩和摩擦桩；按桩的制作方法可分预制桩和灌注桩。端承桩是指桩通过极软弱土层，使桩尖直接支承在坚硬的土层或岩石上，桩上的荷载主要由桩端阻力承受；摩擦桩是指桩通过软弱土层而支承在坚硬的土层上，桩上的荷载主要由桩与软土之间的摩擦力承受，同时也考虑桩端阻力的作用；预制桩是指在工厂或施工现场预制成桩，再利用沉桩设备将桩沉入土中。沉桩方法有锤击沉桩、静力压桩、振动沉桩等；灌注桩是指在预订的桩位上成孔，在孔内灌注混凝土或钢筋混凝土成桩。根据成孔方法不同，可分为钻孔灌注桩、打孔灌注桩（沉管成孔灌注桩）和人工挖孔灌注桩等。

5.4.3　桩基工程基础定额工程量计算规则

（1）打预制钢筋混凝土桩工程量计算：打预制钢筋混凝土桩的体积，按设计桩长（包括桩尖、不扣除桩尖虚体积）乘以桩截面面积计算。

管桩的空心体积应扣除。如管桩的空心部分按设计要求灌注混凝土或其他填充材料时应另行计算。

（2）接桩工程量计算：钢筋混凝土预制桩每根长度一般都不超过 40m（多为 8～30m），如果长度过长对桩的运输、起吊都会带来诸多不便，如果基础需要打入较长的桩时，先把预制好的第一段打入地面附近，然后采用某种技术措施，把第二段与第一段连接牢固后，继续向下打入土中，这种桩与桩连接的过程叫做接桩。桩的连接方式有两种：焊接法和浆锚法（亦称硫磺胶泥接桩）。

接桩工程量计算：电焊接桩按设计接头，以"个"计算；硫磺胶泥接桩按桩截面以"m²"计算。

（3）送桩工程量计算：送桩是指设计要求将桩顶面打到低于桩操作平台以下某一标高处，这时桩锤就不可能将桩打到要求的位置，因而需另一根"冲桩"（也称送桩），接到该桩顶上以传递桩锤的力量，将桩打到要求的位置，再去掉"冲桩"，这一过程即为送桩（图5-25所示）。

送桩工程量计算规则：按桩截面面积乘以送桩长度（即打桩机架底至桩顶面高度或自桩顶面至自然地坪面另加0.5m）计算。

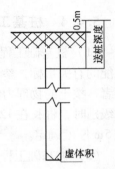

图 5-25　送桩示意图

（4）打拔钢板桩工程量计算：钢板桩是一种支护结构，既可挡土又可以防水，一般是两边有销口的槽型钢板，成排地沉入地下，作为挡水、挡土的临时性围堵。由于钢板桩具有强度高，结合紧密，不漏水性好，施工简便，速度快，可减少基坑开挖土方量的特点，因而广泛用于较深坑槽，地下管道、围堰等的施工，也可用钢筋混凝土板桩作为永久性的挡土结构。

打拔钢板桩的工程量应分别列项，均按钢板桩重量以"t"计算。其安、拆导向夹具工程量，按设计图样规定的水平延长米计算。

（5）打孔灌注桩工程量计算：打孔灌注桩亦称沉管成孔灌注桩。是先将钢管打入土中，再将钢筋笼放入沉管内，然后浇灌混凝土，逐步将钢管拔出，边浇、边拔、边振实的一种施工方法。

扩大桩亦称扩大灌注桩（复打桩），是在原来已经打完的桩位（同一桩孔内）继续打桩，即在第一次混凝土灌注到设计标高，拔出钢管后，在原位再合好活瓣桩尖或埋设预制桩尖，做第二次沉管，使未凝固的混凝土向四周挤压扩大桩径，然后再第二次灌注混凝土，这一过程即称复打桩（扩大桩）。

1）混凝土桩、砂桩、碎石桩的体积，按设计规定的桩长（包括桩尖，不扣除桩尖虚体积）乘以钢管管箍外径截面面积计算。

2）扩大桩的体积按单桩体积乘以次数计算。

3）打孔后先埋入预制混凝土桩尖，再灌注混凝土者，桩尖按钢筋混凝土章节规定计算体积，灌注桩按设计长度（自桩尖顶面至桩顶面高度）乘以钢管管箍外径截面面积计算。

（6）钻孔灌注混凝土桩工程量计算：钻孔灌注混凝土桩是指采用长螺旋钻机或用潜水钻机钻孔，至设计深度后向孔内灌注混凝土成桩。

钻孔灌注混凝土桩工程量按设计桩长（包括桩尖，不扣除桩尖虚体积）增加0.25m乘以设计断面面积计算。

（7）灌注混凝土桩的钢筋笼制作依设计规定，按钢筋混凝土章节相应项目以"t"计算。

（8）人工挖孔扩底灌注桩工程量：按图示护壁内径圆台体积及扩大桩头实体体积以"m³"计算，护壁混凝土按图示尺寸以"m³"计算。

（9）泥浆运输工程量：在泥浆护壁成孔灌注桩施工中，潜水钻头钻入土中的同时，要向孔内注入泥浆，这些泥浆与钻屑形成混合液，再通过中空钻杆或胶管送到地表面，这就是需要运输的泥浆。

泥浆运输工程量按钻孔体积以"m³"计算。

（10）打桩机的桩架90°调面只适用轨道式、走管式、导杆、筒式柴油打桩机，以"次"计算。

5.4.4 桩基工程基础定额的相关规定

（1）桩基础工程定额土的级别划分应根据工程地质资料中的土层构造和土的物理、力学性能的有关指标，参考纯沉桩时间确定。凡遇有砂夹层者，应首先按砂层情况确定土级。无砂层者，按土的物理力学性能指标并参考每米平均纯沉桩时间确定。用土的力学性能指标鉴别土的级别时，桩长在12m以内，相当于桩长的1/3的土层厚度应达到所规定的指标。12m以外，按5m厚度确定。

（2）桩基础工程定额除静力压桩外，均未包括接桩，如需接桩，除按相应打桩定额项目计算外，按设计要求另计算接桩项目。

（3）单位工程打（灌）桩工程量在表5-12规定数量以内时，其人工、机械量按相应定额项目乘以1.25计算。

（4）焊接桩接头钢材用量，设计与定额用量不同时，可按设计用量换算。

（5）打试验桩按相应定额项目的人工、机械乘以系数2计算。

（6）打桩、打孔，桩间净距小于4倍桩径（桩边长）的，按相应定额项目中的人工、机械乘以系数1.13。

表5-12 单位工程打（灌）桩工程量

项　目	单位工程的工程量	项　目	单位工程的工程量
钢筋混凝土方桩	150m³	打孔灌注混凝土桩	60m³
钢筋混凝土管桩	50m³	打孔灌注砂、石桩	60m³
钢筋混凝土板桩	50m³	钻孔灌注混凝土桩	100m³
钢板桩	50t	潜水钻孔灌注混凝土桩	100m³

（7）定额以打直桩为准，如打斜桩斜度在1:6以内者，按相应定额项目乘以系数1.25，如斜度大于1:6者，按相应定额项目人工、机械乘以系数1.43。

（8）定额以平地（坡度小于15°）打桩为准，如在堤坡上（坡度大于15°）打桩时，按相应定额项目人工、机械乘以系数1.15。如在基坑内（基坑深度大于1.5m）打桩或在地坪上打坑槽内（坑槽深度大于1m）桩时，按相应定额项目人工、机械乘以系数1.11。

（9）定额各种灌注的材料用量中，均已包括表5-13规定的充盈系数和材料损耗，其中灌注砂石桩除上述充盈系数和损耗率外，还包括级配密实系数1.334。

表5-13 定额各种灌注的材料用量表

项目名称	充盈系数	损耗率（%）	项目名称	充盈系数	损耗率（%）
打孔灌注混凝土桩	1.25	1.5	打孔灌注砂桩	1.30	3
钻孔灌注混凝土桩	1.30	1.5	钻孔灌注砂石桩	1.30	3

（10）在桩间补桩或强夯后的地基打桩时，按相应定额项目人工、机械乘以系数1.15。

（11）打送桩时可按相应打桩定额项目综合工日及机械台班乘以表5-14规定系数计算。

表5-14 送桩深度及系数表

序号	送桩深度	系数
1	2m 以内	1.25
2	4m 以内	1.43
3	4m 以上	1.67

（12）金属周转材料中包括桩帽、送桩器、桩帽盖、活瓣桩尖、钢管、料斗等属于周转性使用的材料。

5.4.5 清单计价工程量计算规则

（1）打桩（编码：010301）工程量清单项目设置及工程量计算规则见表5-15。

表5-15 打桩（编码010301）

项目编码	项目名称	项目特征	计量单位	工程量计算规则	工作内容
010301001	预制钢筋混凝土方桩	1. 地层情况 2. 送桩深度、桩长 3. 桩截面 4. 桩倾斜度 5. 混凝土强度等级	1. m 2. 根	1. 以"m"计量，按设计图示尺寸以桩长（包括桩尖）计算 2. 以"根"计量，按设计图示数量计算	1. 工作平台搭拆 2. 桩机竖拆、移位 3. 沉桩 4. 接桩 5. 送桩
010301002	预制钢筋混凝土管桩	1. 地层情况 2. 送桩深度、桩长 3. 桩外径、壁厚 4. 桩倾斜度 5. 混凝土强度等级 6. 填充材料种类 7. 防护材料种类			1. 工作平台搭拆 2. 桩机竖拆、移位 3. 沉桩 4. 接桩 5. 送桩 6. 填充材料、刷防护材料
010301003	钢管桩	1. 地层情况 2. 送桩深度、桩长 3. 材质 4. 管径、壁厚 5. 桩倾斜度 6. 填充材料种类 7. 防护材料种类	1. t 2. 根	1. 以"t"计量，按设计图示尺寸以质量计算 2. 以"根"计量，按设计图示数量计算	1. 工作平台搭拆 2. 桩机竖拆、移位 3. 沉桩 4. 接桩 5. 送桩 6. 切割钢管、精割盖帽 7. 管内取土 8. 填充材料、刷防护材料

（续）

项目编码	项目名称	项目特征	计量单位	工程量计算规则	工作内容
010301004	截（凿）桩头	1. 桩头截面、高度 2. 混凝土强度等级 3. 有无钢筋	1. m³ 2. 根	1. 以"m³"计量，按设计桩截面乘以桩头长度以体积计算 2. 以"根"计量，按设计图示数量计算	1. 截桩头 2. 凿平 3. 废料外运

注：1. 地层情况按本规范的规定，并根据岩土工程勘察报告按单位工程各地层所占比例（包括范围值）进行描述。对无法准确描述的地层情况，可注明由投标人根据岩土工程勘察报告自行决定报价。
2. 项目特征中的桩截面、混凝土强度等级、桩类型等可直接用标准图代号或设计桩型进行描述。
3. 打桩项目包括成品桩购置费，如果用现场预制桩，应包括现场预制的所有费用。
4. 打试验桩和打斜桩应按相应项目编码单独列项，并应在项目特征中注明试验桩或斜桩（斜率）。
5. 桩基础的承载力检测、桩身完整性检测等费用按国家相关取费标准单独计算，不在本清单项目中。

（2）灌注桩（编码：010302）工程量清单项目设置及工程量计算规则见表5-16。

表5-16 灌注桩（编码010302）

项目编码	项目名称	项目特征	计量单位	工程量计算规则	工作内容
010302001	泥浆护壁成孔灌注桩	1. 地层情况 2. 空桩长度、桩长 3. 桩径 4. 成孔方法 5. 护筒类型、长度 6. 混凝土类别、强度等级	1. m 2. m³ 3. 根	1. 以"m"计量，按设计图示尺寸以桩长（包括桩尖）计算 2. 以"m³"计量，按不同截面在桩上范围内以体积计算 3. 以"根"计量，按设计图示数量计算	1. 护筒埋设 2. 成孔、固壁 3. 混凝土制作、运输、灌注、养护 4. 土方、废泥浆外运 5. 打桩场地硬化及泥浆池、泥浆沟
010302002	沉管灌注桩	1. 地层情况 2. 空桩长度、桩长 3. 复打长度 4. 桩径 5. 沉管方法 6. 桩尖类型 7. 混凝土类别、强度等级			1. 打（沉）拔钢管 2. 桩尖制作、安装 3. 混凝土制作、运输、灌注、养护
010302003	干作业成孔灌注桩	1. 地层情况 2. 空桩长度、桩长 3. 桩径 4. 扩孔直径、高度 5. 成孔方法 6. 混凝土类别、强度等级			1. 成孔、扩孔 2. 混凝土制作、运输、灌注、振捣、养护
010302004	挖孔桩土（石）方	1. 土（石）类别 2. 挖孔深度 3. 弃土（石）运距	m³	按设计图示尺寸截面积乘以挖孔深度以"m³"计算	1. 排地表水 2. 挖土、凿石 3. 基底钎探 4. 运输

（续）

项目编码	项目名称	项目特征	计量单位	工程量计算规则	工作内容
010302005	人工挖孔灌注桩	1. 桩芯长度 2. 桩芯直径、扩底直径、扩底高度 3. 护壁厚度、高度 4. 护壁混凝土类别、强度等级 5. 桩芯混凝土类别、强度等级	1. m³ 2. 根	1. 以"m³"计量，按桩芯混凝土体积计算 2. 以"根"计量，按设计图示数量计算	1. 护壁制作 2. 混凝土制作、运输、灌注、振捣、养护
010302006	钻孔压浆桩	1. 地层情况 2. 空钻长度、桩长 3. 钻孔直径 4. 水泥强度等级	1. m 2. 根	1. 以"m"计量，按设计图示尺寸以桩长计算 2. 以"根"计量，按设计图示数量计算	钻孔、下注浆管、投放骨料、浆液制作、运输、压浆
010302007	桩底注浆	1. 注浆导管材料、规格 2. 注浆导管长度 3. 单孔注浆量 4. 水泥强度等级	孔	按设计图示以注浆孔数计算	1. 注浆导管制作、安装 2. 浆液制作、运输、压浆

注：1. 地层情况按本规范的规定，并根据岩土工程勘察报告按单位工程各地层所占比例（包括范围值）进行描述。对无法准确描述的地层情况，可注明由投标人根据岩土工程勘察报告自行决定报价。

2. 项目特征中的桩长应包括桩尖，空桩长度=孔深－桩长，孔深为自然地面至设计桩底的深度。

3. 项目特征中的桩截面（桩径）、混凝土强度等级、桩类型等可直接用标准图代号或设计桩型进行描述。

4. 泥浆护壁成孔灌注桩是指在泥浆护壁条件下成孔，采用水下灌注混凝土的桩。其成孔方法包括冲击钻成孔、冲抓锥成孔、回旋钻成孔、潜水钻成孔、泥浆护壁的旋挖成孔等。

5. 沉管灌注桩的沉管方法包括锤击沉管法、振动沉管法、振动冲击沉管法、内夯沉管法等。

6. 干作业成孔灌注桩是指不用泥浆护壁和套管护壁的情况下，用钻机成孔后，下钢筋笼，灌注混凝土的桩，适用于地下水位以上的土层使用。其成孔方法包括螺旋钻成孔、螺旋钻成孔扩底、干作业的旋挖成孔等。

7. 桩基础的承载力检测、桩身完整性检测等费用按国家相关取费标准单独计算，不在本清单项目中。

8. 混凝土灌注桩的钢筋笼制作、安装，按本规范附录 E 中相关项目编码列项。

5.4.6　桩基工程工程量计算举例

例 5　如图 5-26 所示，预制钢筋混凝土方桩共 200 根，土质为二级土，计算打桩工程量。

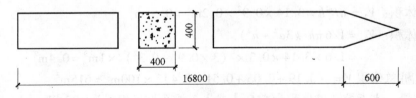

图 5-26　预制桩示意图

解： 定额工程量：V = 单根桩体积 × 根数 = $0.4 × 0.4 ×$（$16.8 + 0.6$）$× 200 \text{m}^3 = 556.8 \text{m}^3$

清单工程量：L =（$16.8 + 0.6$）$× 200 = 3480 \text{m}$ 或 200 根

例 6 如图 5-27 所示，桩基础采用长螺旋钻孔灌注混凝土桩，桩长 10.5m，土质为二级土，共计 150 根，计算钻孔灌注桩工程量。

解： 定额工程量：

V = 单根桩体积 × 根数 = $1/4 \pi D^2 ×$（$L + 0.25$）× 根数

$= 1/4 \pi 0.5^2 ×$（$10.5 + 0.25$）$× 150 \text{m}^3 = 316.45 \text{m}^3$

清单工程量：L =（$10.5 + 0.25$）$× 150 \text{m} = 1612.5 \text{m}$ 或 150 根

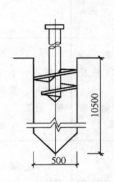

图 5-27 钻孔灌注桩

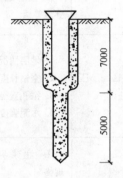

图 5-28 复打灌注桩

例 7 如图 5-28 所示，桩基础采用现场打孔灌注混凝土桩，桩长 12m，钢管管箍外径 371mm，采用振动打桩机施工，土质为二级土，共计 120 根，设计要求复打一次，复打深度为 7m，计算打桩工程量。

解： 定额工程量：单根桩体积 = $1/4 \pi D^2 ×$ 长度

$V_1 = 1/4 \pi × 0.371 × 0.371 ×$（$12 - 7$）$× 120 \text{m}^3 = 64.83 \text{m}^3$

$V_2 = 1/4 \pi × 0.371 × 0.371 × 7 ×$（$1 + 1$）$× 120 \text{m}^3 = 181.52 \text{m}^3$

$V = V_1 + V =$（$64.83 + 181.52$）$\text{m}^3 = 246.352 \text{m}^3$

清单工程量：L =（$12 × 120$）$\text{m} = 1440 \text{m}$（复打长 7m）

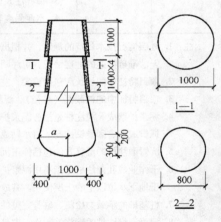

图 5-29 人工挖孔桩

例 8 如图 5-29 所示，桩基础采用人工挖孔扩底灌注混凝土桩，共计 100 根，计算人工挖孔灌注混凝土桩工程量。

解： 定额工程量：

1）圆台体积：$V_1 = 1/3 \pi h$（$R^2 + r^2 + Rr$）

$= 1/3 × 3.14 × 1.0 ×$（$0.4^2 + 0.5^2 + 0.4 × 0.5$）$× 5 \text{m}^3 = 3.19 \text{m}^3$

$V_{1'} = 1/3 × 3.14 × 1.3 ×$（$0.5^2 + 0.9^2 + 0.5 × 0.9$）$× 1 \text{m}^3 = 2.05 \text{m}^3$

2）圆柱体积：$V_2 = \pi R^2 h = 3.14 × 0.9^2 × 0.2 \text{m}^3 = 0.51 \text{m}^3$

3）球冠体积：$V_3 = 1/6 \pi h$（$3a^2 + h^2$）

$= 1/6 × 3.14 × 0.3 ×$（$3 × 0.9^2 + 0.3^2$）$× 1 \text{m}^3 = 0.4 \text{m}^3$

人工挖孔桩总体积 V =（$3.19 + 2.05 + 0.51 + 0.4$）$× 100 \text{m}^3 = 615 \text{m}^3$

清单工程量：人工挖孔桩体积为 615m^3 或人工挖孔桩工程量为 100 根

5.5　砌　筑　工　程

砌筑工程是建筑工程中的一个主要分部分项工程,主要包括砌砖、砌块和砌石工程。砌砖、砌块工程包括:砖基础、各种规格的砖墙、砖柱、砖地沟、其他砌体、砖墙勾缝等;砌石工程包括毛石基础、各种规格的毛石墙、石墙勾缝等。

5.5.1　砌筑工程的种类

根据块体材料不同,砌体可分为砖砌体、砌块砌体、石材砌体、配筋砌体等。

(1)砖砌体:它是采用标准尺寸的实心砖(如烧结普通砖、粉煤灰砖)、粘土空心砖等与砂浆砌筑成的砌体。实心砖的规格为 240mm×115mm×53mm,空心砖的规格为 190mm×190mm×50mm、240mm×115mm×90mm、240mm×180mm×115mm 等几种。

实砌实心砖墙根据墙面装饰情况分为单面清水墙、双面清水墙和混水墙三种。单面清水墙是指一个墙面抹灰另一个墙面不需抹灰只需勾缝的砖墙体;双面清水墙是指两个墙面均不需抹灰只需勾缝的砖墙体;混水墙是指两个墙面均抹灰的砖墙体。

(2)砌块砌体:它是采用中小型混凝土砌块或硅酸盐砌块与砂浆砌筑成的砌体。砌块按使用材料分为普通混凝土砌块、加气混凝土砌块、炉渣混凝土砌块等;按大小分为小型砌块和中型砌块。目前常用的小型砌块主要规格为 190mm×190mm×390mm。

(3)石材砌体:它是采用毛石或料石与砂浆砌筑成的砌体。毛石是指形状不规则但有两个平面大致平行的石块。料石是指经过加工形状较规则的六面体石块。石材砌体具有强度高、抗冻性强及导热性好的特点,常用于砌筑挡土墙和带形基础。

(4)配筋砌体:它是在砌体水平灰缝中配置钢筋网片或在砌体外部预留沟槽,槽内设置竖向钢筋并灌注细石混凝土(或水泥砂浆)的组合砌体。这种砌体可提高强度,减小构件尺寸,加强整体性,增加结构延性,从而改善结构抗震能力。

(5)空斗墙砌体:空斗墙是由实心砖砌筑的空心砖砌体。它可节省材料,减轻质量,提高隔热保温性能,但其整体稳定性差,不宜在有振动、潮湿环境、管道较多的房屋或地震烈度为七度及以上的地区使用。

5.5.2　砌筑工程基础定额工程量计算规则

1. 基础与墙身(柱身)的划分

(1)基础与墙身(柱身)使用同一种材料时,以设计室内地面为界(有地下室者,以地下室室内设计地面为界),以下为基础,以上为墙(柱)身(如图 5-30a 所示)。

(2)基础与墙身使用不同材料时,位于设计室内地面高度≤±300mm 时,以不同材料为分界线(如图 5-30b 所示);高度>±300mm 时,以设计室内地面为分界线(如图 5-30c 所示)。

(3)砖围墙,以设计室外地坪为界线,以下为基础,以上为墙身。

2. 砖石基础工程量计算

(1)砖砌挖孔桩护壁工程量按实砌体积计算。

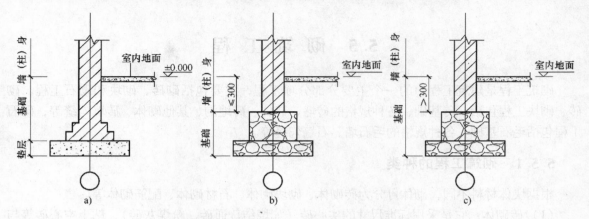

图 5-30　基础与墙身（柱身）划分示意图

a）同一材料基础与墙（柱）身划分　b）不同材料基础与墙（柱）身划分（≤300mm）

c）不同材料基础与墙（柱）身划分（>300mm）

（2）砖石基础以图示尺寸按"m³"计算：基础放大脚 T
形接头处的重叠部分（图 5-31 所示）以及嵌入基础的钢筋、
铁件、管道、基础防潮层及单个面积在 0.3m² 以内孔洞所占
体积不予扣除，但靠墙暖气沟的挑檐亦不增加。附墙垛基础
宽出部分体积应并入基础工程量内。

（3）基础长度：外墙墙基按外墙中心线长度计算，内墙　图 5-31　基础放大脚 T 形接头
墙基按内墙基净长线计算。内墙基净长线是指基础上部第一部大放脚间的距离（如图 5-32a、b
所示）。

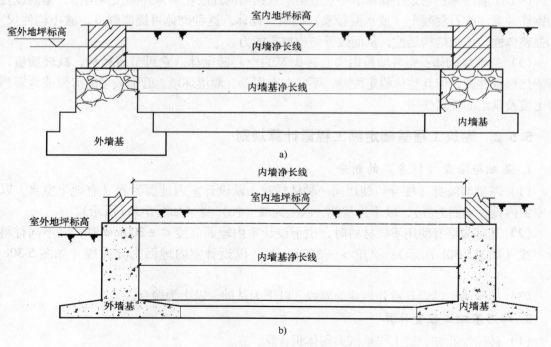

图 5-32　内墙基净长

a）砖石基础　b）混凝土基础

（4）条形砖基础大放脚的断面面积的确定方法：砖基础的大放脚通常采用等高式和不等高式两种砌法（如图 5-33 所示）。

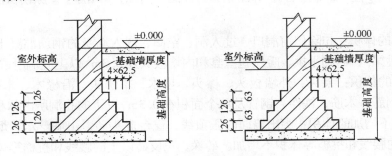

图 5-33 大放脚砖基础示意图

采用大放脚砌筑法时，砖基础断面面积常按下述两种方法计算：

1）采用折加高度计算，用公式表示为

$$基础断面积 = 基础墙高度 \times （基础高度 + 折加高度）$$

式中 基础高度是指垫层上表面至室内地面的高度，折加高度的计算方法见如下公式：

$$折加高度 = \frac{大放脚增加断面积}{基础墙宽度}$$

2）采用增加断面面积计算见如下公式：

$$基础断面积 = 基础墙宽度 \times 基础高度 + 大放脚增加断面面积$$

等高式和不等高式砖墙基础大放脚折加高度和增加断面面积计算表见表 5-17。

表 5-17 砖墙基础大放脚折加高度和增加断面面积计算表

放脚层数	折加高度/m												增加断面/m²	
	基础砖数（墙厚）/m													
	1/2 (0.115)		1 (0.24)		1.5 (0.365)		2 (0.49)		2.5 (0.615)		3 (0.74)			
	等高	不等高	等高	不等高	等高	不等高	等高	不等高	等高	不等高	等高	不等高	等高	不等高
一	0.137	0.137	0.066	0.066	0.043	0.043	0.032	0.032	0.026	0.026	0.021	0.021	0.01575	0.01575
二	0.411	0.342	0.197	0.164	0.129	0.108	0.096	0.08	0.077	0.054	0.064	0.053	0.4725	0.03938
三	0.822	0.685	0.394	0.328	0.259	0.216	0.193	0.161	0.154	0.128	0.128	0.106	0.0945	0.07875
四	1.37	1.096	0.656	0.525	0.432	0.345	0.321	0.257	0.256	0.205	0.213	0.17	0.1575	0.126
五	2.054	1.043	0.984	0.788	0.647	0.518	0.482	0.386	0.384	0.307	0.319	0.255	0.2363	0.189
六	2.876	2.26	1.378	1.083	0.906	0.712	0.675	0.53	0.538	0.419	0.447	0.351	0.3308	0.2599
七			1.838	1.444	1.208	0.949	0.90	0.707	0.717	0.563	0.596	0.468	0.441	0.3465
八			2.363	1.838	1.533	1.208	1.157	0.90	0.922	0.717	0.766	0.596	0.567	0.441
九			2.953	2.927	1.942	1.51	1.447	1.125	1.153	0.896	0.958	0.745	0.7088	0.5513
十			3.61	2.789	2.373	1.834	1.768	1.366	1.409	1.088	1.171	0.905	0.8663	0.6694

3. 砌体工程量计算

（1）实砌实心砖墙工程量一般区分单（双）面清水墙和混水墙、不同墙厚、砂浆种类及强度等级，分别列项计算。砌筑墙体均按设计图示尺寸以体积计算。即：砌筑墙体按墙长度乘以厚度再乘以高度以"m³"计算，并扣除相应的内容。砌筑墙体工程量可用公式表示为

$$墙体体积 = \sum （各部分墙长 \times 墙高 \times 墙厚） \pm 有关体积$$

多数情况下也可按下式计算，较为简便：

墙体体积 = $\sum$ [（各部分墙长 × 墙高 – 门窗洞口面积）× 墙厚] ± 除门窗洞口外其他有关体积

1）应扣除的体积：扣除门窗洞口、过人洞、空圈、嵌入墙身的钢筋混凝土柱、梁（包括过梁、圈梁、挑梁）、砖砌平拱、暖气包壁龛和内墙板头及 $0.3m^2$ 以上孔洞所占的体积。

2）不扣除的体积：梁头、外墙板头、檩头、垫木、木愣头、沿橡木、木砖、门窗走头、砖墙内的加固钢筋、木筋、铁件、钢管及单个面积在 $0.3m^2$ 以下的孔洞所占体积。

3）增加与不增加的体积：突出墙面的压顶线、窗台虎头砖、山墙泛水、烟囱根、门窗套及三皮砖以内的腰线和挑檐等体积不增加。砖垛、三皮砖以上的腰线和挑檐等体积并入墙身体积内计算。

4）附墙烟囱（包括附墙通风道、垃圾道）按其外形体积计算，并入所依附的墙体体积内，不扣除每一个孔洞横截面在 $0.1m^2$ 以下的体积，但孔洞内的抹灰工程量亦不增加。

5）砖平拱、平砌砖过梁按图示尺寸以 "m^3" 计算。如设计无规定时，砖砌平拱璇按门窗洞口宽度两端共加 100mm，乘以高度（门窗洞口小于 1500mm 时，高度为 240mm；大于 1500mm 时，高度为 365mm）计算；平砌砖过梁按门窗洞口宽度两端共加 500mm，高度按 440mm 计算（如图 5-34 所示）。

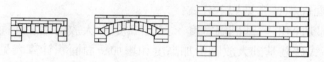

图 5-34　砖平拱、平砌砖过梁示意图

6）女儿墙高度，自外墙顶面至图示女儿墙顶面高度，分别不同墙厚并入外墙计算（如图 5-35 所示）。

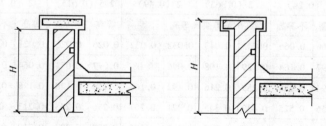

图 5-35　女儿墙计算高度示意图

（2）砌体厚度

1）标准砖以 240mm × 115mm × 53mm 为准，其砌体计算厚度可按表 5-18 计算。

表 5-18　标准砖墙计算厚度表

砖数（厚度）	1/4	1/2	3/4	1	1.5	2	$2\frac{1}{2}$	3
计算厚度/mm	53	115	180	240	365	490	615	740

2）使用非标准砖时，其砌体厚度应按砖实际规格和设计厚度计算。

（3）墙的长度：外墙长度按外墙中心线长度计算，内墙长度按内墙净长线长度计算。

（4）墙身高度的计算：

1）外墙墙身高度：斜（坡）屋面无檐口顶棚者算至屋面板底（如图 5-36a 所示）；有屋架且室内外均有顶棚者，算至屋架下弦底另加 200mm（如图 5-36b 所示）；无顶棚者算至屋架下弦底另加 300mm；出檐宽度超过 600mm 时，应按实砌高度计算；平屋面算至钢筋混凝土板底（如图 5-36c 所示）。

2）内墙墙身高度：位于屋架下弦者，其高度算至屋架底；无屋架者算至顶棚底另加 100mm；有钢筋混凝土楼板隔层者算至板底（如图 5-37a 所示）；有框架梁时算至梁底面（如图 5-37b 所示）。

3）内外山墙墙身高度：按其平均高度计算（如图 5-38 所示）。

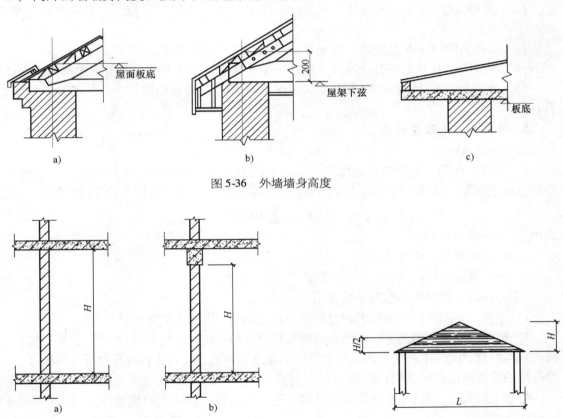

图 5-36　外墙墙身高度

图 5-37　内墙墙身高度

图 5-38　内外山墙墙身高度

（5）框架间砌体：内外墙分别以框架间净空面积乘以墙厚计算，框架外表镶贴砖部分亦并入框架间砌体工程量内计算。

（6）空斗墙：空斗墙按设计图示尺寸以空斗墙外形体积计算。墙角、内外墙交接处、门窗洞口立边、窗台砖及屋檐处的实心砖砌体部分已包括在定额内，不另行计算。但窗间墙、窗台下、楼板下、梁头下等实砌部分，应另行计算，套零星砖砌体定额项目。

（7）空花墙：空花墙按设计图示尺寸以空花部分外形体积计算，空花部分不予扣除，其中实心部分以"m^3"另行计算。

（8）多孔砖、空心砖：多孔砖、空心砖按图示厚度以"m^3"计算，不扣除其孔、空心部分体积。

（9）填充墙：填充墙按设计图示尺寸以外形体积计算。其中实砌部分已包括在定额内，不另计算。

（10）加气混凝土墙、硅酸盐砌块墙、小型空心砌块墙：加气混凝土墙、硅酸盐砌块墙、小型空心砌块墙均按图示尺寸以"m³"计算。按设计规定需要镶嵌砖砌体部分已包括在定额内，不另行计算。

4. 其他砌体工程量计算

（1）厕所蹲台、水槽腿、灯箱、垃圾箱、台阶挡墙或梯带、花台、花池、地垄墙、支撑地楞的砖墩、房上烟囱、屋面架空隔热层砖墩及毛石墙的门窗立边、窗台虎头砖等实砌体积，以"m³"计算，套用零星砖砌体定额项目。

（2）砖砌锅台、炉灶不分大小，均按图示外形尺寸以"m³"计算，不扣除各种孔洞的体积。

（3）砖砌台阶（不包括梯带）按水平投影面积以"m²"计算。

（4）检查井、化粪池不分壁厚以"m³"计算，洞口上的砖平拱璇等并入砌体体积内计算。

（5）砖砌地沟不分墙基、墙身合并以"m³"计算。石砌地沟按其中心线长度以延长米计算。

5. 砖构筑物工程量计算

（1）砖烟囱

1）筒身：圆形、方形筒身均按图示筒壁平均中心线周长乘以厚度并扣除筒身各种孔洞、钢筋混凝土圈梁、过梁等体积以"m³"计算。其筒壁周长不同时可按下式分段计算

$$V = \sum HC\pi D$$

式中　V——筒身体积；

　　　H——每段筒身垂直高度；

　　　C——每段筒壁厚度；

　　　D——每段筒壁中心线的平均直径。

2）烟道、烟囱内衬按不同内衬材料并扣除孔洞后，以图示实体积计算。

3）烟囱内壁表面隔热层，按筒身内壁并扣除各种孔洞后的面积以"m²"计算；填料按烟囱内衬与筒身之间的中心线平均周长乘以图示宽度和筒高，并扣除各种孔洞所占体积（但不扣除连接横砖及防沉带的体积）后以"m³"计算。

4）烟道砌砖：烟道与炉体的划分以第一道闸门为界，炉体内的烟道部分列入炉体工程量计算。

（2）砖砌水塔工程量

1）水塔基础与塔身划分：以砖砌体的扩大部分顶面为界，以上为塔身，以下为基础，分别套相应基础砌体定额。

2）塔身以图示实砌体积计算，并扣除门窗洞口和混凝土构件所占体积，砖平拱璇及砖出檐等并入塔身体积内计算，套用水塔砌筑定额。

3）砖水箱内外壁，不分壁厚均以图示实砌体积计算，套相应的内外砖墙定额。

6. 砌体内的钢筋加固

砌体内的钢筋加固应根据设计规定，以"t"为单位计算，执行钢筋混凝土章节相应项目。

5.5.3　砌筑工程基础定额的相关规定

1. 砌砖、砌块

（1）定额中砖的规格，是按标准砖编制的；砌块、多孔砖规格是按常用规格编制的。规

格不同时，可以换算。

（2）砖墙定额中已包括先立门窗框的调直用工以及腰线、窗台线、挑檐等一般出线用工。

（3）砖砌体均包括了原浆勾缝用工，加浆勾缝时，另按相应定额计算。

（4）填充墙以填炉渣、炉渣混凝土为准，如实际使用材料与定额不同时允许换算，其他不变。

（5）墙体必需放置的拉结钢筋，应按钢筋混凝土章节另行计算。

（6）硅酸盐砌块、加气混凝土砌块墙，是按水泥混合砂浆编制的，如设计使用水玻璃矿渣等胶粘剂为胶合料时，应按设计要求另行换算。

（7）圆形烟囱基础按砖基础定额执行，人工乘以系数 1.2。

（8）砖砌挡土墙，2 砖以上执行砖基础定额；2 砖以内执行砖墙定额。

（9）零星项目系指砖砌小便池槽、明沟、暗沟、隔热板带砖墩、地板墩等。

（10）项目中砂浆系按常用规格、强度等级列出，如与设计不同时，可以换算。

2. 砌石

（1）定额中粗、细料石（砌体）墙按 400mm × 220mm × 200mm，柱按 450mm × 220mm × 200mm，踏步石按 450mm × 200mm × 100mm 规格编制的。

（2）毛石墙镶砖墙身按内背镶 1/2 砖编制的，墙体厚度为 600mm。

（3）毛石护坡高度超过 4m 时，定额人工乘以系数 1.15。

（4）砌筑圆弧形石砌体基础、墙（含砖石混合砌体）按定额项目人工乘以系数 1.1。

5.5.4　清单计价工程量计算规则

（1）砖砌体工程（编码：010401）工程量清单项目设置及工程量计算规则见表 5-19。

表 5-19　砖砌体（编码：010401）

项目编码	项目名称	项目特征	计量单位	工程量计算规则	工作内容
010401001	砖基础	1. 砖品种、规格、强度等级 2. 基础类型 3. 砂浆强度等级 4. 防潮层材料种类	m^3	按设计图示尺寸以体积计算。包括附墙垛基础宽出部分体积，扣除地梁（圈梁）、构造柱所占体积，不扣除基础大放脚 T 形接头处的重叠部分及嵌入基础内的钢筋、铁件、管道、基础砂浆防潮层和单个面积 ≤0.3m² 的孔洞所占体积，靠墙暖气沟的挑檐不增加 基础长度：外墙按外墙中心线，内墙按内墙净长线计算	1. 砂浆制作、运输 2. 砌砖 3. 防潮层铺设 4. 材料运输
010401002	砖砌挖孔桩护壁	1. 砖品种、规格、强度等级 2. 砂浆强度等级		按设计图示尺寸以"m³"计算	1. 砂浆制作，运输 2. 砌砖 3. 材料运输

（续）

项目编码	项目名称	项目特征	计量单位	工程量计算规则	工作内容
010401003	实心砖墙			按设计图示尺寸以体积计算。扣除门窗洞口、过人洞、空圈、嵌入墙内的钢筋混凝土柱、梁、圈梁、挑梁、过梁及凹进墙内的壁龛、管槽、暖气槽、消火栓箱所占体积。不扣除梁头、板头、檩头、垫木、木楞头、沿椽木、木砖、门窗走头，砖墙内加固钢筋、木筋、铁件、钢管及单个面积≤0.3m² 的孔洞所占的体积。凸出墙面的腰线、挑檐、压顶、窗台线、虎头砖、门窗套的体积亦不增加。凸出墙面的砖垛并入墙体体积内计算	
010401004	多孔砖墙	1. 砖品种、规格、强度等级 2. 墙体类型 3. 砂浆强度等级、配合比	m³	1. 墙长度 外墙按中心线，内墙按净长线计算 2. 墙高度 （1）外墙：斜（坡）屋面无檐口天棚者算至屋面板底，有屋架且室内外均有天棚者算至屋架下弦底另加200mm，无天棚者算至屋架下弦底另加300mm，出檐宽度超过600mm 时按实砌高度计算，与钢筋混凝土楼板隔层者算至板顶平屋顶算至钢筋混凝土板底 （2）内墙：位于屋架下弦者，算至屋架下弦底，无屋架者算至天棚底另加100mm，有钢筋混凝土楼板隔层者算至楼板顶，有框架梁时算至梁底 （3）女儿墙：从屋面板上表面算至女儿墙顶面（如有混凝土压顶时算至压顶下表面） （4）内、外山墙：按其平均高度计算	1. 砂浆制作、运输 2. 砌砖 3. 刮缝 4. 砖压顶砌筑 5. 材料运输
010401005	空心砖墙			3. 框架间墙：不分内外墙按墙体净尺寸以体积计算 4. 围墙 高度算至压顶上表面（如有混凝土压顶时算至压顶下表面），围墙柱并入围墙体积内	
010401006	空斗墙	1. 砖品种、规格、强度等级 2. 墙体类型 3. 砂浆强度等级、配合比	m³	按设计图示尺寸以空斗墙外形体积计算。墙角、内外墙交接处、门窗洞口立边、窗台砖、层檐处的实砌部分体积并入空斗墙体积内	1. 砂浆制作、运输 2. 砌砖 3. 装填充料 4. 刮缝 5. 材料运输

（续）

项目编码	项目名称	项目特征	计量单位	工程量计算规则	工作内容
010401007	空花墙	1. 砖品种、规格、强度等级 2. 墙体类型 3. 砂浆强度等级、配合比	m³	按设计图示尺寸以空花部分外形体积计算，不扣除空洞部分体积	1. 砂浆制作、运输 2. 砌砖 3. 装填充料 4. 刮缝 5. 材料运输
010401008	填充墙	1. 砖品种、规格、强度等级 2. 墙体厚度 3. 砂浆强度等级、配合比		按设计图示尺寸以填充墙外形体积计算	
010401009	实心砖柱	1. 砖品种、规格、强度等级 2. 柱类型 3. 砂浆强度等级、配合比		按设计图示尺寸以体积计算 扣除混凝土及钢筋混凝土梁垫、梁头、板头所占体积	1. 砂浆制作、运输 2. 砌砖 3. 刮缝 4. 材料运输
010401010	多孔砖柱				
010401011	砖检查井	1. 井截面 2. 垫层材料种类、厚度 3. 底板厚度 4. 井盖安装 5. 混凝土强度等级 6. 砂浆强度等级 7. 防潮层材料种类	座	按设计图示数量计算	1. 土方挖、运 2. 砂浆制作、运输 3. 铺设垫层 4. 底板混凝土制作、运输、浇筑、振捣、养护 5. 砌砖 6. 刮缝 7. 井池底、壁抹灰 8. 抹防潮层 9. 回填 10. 材料运输
010401012	零星砌砖	1. 零星砌砖名称、部位 2. 砂浆强度等级、配合比	1. m³ 2. m² 3. m 4. 个	1. 以"m³"计量，按设计图示尺寸截面积乘以长度计算 2. 以"m²"计量，按设计图示尺寸水平投影面积计算 3. 以"m"计量，按设计图示尺寸长度计算 4. 以"个"计量，按设计图示数量计算	1. 砂浆制作、运输 2. 砌砖 3. 刮缝 4. 材料运输

（续）

项目编码	项目名称	项目特征	计量单位	工程量计算规则	工作内容
010401013	砖散水、地坪	1. 砖品种、规格、强度等级 2. 垫层材料种类、厚度 3. 散水、地坪厚度 4. 面层种类、厚度 5. 砂浆强度等级	m²	按设计图示尺寸以面积计算	1. 土方挖、运 2. 地基找平、夯实 3. 铺设垫层 4. 砌砖散水、地坪 5. 抹砂浆面层
010401014	砖地沟、明沟	1. 砖品种、规格、强度等级 2. 沟截面尺寸 3. 垫层材料种类、厚度 4. 混凝土强度等级 5. 砂浆强度等级	m	以"m"计量，按设计图示以中心线长度计算	1. 土方挖、运 2. 铺设垫层 3. 底板混凝土制作、运输、浇筑、振捣、养护 4. 砌砖 5. 刮缝、抹灰 6. 材料运输

注：1. "砖基础"项目适用于各种类型砖基础：柱基础、墙基础、管道基础等。

2. 基础与墙（柱）身使用同一种材料时，以设计室内地面为界（有地下室者，以地下室室内设计地面为界），以下为基础，以上为墙（柱）身。基础与墙身使用不同材料时，位于设计室内地面高度 ≤ ±300mm 时，以不同材料为分界线，高度 > ±300mm 时，以设计室内地面为分界线。

3. 砖围墙以设计室外地坪为界，以下为基础，以上为墙身。

4. 框架外表面的镶贴砖部分，按零星项目编码列项。

5. 附墙烟囱、通风道、垃圾道，应按设计图示尺寸以体积（扣除孔洞所占体积）计算并入所依附的墙体体积内。当设计规定孔洞内需抹灰时，应按规范附录 L 中零星抹灰项目编码列项。

6. 空斗墙的窗间墙、窗台下、楼板下、梁头下等的实砌部分，按零星砌砖项目编码列项。

7. 空花墙项目适用于各种类型的空花墙，使用混凝土花格砌筑的空花墙，实砌墙体与混凝土花格应分别计算，混凝土花格按混凝土及钢筋混凝土中预制构件相关项目编码列项。

8. 台阶、台阶挡墙、梯带、锅台、炉灶、蹲台、池槽、池槽腿、砖胎模、花台、花池、楼梯栏板、阳台栏板、地垄墙、≤0.3m² 的孔洞填塞等，应按零星砌砖项目编码列项。砖砌锅台与炉灶可按外形尺寸以"个"计算，砖砌台阶可按水平投影面积以"m²"计算，小便槽、地垄墙可按长度计算、其他工程按"m³"计算。

9. 砖砌体内钢筋加固，应按规范附录 E 中相关项目编码列项。

10. 砖砌体勾缝按规范附录 L 中相关项目编码列项。

11. 检查井内的爬梯按规范附录 E 中相关项目编码列项；井、池内的混凝土构件按附录 E 中混凝土及钢筋混凝土预制构件编码列项。

12. 如施工图设计标注做法见标准图集时，应注明标注图集的编码、页号及节点大样。

（2）砌块砌体工程（编码：010402）工程量清单项目设置及工程量计算规则见表 5-20。

表 5-20 砌块砌体（编码：010402）

项目编码	项目名称	项目特征	计量单位	工程量计算规则	工作内容
010402001	砌块墙	1. 砌块品种、规格、强度等级 2. 墙体类型 3. 砂浆强度等级	m³	按设计图示尺寸以体积计算。扣除门窗洞口、过人洞、空圈、嵌入墙内的钢筋混凝土柱、梁、圈梁、挑梁、过梁及凹进墙内的壁龛、管槽、暖气槽、消火栓箱所占体积。不扣除梁头、板头、檩头、垫木、木楞头、沿椽木、木砖、门窗走头、砌块墙内加固钢筋、木筋、铁件、钢管及单个面积 ≤0.3m² 的孔洞所占体积，凸出墙面的腰线、挑檐、压顶、窗台线、虎头砖、门窗套的体积亦不增加，凸出墙面的砖垛并入墙体体积内计算 1. 墙长度 外墙按中心线，内墙按净长计算 2. 墙高度 （1）外墙：斜（坡）屋面无檐口顶棚者算至屋面板底；有屋架且室内外均有顶棚者算至屋架下弦底另加 200mm；无顶棚者算至屋架下弦底另加 300m，出檐口宽度超过 600mm 时，按实砌高计算；与钢筋混凝土楼板隔层者算至板顶；平屋面算至钢筋混凝土板底 （2）内墙：位于屋架下弦者，算至屋架下弦底；无屋架者算至顶棚底另加 100mm；有钢筋混凝土板隔层者算至楼板顶，有框架梁时算至梁底 （3）女儿墙：从屋面板上表面算至女儿墙顶面（如有混凝土压顶时算至压顶下表面） （4）内外山墙：按其平均高度计算 3. 框架间墙：不分内外墙按墙体净尺寸以体积计算 4. 围墙：高度算至压顶上表面（如有混凝土压顶算至压顶下表面），围墙柱并入围墙体积内	1. 砂浆制作、运输 2. 砌砖、砌块 3. 勾缝 4. 材料运输
010402002	砌块柱	1. 砌块品种、规格、强度等级 2. 柱类型 3. 砂浆强度等级		按设计图示尺寸以体积计算。扣除混凝土及钢筋混凝土梁垫、梁头、板头所占体积	1. 砂浆制作、运输 2. 砌砖、砌块 3. 勾缝 4. 材料运输

注：1. 砌体内加筋、墙体拉结筋的制作、安装，应按规范附录 E 中相关项目编码列项。

2. 砌块排列应上、下错缝搭砌，如果搭错缝长度满足不了规定的压搭要求，应采取压砌钢筋网片的措施，具体构造要求按设计规定。若设计无规定时，应注明由投标人根据工程实际情况自行考虑。

3. 砌体垂直灰缝宽 >30mm 时，采用 C20 细石混凝土灌实。灌注的混凝土应按附录 E 相关项目编码列项。

（3）石砌体工程（编码：010403）工程量清单项目设置及工程量计算规则见表5-21。

表5-21 石砌体（编码：010403）

项目编码	项目名称	项目特征	计量单位	工程量计算规则	工作内容
010403001	石基础	1. 石料种类、规格 2. 基础类型 3. 砂浆强度等级	m³	按设计图示尺寸以体积计算。包括附墙垛基础宽出部分体积，不扣除基础砂浆防潮层及单个面积≤0.3m²的孔洞所占体积，靠墙暖气沟的挑檐不增加体积。基础长度：外墙按中心线，内墙按净长计算	1. 砂浆制作、运输 2. 吊装 3. 砌石 4. 防潮层铺设 5. 材料运输
010403002	石勒脚	1. 石料种类、规格 2. 石表面加工要求 3. 勾缝要求 4. 砂浆强度等级、配合比		按设计图示尺寸以体积计算。扣除单个面积>0.3m²的孔洞所占体积	1. 砂浆制作、运输 2. 吊装 3. 砌石 4. 石表面加工 5. 勾缝 6. 材料运输
010403003	石墙	1. 石料种类、规格 2. 石表面加工要求 3. 勾缝要求 4. 砂浆强度等级、配合比		工程量计算规则可参考砌块墙中的相应内容	
010403004	石挡土墙	1. 石料种类、规格 2. 石表面加工要求 3. 勾缝要求 4. 砂浆强度等级、配合比		按设计图示尺寸以体积计算	1. 砂浆制作、运输 2. 吊装 3. 砌石 4. 变形缝、泄水孔，压顶抹灰 5. 滤水层 6. 勾缝 7. 材料运输
010403005	石柱				
010403006	石栏杆	1. 石料种类、规格 2. 石表面加工要求 3. 勾缝要求 4. 砂浆强度等级、配合比	m	按设计图示尺寸以长度计算	1. 砂浆制作、运输 2. 吊装 3. 砌石 4. 石表面加工 5. 勾缝 6. 材料运输
010403007	石护坡	1. 垫层材料种类、厚度 2. 石料种类、规格 3. 护坡厚度、高度 4. 石表面加工要求 5. 勾缝要求 6. 砂浆强度等级、配合比	m³	按设计图示尺寸以体积计算	1. 铺设垫层 2. 石料加工 3. 砂浆制作、运输 4. 砌石 5. 石表面加工 6. 勾缝 7. 材料运输
010403008	石台阶				
010403009	石坡道		m²	按设计图示尺寸以水平投影面积计算	

（续）

项目编码	项目名称	项目特征	计量单位	工程量计算规则	工作内容
010403010	石地沟、石明沟	1. 沟截面尺寸 2. 土壤类别、运距 3. 垫层种类、厚度 4. 石料种类、规格 5. 石表面加工要求 6. 勾缝要求 7. 砂浆强度等级、配合比	m	按设计图示中心线长度计算	1. 土方挖、运 2. 砂浆制作、运输 3. 铺设垫层 4. 砌石 5. 石表面加工 6. 勾缝 7. 回填 8. 材料运输

注：1. 石基础、石勒脚、石墙的划分：基础与勒脚应以设计室外地坪为界。勒脚与墙身应以设计室内地面为界。石围墙内外地坪标高不同时，应以较低地坪标高为界，以下为基础：内外标高之差为挡土墙时，挡土墙以上为墙身。

2. "石基础"项目适用于各种规格（粗料石、细料石等）、各种材质（砂石、青石等）和各种类型（柱基、墙基、直形、弧形等）基础。

3. "石勒脚""石墙"项目适用于各种规格（粗料石、细料石等）、各种材质（砂石、青石、大理石、花岗石等）和各种类型（直形、弧形等）勒脚和墙体。

4. "石挡土墙"项目适用于各种规格（粗料石、细料石、块石、毛石、卵石等）、各种材质（砂石、青石、石灰石等）和各种类型（直形、弧形、台阶形等）挡土墙。

5. "石柱"项目适用于各种规格、各种石质、各种类型的石柱。

6. "石栏杆"项目适用于无雕饰的一般石栏杆。

7. "石护坡"项目适用于各种石质和各种石料（粗料石、细料石、片石、块石、毛石、卵石等）。

8. "石台阶"项目包括石梯带（垂带），不包括石梯膀，石梯膀应按规范附录 C 石挡土墙项目编码列项。

9. 如施工图设计标注做法见标准图集时，应注明标注图集的编码、页号及节点大样。

（4）垫层（编码：010404）工程量清单项目设置及工程量计算规则见表5-22。

表 5-22　垫层（编码：010404）

项目编码	项目名称	项目特征	计量单位	工程量计算规则	工作内容
010404001	垫层	垫层材料种类、配合比、厚度	m³	按设计图示尺寸以"m³"计算	1. 垫层材料的拌制 2. 垫层铺设 3. 材料运输

注：除混凝土垫层应按附录 E 中相关项目编码列项外，没有包括垫层要求的清单项目应按本表垫层项目编码列项。

5.5.5　砌筑工程工程量计算举例

例 9　某基础工程如图 5-39 所示，MU30 毛石，M5.0 水泥砂浆砌筑，计算毛石基础的工程量。

解：毛石基础定额工程量

外墙基础：$L = (4.2 \times 4 \times 2 + 3.6 \times 2 \times 2)\,m = 48m$

$S_{1-1} = (0.84 \times 0.4 + 0.54 \times 0.4)\,m^2 = 0.552m^2$

工程量 $= 48 \times 0.552\,m^3 = 26.5m^3$

内墙基础：

$L = \{[3.6 \times 2 - (0.12 + 0.15) \times 2] \times 3 + 4.2 - (0.12 + 0.15 + 0.12 + 0.2)\}\,m = 23.59m$

$S_{1-1} = (1.04 \times 0.4 + 0.64 \times 0.4)\,m^2 = 0.672m^2$

工程量 $= 23.59 \times 0.672\,m^3 = 15.85m^3$

毛石基础定额工程量合计：$(26.5 + 15.85)\,m^3 = 42.35m^3$

毛石基础清单工程量同定额工程量。

例10　如图5-40所示，某工程为砌体结构，整体现浇楼盖，外墙370mm，内墙240mm，板厚120mm，门窗及埋件尺寸见表5-23。计算"三线一面"基数及实砌墙体工程量。

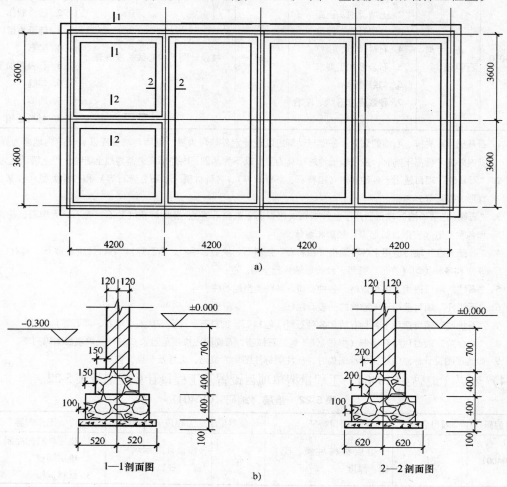

1—1剖面图　　　b)　　　2—2剖面图

图5-39　基础施工图

a) 基础平面图　b) 基础剖面图

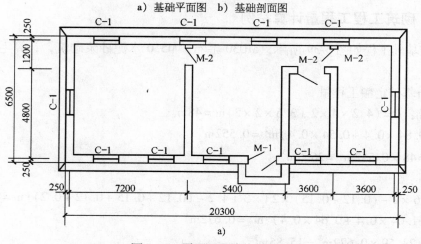

a)

图5-40　平面图及墙体剖面图

a) 平面图

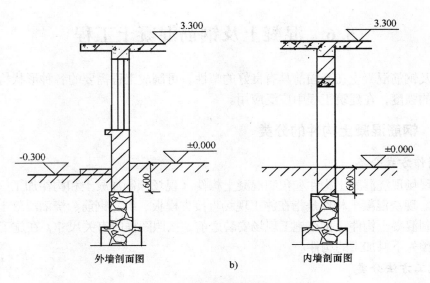

图 5-40　平面图及墙体剖面图（续）

b）墙体剖面图

表 5-23　门窗及埋件尺寸表　　　　　　　　（单位：mm）

门窗编号	尺寸	过梁（圈梁）	尺寸
C-1	1800×1500	QL	365×240
M-11	1500×2700	MGL-1	365×365×2000
M-2	900×2400	MGL-2	240×120×1400

解：1. 计算"三线一面"基数：

$L_{外} = （20.3+6.5）\times 2m = 53.6m$

$L_{中} = [（20.3-0.37）\times 2 + （6.5-0.37）\times 2]m = 52.12m$

$L_{内} = [（6.0-0.24）\times 2 + 4.8 + 3.6 - 0.24]m = 19.68m$

$S = 20.3 \times 6.5m^2 = 131.95m^2$

2. 计算砖墙身定额工程量：

$$V = 墙厚 \times（墙高 \times 墙长 - 洞口面积）- 埋件体积$$

外墙墙身工程量：

（1）±0.000 以上

$V = \{0.365 \times[（3.3-0.24）\times 52.12 - 11 \times 1.8 \times 1.5 - 1.5 \times 2.7] - 0.365 \times 0.365 \times 2\}m^3 = 45.63m^3$

（2）±0.000 以下

$$V = 0.365 \times 52.12 \times 0.6m^3 = 11.41m^3$$

内墙墙身工程量：

（1）±0.000 以上

$V = \{0.24 \times[（3.3-0.24）\times 19.68 - 3 \times 0.9 \times 2.4] - 3 \times 0.24 \times 0.12 \times 1.4\}m^3 = 12.78m^3$

（2）±0.000 以下

$$V = 0.24 \times 19.68 \times 0.6m^3 = 2.83m^3$$

砖墙身清单工程量同定额工程量。

5.6　混凝土及钢筋混凝土工程

混凝土及钢筋混凝土在凝固前具有良好的塑性，可制成工程需要的各种形状构件，硬化后又具有很高的强度，在建筑工程中广泛应用。

5.6.1　钢筋混凝土构件的分类

1. 按制作方式分类

可分为现场现浇混凝土构件和预制混凝土构件（现场预制混凝土和构件加工厂预制混凝土构件）两种。现浇混凝土构件是指在施工现场直接支模板、绑扎钢筋、浇灌混凝土而制成的各种构件；预制混凝土构件是指在施工现场安装之前，按照图样的有关尺寸，在施工现场或预制构件厂进行预先下料加工的构件。

2. 按施工方法分类

可分为无筋混凝土、钢筋混凝土和预应力钢筋混凝土构件三种，其中预应力钢筋混凝土构件又可分为先张法预应力构件和后张法预应力构件。钢筋混凝土构件是由钢筋和混凝土两种材料组成，混凝土能承受很大的压力，钢筋具有很强的抗拉能力；预应力钢筋混凝土构件是指构件在承受外荷载之前，人为地预先在混凝土构件的受拉区施加压应力的构件。主要分先张法（即采用张拉钢筋先于混凝土浇筑成型的施工方法）和后张法（即采用张拉钢筋后于构件成型的施工方法）。

5.6.2　钢筋混凝土工程的内容

钢筋混凝土工程是由模板工程、钢筋工程和混凝土工程三部分组成。其施工顺序是首先进行模板制作安装，然后是钢筋加工成型、安装绑扎，然后是混凝土拌制、浇灌、振捣、养护、拆模。这些工程都必须根据设计图样、施工说明和国家统一规定的施工验收规范、操作规程、质量评定标准的要求进行施工，并且随时做好工序交接和隐蔽工程检查验收工作。

（1）模板工程包括现浇混凝土模板、预制混凝土模板和构筑物混凝土模板。

（2）钢筋工程包括现浇构件钢筋（圆钢筋和螺纹钢筋）、预制构件钢筋（圆钢筋和螺纹钢筋）、先张法预应力钢筋、后张法预应力钢筋、先张法预应力钢丝束（钢绞线）、成型钢筋运输等。

（3）混凝土工程包括现浇混凝土、预制混凝土和构筑物混凝土。

模板工程将在措施项目中讲解，本节只介绍钢筋工程和混凝土工程。

5.6.3　钢筋混凝土工程基础定额的工程量计算规则

1. 钢筋工程

（1）钢筋工程的工程量计算规则

1）钢筋工程，应区别现浇、预制构件、不同钢种和规格，分别按设计长度乘以单位质量以"t"计算。

2）计算钢筋工程量时，设计已规定搭接长度的，按规定搭接长度计算；设计未规定搭接长度的，已包括在钢筋的损耗率之内，不另计算搭接长度。钢筋电渣压力焊接、套筒挤压、螺纹连接等接头，以"个"计算。

3）先张法预应力钢筋，按构件外形尺寸计算长度，后张法预应力钢筋按设计图规定的预应力钢筋预留孔道长度，并区别不同的锚具类型，分别按下列规定计算：

① 低合金钢筋两端采用螺杆锚具时，预应力的钢筋按预留孔道的长度减 0.35m，螺杆另行计算。

② 低合金钢筋一端采用墩头插片，另一端螺杆锚具时，预应力钢筋长度按预留孔道长度计算，螺杆另行计算。

③ 低合金钢筋一端采用墩头插片，另一端采用帮条锚具时，预应力钢筋增加 0.15m，两端均采用帮条锚具时，预应力钢筋工增加 0.3m 计算。

④ 低合金钢筋采用后张混凝土自锚时，预应力钢筋长度增加 0.35m 计算。

⑤ 低合金钢筋或钢绞线采用 JM、XM、QM 型锚具，孔道长度在 20m 以内时，预应力钢筋长度增加 1m；孔道长度 20m 以上时，预应力钢筋长度增加 1.8m。

⑥ 碳素钢丝采用锥形锚具，孔道长在 20m 以内时，预应力钢筋长度增加 1m；孔道长在 20m 以上时，预应力钢筋长度增加 1.8m。

⑦ 碳素钢丝两端采用镦粗头时，预应力钢丝长度增加 0.35m 计算。

4）钢筋混凝土构件预埋铁件、螺栓工程量，按设计图示尺寸以 "t" 计算。

5）固定预埋螺栓、铁件的支架，固定双层钢筋的铁马凳、垫铁件，按审定的施工组织设计规定计算，采用相应定额项目。

（2）钢筋的工程量可用公式表示为：

$$钢筋质量 = 钢筋长度 \times 钢筋相应规格的单位质量（kg/m）$$

1）钢筋长度的计算

钢筋长度 = 构件长（高）度 - 两端保护层厚度 + 两端弯钩增加长度 + 弯起钢筋增加值 + 搭接增加长度 + 锚固增加长度

① 两端保护层厚度：按设计要求确定，设计无具体要求时，按规范要求确定。

② 两端弯钩增加长度：当钢筋平直段长为 $3d$ 时，一个半圆弯钩（180°）增加长度为 $6.25d$，一个斜弯钩（135°）增加长度为 $4.9d$，一个直弯钩（90°）增加长度为 $3.5d$；对于抗震结构箍筋弯钩要求钢筋平直段长大于或等于 $10d$，一个斜弯钩（135°）增加长度为 $11.9d$；d 为箍筋直径。

③ 弯起钢筋增加值：常用弯起钢筋的弯起角有 30°、45°、60° 三种，弯起钢筋增加长度可按表 5-24 有关系数计算。

表 5-24　弯起钢筋斜长计算系数表

弯起钢筋示意图	弯起角度（α）	弯起斜长（S）	底边长度（L）	增加长度（$S-L$）
	30°	$2h_0$	$1.732h_0$	$0.268h_0$
	45°	$1.41h_0$	h_0	$0.41h_0$
	60°	$1.15h_0$	$0.575h_0$	$0.577h_0$

注：h_0 为扣除构件保护层弯起钢筋的净高度，h_0 = 梁高（板厚）- 上下保护层厚度。

④ 搭接增加长度和锚固增加长度：按设计规定及施工规范要求计算。

2）箍筋长度，可用公式表示为：

箍筋长度 $L = (b - 2c + 2d + h - 2c + 2d) \times 2 + 1.9d \times 2 + \max(10d, 75) \times 2 = (b + h) \times 2 - 8c + 8d + 1.9d \times 2 + \max(10d, 75) \times 2$

式中　　b——构件宽度；

　　　　h——构件高度；

　　　　c——钢筋保护层；

　　　　d——箍筋直径。

3）钢筋单位质量（每延米）

$$G_{\Phi d} = 0.00617d^2$$

式中　　d——钢筋直径（mm）。

　　　　$G_{\Phi d}$——钢筋单位质量（kg）。

2. 混凝土工程

混凝土工程主要分为现浇混凝土、预制混凝土和构筑物混凝土。

（1）现浇混凝土工程量计算：现浇混凝土工程量，除另有规定者外，均按设计图示尺寸实体体积以"m^3"计算。不扣除构件内钢筋、预埋铁件及墙、板中 $0.3m^2$ 内的孔洞所占体积。

1）基础

① 带形基础：分为板式和有肋式，板式带形基础的截面形式有矩形（图5-41a所示）、阶梯形（图5-41b所示）、梯形（图5-41c所示）等，有肋式带形基础的截面形式如图5-41d所示。

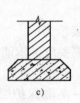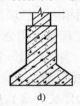

图5-41　带形基础截面图

带形基础的体积按基础长度乘以截面面积计算。基础长度：外墙按外墙基础中心线长度计算；内墙按内墙基础净长线长度计算。基础截面面积：板式基础的截面面积按设计的几何形状计算。有肋带形基础，其肋高与肋宽之比在 4∶1 以内的按有肋带形基础计算；超过 4∶1 时，其基础底按板式基础计算，以上部分按混凝土墙计算。

② 独立基础：其柱与柱基的划分以柱基础的扩大顶面为分界。柱基按外形有阶梯形独立基础（图5-42a所示）和截锥形独立基础（图5-42b所示）。独立基础的体积按图示的几何形体分块计算后合并在一起。

图5-42　独立基础图

a）阶梯形独立基础　b）截锥形独立基础

③ 杯形基础：是独立基础的一种，只是留有安装预制钢筋混凝土柱的杯口（图5-43所示）。杯形基础的体积，按外形体积减去杯口体积后计算。

④ 满堂基础：分为有梁式和无梁式。有梁式满堂基础也称筏式基础（图5-44a），其工程量包括底板及与底板在一起的梁的体积。无梁式满堂基础也称为板式

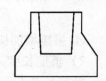

图5-43　杯形基础

基础（图5-44b），其工程量按底板的体积计算，带有边肋时，应将边肋体积并入计算。

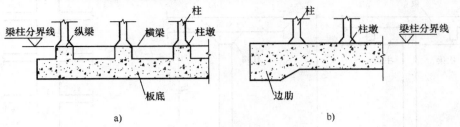

图5-44　满堂基础

⑤ 箱式满堂基础：简称为箱形基础（图5-45所示），其工程量应分别按无梁式满堂基础（指底板）、柱、墙、梁、板的有关规定计算，套各自相应项目。

⑥ 桩承台基础：可分为独立承台（图5-46a所示）和带形承台（图5-46b所示）。其工程量计算与独立基础或带形基础的计算相同。

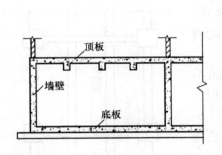

图5-45　箱式满堂基础示意图

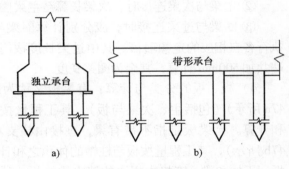

图5-46　桩承台基础示意图

⑦ 设备基础：分为块体式和框架式。块体式设备基础的工程量，按图示几何形状计算其体积。框架式设备基础的工程量，应分别按基础、柱、墙、梁、板等有关规定计算，套相应的定额项目计算。

2）柱：柱的截面形状有矩形、圆形和多边形、异形（L形、T形、十字形）等，柱的工程量应按不同截面形状分别列项，按图示断面尺寸乘以柱高以"m³"计算。

柱高按下列规定确定：

① 有梁板的柱高，应自柱基上表面（或楼板上表面）至上一层楼板上表面之间的高度计算（图5-47a所示）。

② 无梁板的柱高，应自柱基上表面（或楼板上表面）至柱帽下表面之间的高度计算（图5-47b所示）。

③ 框架柱的柱高，应自柱基上表面至柱顶高度计算（图5-47c所示）。

④ 构造柱的柱高，砌体结构墙体中的构造柱，其高度按全高计算。与砖墙嵌接部分的体积并入柱身体积内计算。

⑤ 牛腿，依附于柱上的牛腿，其体积并入柱身体积内计算。

3）梁：梁的种类较多，如矩形梁（包括单梁和连续梁）、异形梁（T形、工字形、十字形）、弧形梁、拱形梁、圈梁、过梁等。梁的工程量，应区别不同类型分别列项，按图示断面尺寸乘以梁长以"m³"计算，伸入墙内的梁头、梁垫体积并入梁体积内计算。

梁长按下列规定确定：

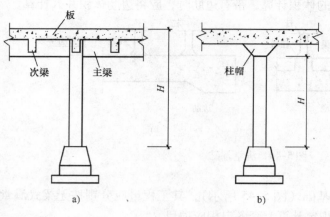
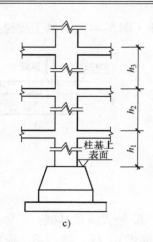

图 5-47　现浇柱计算高度示意图

① 梁与柱连接时，梁长算至柱侧面。

② 主梁与次梁连接时，次梁长算至主梁侧面（图 5-48 所示）。

③ 圈梁与过梁连接时，应分别计算圈梁与过梁的体积，执行各自相应的定额项目。其中过梁长度按门窗洞口宽度两端共加 500mm 计算，其余为圈梁长度。

4）板、板的分类与计算：有梁板又称为肋形板（图 5-47a 所示）（包括主、次梁与板），其工程量按梁、板体积之和计算。无梁板是指不带有梁，直接由柱支承的板（图 5-47b 所示），其工程量按板与柱帽的体积之和计算。平板是指板间无柱和梁，直接由周边的墙支承的板，其工程量按板实体体积计算。板实体的体积，按图示面积乘以板厚以"m^3"计算。不扣除单孔面积在 $0.3m^2$ 以内的孔洞所占体积，各类板伸入墙内的板头并入板体积内计算。

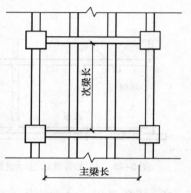

图 5-48　连续梁计算长度示意图

板的分界线：

① 多种板连接时以墙的中心线为界，伸入墙内的板头并入板体积内计算。

② 现浇挑檐、天沟板、雨篷、阳台与板（包括屋面板、楼板）连接时，以外墙外边线为分界线。与圈梁（包括其他梁）连接时，以梁外边线为分界线。外墙外边线以外或梁外边线以外为挑檐、天沟、雨篷或阳台。

5）墙：钢筋混凝土墙的类型有直行墙、弧形墙、电梯井壁、打钢模板墙等，墙的工程量应区别不同类型分别列项，按墙图示中心线长度乘以墙高及墙厚以"m^3"计算。墙体积中应扣除门窗洞口及单孔面积在 $0.3m^2$ 以上的孔洞的体积，墙垛及突出部分并入墙体积内计算。

6）其他构件

① 整体楼梯：整体楼梯（包括直行和弧形）的工程量应分层按其水平投影面积计算，其中包括踏步板、斜梁、休息平台、平台梁和楼梯的连接梁，不扣除宽度小于 500mm 的楼梯井面积，伸入墙内部分不另增加（图 5-49 所示）。当整体楼梯与现浇板无梯梁连接时，以楼梯的最后一个踏步边缘加 300mm 为界，楼梯基础、栏板、栏杆和楼梯的支承柱，应另列项目计算。

② 阳台雨篷（悬挑板），按伸出墙外的水平投影面积计算，伸出墙外的牛腿不另计算。带反挑檐的雨篷按展开面积并入雨篷内计算。

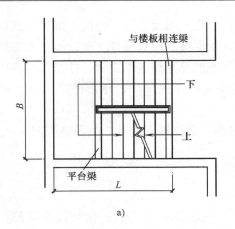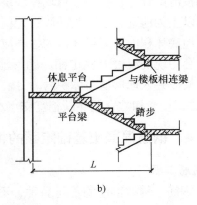

图 5-49　钢筋混凝土整体楼梯示意图

a）楼梯平面图　b）楼梯剖面图

③ 栏杆按净长度以延长米计算，伸入墙内长度已综合在定额内。栏板以"m³"计算，伸入墙内的栏板合并计算。此两项计算中楼梯斜长部分的长度，可按水平投影长度乘以系数 1.15 计算。

④ 预制板补现浇板缝时，按平板计算。

⑤ 预制钢筋混凝土框架柱现浇接头（包括梁接头）按设计规定断面面积乘以长度以"m³"计算。

（2）钢筋混凝土构件接头灌缝工程量计算

① 钢筋混凝土构件接头灌缝：包括构件坐浆、灌缝、堵板孔、塞板梁缝等。均按预制钢筋混凝土构件的实体体积以"m³"计算。

② 预制柱与柱基的灌缝，按首层柱体积计算；首层以上柱灌缝按各层柱体积计算。

③ 空心板堵孔的人工材料，已包括在定额内。如不堵孔时每 10m³ 空心板体积应扣除 0.23m³ 预制混凝土块和 2.2 个工日。

（3）预制混凝土工程量计算：一般预制混凝土构件工程量，应区别构件类别分别列项，如桩、柱、梁、屋架、板、楼梯、雨篷、阳台等，均按图示尺寸实体体积以"m³"计算，不扣除构件内钢筋、铁件及面积在 300mm×300mm 以内的孔洞所占体积。

1）预制桩体积按桩全长（包括桩尖）乘以桩断面积以"m³"计算（空心桩应扣除空心体积）。

2）混凝土与钢杆件组合的构件（如预制柱上有钢牛腿），其混凝土部分按构件实体体积以"m³"计算，钢构件部分按重量以"t"计算，分别套相应的定额项目。

（4）构筑物混凝土工程量计算

1）构筑物混凝土工程量除另有规定者外，均按图示尺寸的实体体积以"m³"计算。扣除门窗洞口及单孔面积在 0.3m² 以外的孔洞所占体积。

2）水塔

① 筒身与槽底以槽底连接的圈梁底为界，以上为槽底，以下为筒身。

② 筒式塔身及依附于筒身的过梁、雨篷挑檐等并入筒身体积内计算；柱式塔身，柱、梁合并计算。

③ 塔顶及槽底，塔身包括顶板和圈梁，槽底包括底板挑出的斜壁板和圈梁等合并计算。

3）贮水（油）池不分平底、锥底、坡底，均按池底计算，壁基梁、池壁不分圆形壁和矩形壁，均按池壁计算；其他项目均按现浇混凝土部分相应项目计算。有壁基梁的，应以壁基梁底为界，以上为池壁，以下为池底；无壁基梁的，锥形坡底应算至其上口，池壁下部的八字靴脚应并入池底体积内。无梁池盖的柱高应从池底上表面算至池盖下表面，柱帽和柱座应并在柱体积内，套用现浇混凝土柱定额。肋形池盖应包括主、次梁体积；球形池盖应以池壁顶面为界，边侧梁应并入球形池盖体积内。

4）贮仓立壁和贮仓漏斗以相互交点水平线为界，壁上圈梁应并入漏斗体积内。

5.6.4　钢筋混凝土基础定额的相关规定

1. 钢筋工程

（1）钢筋工程按钢筋的不同品种、不同规格，按现浇构件钢筋、预制构件钢筋、预应力钢筋及箍筋分别列项。

（2）预应力构件中的非预应力钢筋按预制钢筋相应项目计算。

（3）设计图样未注明的钢筋接头和施工损耗，已综合在定额项目内。

（4）绑扎钢丝、成型点焊和接头焊接用的焊条已综合在定额项目内。

（5）钢筋工程内容包括：制作、绑扎、安装以及浇灌混凝土时维护钢筋用工。

（6）现浇构件钢筋以手工绑扎为主，预制构件钢筋以手工绑扎、点焊分别列项，实际施工与定额不同时，不再换算。

（7）非预应力钢筋不包括冷加工，如设计要求冷加工时另行计算。

（8）预应力钢筋如设计要求人工时效处理时，应另行计算。

（9）预制构件钢筋，如用不同直径钢筋点焊在一起时，按直径最小的定额项目计算，粗细筋直径比在两倍以上时，其人工乘以系数1.25。

（10）后张法钢筋的锚固是按钢筋帮条焊、U形插垫编制的，如采用其他方法锚固时，应另行计算。

（11）表5-25所列构件，其钢筋可按表列数调整人工、机械用量。

表5-25　钢筋调整人工、机械系数表

项目 系数范围	预制钢筋		现浇钢筋		构筑物			
	拱梯形屋架	托架梁	小型构件	小型池槽	烟囱	水塔	贮仓 矩形	圆形
人工、机械调整系数	1.16	1.05	2	2.52	1.7	1.7	1.25	1.50

（12）现浇混凝土中的斜梁、斜板、斜柱钢筋，按相应项目人工乘以1.05。

2. 混凝土工程

（1）混凝土的工作内容包括：筛沙子、筛洗石子、后台运输、搅拌、前台运输、清理、湿润模板、浇灌、捣固、养护。

（2）毛石混凝土，系按毛石占混凝土体积20%计算的，如设计要求不同时，可以换算。

（3）小型混凝土构件，系指每件体积在0.05m³以内未列出定额项目的构件。

（4）预制构件厂生产的构件，在混凝土项目中考虑了预制厂内构件运输、堆放、码垛、装车运出等工作内容。

（5）构筑物混凝土按构件选用相应的定额项目。

（6）轻板框架的混凝土梅花柱按预制异形柱；叠合梁按预制异形梁；楼梯段和整间大楼

板按相应预制构件定额项目计算。

（7）现浇钢筋混凝土柱、墙定额项目，均按规范规定综合了底部灌注 1∶2 水泥砂浆的用量。

（8）混凝土已按常用列出强度等级，如与设计要求不同时，可以换算。

（9）承台桩基础定额中已考虑了凿桩头用工。

（10）集中搅拌、运输、泵送混凝土参考定额中，当输送高度超过 30m 时，输送泵台班用量乘以系数 1.10；输送高度超过 50m 时，输送泵台班用量乘以系数 1.25。

5.6.5　清单计价工程量计算规则

（1）现浇混凝土基础（编码：010501）工程量清单项目设置及工程量计算规则见表 5-26。

表 5-26　现浇混凝土基础（编码：010501）

项目编码	项目名称	项目特征	计量单位	工程量计算规则	工作内容
010501001	垫层		m³	按设计图示尺寸以体积计算。不扣除构件内钢筋、预埋铁件和伸入承台基础的桩头所占体积	1. 模板及支撑制作、安装、拆除、堆放、运输及清理模内杂物、刷隔离剂等 2. 混凝土制作、运输、浇筑、振捣、养护
010501002	带形基础	1. 混凝土类别 2. 混凝土强度等级			
010501003	独立基础				
010501004	满堂基础				
010501005	桩承台基础				
010501006	设备基础	1. 混凝土类别 2. 混凝土强度等级 3. 灌浆材料、灌浆材料强度等级			

注：1. 有肋带形基础、无肋带形基础应按规范附录 E.1 中相关项目列项，并注明肋高。

2. 箱式满堂基础中柱、梁、墙、板按规范附录 E2、E3、E4、E5 中相关项目分别编码列项；箱式满堂基础底板按规范附录 E.1 中的满堂基础项目列项。

3. 框架式设备基础中柱、梁、墙、板分别按规范附录 E2、E3、E4、E5 中相关项目编码列项；基础部分按 E.1 相关项目编码列项。

4. 如为毛石混凝土基础，项目特征应描述毛石所占比例。

（2）现浇混凝土柱（编码：010502）工程量清单项目设置及工程量计算规则见表 5-27。

表 5-27　现浇混凝土柱（编码：010502）

项目编码	项目名称	项目特征	计量单位	工程量计算规则	工作内容
010502001	矩形柱	1. 混凝土类别 2. 混凝土强度等级	m³	按设计图示尺寸以体积计算。不扣除构件内钢筋、预埋铁件所占体积。型钢混凝土柱扣除构件内型钢所占体积 柱高：1. 有梁板的柱高，应自柱基上表面（或楼板上表面）至上一层楼板上表面之间的高度计算 2. 无梁板的柱高，应自柱基上表面（或楼板上表面）至柱帽下表面之间的高度计算 3. 框架柱的柱高，应自柱基上表面至柱顶高度计算 4. 构造柱按全高计算，嵌接墙体部分（马牙槎）并入柱身体积 5. 依附件上的牛腿和升板的柱帽，并入柱身体积计算	1. 模板及支架（撑）制作、安装、拆除、堆放、运输及清理模内杂物、刷隔离剂等 2. 混凝土制作、运输、浇筑、振捣、养护
010502002	构造柱				
010502003	异形柱	1. 柱形状 2. 混凝土类别 3. 混凝土强度等级			

注：混凝土类别指清水混凝土、彩色混凝土等，如在同一地区既使用预拌（商品）混凝土，又允许现场搅拌混凝土时，也应注明。

（3）现浇混凝土梁（编码：010503）工程量清单项目设置及工程量计算规则见表5-28。

表5-28　现浇混凝土梁（编码：010503）

项目编码	项目名称	项目特征	计量单位	工程量计算规则	工作内容
010503001	基础梁	1. 混凝土类别 2. 混凝土强度等级	m³	按设计图示尺寸以体积计算。不扣除构件内钢筋、预埋铁件所占体积，伸入墙内的梁头、梁垫并入梁体积内。型钢混凝土梁扣除构件内型钢所占体积 梁长： 1. 梁与柱连接，梁长算至柱侧面 2. 主梁与次梁连接时，次梁长算至主梁侧面	1. 模板及支架（撑）制作安装、拆除、堆放、运输及清理模内杂物，刷隔离剂等 2. 混凝土制作、运输、浇筑、振捣、养护
010503002	矩形梁				
010503003	异形梁				
010503004	圈梁				
010503005	过梁				
010503006	弧形、拱形梁				

（4）现浇混凝土土墙（编码：010504）工程量清单项目设置及工程量计算规则见表5-29。

表5-29　现浇混凝土墙（编码：010504）

项目编码	项目名称	项目特征	计量单位	工程量计算规则	工作内容
010504001	直形墙	1. 混凝土类别 2. 混凝土强度等级	m³	按设计图示尺寸以体积计算 不扣除构件内钢筋、预埋铁件所占体积，扣除门窗洞口及单个面积>0.3m²的孔洞所占体积，墙垛及突出墙面部分并入墙体体积计算内	1. 模板及支架（撑）制作、安装、拆除、堆放、运输及清理模内杂物，刷隔离剂等 2. 混凝土制作、运输、浇筑、振捣、养护
010504002	弧形墙				
010504003	短肢剪力墙				
010504004	挡土墙				

注：1. 墙肢截面的最大长度与厚度之比小于或等于6倍的剪力墙，按短肢剪力墙项目列项。

2. L、Y、T、十字、Z形、一字形等短肢剪力墙的单肢中心线长≤0.4m，按柱项目列项。

（5）现浇混凝土板（编码：010505）工程量清单项目设置及工程量计算规则见表5-30。

表5-30　现浇混凝土板（编码：010505）

项目编码	项目名称	项目特征	计量单位	工程量计算规则	工作内容
010505001	有梁板	1. 混凝土类别 2. 混凝土强度等级	m³	按设计图示尺寸以体积计算。不扣除构件内钢筋、预埋铁件及单个面积≤0.3m²柱的垛以及孔洞所占体积（压形钢板混凝土楼板扣除构件内压形钢板所占体积），有梁板（包括主、次梁与板）按梁、板体积之和计算，无梁板按板和柱帽体积之和计算，各类板伸入墙内的板头并入板体积内计算，薄壳板的肋、基梁并入薄壳体积内计算	1. 模板及支架（撑）制作、安装、拆除、堆放、运输及清理模内杂物、刷隔离剂等 2. 混凝土制作、运输、浇筑、振捣、养护
010505002	无梁板				
010505003	平板				
010505004	拱板				
010505005	薄壳板				
010505006	栏板				
010505007	天沟（檐沟）、挑檐板	1. 混凝土类别 2. 混凝土强度等级		按设计图示尺寸以体积计算	
010505008	雨篷、悬挑板、阳台板			按设计图示尺寸以墙外部分体积计算。包括伸出墙外的牛腿和雨篷反挑檐的体积	
010505009	其他板			按设计图示尺寸以体积计算	

（6）现浇混凝土楼梯（编码：010506）工程量清单项目设置及工程量计算规则见表5-31。

表5-31　现浇混凝土楼梯（编码：010506）

项目编码	项目名称	项目特征	计量单位	工程量计算规则	工作内容
010506001	直形楼梯	1. 混凝土类别 2. 混凝土强度等级	1. m² 2. m³	1. 以"m²"计量，按设计图示尺寸以水平投影面积计算。不扣除宽度≤500mm的楼梯井，伸入墙内部分不计算 2. 以"m³"计量，按设计图示尺寸以体积计算	1. 模板及支架（撑）制作、安装、拆除、堆放、运输及清理模内杂物、刷隔离剂等 2. 混凝土制作、运输、浇筑、振捣、养护
010506002	弧形楼梯				

注：整体楼梯（包括直形、弧形楼梯）水平投影面积包括休息平台、平台梁、斜梁和楼梯的连梁。当整体楼梯与现浇板无梯梁连接时，以楼梯的最后一个踏步边缘加300mm为界。

（7）现浇混凝土其他构件（编码：010507）工程量清单项目设置及工程量计算规则见表5-32。

表5-32　现浇混凝土其他构件（编码：010507）

项目编码	项目名称	项目特征	计量单位	工程量计算规则	工作内容
010507001	散水、坡道	1. 垫层材料种类、厚度 2. 面层厚度 3. 混凝土类别 4. 混凝土强度等级 5. 变形缝填塞材料种类	m²	以"m²"计量，按设计图示尺寸以面积计算。不扣除单个≤0.3m²的孔洞所占面积	1. 地基夯实 2. 铺设垫层 3. 模板及支撑制作、安装、拆除、堆放、运输及清理模内杂物、刷隔离剂等 4. 混凝土制作、运输、浇筑、振捣、养护 5. 变形缝填塞
010507002	电缆沟、地沟	1. 土壤类别 2. 沟截面净空尺寸 3. 垫层材料种类、厚度 4. 混凝土类别 5. 混凝土强度等级 6. 防护材料种类	m	以"m"计量，按设计图示以中心线长计算	1. 挖填、运土石方 2. 铺设垫层 3. 模板及支撑制作、安装、拆除、堆放、运输及清理模内杂物、刷隔离剂等 4. 混凝土制作、运输、浇筑、振捣、养护 5. 刷防护材料
010507003	台阶	1. 踏步高宽比 2. 混凝土类别 3. 混凝土强度等级	1. m² 2. m³	1. 以"m²"计量，按设计图示尺寸水平投影面积计算 2. 以"m³"计量，按设计图示尺寸以体积计算	1. 模板及支撑制作、安装、拆除、堆放、运输及清理模内杂物、刷隔离剂等 2. 混凝土制作、运输、浇筑、振捣、养护
010507004	扶手、压顶	1. 断面尺寸 2. 混凝土类别 3. 混凝土强度等级	1. m 2. m³	1. 以"m"计量，按设计图示的延长来计算 2. 以"m³"计量，按设计图示尺寸以体积计算	1. 模板及支架（撑）制作、安装、拆除、堆放、运输及清理模内杂物、刷隔离剂等 2. 混凝土制作、运输、浇筑、振捣、养护

（续）

项目编码	项目名称	项目特征	计量单位	工程量计算规则	工作内容
010507005	化粪池底	1. 混凝土强度等级 2. 防水、抗渗要求	m³	按设计图示尺寸以体积计算。不扣除构件内钢筋、预埋铁件所占体积	1. 模板及支架（撑）制作、安装、拆除、堆放、运输及清理模内杂物、刷隔离剂等 2. 混凝土制作、运输、浇筑、振捣、养护
010507006	化粪池壁				
010507007	化粪池顶				
010507008	检查井底				
010507009	检查井壁				
010507010	检查井顶				
010507011	其他构件	1. 构件的类型 2. 构件规格 3. 部位 4. 混凝土类别 5. 混凝土强度等级	m³		

注：1. 现浇混凝土小型池槽、垫块、门框等，应按规范附录 E. 7 中其他构件项目编码列项。

2. 架空式混凝土台阶，按现浇楼梯计算。

（8）后浇带（编码：010508）工程量清单项目设置及工程量计算规则见表 5-33。

表 5-33　后浇带（编码：010508）

项目编码	项目名称	项目特征	计量单位	工程量计算规则	工作内容
010508001	后浇带	1. 混凝土类别 2. 混凝土强度等级	m³	按设计图示尺寸以体积计算	1. 模板及支架（撑）制作、安装、拆除、堆放、运输及清理模内杂物、刷隔离剂等 2. 混凝土制作、运输、浇筑、振捣、养护及混凝土交接面、钢筋等的清理

（9）预制混凝土柱（编码：010509）工程量清单项目设置及工程量计算规则见表 5-34。

表 5-34　预制混凝柱（编码：010509）

项目编码	项目名称	项目特征	计量单位	工程量计算规则	工作内容
010509001	矩形柱	1. 图代号 2. 单件体积 3. 安装高度 4. 混凝土强度等级 5. 砂浆强度等级、配合比	1. m³ 2. 根	1. 以"m³"计量，按设计图示尺寸以体积计算。不扣除构件内钢筋、预埋铁件所占体积 2. 以根计量，按设计图示尺寸以"数量"计算	1. 构件安装 2. 砂浆制作、运输 3. 接头灌缝、养护
010509002	异形柱				

注：以"根"计量，必须描述单件体积。

（10）预制混凝土梁（编码：010510）工程量清单项目设置及工程量计算规则见表 5-35。

（11）预制混凝土屋架（编码：010511）工程量清单项目设置及工程量计算规则见表 5-36。

表 5-35　预制混凝土梁（编码：010510）

项目编码	项目名称	项目特征	计量单位	工程量计算规则	工作内容
010510001	矩形梁	1. 图代号 2. 单件体积 3. 安装高度 4. 混凝土强度等级 5. 砂浆强度等级、配合比	1. m³ 2. 根	1. 以"m³"计量，按设计图示尺寸以体积计算。不扣除构件内钢筋、预埋铁件所占体积 2. 以"根"计量，按设计图示尺寸以数量计算	1. 构件安装 2. 砂浆制作、运输 3. 接头灌缝、养护
010510002	异形梁				
010510003	过梁				
010510004	拱形梁				
010510005	鱼腹式吊车梁				
010510006	风道梁				

注：以"根"计量，必须描述单件体积。

表 5-36　预制混凝土屋架（编码：010511）

项目编码	项目名称	项目特征	计量单位	工程量计算规则	工作内容
010511001	折线型屋架	1. 图代号 2. 单件体积 3. 安装高度 4. 混凝土强度等级 5. 砂浆强度等级、配合比	1. m³ 2. 榀	1. 以"m³"计量，按设计图示尺寸以体积计算。不扣除构件内钢筋、预埋铁件所占体积 2. 以"榀"计量，按设计图示尺寸以数量计算	1. 构件安装 2. 砂浆制作、运输 3. 接头灌缝、养护
010511002	组合屋架				
010511003	薄腹屋架				
010511004	门式刚架屋架				
010511005	天窗架屋架				

注：1. 以"榀"计量，必须描述单件体积。
　　2. 三角形屋架应按折线形屋架项目编码列项。

（12）预制混凝土板（编码：010512）工程量清单项目设置及工程量计算规则见表 5-37。

表 5-37　预制混凝土板（编码：010512）

项目编码	项目名称	项目特征	计量单位	工程量计算规则	工作内容
010512001	平板	1. 图代号 2. 单件体积 3. 安装高度 4. 混凝土强度等级 4. 砂浆强度等级、配合比	1. m³ 2. 块	1. 以"m³"计量，按设计图示尺寸以体积计算。不扣除构件内钢筋、预埋铁件及单个尺寸≤300mm×300mm 的孔洞所占体积，扣除空心板空洞体积 2. 以"块"计量，按设计图示尺寸以数量计算	1. 构件安装 2. 砂浆制作、运输 3. 接头灌缝、养护
010512002	空心板				
010512003	槽形板				
010512004	网架板				
010512005	折线板				
010512006	带肋板				
010512007	大型板				
010512008	沟盖板、井盖板、井圈	1. 单件体积 2. 安装高度 3. 混凝土强度等级 4. 砂浆强度等级、配合比	1. m³ 2. 块、套	1. 以"m³"计量，按设计图示尺寸以体积计算。不扣除构件内钢筋、预埋铁件所占体积 2. 以"块"计量，按设计图示尺寸以数量计算	1. 构件安装 2. 砂浆制作、运输 3. 接头灌缝、养护

注：1. 以"块、套"计量，必须描述单件体积。
　　2. 不带肋的预制遮阳板、雨篷板、挑檐板、拦板等，应按规范附录 E.12 中平板项目编码列项。
　　3. 预制 F 形板、双 T 形板、单肋板和带反挑檐的雨篷板、挑檐板、遮阳板等，应按规范附录 E.12 中带肋板项目编码列项。
　　4. 预制大型墙板，大型楼板、大型屋面板等，应按规范附录 B.12 中大型板项目编码列项。

（13）预制混凝土楼梯（编码：010513）工程量清单项目设置及工程量计算规则见表5-38。

表5-38 预制混凝土楼梯（编码：010513）

项目编码	项目名称	项目特征	计量单位	工程量计算规则	工作内容
010513001	楼梯	1. 楼梯类型 2. 单件体积 3. 混凝土强度等级 4. 砂浆强度等级	1. m³ 2. 块	1. 以"m³"计量，按设计图示尺寸以体积计算。不扣除构件内钢筋、预埋铁件所占体积，扣除空心踏步板空洞体积 2. 以"块"计量，按设计图示数量计算	1. 构件安装 2. 砂浆制作、运输 3. 接头灌缝、养护

注：以"块"计量，必须描述单件体积。

（14）其他预制构件（编码：010514）工程量清单项目设置及工程量计算规则见表5-39。

表5-39 其他预制构件（编码：010514）

项目编码	项目名称	项目特征	计量单位	工程量计算规则	工作内容
010514001	烟道、垃圾道、通风道	1. 单件体积 2. 混凝土强度等级 3. 砂浆强度等级	1. m³ 2. m² 3. 根(块)	1. 以"m³"计量，按设计图示尺寸以体积计算。不扣除构件内钢筋、预埋铁件及单个面积≤300mm×300mm的孔洞所占体积，扣除烟道、垃圾道、通风道的孔洞所占体积 2. 以"m²"计量，按设计图示尺寸以面积计算，不扣除构件内钢筋、预埋铁件及单个面积≤300mm×300mm的孔洞所占面积 3. 以"根"计量，按设计图示尺寸以数量计算	1. 构件安装 2. 砂浆制作、运输 3. 接头灌缝、养护 4. 酸洗、打蜡
010514002	其他构件	1、2、3同上 4. 构件类型			
010514003	水磨石构件	1. 构件的类型 2. 单件体积 3. 水磨石面层厚度 4. 混凝土强度等级 5. 水泥石子浆配合比 6. 石子品种、规格、颜色 7. 酸洗、打蜡要求			

注：1. 以"块、根"计量，必须描述单件体积。
　　2. 预制钢筋混凝土小型池槽、压顶、扶手、垫块、隔热板、花格等，按本表中其他构件项目编码列项。

（15）钢筋工程（编码：010515）工程量清单项目设置及工程量计算规则见表5-40。

表5-40 钢筋工程（编码：010515）

项目编码	项目名称	项目特征	计量单位	工程量计算规则	工作内容
010515001	现浇构件钢筋	钢筋种类、规格	t	按设计图示钢筋(网)长度(面积)乘以单位理论质量计算	1. 钢筋(网、笼)制作、运输 2. 钢筋(网笼)安装 3. 焊接
010515002	钢筋网片				
010515003	钢筋笼				
010515004	先张法预应力钢筋	1. 钢筋种类、规格 2. 锚具种类		按设计图示钢筋长度乘以单位理论质量计算	1. 钢筋制作、运输 2. 钢筋张拉

（续）

项目编码	项目名称	项目特征	计量单位	工程量计算规则	工作内容
010515005	后张法预应力钢筋	1. 钢筋种类、规格 2. 钢丝种类、规格 3. 钢绞线种类、规格 4. 锚具种类 5. 砂浆强度等级	t	按设计图示钢筋（丝束、绞线）长度乘以单位理论质量计算 1. 低合金钢筋两端均采用螺杆锚具时，钢筋长度按孔道长度减0.35m计算，螺杆另行计算 2. 低合金钢筋一端采用镦头插片、另一端采用螺杆锚具时，钢筋长度按孔道长度计算，螺杆另行计算 3. 低合金钢筋一端采用镦头插片、另一端采用帮条锚具时，钢筋长度按孔道长度增加0.15m计算；两端均采用帮条锚具时，钢筋长度按孔道长度增加0.3m计算 4. 低合金钢筋采用后张混凝土自锚时，钢筋长度按孔道长度增加0.35m计算 5. 低合金钢筋（钢绞线）采用JM、XM、QM型锚具，孔道长度≤20m时，钢筋长度增加1m计算 孔道长度＞20m时，钢筋（钢绞线）长度按孔道长度增加1.8m计算 6. 碳素钢丝采用锥形锚具，孔道长度≤20m时，钢丝束长度按孔道长度增加1m计算；孔道长度＞20m时，钢丝束长度按孔道长度增加1.8m计算 7. 碳素钢丝采用镦头锚具时，钢丝束长度按孔道长度增加0.35m计算	1. 钢筋、钢丝、钢绞线制作、运输 2. 钢筋、钢丝束、钢绞线安装 3. 预埋管孔道铺设 4. 锚具安装 5. 砂浆制作、运输 6. 孔道压浆、养护
010515006	预应力钢丝				
010515007	预应力钢绞线				
010515008	支撑钢筋（铁马）	1. 钢筋种类 2. 规格		按钢筋长度乘单位理论质量计算	钢筋制作、焊接、安装
010515009	声测管	1. 材质 2. 规格型号		按设计图示尺寸质量计算	1. 检测管截断、封头 2. 套管制作、焊接 3. 定位、固定

注：1. 现浇构件中伸出构件的锚固钢筋应并入钢筋工程量内。除设计（包括规范规定）标明的搭接外，其他施工搭接不计算工程量，在综合单价中综合考虑。

2. 现浇构件中固定位置的支撑钢筋、双层钢筋用的"铁马"在编制工程量清单时，其工程数量可为暂估量，结算时按现场签证数量计算。

（16）螺栓、铁件（编码：010516）工程量清单项目设置及工程量计算规则见表5-41。

表 5-41　螺栓、铁件（编码：010516）

项目编码	项目名称	项目特征	计量单位	工程量计算规格	工作内容
010516001	螺栓	1. 螺栓种类 2. 规格	t	按设计图示尺寸以质量计算	1. 螺栓、铁件制作、运输 2. 螺栓、铁件安装
010516002	预埋铁件	1. 钢材种类 2. 规格 3. 铁件尺寸	t		
010516003	机械连接	1. 连接方式 2. 螺纹套筒种类 3. 规格	个	按数量计算	1. 钢筋套螺纹 2. 套筒连接

注：编制工程量清单时，其工程数量可为暂估量，实际工程量按现场签证数量计算。

5.6.6　钢筋混凝土工程工程量计算举例

例 11　有一矩形梁如图 5-50 所示，2 号钢筋弯起角度为 45°，计算钢筋工程量。

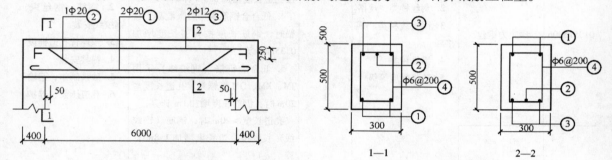

图 5-50　矩形梁配筋图

解：清单工程量同定额工程量：

① 号钢筋长度 2 Φ20

单根钢筋长度 L_1 = 构件长度 − 两端保护层厚度 + 两端弯钩增加长度

$(6.0 + 0.4 \times 2 − 2 \times 0.025 + 2 \times 6.25 \times 0.02) \times 2m = 14m$（0.035t）

② 号钢筋长度 2 Φ20

单根钢筋长度 L_2 = 构件长度 − 两端保护层厚度 + 两端弯钩增加长度 + 弯起钢筋增加值 + 搭接锚固长度

一个 45° 弯起钢筋增加值为 $0.41h_0 = 0.41 \times (0.5 − 2 \times 0.025)$ m = 0.185m

$(6.0 + 0.4 \times 2 − 2 \times 0.025 + 2 \times 0.25 + 2 \times 0.185) \times 2m = 15.24m$（0.038t）

③ 号钢筋长度 2 Φ12

$(6.0 + 0.4 \times 2 − 2 \times 0.025 + 2 \times 6.25 \times 0.012) \times 2m = 13.8m$（0.012t）

④ 箍筋长度（Φ6）$L = (b − 2c + 2d + h − 2c + 2d) \times 2 + 1.9d \times 2 + \max(10d, 75) \times 2 = (b + h) \times 2 − 8c + 8d + 1.9d \times 2 + \max(10d, 75) \times 2$

式中　b——构件宽度；

h——构件高度；

c——钢筋保护层；

d——箍筋直径。

箍筋长度

$L = [(0.3+0.5) \times 2 - 8 \times 0.025 + 8 \times 0.006 + 1.9 \times 0.006 \times 2 + 0.075 \times 2]\text{m} = 1.62\text{m}$

箍筋根数 $N = [(6.0 - 0.05 \times 2)/0.2 + 1]$ 根 $= 31$ 根

箍筋总长度 $= 1.62 \times 31\text{m} = 50.22\text{m}$

(0.011t)

例 12　某工程钢筋混凝土现浇板配筋如图 5-51 所示,已知现浇板混凝土强度等级为 C25,板厚为 100mm,正常环境下使用,计算板内钢筋工程量。

解: 清单工程量同定额工程量。

1. 计算钢筋长度 (混凝土保护层厚度为 15mm)

(1) ①号钢筋 (ф8@150)

①号钢筋 (ф8@150) 单根长度 = 轴线长 + 弯钩 = $(6.6 + 2 \times 6.25 \times 0.008)$ m = 6.7m

①号钢筋根数 = 钢筋设置区域长度/钢筋设置间距 + 1 = $[(5.0 - 0.12 \times 2 - 0.05 \times 2)/0.15 + 1]$ 根 = 32 根

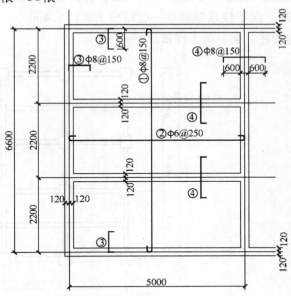

图 5-51　钢筋混凝土现浇板配筋图

①号钢筋 (ф8@150) 总长度 = 6.7m × 32 根 = 214.4m

(2) ②号钢筋 (ф6@250)

②号钢筋 (ф6@250) 单根长度 = $(5.0 + 2 \times 6.25 \times 0.006)$ m = 5.075m

②号钢筋根数 = $[(2.2 - 0.12 \times 2 - 0.05 \times 2)/0.25 + 1] \times 3 = 25.32$ 根 ≈ 25 根

②号钢筋 (ф6@250) 总长度 = 5.075m × 25 根 = 126.88m

(3) ③号钢筋 (ф8@150)

③号钢筋 (ф8@150) 单根长度 = 直段长度 + 两个弯折长度

$\qquad = [0.6 + 2 \times (0.1 - 0.015 \times 2)]$ m = 0.74m

③号钢筋根数 = $[(2.2 - 0.12 \times 2 - 0.05 \times 2)/0.15 + 1] \times 3 + [(5.0 - 0.12 \times 2 - 0.05 \times 2)/0.15 + 1] \times 2$ 根 = 104 根

③号钢筋 (ф8@150) 总长度 = 0.74m × 104 根 = 76.96m

(4) ④号钢筋 (ф8@150)

④号钢筋 (ф8@150) 单根长度 = $[0.6 \times 2 + 0.24 + 2 \times (0.1 - 0.015 \times 2)]$m = 1.58m

④号钢筋根数 = 104 根 (同 3 号筋根数)

④号钢筋 (ф8@150) 总长度 = 1.58m × 104 根 = 164.32m

(5) 汇总钢筋总长度

ф8 钢筋总长度 = $(214.4 + 76.96 + 164.32)$ m = 455.68m

ф6 钢筋总长度 = 126.88m

2. 钢筋计算质量

钢筋质量 = 钢筋总长度 × 每米长度质量

ф8 钢筋质量 = $455.68 \times 0.00617 \times 8^2$ kg = 179.94kg = 0.18t

Φ6 钢筋质量 = 137.03 × 0.00617 × 6² kg = 30.44kg = 0.0304t

例 13 某工程框架结构，现浇钢筋混凝土楼板如图 5-52 所示。框架柱 500mm × 500mm，框架梁（KL）400mm × 600mm，连续梁（LL）300mm × 500mm，板厚 120mm，采用混凝土 C30。底层柱基顶面至一层楼板上表面 5.4m，一层层高 4.8m，2 ~ 7 层均为 3.3m。计算此工程框架柱、梁、板工程量。

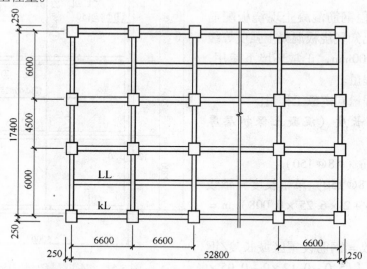

图 5-52 某工程框架结构示意图

解：1. 定额工程量

（1）框架柱　一层：$0.5 × 0.5 × 5.4 × 9 × 4 m^3 = 48.6 m^3$

　　　　　　二 ~ 七层：$0.5 × 0.5 × 3.3 × 9 × 4 × 6 m^3 = 178.2 m^3$

（2）框架梁　$\{[0.4 × 0.6 × (52.8 - 0.4 × 8)] × 4 × 7 + [0.4 × 0.6 × (17.4 - 0.5 × 3)] × 9 × 7\} m^3 = 573.72 m^3$

（3）有梁板　$\{[0.3 × (0.5 - 0.12) × (52.8 - 0.4 × 8)] × 2 × 7 + (6.6 - 0.4) × (6.0 - 0.4) × 0.12 × 8 × 2 × 7\} m^3 = 595.79 m^3$

（4）平板　$(6.6 - 0.4) × (4.5 - 0.4) × 0.12 × 8 × 7 m^3 = 170.82 m^3$

2. 清单工程量同定额工程量。

5.7　构件运输及安装工程

构件运输包括预制混凝土构件运输、金属结构构件运输和木门窗运输；构件安装包括预制混凝土构件安装、金属结构构件安装和钢屋架、钢网架、钢托架等拼装及安装项目。

5.7.1　构件运输及安装工程基础定额工程量计算规则

1. 构件运输

（1）预制混凝土构件运输按构件图示尺寸以实体积计算。钢构件按构件设计图示尺寸以"t"计算，所需螺栓、焊条等质量不另计算。木门窗以外框面积以"m²"计算。

（2）预制混凝土构件运输的损耗率，按表 5-42 规定计算后并入构件工程量内。其中预制混凝土屋架、桁架、托架及长度在 9m 以上的梁、板、柱不计算损耗率。

表 5-42　预制钢筋混凝土构件制作、运输、安装损耗率表

名称	制作废品率	运输堆放损耗	安装（打桩）损耗
各类预制构件	0.2	0.8	0.5
预制钢筋混凝土桩	0.1	0.4	1.5

注：1. 成品损耗指构件起模归堆时发生的损耗。

　　2. 运输、安装、打桩损耗指构件在运输和吊装、打桩过程中发生的损耗。

（3）预制混凝土构件运输的最大运输距离取 50km 以内；钢构件和木门窗的最大运输距离取 20km 以内；超过时另行补充。

（4）加气混凝土板（块）、硅酸盐块运输每立方米折合钢筋混凝土构件体积 0.4m³，按一类构件运输计算。

（5）钢构件按构件设计图示尺寸以"t"计算，所需螺栓、焊条等质量不另计算。

（6）木门窗以外框面积以"m²"计算。

2. 构件安装

（1）预制混凝土构件安装

1）焊接形成的预制钢筋混凝土框架结构，其柱安装按框架柱计算，梁安装按框架梁计算；节点浇筑成形的框架，按连体框架梁、柱计算。

2）预制钢筋混凝土工字形柱、矩形柱、空腹柱、双肢柱、空心柱、管道支架等安装，均按柱安装计算。

3）组合屋架安装，以混凝土部分实体体积计算，钢杆件部分不另计算。

4）预制钢筋混凝土多层柱安装，首层柱按柱安装计算，二层及二层以上按柱接柱计算。

（2）金属构件安装

1）钢构件安装按图示构件钢材质量以"t"计算。

2）依附于钢柱上的牛腿及悬臂梁等，并入柱身主材质量计算。

3）金属结构中所用钢板，设计为多边形者，按矩形计算，矩形的边长以设计尺寸中互相垂直的最大尺寸为准。

5.7.2　构件运输及安装工程基础定额的相关规定

1. 构件运输

1）本定额适用于由构件堆放场地或构件加工厂至施工现场的运输。

2）本定额按构件的类型和外形尺寸划分，混凝土构件分为六类，金属结构构件分为三类，见表 5-43 及表 5-44。

表 5-43　预制混凝土构件分类

类别	项目
1	4m 以内空心板、实心板
2	6m 以内的桩、屋面板、工业楼板、进深梁、基础梁、吊车梁、楼梯休息板、楼梯段、阳台板
3	6m 以上至 14m 梁、板、柱、桩，各类屋架、桁架、托架（14m 以上另行处理）
4	天窗架、挡风架、侧板、端壁板、天窗上下档、门框及单件体积在 0.1m³ 以内小构件
5	装配式内、外墙板、大楼板、厕所板
6	隔墙板（高层用）

表 5-44　金属结构构件分类

类别	项　目
1	钢柱、屋架、托架梁、防风桁架
2	吊车梁、制动梁、型钢檩条、钢支撑、上下档、钢拉杆、栏杆、盖板、垃圾出灰门、倒灰门、篦子、爬梯、零星构件、平台、操作台、走道休息台、扶梯、钢吊车梯台、烟囱紧固箍
3	墙架、挡风架、天窗架、组合檩条、轻型屋架、流动支架、悬挂支架、管道支架

3）定额综合考虑了城镇、现场运输道路等级、重车上下坡等各种因素，不得因道路条件不同而修改定额。

4）构件运输过程中，如遇路桥限载（限高），而发生的加固、拓宽等费用及有电车线路和公安交通管理部门的保安护送费，应另行处理。

2. 构件安装

（1）本定额是按单机作业制定的。

（2）本定额是按机械起吊点中心回转半径 15mm 以内的距离计算的，如超出 15mm 时，应另按构件 1km 运输定额项目执行。

（3）每一工作循环中，均包括机械的必要移位。

（4）本定额是按履带式起重机、轮胎式起重机、塔式起重机分别编制的。如使用汽车式起重机时，按轮胎式起重机相应定额项目计算，乘以系数 1.05。

（5）本定额不包括起重机、运输机械行驶道路的修整、铺垫工作的人工、材料和机械。

（6）柱接柱定额未包括钢筋焊接。

（7）小型构件安装系指单体小于 0.1m³ 的构件安装。

（8）升板预制柱加固系指预制柱安装后，至楼板提升完成期间，所需的加固搭设费。

（9）本定额内未包括金属构件拼装和安装所需的连接螺栓。

（10）屋架单榀质量在 1t 以下者，按轻钢屋架定额计算。

（11）钢柱、钢屋架、天窗架安装定额中，不包括拼装工序，如需拼装时，按拼装定额项目计算。

（12）钢柱安装在混凝土柱上，其人工、机械乘以系数 1.43。

（13）预制混凝土构件、钢构件如需跨外安装时，其人工、机械乘以系数 1.18。

（14）钢网架拼装定额不包括拼装所用材料，使用本定额时，可按实际施工方案进行补充。

（15）钢网架定额是按焊接考虑的，安装是按分体吊装考虑的，若施工方法与定额不同时，可按施工组织设计另行计算。

5.8　厂库房大门、特种门及木结构工程

5.8.1　木结构工程的基本知识

以木材为主要材料制作的房屋建筑构（配）件，称为木结构工程或木作工程。它一般包括木屋架、木基层、木楼梯、扶手、栏杆及木装饰等项目。

（1）屋架：指由若干杆件组成的承重结构构件，根据房屋跨度的大小、使用特点和建筑

材料的不同，屋架的组成形式很多。在建筑工程中，常用的多为方木或圆木的普通人字屋架和钢木屋架两种。屋架的主要作用是承受屋面、屋面木基层及屋架本身的全部屋面系统荷载，并将荷载传给承重的墙和柱。

（2）屋面木基层：指屋架以上的全部构造。包括檩条、屋面板（或苇箔、铺毡）、椽子、挂瓦条等组成的构造层。

檩条：又称桁条、檩子，指两端放置在屋架和山墙间的小梁上用以支承椽子和屋面板的简支构件。

椽子：指两端搁置在檩条上，承受屋面荷重的构件。与檩条成垂直方向。

屋面板：又称望板，系指铺钉在檩条或屋面椽子上面的木板（如图 5-53 所示）。

顺水条：指钉在屋面防水，沿屋面坡度方向的 6mm×24mm 的薄板条（如图 5-53 所示）。

封檐板：指在檐口或山墙顶部外侧的挑檐处钉置的木板。使檩条端部和望板免受雨水的侵袭，也增加建筑物的美感（如图 5-54 所示）。

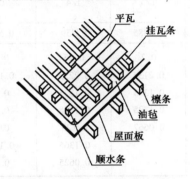

图 5-53　檩条、屋面板、顺水条

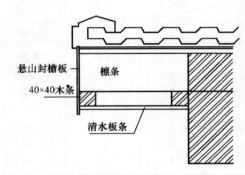

图 5-54　封檐板

檩托（托木）：亦称三角木、爬山虎，指托住檩条防止下滑移位的楔形构件。

搏风板：又称顺风板，是用于山墙处的封檐板（如图 5-55 所示）。

马尾：是指四坡水屋顶建筑物的两端屋面的端头坡面部位。

折角：是指构成 L 形的坡屋顶建筑横向和竖向相交的部位。

正交部分：是指构成丁字形的坡屋顶建筑横向和竖向相交的部位（如图 5-56 所示）。

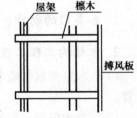

图 5-55　搏风板示意图

钢木屋架：是指受压杆件（上弦和斜杆）采用方木或圆木，受拉杆件（下弦和竖杆）采用钢材组合成的屋架。这种屋架因有较大的刚度，故多用于跨度较大的厂房建筑中（如图 5-57 所示）。

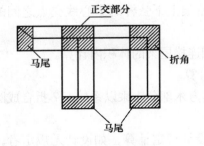

图 5-56　马尾、折角、
正交部分示意图

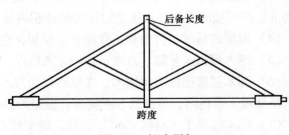

图 5-57　钢木屋架

（3）计算木屋架各杆件长度：常见屋架为豪式屋架，分为四、六、八格（如图5-58所示），各杆件中心线长度见表5-45，首先要知道屋架跨度，用跨度乘以表中系数，即得杆件的中心线长度。

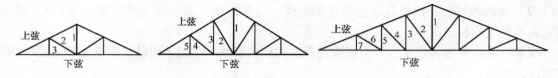

图5-58　豪式屋架

表5-45　豪式屋架各架各杆件中心线长度系数表

类别 系数 杆件			四格		六格		八格	
			1/4	1/5	1/4	1/5	1/4	1/5
上弦			0.559	0.5385	0.559	0.5385	0.559	0.5385
腹 杆		1	0.25	0.20	0.25	0.2	0.25	0.20
		2	0.2795	0.2093	0.236	0.2134	0.2253	0.1952
		3	0.125	0.10	0.1667	0.1333	0.1875	0.15
		4	—	—	0.1863	0.1795	0.1768	0.16
		5	—	—	0.0833	0.0667	0.125	0.10
		6	—	—	—	—	0.1365	0.1346
		7	—	—	—	—	0.0625	0.05

注：屋架杆件长度 = 屋架跨度×杆件长度系数。

5.8.2　基础定额工程量计算规则

1. 各类门的制作、安装工程量均按洞口面积计算

2. 木结构工程工程量计算规则

（1）木屋架制作安装均按设计断面竣工木料以 m^3 计算，其后备长度及配制损耗均不另外计算。

（2）方木屋架一面刨光时增加3mm，两面刨光时增加5mm，圆木屋架按屋架刨光时木材体积每立方米增加0.05m^3 计算。附属于屋架的夹板、垫木等已并入相应的屋架制作项目中，不另计算；与屋架连接的挑檐木、支撑等，其工程量并入屋架竣工木料体积内计算。

（3）屋架的制作安装应区别不同跨度，其跨度应以屋架上下弦杆的中心线交点之间的长度为准。带气楼的屋架并入所依附屋架的体积内计算。

（4）屋架的马尾、折角和正交部分半屋架，应并入相连接屋架的体积内计算。

（5）钢木屋架区分圆、方木，按竣工木料以"m^3"计算。

（6）圆木屋架连接的挑檐木、支撑等如为方木时，其方木部分应乘以系数1.7折合成圆木并入屋架竣工木料内，单独的方木挑檐，按矩形檩木计算。

（7）檩木按竣工木料以"m^3"计算。简支檩长度按设计规定计算，如设计无规者，按屋架或山墙中距增加200mm计算，如两端出山，檩条长度算至搏风板；连续檩条的长度按设计长度计算，其接头长度按全部连续檩木总体积的5%计算。檩条托木已计入相应的檩木制作项目中，不另计算。

（8）屋面木基层，按屋面的斜面积计算。天窗挑檐重叠部分按设计规定计算，屋面烟囱及斜沟部分所占面积不扣除。

（9）封檐板按图示檐口外围长度计算。搏风板按斜长度计算，每个大刀头增加长度500mm。

（10）木楼梯按水平投影面积计算，不扣除宽度小于300mm的楼梯井，伸入墙内部分不另计算。

5.8.3 基础定额的相关规定

（1）厂库房大门、特种门、木结构工程定额是按机械和手工操作综合编制的，因此不论实际采取何种操作方法，均按定额执行。

（2）厂库房大门、特种门、木结构工程定额木材木种分类见表5-46。

表 5-46 木材木种分类

序号	类别	说 明
1	一类	红松、水桐木、樟子松
2	二类	白松（方杉、冷杉）、杉木、杨木、柳木、椴木
3	三类	青松、黄花松、秋子木、马尾松、东北榆木、柏木、苦楝木、梓木、黄菠萝、椿木、楠木、柚木、樟木
4	四类	栎木（柞木）、檀木、色木、槐木、荔木、麻栗木（麻栎、青刚栎）、桦木、荷木、水曲柳、华北榆木

（3）弹簧门、厂库大门、钢木大门及其他特种门，基础定额所附五金铁件表均按标准图用量计算列出，仅作备料参考。

（4）保温门的填充与定额不同时，可以换算，其他工料不变。

（5）厂库房大门及特种门的钢骨架制作，以钢材质量表示，已包括在定额项目中，不再另列项目计算。定额中不包括固定铁件的混凝土垫块及门樘或梁柱内的预埋铁件。

（6）定额中厂库房大门、钢木大门及其他特种门按扇制作、扇安装分列项目。

5.8.4 清单计价工程量计算规则

（1）厂库房大门、特种门（编码：010804）工程量清单项目设置及工程量计算规则见表5-47。

表 5-47 厂库房大门、特种门（编码：010804）

项目编码	项目名称	项目特征	计量单位	工程量计算规则	工作内容
010804001	木板大门	1. 门代号及洞口尺寸 2. 门框或扇外围尺寸 3. 门框、扇材质 4. 五金种类、规格 5. 防护材料种类	1. 樘 2. m²	1. 以"樘"计量，按设计图示数量计算 2. 以"m²"计量，按设计图示洞口尺寸以面积计算	1. 门（骨架）制作、运输 2. 门、五金配件安装 3. 刷防护材料
010804002	钢木大门				
010804003	全钢板大门				

（续）

项目编码	项目名称	项目特征	计量单位	工程量计算规则	工作内容
010804004	防护钢丝门	1. 门代号及洞口尺寸 2. 门框或扇外围尺寸 3. 门框、扇材质 4. 五金种类、规格 5. 防护材料种类	1. 樘 2. m²	1. 以"樘"计量，按设计图示数量计算 2. 以"m²"计量，按设计图示门框或扇以面积计算	1. 门（骨架）制作、运输 2. 门、五金配件安装 3. 刷防护材料
010804005	金属格栅门	1. 门代号及洞口尺寸 2. 门框或扇外围尺寸 3. 门框、扇材质 4. 起动装置的品种、规格		1. 以"樘"计量，按设计图示数量计算 2. 以"m²"计量，按设计图示洞口尺寸以面积计算	1. 门安装 2. 起动装置、五金配件安装
010804006	钢质花饰大门	1. 门代号及洞口尺寸 2. 门框或扇外围尺寸 3. 门框、扇材质		1. 以"樘"计量，按设计图示数量计算 2. 以"m²"计量，按设计图示门框或扇以面积计算	1. 门安装 2. 五金配件安装
010804007	特种门			1. 以"樘"计量，按设计图示数量计算 2. 以"m²"计量，按设计图示洞口尺寸以面积计算	

注：1. 特种门应区分冷藏门、冷冻间门、保温门、变电室门、隔声门、防射电门、人防门、金库门等项目，分别编码列项。
2. 以"樘"计量，项目特征必须描述洞口尺寸，没有洞口尺寸必须描述门框或扇外围尺寸，以"m²"计量，项目特征可不描述洞口尺寸及框、扇的外围尺寸。
3. 以"m²"计量，无设计图示洞口尺寸时，按门框、扇外围以面积计算。
4. 门开启方式指推拉或平开。

（2）木屋架（编码：010701）工程量清单项目设置及工程量计算规则见表5-48。

表5-48　木屋架（编码：010701）

项目编码	项目名称	项目特征	计量单位	工程量计算规则	工作内容
010701001	木屋架	1. 跨度 2. 材料品种、规格 3. 刨光要求 4. 拉杆及夹板种类 5. 防护材料种类	1. 榀 2. m³	1. 以"榀"计量，按设计图示数量计算 2. 以"m³"计量，按设计图示的规格尺寸以体积计算	1. 制作 2. 运输 3. 安装 4. 刷防护材料

（续）

项目编码	项目名称	项目特征	计量单位	工程量计算规则	工作内容
010701002	钢木屋架	1. 跨度 2. 木材品种、规格 3. 刨光要求 4. 钢材品种、规格 5. 防护材料种类	榀	以"榀"计量，按设计图示数量计算	1. 制作 2. 运输 3. 安装 4. 刷防护材料

注：1. 屋架的跨度应以上、下弦中心线两交点之间的距离计算。

2. 带气楼的屋架和马尾、折角以及正交部分的半屋架，按相关屋架项目编码列项。

3. 以"榀"计量，按标准图设计，项目特征必须标注标准图代号。

（3）木构件（编码：010702）工程量清单项目设置及工程量计算规则见表5-49。

表 5-49　木构件（编码：010702）

项目编码	项目名称	项目特征	计量单位	工程量计算规则	工作内容
010702001	木柱	1. 构件规格尺寸 2. 木材种类 3. 刨光要求 4. 防护材料种类	m³	按设计图示尺寸以体积计算	1. 制作 2. 运输 3. 安装 4. 刷防护材料
010702002	木梁		m³		
010702003	木檩		1. m³ 2. m	1. 以"m³"计量，按设计图示尺寸以体积计算 2. 以"m"计量，按设计图示尺寸以长度计算	
010702004	木楼梯	1. 楼梯形式 2. 木材种类 3. 刨光要求 4. 防护材料种类	m³	按设计图示尺寸以水平投影面积计算。不扣除宽度小于300mm的楼梯井，伸入墙内部分不计算	
010702005	其他木构件	1. 构件名称 2. 构件规格尺寸 3. 木材种类 4. 刨光要求 5. 防护材料种类	1. m³ 2. m	1. 以"m³"计量，按设计图示尺寸以体积计算 2. 以"m"计量，按设计图示尺寸以长度计算	

注：1. 木楼梯的栏杆（栏板）扶手，应按清单规范附录中的相关项目编码列项。

2. 以"m"计量，项目特征必须描述构件规格尺寸。

（4）屋面木基层（010703）工程量清单项目设置、项目特征描述、计量单位及工程量计算规则见表5-50。

表 5-50　屋面木基层（编码：010703）

项目编码	项目名称	项目特征	计量单位	工程量计算规则	工作内容
010703001	屋面木基层	1. 椽子断面尺寸及椽距 2. 望板材料种类、厚度 3. 防护材料种类	m²	按设计图示尺寸以斜面积计算 不扣除房上烟囱、风帽底座、风道、小气窗、斜沟等所占面积。小气窗的出檐部分不增加面积	1. 椽子制作、安装 2. 望板制作、安装 3. 顺水条和挂瓦条制作、安装 4. 刷防护材料

5.8.5 木结构工程工程量计算举例

例14 如图5-59所示，计算跨度12m，高跨1:5豪式六格屋架，上下弦断面为120×210mm，杆件1、3、5为钢筋拉杆，杆件2腹杆断面为120×120mm，杆件4腹杆断面为120×100mm，计算各杆件竣工木料的工程量。

解：清单工程量同定额工程量：

上弦：$0.12×0.21×12×0.5383×2m^3 = 0.326m^3$

下弦：$0.12×0.21×12m^3 = 0.302m^3$

杆件2：$0.12×0.12×12×0.2134×2m^3 = 0.074m^3$

杆件4：$0.12×0.12×12×0.1795×2m^3 = 0.062m^3$

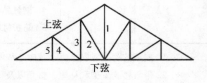

图5-59　1:5豪式六格屋架

屋架竣工木料工程量 = $(0.326+0.302+0.074+0.062)m^3 = 0.764m^3$

例15 某建筑物屋面采用木结构，如图5-60所示，计算木基层、封檐板及搏风板工程量。

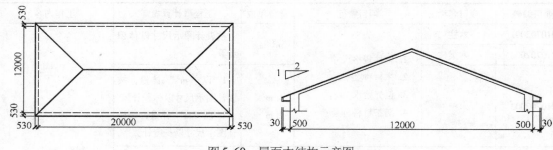

图5-60　屋面木结构示意图

解：清单工程量同定额工程量：

1. 木基层工程量$(20+0.53×2)×(12+0.53×2)×(\sqrt{5}/2)m^2 = 307.5m^2$

2. 封檐板工程量$(20+0.5×2)×2m = 42m$

3. 搏风板工程量$(12+0.53×2)×(\sqrt{5}/2)×2+0.5×4m = 31.2m$

5.9　金属结构制作工程

金属结构是由强度高而匀质的建筑材料如钢、铝和铸铁等金属制成的杆件和板件组成，这些杆件和板件通过必要的连接组成金属结构构件（亦可称为钢结构）。在工程结构中，钢结构是应用比较广泛的一种建筑结构。

5.9.1 金属结构构件的分类

金属结构构件一般是在金属结构加工厂制作，经过运输、安装、刷漆，最后构成工程实体。它包括柱、梁、屋架、钢平台、钢梯子、钢栏杆等。工程分项为金属结构构件制作及安装，金属构件汽车运输，成品钢门窗安装，自加工钢门窗安装。铁窗棚安装，金属压型板等。

1. 钢柱

钢柱一般由钢板焊接而成，也可由型钢单独制作或组合成格构式钢柱。焊接钢柱按截面形式可分为实腹式柱和格构式柱，或者分为工字形、箱形和T形柱；按截面尺寸大小可分为一般组合截面和大型焊接柱。

2. 钢梁

钢梁有普通钢梁、吊车梁、单轨钢吊车梁、制动梁等，截面以工字形居多，或用钢板焊接，也可采用桁架式钢梁、箱形梁或贯通型梁等。

钢吊车梁是指承受桥式吊车的支承梁，它一般设置在厂房两边的支柱托座上，吊车横跨厂房（车间），像桥梁一样，搁置在车间上方空间运行。

制动梁是防止吊车梁产生侧向弯曲，用以提高吊车梁的侧向刚度，并与吊车梁连结在一起的一种构件。

3. 钢屋架

钢屋架按采用钢材规格不同分普通钢屋架（简称钢屋架）、轻型钢屋架和薄壁型钢屋架。

钢屋架是指用钢材（型材）制作的承受屋面全部荷载的承重结构，一般是采用角钢（等于或大于∟45×4和∟56×36×4）或其他型钢焊接而成，杆件节点处采用钢板连接，双角钢中间夹以垫板焊成杆件。

轻型钢屋架是由小角钢（小于∟45×4和∟56×36×4）和小圆钢（$\phi \geqslant 12\mathrm{mm}$）构成的钢屋架，杆件节点处一般不使用节点钢板，而是各杆件直接连接，杆件也可采用单角钢，下弦杆及拉杆常用小圆钢制作。轻型钢屋架一般用于跨度较小（小于或等于18m），起质量不大于5t的轻、中级工作制吊车和屋面荷载较轻的屋面结构中。

薄壁型钢屋架是指以薄壁型钢为主材，一般钢材为辅材制作而成。它的主要特点是重量小，常用于做轻型屋面的支承构件。

4. 檩条

檩条是支承于屋架或天窗上的钢构件，通常分为实腹式和桁架式两种。

5. 钢支撑

钢支撑是指设置在屋架间或山墙间的小梁，用以支承椽子或屋面板的钢构件。有屋盖支撑和柱间支撑两类。屋盖支撑包括：①屋架纵向支撑。②屋架和天窗架横向支撑。③屋架和天窗架的垂直向支撑。④屋架和天窗架水平系杆。钢支撑用单角钢或两个角钢组成十字形截面，一般采用十字交叉的形式。

6. 钢平台

钢平台一般以型钢作骨架，上铺钢板做成板式平台。

7. 钢梯子

工业建筑中的钢梯有平台钢梯、吊车钢梯、消防钢梯和屋面检修钢梯。按构造形式分为踏步式、爬式和螺旋式钢梯，爬式钢梯的踏步多为独根圆钢或角钢做成。

5.9.2　钢材理论质量计算

各种钢材的理论质量可按表5-51计算。

表5-51　钢材理论质量的计算

项目	序号	型材	计算公式	公式中代号
钢材断面积计算公式	1	方钢	$F = a^2$	a—边宽
	2	圆角方钢	$F = a^2 - 0.8584 r^2$	a—边宽 r—圆角半径

（续）

项目	序号	型材	计算公式	公式中代号
钢材断面积 计算公式	3	钢板、扁钢、带钢	$F = a\delta$	a—边宽 δ—厚度
	4	圆角扁钢	$F = a\delta - 0.8584r^2$	a—边宽 δ—厚度 r—圆角半径
	5	圆角、圆盘条、钢丝	$F = 0.7854d^2$	d—外径
	6	六角钢	$F = 0.866a^2 = 2.598s^2$	a—对边距离
	7	八角钢	$F = 0.8284a^2 = 4.8284s^2$	s—边宽
	8	钢管	$F = 3.1416\delta(D - \delta)$	D—外径 δ—壁厚
	9	等边角钢	$F = d(2b - d) + 0.2146(r^2 - 2r_1^2)$	d—边厚 b—边宽 r—内面圆角半径 r_1—端边圆角半径
	10	不等边角钢	$F = d(B + b - d) + 0.2146(r^2 - 2r_1^2)$	d—边厚 B—长边宽 b—短边宽 r—内面圆角半径 r_1—端边圆角半径
	11	工字钢	$F = hd + 2t(b - d) + 0.8584(r^2 - r_1^2)$	h—高度 b—腿宽 d—腰厚 t—平均腿厚 r—内面圆角半径 r_1—端边圆角半径
	12	槽钢	$F = hd + 2t(b - d) + 0.4292(r^2 - r_1^2)$	
质量计算 基本公式			$$W = F \times L \times G \times 1/1000$$ 式中　W—质量（kg）；F—断面积（mm^2）；L—长度（m）；G—密度（g/cm^3）；钢的密度一般按 7.85g/cm^3 计算。其他型材如钢材、铝材等，亦可引用上式查照其不同的密度计算		

5.9.3　金属结构制作工程基础定额工程量计算规则

（1）金属结构制作按图示钢材尺寸以 t 计算，不扣除孔眼、切边的质量。焊条、铆钉、螺栓等质量，已包括在定额内不另计算。在计算不规则或多边形钢板重量时，均以其最大对角线乘最大宽度的矩形面积计算。

（2）实腹柱、吊车梁、H 形钢按图示尺寸计算，其中腹板及翼板宽度按每边增加 25mm 计算。

（3）制动梁的制作工程量包括制动梁、制动桁架、制动板质量；墙架的制作工程量包括墙架柱、墙架梁及连接柱杆质量；钢柱制作工程量包括依附于柱上的牛腿及悬臂梁质量。

（4）轨道制作工程量，只计算轨道本身质量，不包括轨道垫板，压板、斜垫、夹板及连接角钢等质量。

（5）铁栏杆制作，仅适用于工业厂房中平台、操作台的钢栏杆。民用建筑中铁栏杆等按本定额其他章节有关项目计算。

（6）钢漏斗制作工程量，矩形按图示分片，圆形按图示展开尺寸，并依钢板宽度分段计算，每段均以其上口长度（圆形以分段展开上口长度）与钢板宽度，按矩形计算，依附漏斗的型钢并入漏斗质量内计算。

5.9.4　金属结构制作工程基础定额相关规定

（1）定额适用于现场加工制作，亦适用于企业附属加工厂制作的构件；定额的制作，均是按焊接编制的。

（2）构件制作，包括分段制作和整体预装配的人工、材料及机械台班用量，整体预装配用的螺栓及锚固杆件用的螺栓，已包括在定额内。

（3）定额除注明者外，均包括现场内（工厂内）的材料运输，号料、加工、组装及成品堆放、装车出厂等全部工序。

（4）定额未包括加工点至安装点的构件运输，应另按构件运输定额相应项目计算。

（5）定额构件制作项目中，均已包括刷一遍防锈漆工料。

（6）钢筋混凝土组合屋架钢拉杆，按屋架钢支撑计算。

5.9.5　清单计价工程量计算规则

（1）钢网架（编码：010601）工程量清单项目设置及工程量计算规则见表5-52。

表5-52　钢网架（编码：010601）

项目编码	项目名称	项目特征	计量单位	工程量计算规则	工作内容
010601001	钢网架	1. 钢材品种、规格 2. 网架节点形式、连接方式 3. 网架跨度、安装高度 4. 探伤要求 5. 防火要求	t	按设计图示尺寸以质量计算，不扣除孔眼的质量，焊条、铆钉、螺栓等不另增加质量	1. 拼装 2. 安装 3. 探伤 4. 补刷油漆

（2）钢屋架、钢托架、钢桁架、钢桥架（编码：010602）工程量清单项目设置及工程量计算规则见表5-53。

表5-53　钢屋架、钢托架、钢桁架、钢桥架（编码：010602）

项目编码	项目名称	项目特征	计量单位	工程量计算规则	工作内容
010602001	钢屋架	1. 钢材品种、规格 2. 单榀质量 3. 屋架跨度、安装高度 4. 螺栓种类 5. 探伤要求 6. 防火要求	1. 榀 2. t	1. 以"榀"计量，按设计图示数量计算 2. 以"t"计量，按设计图示尺寸以质量计算。不扣除孔眼的质量，焊条、铆钉、螺栓等不另增加质量	1. 拼装 2. 安装 3. 探伤 4. 补刷油漆

（续）

项目编码	项目名称	项目特征	计量单位	工程量计算规则	工作内容
010602002	钢托架	1. 钢材品种、规格 2. 单榀质量 3. 安装高度 4. 螺栓种类 5. 探伤要求 6. 防火要求	t	按设计图示尺寸以质量计算 不扣除孔眼的质量，焊条、铆钉、螺栓等不另增加质量	1. 拼装 2. 安装 3. 探伤 4. 补刷油漆
010602003	钢桁架				
010602004	钢桥架	1. 桥架类型 2. 钢材品种、规格 3. 单榀质量 4. 安装高度 5. 螺栓种类 6. 探伤要求			

注：1. 螺栓种类指普通或高强。

2. 以榀计量，按标准图设计的应注明标准图代号，按非标准图设计的项目特征必须描述单榀屋架的质量。

（3）钢柱（编码：010603）工程量清单项目设置及工程量计算规则见表5-54。

表5-54 钢柱（编码：010603）

项目编码	项目名称	项目特征	计量单位	工程量计算规则	工作内容
010603001	实腹钢柱	1. 柱类型 2. 钢材品种、规格 3. 单根柱质量 4. 螺栓种类 5. 探伤要求 6. 防火要求	t	按设计图示尺寸以质量计算，不扣除孔眼的质量，焊条、铆钉、螺栓等不另增加质量，依附在钢柱上的牛腿及悬臂梁等并入钢柱工程量内	1. 拼装 2. 安装 3. 探伤 4. 补刷油漆
010603002	空腹钢柱				
010603003	钢管柱	1. 钢材品种、规格 2. 单根柱质量 3. 探伤要求 4. 防火要求		按设计图示尺寸以质量计算，不扣除孔眼的质量，焊条、铆钉、螺栓等不另增加质量，钢管柱上的节点板、加强环、内衬管、牛腿等并入钢管柱工程量内	1. 拼装 2. 安装 3. 探伤 4. 补刷油漆

注：1. 螺栓种类指普通或高强。

2. 实腹钢柱类型指十字、T、L、H形等。

3. 空腹钢柱类型指箱形、格构等。

4. 型钢混凝土柱浇筑钢筋混凝土，其混凝土中的钢筋应按本规范附录E混凝土及钢筋混凝土工程中相关项目编码列项。

（4）钢梁（编码：010604）工程量清单项目设置及工程量计算规则见表5-55。

（5）钢板楼板、墙板（编码：010605）工程量清单项目设置及工程量计算规则见表5-56。

（6）钢构件（编码：010606）工程量清单项目设置及工程量计算规则见表5-57。

表 5-55 钢梁 （编码：010604）

项目编码	项目名称	项目特征	计量单位	工程量计算规则	工作内容
010604001	钢梁	1. 梁类型 2. 钢材品种、规格 3. 单根质量 4. 螺栓种类 5. 安装高度 6. 探伤要求 7. 防火要求	t	按设计图示尺寸以质量计算，不扣除孔眼的质量，焊条、铆钉、螺栓等不另增加质量，制动梁、制动板、制动桁架、车挡并入钢吊车梁工程量内	1. 拼装 2. 安装 3. 探伤 4. 补刷油漆
010604002	钢吊车梁				

注：1. 螺栓种类指普通或高强。

2. 梁类型指 H、L、T 形、箱形、格构式等。

3. 型钢混凝土梁浇筑钢筋混凝土，其混凝土和钢筋应按本规范附录 E 混凝土及钢筋混凝土工程中相关项目编码列项。

表 5-56 钢板楼板、墙板 （编码：010605）

项目编码	项目名称	项目特征	计量单位	工程量计算规则	工作内容
010605001	钢板楼板	1. 钢材品种、规格 2. 钢板厚度 3. 螺栓种类 4. 防火要求	m^2	按设计图示尺寸以铺设水平投影面积计算。不扣除单个面积≤0.3m^2柱、垛及孔洞所占面积	1. 拼装 2. 安装 3. 探伤 4. 补刷油漆
010605002	钢板墙板	1. 钢材品种、规格 2. 钢板厚度、复合板厚度 3. 螺栓种类 4. 复合板夹芯材料种类、层数、型号、规格 5. 防火要求		按设计图示尺寸以铺挂展开面积计算。不扣除单个面积≤0.3m^2的梁、孔洞所占面积，包角、包边、窗台泛水等不另加面积	

注：1. 螺栓种类指普通螺栓或高强螺栓。

2. 钢板楼板上浇筑钢筋混凝土，其混凝土和钢筋应按本规范附录 E 混凝土及钢筋混凝土工程中相关项目编码列项。

3. 压型钢楼板按钢板楼板项目编码列项。

表 5-57 钢构件 （编码：010606）

项目编码	项目名称	项目特征	计量单位	工程量计算规则	工作内容
010606001	钢支撑 钢拉条	1. 钢材品种、规格 2. 构件类型 3. 安装高度 4. 螺栓种类 5. 探伤要求 6. 防火要求	t	按设计图示尺寸以质量计算。不扣除孔眼的质量，焊条、铆钉、螺栓等不另增加质量	1. 拼装 2. 安装 3. 探伤 4. 补刷油漆
010606002	钢檩条	1. 钢材品种、规格 2. 构件类型 3. 单根质量 4. 安装高度 5. 螺栓种类 6. 探伤要求 7. 防火要求			

（续）

项目编码	项目名称	项目特征	计量单位	工程量计算规则	工作内容
010606003	钢天窗架	1. 钢材品种、规格 2. 单榀质量 3. 安装高度 4. 螺栓种类 5. 探伤要求 6. 防火要求	t	按设计图示尺寸以质量计算。不扣除孔眼的质量，焊条、铆钉、螺栓等不另增加质量	1. 拼装 2. 安装 3. 探伤 4. 补刷油漆
010606004	钢挡风架	1. 钢材品种、规格 2. 单榀质量 3. 螺栓种类 4. 探伤要求 5. 防火要求			
010606005	钢墙架				
010606006	钢平台	1. 钢材品种、规格 2. 螺栓种类 3. 防火要求			
010606007	钢走道				
010606008	钢梯	1. 钢材品种、规格 2. 钢梯形式 3. 螺栓种类 4. 防火要求			
010606009	钢护栏	1. 钢材品种、规格 2. 防火要求			
0106060010	钢漏斗	1. 钢材品种、规格 2. 漏斗、天沟形式 3. 安装高度 4. 探伤要求		按设计图示尺寸以质量计算，不扣除孔眼的质量，焊条、铆钉、螺栓等不另增加质量，依附漏斗或天沟的型钢并入漏斗或天沟工程量内	
0106060011	钢板天沟				
0106060012	钢支架	1. 钢材品种、规格 2. 单付重量 3. 防火要求	t	按设计图示尺寸以质量计算，不扣除孔眼的质量，焊条、铆钉、螺栓等不另增加质量	
0106060013	零星钢构件	1. 构件名称 2. 钢材品种、规格			

注：1. 螺栓种类指普通螺栓或高强螺栓。

2. 钢墙架项目包括墙架柱、墙架梁和连接杆件。

3. 钢支撑、钢拉条类型指单式、复式；钢檩条类型指型钢式、格构式；钢漏斗形式指方形、圆形；天沟形式指矩形沟或半圆形沟。

4. 加工铁件等小型构件，应按零星钢构件项目编码列项。

（7）金属制品（编码：010607）工程量清单项目设置及工程量计算规则见表5-58。

表 5-58　金属网（编码：010607）

项目编码	项目名称	项目特征	计量单位	工程量计算规则	工作内容
010607001	成品空调金属百页护栏	1. 材料品种、规格 2. 边框材质	m²	按设计图示尺寸以框外围展开面积计算	1. 安装 2. 校正 3. 预埋铁件及安螺栓
010607002	成品栅栏	1. 材料品种、规格 2. 边框及立柱型钢品种、规格			1. 安装 2. 校正 3. 预埋铁件 4. 安螺栓及金属立柱
010607003	成品雨篷	1. 材料品种、规格 2. 雨篷宽度 3. 凉衣杆品种、规格	1. m 2. m²	1. 以"m"计量，按设计图示接触边以米计算 2. 以"m²"计量，按设计图示尺寸以展开面积计算	1. 安装 2. 校正 3. 预埋铁件及安螺栓
010607004	金属网栏	1. 材料品种、规格 2. 边框及立柱型钢品种、规格	m²	按设计图示尺寸以框外围展开面积计算	1. 安装 2. 校正 3. 安螺栓及金属立柱
010607005	砌块墙钢丝网加固	1. 材料品种、规格 2. 加固方式		按设计图示尺寸以面积计算	1. 铺贴 2. 铆固
010607006	后浇带金属网				

注：其他相关问题按下列规定处理：
　　1. 金属构件的切边，不规则及多边形钢板发生的损耗在综合单价中考虑。
　　2. 防火要求指耐火极限。

5.9.6　金属结构制作工程工程量计算举例

例 16　计算图 5-61 所示的钢屋架间水平支撑的制作工程量。

解：清单工程量同定额工程量：

－8 钢板质量 = ①号钢板面积 × 每平方米钢板质量（62.8 kg/m²）× 块数 + ②号钢板面积 × 每平方米钢板质量 × 块数

$= (0.085 + 0.21) \times (0.08 + 0.18) \times 62.8 \times$

$2 + (0.21 + 0.095) \times (0.19 + 0.08) \times$

$62.8 \times 2\text{kg} = 19.98\text{kg}$

∟ 75 × 5 角钢质量 = 角钢长度 × 每米质量

（5.82 kg/m）× 根数

$= 7.3 \times 5.82 \times 2\text{kg}$

$= 84.97\text{kg}$

水平支撑工程量 = 钢板质量 + 角钢质量

$= 19.98\text{kg} + 84.97\text{kg}$

$= 104.95\text{kg}$

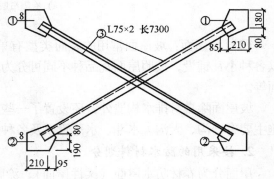

图 5-61　钢屋架水平支撑

5.10　屋面及防水工程

屋面工程是主要包括瓦屋面、卷材屋面、涂膜屋面、屋面排水等项目。防水工程包括楼地面防水、地下工程防水、防潮等项目。

5.10.1　屋面的类型

1. 按坡度划分

屋面分为平屋面（屋面坡度小于1:10）和坡屋面（屋面坡度大于1:10）。

（1）平屋面：一般是在屋面板上做防水层，其基本构造有两种，一种有隔汽层，另一种无隔汽层，（如图5-62所示）。

平屋面的排水设施主要有檐沟、雨水口、水斗、水落管以及各种泛水。

檐沟是指在有组织排水中，平屋面的檐口处通常设置钢筋混凝土檐沟。

雨水口是指在檐沟与水落管的交接处，一般放置雨水口，雨水口通常为铸铁成品，也可用24号或26号镀锌钢板制作。

水落管一般可用镀锌钢板、铸铁或PVC塑料制成。

水斗是雨水管上部漏斗形的构件。

泛水是指在平屋顶中，凡突出屋面的结构物与屋面交接处作的防水处理。

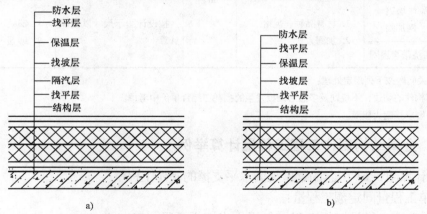

图5-62　平屋面防水结构示意图

a）有隔汽层　b）无隔汽层

（2）坡屋面：坡屋面常用的屋面类型有单坡、双坡、四坡等多种形式。坡屋面的面层多以各种小瓦铺设，按照屋面瓦品种不同可分为青瓦屋面、平瓦屋面、石棉水泥瓦屋面、铁皮屋面等。

坡屋面除自身排水构造外，还设置了一些其他屋面排水设施来协同排水，坡屋面的排水设施主要有檐沟、天沟、水斗、水落管以及各种泛水。

2. 按采用的防水材料划分

屋面分为卷材防水屋面（柔性屋面）、涂膜防水屋面、瓦屋面、金属板材屋面、刚性防水屋面。

（1）卷材防水屋面是指采用油毡为主要防水材料，石油沥青为胶结材料交替粘结而成。油毡铺贴层数一般为 2～3 层，防水层和底层（找平层）之间用冷底子油为结合层，防水层上多铺设一层绿豆砂作为保护层。

（2）刚性防水屋面是指密实的细石钢筋混凝土屋面上加防水砂浆抹面而成的屋面。

5.10.2 屋面及防水工程基础定额工程量计算规则

1. 屋面工程

（1）瓦屋面、金属压型板：瓦屋面、金属压型板（包括挑檐部分）均按图 5-63 中尺寸的水平投影面积乘以屋面坡度系数（表 5-59）以"m²"计算。不扣除房上烟囱、风帽底座、风道、屋面小气窗、斜沟等所占面积，屋面小气窗的出檐部分亦不增加。天窗出檐部分重叠面积，应并入相应屋面工程量内计算。

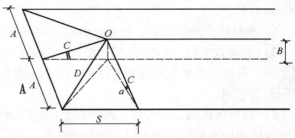

图 5-63 瓦屋面、金属压型板屋面工程量计算示意图

表 5-59 屋面坡度系数表

坡 度			延尺系数 C	隅延尺系数 D
B/A（$A=1$）	$B/2A$	角度 α	（$A=1$）	（$A=1$）
1	1/2	45°	1.4142	1.7321
0.75	—	36°52′	1.2500	1.6008
0.70	—	35°	1.2207	1.5779
0.666	1/3	33°40′	1.2015	1.5620
0.65	—	33°01′	1.1926	1.5564
0.60	—	30°58′	1.1662	1.5362
0.577	—	30°	1.1547	1.5270
0.55	—	28°49′	1.1413	1.5170
0.50	1/4	26°34′	1.1180	1.5000
0.45	—	24°14′	1.0966	1.4839
0.40	1/5	21°48′	1.0770	1.4697
0.35	—	19°17′	1.0594	1.4569
0.30	—	16°42′	1.0440	1.4457
0.25	—	14°02′	1.0308	1.4362
0.20	1/10	11°19′	1.0198	1.4283
0.15	—	8°32′	1.0112	1.4221
0.125	—	7°8′	1.0078	1.4191
0.100	1/20	5°42′	1.0050	1.4177
0.083	—	4°45′	1.0035	1.4166
0.066	1/30	3°49′	1.0022	1.4157

注：1. 两坡及四坡排水屋面的斜面积均为屋面水平投影面积乘以延尺系数 C。

2. 四坡排水屋面斜脊长度 $= A \times D$（当 $S = A$ 时）。

3. 沿山墙泛水长度 $= A \times C$。

（2）卷材屋面

1）卷材屋面面层：卷材屋面工程量，按图示尺寸的屋面水平投影面积乘以屋面坡度延尺系数（表5-59）以"m"计算。

① 不扣除房上烟囱、风帽底座、风道、屋面小气窗和斜沟所占面积，其根部弯起部分面积也不另计算。

② 屋面的女儿墙、伸缩缝和天窗等处弯起部分的面积，按图示尺寸计算，并入屋面工程量内。如图样无规定时，伸缩缝、女儿墙的弯起高度可按250mm计算，天窗处弯起高度可按500mm计算。

③ 卷材屋面的附加层、接缝、收头、找平层的嵌缝、冷底子油已计入定额内，不另计算。

2）屋面找平层：卷材防水屋面中，一般在防水层下面铺设一个平整而坚固的底层即屋面找平层，以保证防水层的质量。屋面找平层通常用水泥砂浆，水泥砂浆找平层的工程量与卷材屋面面层相同。

3）屋面保温层、找坡层：屋面保温层起防寒隔热作用，找坡层是指为使屋面具有一定坡度而设置的构造层。二者有时不能截然分开，保温有时兼作找坡，以形成屋面坡度。

屋面保温层、找坡层的材料有泡沫混凝土块、沥青珍珠岩块、水泥蛭石块、现浇水泥珍珠岩、现浇水泥蛭石、干铺珍珠岩、蛭石等等。屋面保温层、找坡层的工程量，按图示尺寸的面积乘以平均厚度，以m³计算，不扣除房上烟囱、风帽底座、斜沟、风道、水斗等所占体积。其平均厚度可按下式计算

单面找坡平均厚度（如图5-64所示）$D = d + \dfrac{1}{2}Li$

双面找坡平均厚度（如图5-64所示）$D = d + \dfrac{1}{2}Li/2 = d + \dfrac{1}{4}Li$

式中　D——保温层、找坡层平均厚度；

　　　d——保温层、找坡层最薄处厚度；

　　　L——屋面计算跨度；

　　　i——屋面找坡坡度（10%以内）。

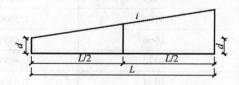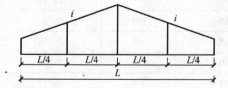

图5-64　屋面保温层、找坡层平均厚度示意图

（3）涂膜屋面：涂膜屋面的材料通常有塑料油膏、聚氨酯涂膜、防水砂浆等。涂膜屋面的工程量计算与卷材屋面相同。涂膜屋面的油膏嵌缝、玻璃布盖缝、屋面分格缝，另列项目以延长米计算。

（4）屋面排水

1）薄钢板排水工程量按图示尺寸以展开面积计算，如图样没有注明尺寸时，可按表5-60计算。铁皮的咬口和搭接等已计入定额项目中，不另计算。

2）铸铁、玻璃钢、UPVC水落管的工程量，区别不同直径按图示尺寸以延长米计算，雨水口、水斗、弯头、短管均以个数计算。

3）排水管长度按设计长度计算，如设计未注明尺寸时，其长度由水斗下口或檐沟底面算至设计室外地坪标高处。

表 5-60　薄钢板排水单体零件折算表

名　称	单位	水落管/m	檐沟/m	水斗/个	漏斗/个	下水口/个		
水落管、檐沟、水斗、漏斗、下水口		0.32	0.30	0.40	0.16	0.45		
天沟、斜沟、天窗窗台、泛水、天窗侧面泛水、烟囱泛水、通气管泛水、滴水檐头泛水、滴水	m²	天沟/m	斜沟天窗窗台泛水/m	天窗侧面泛水/m	烟囱泛水/m	通气管泛水/m	滴水檐头泛水/m	滴水/m
		1.30	0.50	0.70	0.80	0.22	0.24	0.11

2. 防水工程

（1）建筑物地面防水、防潮层，按主墙间净空面积计算，扣除凸出地面的构筑物、设备基础等所占的面积，不扣除柱、垛、间壁墙、烟囱及 0.3m² 以内的孔洞所占面积。与墙面连接处高度在 500mm 以内者按展开面积计算，并入平面工程量内，超过 500mm 时，按立面防水层计算。

（2）建筑物墙基防水、防潮层，外墙长度按中心线，内墙按净长线乘以宽度以 m² 计算。

（3）构筑物及建筑物地下室防水层，按实铺面积计算，但不扣除 0.3m² 以内的孔洞面积。平面与立面交接处的防水层，其上卷高度超过 500mm 时，按立面防水层计算。

（4）防水卷材的附加层、接缝、收头、冷底子油等人工材料均已计入定额内，不另计算。

（5）变形缝按延长米计算。

5.10.3　屋面及防水工程基础定额相关规定

（1）水泥瓦、粘土瓦、小青瓦、石棉瓦规格与定额不同时，瓦材数量可以换算，其他不变。

（2）高分子卷材厚度，再生橡胶卷材按 1.5mm，其他均按 1.2mm 取定。

（3）防水工程也适用于楼地面、墙基、墙身、构筑物、水池、水塔及室内厕所、浴室等防水，建筑物 ±0.000 以下的防水、防潮工程按防水工程相应项目计算。

（4）三元乙丙丁基橡胶卷材屋面防水，按相应三元丙橡胶卷材屋面防水项目计算。

（5）氯丁冷胶"二布三涂"项目，其"三涂"是指涂料构成防水层数并非指涂装遍数，每一层"涂层"刷两遍至数遍不等。

（6）定额中沥青、玛𬹼脂均指石油沥青、石油沥青玛𬹼脂。

（7）变形缝填缝：建筑油膏聚氯乙烯胶泥断面取定 3cm×2cm；油浸木丝板取定为 2.5cm×15cm；纯铜板止水带系 2mm 厚，展开宽 45cm；氯丁橡胶宽 30cm，涂刷式氯丁胶贴玻璃止水片宽 35cm。其余均为 15cm×3cm。如设计断面不同时，用料可以换算。

（8）盖缝：木板盖缝断面为 20cm×2.5cm，如设计断面不同时，用料可以换算，人工不变。

（9）屋面砂浆找平层，面层按楼地面相应定额项目计算。

5.10.4　清单计价工程量计算规则

工程量清单项目设置及工程量计算规则如下：

（1）瓦、型材及其他屋面、屋面（编码：010901）工程量清单项目设置及工程量计算规则见表5-61。

表5-61　瓦、型材屋面（编码：010901）

项目编码	项目名称	项目特征	计量单位	工程量计算规则	工作内容
010901001	瓦屋面	1. 瓦品种、规格 2. 粘结层砂浆的配合比		按设计图示尺寸以斜面积计算，不扣除房上烟囱、风帽底座、风道、小气窗、斜沟等所占面积，小气窗的出檐部分不增加面积	1. 砂浆制作、运输摊铺、养护 2. 安瓦、作瓦脊
010901002	型材屋面	1. 型材品种、规格 2. 金属檩条材料品种、规格 3. 接缝、嵌缝材料种类		按设计图示尺寸以斜面积计算，不扣除房上烟囱、风帽底座、风道、小气窗、斜沟等所占面积，小气窗的出檐部分不增加面积	1. 檩条制作、运输、安装 2. 屋面型材安装 3. 接缝、嵌缝
010901003	阳光板屋面	1. 阳光板品种、规格 2. 骨架材料品种、规格 3. 接缝、嵌缝材料种类 4. 油漆品种、刷漆遍数	m²	按设计图示尺寸以斜面积计算 不扣除屋面面积≤0.3m²孔洞所占面积	1. 骨架制作、运输、安装、刷防护材料、油漆 2. 阳光板安装 3. 接缝、嵌缝
010901004	玻璃钢屋面	1. 玻璃钢品种、规格 2. 骨架材料品种、规格 3. 玻璃钢固定方式 4. 接缝、嵌缝材料种类 5. 油漆品种、刷漆遍数			1. 骨架制作、运输、安装、刷防护材料、油漆 2. 玻璃钢制作、安装 3. 接缝、嵌缝
010901005	膜结构屋面	1. 膜布品种、规格 2. 支柱（网架）钢材品种、规格 3. 钢丝绳品种、规格 4. 锚固基座做法 5. 油漆品种、刷漆遍数		按设计图示尺寸以需要覆盖的水平投影面积计算	1. 膜布热压胶接 2. 支柱（网架）制作、安装 3. 膜布安装 4. 穿钢丝绳、锚头锚固 5. 锚固基座挖土、回填 6. 刷防护材料，油漆

注：1. 瓦屋面，若是在木基层上铺瓦，项目特征不必描述粘结层砂浆的配合比，瓦屋面铺防水层，按本规范附录 I.2 中屋面防水及其他中相关项目编码列项。

2. 型材屋面、阳光板屋面、玻璃钢屋面的柱、梁、屋架，按本规范附录 F 金属结构工程、附录 G 木结构工程中相关项目编码列项。

（2）屋面防水及其他（编码：010902）工程量清单项目设置及工程量计算规则见表5-62。

表 5-62　屋面防水（编码：010902）

项目编码	项目名称	项目特征	计量单位	工程量计算规则	工作内容
010902001	屋面卷材防水	1. 卷材品种、规格、厚度 2. 防水层数 3. 防水层做法	m²	按设计图示尺寸以面积计算 1. 斜屋顶（不包括平屋顶找坡）按斜面积计算，平屋顶按水平投影面积计算 2. 不扣除房上烟囱、风帽底座、风道、屋面小气窗和斜沟所占面积 3. 屋面的女儿墙、伸缩缝和天窗等处的弯起部分，并入屋面工程量内	1. 基层处理 2. 刷底油 3. 铺油毡卷材、接缝
010902002	屋面涂膜防水	1. 防水膜品种 2. 涂膜厚度、遍数 3. 增强材料种类			1. 基层处理 2. 刷基层处理剂 3. 铺布、喷涂防水层
010902003	屋面刚性防水	1. 刚性层厚度 2. 混凝土强度等级 3. 嵌缝材料种类 4. 钢筋规格、型号		按设计图示尺寸以面积计算。不扣除房上烟囱、风帽底座、风道等所占面积	1. 基层处理 2. 混凝土制作、运输、铺筑、养护 3. 钢筋制安
010902004	屋面排水管	1. 排水管品种、规格 2. 雨水斗、山墙出水口品种、规格 3. 接篦、嵌缝材料种类 4. 油漆品种、刷漆遍数	m	按设计图示尺寸以长度计算。如设计未标注尺寸，以檐口至设计室外散水上表面垂直距离计算	1. 排水管及配件安装、固定 2. 雨水斗、山墙出水口雨水篦子安装 3. 接缝、嵌缝 4. 刷漆
010902005	屋面排（透）气管	1. 排（透）气管品种、规格 2. 接缝、嵌缝材料种类 3. 油漆品种、刷漆遍数		按设计图示尺寸以长度计算	1. 排（透）气管及配件安装、固定 2. 铁件制作、安装 3. 接缝、嵌缝 4. 刷漆
010902006	屋面（廊、阳台）吐水管	1. 吐水管品种、规格 2. 接缝、嵌缝材料种类 3. 吐水管长度 4. 油漆品种、刷漆遍数	根（个）	按设计图示数量计算	1. 吐水管及配件安装、固定 2. 接缝、嵌缝 3. 刷漆
010902007	屋面天沟、檐沟	1. 材料品种、规格 2. 接缝、嵌缝材料种类	m²	按设计图示尺寸以展开面积计算	1. 天沟材料铺设 2. 天沟配件安装 3. 接缝、嵌缝 4. 刷防护材料
010902008	屋面变形缝	1. 嵌缝材料种类 2. 止水带材料种类 3. 盖缝材料 4. 防护材料种类	m	按设计图示以长度计算	1. 清缝 2. 填塞防水材料 3. 止水带安装 4. 盖缝制作、安装 5. 刷防护材料

注：1. 屋面刚性层防水，按屋面卷材防水、屋面涂膜防水项目编码列项；屋面刚性层无钢筋，其钢筋项目特征不必描述。

　　2. 屋面找平层按本规范附录 K 楼地面装饰工程"平面砂浆找平层"项目编码列项。

　　3. 屋面防水搭接及附加层用量不另行计算，在综合单价中考虑。

（3）墙面防水、防潮（编码：010903）工程量清单项目设置及工程量计算规则见表5-63。

表5-63　墙、地面防水、防潮（编码：010903）

项目编码	项目名称	项目特征	计量单位	工程量计算规则	工作内容
010903001	墙面卷材防水	1. 卷材品种、规格、厚度 2. 防水层数 3. 防水层做法	m²	按设计图示尺寸以面积计算	1. 基层处理 2. 刷粘结剂 3. 铺防水卷材 4. 接缝、嵌缝
010903002	墙面涂膜防水	1. 防水膜品种 2. 涂膜厚度、遍数 3. 增强材料种类			1. 基层处理 2. 刷基层处理剂 3. 铺布、喷涂防水层
010903003	墙面砂浆防水（防潮）	1. 防水层做法 2. 砂浆厚度、配合比 3. 钢丝网规格			1. 基层处理 2. 挂钢丝网片 3. 设置分格缝 4. 砂浆制作、运输、摊铺、养护
010903004	墙面变形缝	1. 嵌缝材料种类 2. 止水带材料种类 3. 盖缝材料 4. 防护材料种类	m	按设计图示以长度计算	1. 清缝 2. 填塞防水材料 3. 止水带安装 4. 盖缝制作、安装 5. 刷防护材料

注：1. 墙面防水搭接及附加层用量不另行计算，在综合单价中考虑。

2. 墙面变形缝，若做双面，工程量乘系数2。

3. 墙面找平层按本规范附录L墙、柱面装饰与隔断工程"立面砂浆找平层"项目编码列项。

（4）楼（地）面防水、防潮（编码010904）工程量清单项目设置及工程量计算规则见表5-64。

表5-64　楼（地）面防水、防潮（编码：010904）

项目编码	项目名称	项目特征	计量单位	工程量计算规则	工作内容
010904001	楼（地）面卷材防水	1. 卷材品种、规格、厚度 2. 防水层数 3. 防水层做法	m²	按设计图示尺寸以面积计算 1. 楼（地）面防水：按主墙间净空面积计算，扣除凸出地面的构筑物、设备基础等所占面积，不扣除间壁墙及单个面积≤0.3m² 柱、垛、烟囱和孔洞所占面积 2. 楼（地）面防水反边高度≤300mm算作地面防水，反边高度>300mm算作墙面防水	1. 基层处理 2. 刷粘结剂 3. 铺防水卷材 4. 接缝、嵌缝
010904002	楼（地）面涂膜防水	1. 防水膜品种 2. 涂膜厚度、遍数 3. 增强材料种类			1. 基层处理 2. 刷基层处理剂 3. 铺布、喷涂防水层
010904003	楼（地）面砂浆防水（防潮）	1. 防水层做法 2. 砂浆厚度、配合比			1. 基层处理 2. 砂浆制作、运输、摊铺、养护

（续）

项目编码	项目名称	项目特征	计量单位	工程量计算规则	工作内容
010904004	楼（地）面变形缝	1. 嵌缝材料种类 2. 止水带材料种类 3. 盖缝材料 4. 防护材料种类	m	按设计图示以长度计算	1. 清缝 2. 填塞防水材料 3. 止水带安装 4. 盖缝制作、安装 5. 刷防护材料

注：1. 楼（地）面防水找平层按本规范附录 K 楼地面装饰工程"平面砂浆找平层"项目编码列项。

　　2. 楼（地）面防水搭接及附加层用量不另行计算，在综合单价中考虑。

5.10.5　屋面及防水工程工程量计算举例

例 17　某水落管如图 5-65 所示，室外地坪为 −0.45m，水斗下口标高为 18.60m，设计水落管共 20 根，计算薄钢板排水工程量（檐口标高为 19.60m）。

解：定额工程量：

（1）铁皮水落管工程量：$0.32 \times (18.6 + 0.45) \times 20 m^2 = 121.92 m^2$

（2）雨水口工程量：$0.45 \times 20 m^2 = 9 m^2$

（3）水斗工程量：$0.4 \times 20 m^2 = 8 m^2$

工程量合计：$(121.92 + 9 + 8) m^2 = 138.92 m^2$

（4）弯头：20 个

清单工程量铁皮水落管工程量 $(19.6 + 0.45) m = 24.1 m$。

$24.1 m /根 \times 20$ 根 $= 482 m$。

例 18　已知图 5-66，建筑物平面尺寸为 $45 m \times 20 m$，女儿墙厚 240mm，外墙厚 370mm，屋面排水坡度 2%，试计算其卷材平屋面工程量。

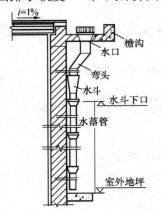

图 5-65　水落管示意图

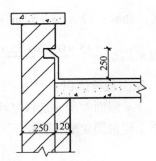

图 5-66　女儿墙弯起部分示意图

解：定额工程量

卷材平屋面工程量 = 顶层建筑面积 − 女儿墙所占面积 + 女儿墙弯起部分面积

$= \{45 \times 20 - 0.24 \times [(45 + 20) \times 2 - 4 \times 0.24] + 0.25 \times [(45 + 20) \times 2 - 8 \times 0.24]\} m^2 = 901.05 m^2$

清单工程量同定额工程量：卷材平屋面工程量为 $901.05 m^2$

例 19　根据图 5-67 所示尺寸和条件，计算屋面找坡工程量。

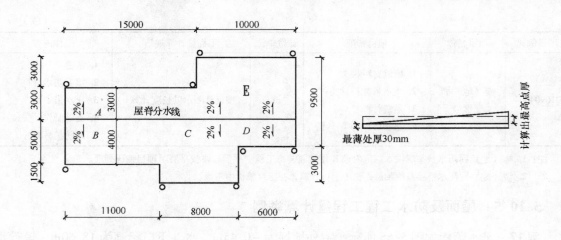

图 5-67　屋面示意图

解：定额工程量：

（1）计算加权平均厚：

$$找坡平均厚度 = \frac{1}{2}坡宽度 \times 坡度系数 + 最薄处厚$$

A 区：面积：$15 \times 3 m^2 = 45 m^2$　平均厚：$\left(3.0 \times 2\% \times \frac{1}{2} + 0.03\right) m = 0.06 m$

B 区：面积：$11 \times 5 m^2 = 55 m^2$　平均厚：$\left(5.0 \times 2\% \times \frac{1}{2} + 0.03\right) m = 0.08 m$

C 区：面积：$6.5 \times 8 m^2 = 52 m^2$　平均厚：$\left(6.5 \times 2\% \times \frac{1}{2} + 0.03\right) m = 0.095 m$

D 区：面积：$6 \times (9.5 - 6) m^2 = 21 m^2$　平均厚：$\left[(9.5 - 6) \times 2\% \times \frac{1}{2} + 0.03\right] m = 0.065 m$

E 区：面积：$10 \times (3 + 3) m^2 = 60 m^2$　平均厚：$6.0 \times 2\% \times \frac{1}{2} m + 0.03 m = 0.09 m$

$$加权平均厚 = \frac{45 \times 0.06 + 55 \times 0.08 + 52 \times 0.095 + 21 \times 0.065 + 60 \times 0.09}{45 + 55 + 52 + 21 + 60} m = 0.08 m$$

（2）屋面找坡体积

$V = 屋面面积 \times 加权平均厚 = (45 + 55 + 52 + 21 + 60) \times 0.08 m^3 = 18.64 m^3$

清单工程量同定额工程量。

5.11　防腐、保温、隔热工程

　　保温、隔热层是指隔绝热传播的构造层。保温层一般采用松散材料、板状或整体材料做保温层。松散材料保温层是用炉渣、膨胀蛭石、锯末等干铺而成；板状材料保温层是用松散保温隔热材料或化学合成聚酯与合成橡胶类材料加工制成，如泡沫混凝土板、矿棉板、软木板及有机纤维板等；整体式保温材料是用松散保温隔热材料做集料，水泥或沥青做胶结材料经搅拌浇筑而成，如膨胀珍珠岩混凝土、水泥膨胀蛭石混凝土、粉煤灰陶粒混凝土、沥青膨胀珍珠岩、沥青膨胀蛭石等。隔热层可采用架空隔热层、蓄水隔热层、种植隔热层等。

5.11.1　防腐、保温、隔热工程基础定额工程量计算规则

1. 防腐工程

（1）防腐工程项目应区分不同防腐材料种类及其厚度，按设计实铺面积以平方米计算。应扣除凸出地面的构筑物、设备基础等所占的面积，砖垛等突出墙面部分按展开面积计算并入墙面防腐工程量之内。

（2）踢脚板按实铺长度乘以高度以"m^2"计算，应扣除门洞所占面积并相应增加侧壁展开面积。

（3）平面砌筑双层耐酸块料时，按单层面积乘以系数 2 计算。

（4）防腐卷材接缝、附加层、收头等人工材料，已计入在定额中，不再另行计算。

2. 保温隔热工程

（1）保温隔热层应区别不同保温隔热材料，除另有规定者外，均按设计实铺厚度以"m^3"计算。

（2）保温隔热层的厚度按隔热材料（不包括胶结材料）净厚度计算。

（3）地面隔热层按围护结构墙体间净面积乘以设计厚度以"m^3"计算，不扣除柱、垛所占的体积。

（4）墙体隔热层，外墙按隔热层中心线、内墙按隔热层净长乘以图示尺寸的高度及厚度以"m^3"计算。应扣除冷藏门洞口和管道穿墙洞口所占的体积。

（5）柱包隔热层，按图示柱的隔热层中心线的展开长度乘以图示尺寸高度及厚度以"m^3"计算。

（6）其他保温隔热

1）池槽隔热层按图示池槽保温隔热层的长、宽及其厚度以"m^3"计算。其中池壁按墙面计算，池底按地面计算。

2）门洞口侧壁周围的隔热部分，按图示隔热层尺寸以"m^3"计算，并入墙面的保温隔热工程量内。

3）柱帽保温隔热层按图示保温隔热层体积并入顶棚保温隔热层工程量内。

5.11.2　防腐、保温、隔热工程基础定额相关规定

1. 防腐工程

（1）整体面层、隔离层适用于平面、立面的防腐耐酸工程，包括沟、坑、槽。

（2）块料面层以平面砌为准，砌立面者按平面砌相应项目，人工乘以系数 1.38，踢脚板人工乘以系数 1.56，其他不变。

（3）各种砂浆、胶泥、混凝土材料的种类，配合比及各种整体面层的厚度，如设计与定额不同时，可以换算，但各种块料面层的结合层砂浆或胶泥厚度不变。

（4）花岗石板以六面剁斧的板材为准。如底面为毛面者，水玻璃砂浆增加 $0.38m^3$，耐酸沥青砂浆增加 $0.44m^3$。

（5）防腐工程的各种面层，除软聚氯乙烯塑料地面外，均不包括踢脚板。

2. 保温隔热工程

（1）保温隔热工程定额适用于中低温及恒温的工业厂（库）房隔热工程，以及一般保温工程。

（2）本定额只包括保温隔热材料的铺贴，不包括隔气防潮、保护层或衬墙等。

（3）隔热层铺贴，除松散稻壳、玻璃棉、矿渣棉为散装外，其他保温材料均以石油沥青（30号）作胶结材料。

（4）稻壳已包括装前的筛选、除尘工序，稻壳中如需增加药物防虫时，材料另行计算，人工不变。

（5）玻璃棉、矿渣棉包装材料和人工均已包括在定额内。

（6）墙体铺贴块体材料包括基层涂沥青一遍。

5.11.3　清单计价工程量计算规则

（1）防腐面层（编码：011002）工程量清单项目设置及工程量计算规则见表5-65。

表5-65　防腐面层（编码：011002）

项目编码	项目名称	项目特征	计量单位	工程量计算规则	工作内容
011002001	防腐混凝土面层	1. 防腐部位 2. 面层厚度 3. 混凝土种类 4. 胶泥种类、配合比	m²	按设计图示尺寸以面积计算 1. 平面防腐：扣除凸出地面的构筑物、设备基础等以及面积>0.3m²孔洞、柱、垛所占面积 2. 立面防腐：扣除门、窗、洞口以及面积>0.3m²孔洞、梁所占面积 门、窗、洞口侧壁、垛突出部分按展开面积并入墙面积内	1. 基层清理 2. 基层刷稀胶泥 3. 混凝土制作、运输、摊铺、养护
011002002	防腐砂浆面层	1. 防腐部位 2. 面层厚度 3. 砂浆、胶泥种类、配合比			1. 基层清理 2. 基层刷稀胶泥 3. 砂浆制作、运输、摊铺、养护
011002003	防腐胶泥面层	1. 防腐部位 2. 面层厚度 3. 胶泥种类、配合比		按设计图示尺寸以面积计算 1. 平面防腐：扣除凸出地面的构筑物、设备基础等以及面积>0.3m²孔洞、柱、垛所占面积 2. 立面防腐：扣除门、窗、洞口以及面积>0.3m²孔洞、梁所占面积 门、窗、洞口侧壁、垛突出部分按展开面积并入墙面积内	1. 基层清理 2. 胶泥调制、摊铺
011002004	玻璃钢防腐面层	1. 防腐部位 2. 玻璃钢种类 3. 贴布材料的种类、层数 4. 面层材料品种	m²		1. 基层清理 2. 刷底漆、刮腻子 3. 胶浆配制、涂刷 4. 粘布、涂刷面层
011002005	聚氯乙烯板面层	1. 防腐部位 2. 面层材料品种、厚度 3. 粘结材料种类			1. 基层清理 2. 配料、涂胶 3. 聚氯乙烯板铺设
011002006	块料防腐面层	1. 防腐部位 2. 块料品种、规格 3. 粘结材料种类 4. 勾缝材料种类			1. 基层清理 2. 铺贴块料 3. 胶泥调制、勾缝

（续）

项目编码	项目名称	项目特征	计量单位	工程量计算规则	工作内容
011002007	池、槽块料防腐面层	1. 防腐池、槽名称、代号 2. 块料品种、规格 3. 粘结材料种类 4. 勾缝材料种类	m²	按设计图示尺寸以展开面积计算	1. 基层清理 2. 铺贴块料 3. 胶泥调制、勾缝

注：防腐踢脚线应按本规范附录 K 中"踢脚线"项目编码列项。

（2）其他防腐（编码：011003）工程量清单项目设置及工程量计算规则见表 5-66。

表 5-66　其他防腐（编码：011003）

项目编码	项目名称	项目特征	计量单位	工程量计算规则	工作内容
011003001	隔离层	1. 隔离层部位 2. 隔离层材料品种 3. 隔离层做法 4. 粘贴材料种类	m²	按设计图示尺寸以面积计算 1. 平面防腐：扣除凸出地面的构筑物、设备基础等以及面积 >0.3m² 孔洞、柱、垛所占面积 2. 立面防腐：扣除门、窗洞口以及面积 >0.3m² 孔洞、梁所占面积，门、窗洞口侧壁、垛突出部分按展开面积并入墙面积内	1. 基层清理、刷油 2. 煮沥青 3. 胶泥调制 4. 隔离层铺设
011003002	砌筑沥青浸渍砖	1. 砌筑部位 2. 浸渍砖规格 3. 胶泥种类 4. 浸渍砖砌法	m³	按设计图示尺寸以体积计算	1. 基层清理 2. 胶泥调制 3. 浸渍砖铺砌
011003003	防腐涂料	1. 涂刷部位 2. 基层材料类型 3. 刮腻子的种类遍数 4. 涂料品种、刷漆遍数	m²	按设计图示尺寸以面积计算 1. 平面防腐：扣除凸出地面的构筑物、设备基础以及面积 >0.3m² 孔洞、柱、垛所占面积 2. 立面防腐：扣除门、窗洞口以及面积 >0.3m² 孔洞、梁所占面积，门窗洞口侧壁、垛突出部分按展开面积并入墙面积内	1. 基层清理 2. 刮腻子 3. 刷涂料

注：浸渍砖砌法指平砌、立砌。

（3）隔热、保温工程（编码：011001）工程量清单项目设置及工程量计算规则见表 5-67。

（4）保温隔热墙的装饰面层，应按装饰装修工程工程量清单项目及计算规则中墙、柱面工程中相关项目编码列项。

（5）柱帽保温隔热应并入顶棚保温隔热工程量内。

（6）池槽保温隔热，池壁、池底应分别编码列项，池壁应并入墙面保温隔热工程量内，池底应并入地面保温隔热工程量内。

表5-67　隔热、保温（编码：011001）

项目编码	项目名称	项目特征	计量单位	工程量计算规则	工作内容
011001001	保温隔热屋面	1. 保温隔热材料品种、规格、厚度 2. 隔气层材料品种、厚度 3. 粘结材料种类、做法 4. 防护材料种类、做法		按设计图示尺寸以面积计算。扣除面积>0.3m² 孔洞及占位面积	1. 基层清理 2. 刷粘结材料 3. 铺粘保温层 4. 铺、刷（喷）防护材料
011001002	保温隔热天棚	1. 保温隔热面层材料品种、规格、性能 2. 保温隔热材料品种、规格及厚度 3. 粘结材料种类及做法 4. 防护材料种类及做法		按设计图示尺寸以面积计算。扣除面积>0.3m² 上柱、垛、孔洞所占面积	
011001003	保温隔热墙面	1. 保温隔热部位 2. 保温隔热方式 3. 踢脚线、勒脚线保温做法 4. 龙骨材料品种、规格 5. 保温隔热面层材料品种、规格、性能 6. 保温隔热材料品种、规格及厚度 7. 增强网及抗裂防水砂浆种类 8. 粘结材料种类及做法 9. 防护材料种类及做法	m²	按设计图示尺寸以面积计算。扣除门窗洞口以及面积>0.3m² 梁、孔洞所占面积；门窗洞口侧壁需做保温时，并入保温墙体工程量内	1. 基层清理 2. 刷界面剂 3. 安装龙骨 4. 填贴保温材料 5. 保温板安装 6. 粘贴面层 7. 铺设增强格网、抹抗裂、防水砂浆面层 8. 嵌缝 9. 铺、刷（喷）防护材料
011001004	保温柱、梁			按设计图示尺寸以面积计算 1. 柱按设计图示柱断面保温层中心线展开长度乘保温层高度以面积计算，扣除面积>0.3m² 梁所占面积 2. 梁按设计图示梁断面保温层中心线展开长度乘保温层长度以面积计算	
011001005	保温隔热楼地面	1. 保温隔热部位 2. 保温隔热材料品种、规格、厚度 3. 隔气层材料品种、厚度 4. 粘结材料种类、做法 5. 防护材料种类、做法		按设计图示尺寸以面积计算。扣除面积>0.3m² 柱、垛、孔洞所占面积	1. 基层清理 2. 刷粘结材料 3. 铺粘保温层 4. 铺、刷（喷）防护材料
011001006	其他保温隔热	1. 保温隔热部位 2. 保温隔热方式 3. 隔气层材料品种、厚度 4. 保温隔热面层材料品种、规格、性能 5. 保温隔热材料品种、规格及厚度 6. 粘结材料种类及做法 7. 增强网及抗裂防水砂浆种类 8. 防护材料种类及做法		按设计图示尺寸以展开面积计算。扣除面积>0.3m² 孔洞及占位面积	1. 基层清理 2. 刷界面剂 3. 安装龙骨 4. 填贴保温材料 5. 保温板安装 6. 粘贴面层 7. 铺设增强格网、抹抗裂防水砂浆面层 8. 嵌缝 9. 铺、刷（喷）防护材料

注：1. 保温隔热装饰面层，按本规范附录K、L、M、N、O中相关项目编码列项；仅做找平层按本规范附录K中"平面砂浆找平层"或附录L"立面砂浆找平层"项目编码列项。
　　2. 柱帽保温隔热应并入天棚保温隔热工程量内。
　　3. 池槽保温隔热应按其他保温隔热项目编码列项。
　　4. 保温隔热方式：指内保温、外保温、夹心保温。

5.11.4 防腐、保温、隔热工程工程量计算举例

例20 某仓库外墙厚240mm，防腐地面、踢脚线抹铁屑砂浆，厚度20mm，如图5-68所示，计算防腐砂浆工程量。

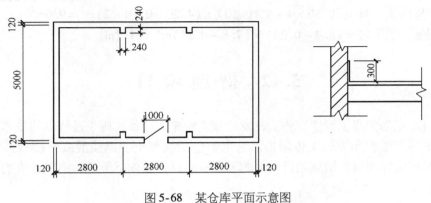

图 5-68   某仓库平面示意图

解： 定额工程量：

地面防腐砂浆工程量 $= (8.40 - 0.24) \times (5.00 - 0.24) \text{m}^2 = 38.84 \text{m}^2$

踢脚线防腐砂浆工程量 $= [(8.4 - 0.24 + 0.24 \times 4 + 5.00 - 0.24) \times 2 - 1.00 + 0.12 \times 2] \times 0.3 \text{m}^2 = 8.1 \text{m}^2$

清单工程量同定额工程量。

例21 某冷库工程外墙厚240mm，室内（包括柱子）均用石油沥青粘贴100mm厚的聚苯乙烯泡沫塑料板，尺寸如图5-69所示，保温门为900mm×1800mm，先铺顶棚、地面、后铺墙面、柱面，保温门居内安装，洞口周围不需另铺保温材料，计算保温隔热顶棚、墙面、柱面、地面工程量。

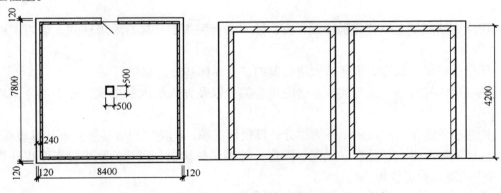

图 5-69   某冷库工程示意图

解： 定额工程量：

1）地面隔热层工程量 $= (8.40 - 0.24) \times (7.80 - 0.24) \times 0.10 \text{m}^3 = 6.17 \text{m}^3$

2）墙面工程量 $= [(8.40 - 0.24 - 0.10 + 7.80 - 0.24 - 0.10) \times 2 \times (4.20 - 0.01 \times 2) - 0.9 \times 1.8] \times 0.10 \text{m}^3 = 12.81 \text{m}^3$

3）柱面隔热工程量 $= (0.50 \times 4 + 4 \times 0.10) \times (4.20 - 0.10 \times 2) \times 0.10 \text{m}^3 = 0.96 \text{m}^3$

4）顶棚保温工程量 $= (8.4 - 0.24) \times (7.8 - 0.24) \times 0.10 \text{m}^3 = 6.17 \text{m}^3$

清单工程量：

1）地面隔热层工程量 = $(8.40 - 0.24) \times (7.80 - 0.24) \text{m}^3 = 61.7 \text{m}^3$

2）墙面工程量 = $[(8.40 - 0.24 - 0.10 + 7.80 - 0.24 - 0.10) \times 2 \times (4.20 - 0.01 \times 2) - 0.9 \times 1.8] \text{m}^2 = 122.5 \text{m}^2$

3）柱面隔热工程量 = $(0.50 \times 4 + 4 \times 0.10) \times (4.20 - 0.10 \times 2) \text{m}^2 = 9.6 \text{m}^2$

4）顶棚保温工程量 = $(8.4 - 0.24) \times (7.8 - 0.24) \text{m}^2 = 61.7 \text{m}^2$

5.12 措 施 项 目

措施项目是指为完成工程项目施工，发生该工程施工准备或施工过程中的技术、生活、安全、环境保护等方面的非工程实体项目。它主要包括混凝土、钢筋混凝土模板及支架；脚手架；垂直运输机械等项目。措施项目定额的工程量计算详见如下所述，清单计价的工程量计算以"项"列出。

5.12.1 模板工程

1. 模板工程基础定额的工程量计算规则

（1）现浇混凝土及钢筋混凝土模板

1）现浇混凝土及钢筋混凝土模板工程量，除另有规定者外，均应区别模板的不同材质，按混凝土与模板的接触面积，以 m^2 计算。

2）现浇钢筋混凝土柱、梁、板、墙的支模高度（即室外地坪至板底或板至板底之间的高度）以 3.6m 以内为准，超过 3.6m 以上部分，另按超过部分计算增加支撑工程量。

3）现浇钢筋混凝土墙、板上单孔面积在 0.3m^2 以内的孔洞，不予扣除，洞侧壁模板亦不增加；单孔面积在 0.3m^2 以外时，应予扣除，洞侧壁模板面积并入墙、板模板工程量之内计算。

4）现浇钢筋混凝土框架分别按梁、板、柱、墙有关规定计算，附墙柱并入墙内工程量计算。

5）杯形基础杯口高度大于杯口大边长度的，套高杯基础定额项目。

6）柱与梁、柱与墙、梁与梁等连接的重叠部分以及伸入墙内的梁头、板头部分，均不计算模板面积。

7）构造柱外露面均应按图示外露部分计算模板面积。构造柱与墙接触面不计算模板面积。

8）现浇钢筋混凝土悬挑板（雨篷、阳台）按图示外挑部分尺寸的水平投影面积计算。挑出墙外的牛腿梁及板边模板不另计算。

9）现浇钢筋混凝土楼梯，以图示露明面尺寸的水平投影面积计算，不扣除小于 500mm 楼梯井所占面积。楼梯的踏步、踏步板、平台梁等侧面模板，不另计算。

10）混凝土台阶不包括梯带，按图示台阶尺寸的水平投影面积计算，台阶端头两侧不另计算模板面积。

11）现浇混凝土小型池槽按构件外围体积计算，池槽内、外侧及底部的模板不应另计算。

（2）预制钢筋混凝土构件模板工程量计算

1）预制钢筋混凝土构件模板工程量，除另有规定者外均按混凝土实体体积以 m^3 计算。

2）小型池槽按外形体积以"m^3"计算。

3）预制桩尖按虚体积（不扣除桩尖虚体积部分）计算。

（3）构筑物钢筋混凝土模板工程量计算

1）构筑物工程的模板工程量，除另有规定者外，区别现浇、预制和构件类别，分别按现浇、预制混凝土和钢筋混凝土模板工程量计算规定中的的有关规定计算。

2）大型池槽等分别按基础、墙、板、梁、柱等有关规定计算套相应定额项目。

3）液压滑升钢模板施工的烟囱、水塔塔身、贮仓等，均按混凝土体积，以"m³"计算。

4）预制倒圆锥形水塔罐壳模板按混凝土体积，以"m³"计算。预制倒圆锥形水塔罐壳组装、提升、就位，按不同容积以座计算。

2. 模板工程基础定额的相关规定

（1）现浇钢筋混凝土模板按不同构件，分别以组合钢模板、钢支撑、木支撑、复合木模板、钢支撑、木支撑、木模板、木支撑配制的，模板不同时，可以编制补充定额。

（2）现浇混凝土梁、板、柱、墙是按支模高度（地面至板底）3.6m 编制的，超过 3.6m 时按超过部分工程量另按超高的项目计算。现浇混凝土中的斜梁、斜板、斜柱的模板，按相应定额人工乘以系数 1.05。

（3）用钢滑升模板施工的烟囱、水塔及贮仓是按无井架施工计算的，并综合了操作平台，不再计算脚手架及竖井架。

（4）用钢滑升模板施工的烟囱、水塔、提升模板使用的钢爬杆是按 100% 摊销计算的，贮仓是按 50% 摊销计算的，设计要求不同时，另行换算。

（5）烟囱钢滑升模板项目均已包括烟囱筒身、牛腿、烟道口；水塔钢滑升模板均已包括直筒、门窗洞口等模板用量。

（6）组合钢模板、复合木模板项目，未包括回库维修费用，应按定额项目中所列摊销量的模板、零星夹具材料价格的 8% 计入模板预算价格之内。回库维修费的内容包括：模板的运输费、维修的人工、机械、材料费用等。

（7）倒锥壳水塔塔身钢滑升模板项目，也适用于一般水塔塔身滑升模板工程。

5.12.2　脚手架工程

1. 脚手架的分类

脚手架是建筑安装工程施工中不可缺少的临时设施，是为施工作业需要所搭设的架子，供工人操作、堆置建筑材料以及作为建筑材料的运输通道等之用。在建筑安装工程的施工现场，工人们习惯上将用于支撑、固定结构构件或结构构件模板的支撑固定系统也称之为脚手架，脚手架的种类较多，同时也有多种分类方法：

（1）按使用材料不同分类：它可分为木脚手架、竹脚手架和钢管或金属脚手架。

（2）按用途不同分类：它可分为砌筑脚手架、现浇钢筋混凝土结构脚手架、装饰脚手架、安装脚手架及防护脚手架。

（3）按搭设位置不同分类：它可分为外脚手架、里脚手架、挑脚手架、电梯井脚手架、上料平台、单独斜道、悬空脚手架和悬空吊篮脚手架。

（4）按设置形式不同分类：它可分为单排脚手架、双排脚手架、多排脚手架、满堂脚手架和特形脚手架。

2. 脚手架工程工程量计算

在编制工程造价时，脚手架工程分为以建筑面积为计算基数的综合脚手架和按垂直（水平）投影面积、长度等计算的单项脚手架等两大类。

凡能按"建筑面积计算规则"计算建筑面积的建筑工程，均按综合脚手架定额计算；凡不能按"建筑面积计算规则"计算建筑面积，施工时又必须搭设脚手架时，按单项脚手架计算其费用。

（1）综合脚手架

1）综合脚手架工程量计算：综合脚手架工程量，按建筑物的总建筑面积以"m^2"计算。

2）综合脚手架定额相关规定：综合脚手架定额中已综合考虑了砌筑、浇筑、吊装、抹灰、油漆涂料等各种因素。

（2）单项脚手架：单项脚手架包括里脚手架、外脚手架、悬空脚手架、挑脚手架、满堂脚手架、水平防护架、垂直防护架及建筑物的垂直封闭架网。

1）单项脚手架适用范围

① 适用于不能计算建筑面积而必须搭设脚手架或专业分包工程所搭设的脚手架。

② 预制混凝土构件及金属构件安装工程中所需搭设的临时脚手架。

2）单项脚手架工程量计算

① 单项脚手架定额工程量计算的一般规则

a. 建筑物外墙砌筑脚手架，凡设计室外地坪至檐口（或女儿墙上表面）的砌筑高度在15m以下的按单排脚手架计算；砌筑高度在15m以上的或砌筑高度虽不足15m，但外墙门窗及装饰面积超过外墙表面积60%以上时，均按双排脚手架计算。采用竹制脚手架时，按双排计算。

b. 建筑物内墙砌筑脚手架，凡设计室内地坪至顶板下表面（或山墙高度的1/2处）的砌筑高度在3.6m以下的，按里脚手架计算，砌筑高度在3.6m以上的，按单排脚手架计算。

c. 石砌墙体，凡砌筑高度超过1.0m以上时，按外脚手架计算。

d. 计算内、外墙脚手架时，均不扣除门窗洞口、空圈洞口等所占面积。同一建筑物高度不同时，应按不同高度分别计算。

e. 现浇钢筋混凝土框架柱、梁按双排脚手架计算。

f. 围墙脚手架，凡室外自然地坪至围墙顶面的砌筑高度在3.6m以下的，按里脚手架计算；砌筑高度超过3.6m以上时，按单排脚手架计算。

g. 室内顶棚装饰面距设计室内地坪在3.6m以上时，应计算满堂脚手架，计算满堂脚手架后，墙面装饰工程则不再计算脚手架。

h. 滑升模板施工的钢筋混凝土烟囱、筒仓，不另计算脚手架。砌筑贮仓，按双排外脚手架计算。

i. 贮水（油）池，大型设备基础，凡距地坪高度超过1.2m以上的，均按双排脚手架计算。

j. 整体满堂钢筋混凝土基础，凡其宽度超过3m以上时，按其底板面积计算满脚手架。

② 砌筑脚手架工程量计算

a. 外脚手架按外墙外边线长度乘以外墙砌筑高度以"m^2"计算，突出墙外宽度在24cm以内的墙垛、附墙烟囱等不计算脚手架；宽度超过24cm以外时按图示尺寸展开计算，并入外脚手架工程量之内。

b. 里脚手架按墙面垂直投影面积计算。

c. 独立砖柱按图示柱结构外围周长另加3.6m，乘以柱高以"m^2"计算，套相应外脚手架定额。

③ 现浇钢筋混凝土框架脚手架工程量计算

a. 现浇钢筋混凝土柱，按柱图示周长尺寸另加 3.6m，乘以柱高以"m²"计算，套相应外脚手架定额。

b. 现浇钢筋混凝土墙、梁，按设计室外地坪或楼板上表面至楼板底之间的高度乘以梁、墙净长以"m²"计算，套用相应双排外脚手架定额。

④ 装饰工程脚手架工程量计算

a. 满堂脚手架，按室内净面积计算，其高度在 3.6 ~ 5.2m 之间时，计算基本层，超过5.2m 时，每增加 1.2m 按增加一层计算，不足 0.6m 的不计。满堂脚手架增加层按下式计算

$$满堂脚手架增加层 = \frac{室内净高 - 5.2}{1.2}$$

b. 挑脚手架，按搭设长度和层数，以延长米计算。

c. 悬空脚手架，按搭设水平投影面积以"m²"计算。

d. 高度超过 3.6m 墙面装饰不能利用原砌筑脚手架时，可以计算装饰脚手架。装饰脚手架按双排脚手架乘以 0.3 计算。

⑤ 其他脚手架工程量计算

a. 水平防护架，按实际铺板的水平投影面积，以"m²"计算。

b. 垂直防护架，按自然地坪至最上一层横杆之间的搭设高度，乘以实际搭设长度，以 m²计算。

c. 架空运输脚手架，按搭设长度以延长米计算。

d. 烟囱、水塔脚手架，区别不同搭设高度，以座计算。

e. 电梯井脚手架，按单孔以座计算。

f. 斜道按不同高度以座计算。

g. 砌筑贮仓脚手架，不分单筒或贮仓组均按单筒外边线周长乘以设计室外地坪至贮仓上口之间高度，以"m²"计算。

h. 贮水（油）池脚手架，按其外形周长乘以地坪至外形顶面边线之间高度，以"m²"计算。

i. 大型设备基础脚手架，按其外形周长乘以地坪至外形顶面边线之间高度，以"m²"计算。

j. 建筑物垂直封闭工程量按封闭面的垂直投影面积计算。

⑥ 安全网工程量计算

a. 立挂式安全网按架网部分的实挂长度乘以实挂高度计算。

b. 挑出式安全网按挑出的水平投影面积计算。

5.12.3　垂直运输机械

工程起重机械是各种工程建设广泛应用的重要起重设备。它适用于工业与民用建筑和工业设备安装等工程中结构与设备安装工作以及建筑材料、建筑构件的垂直运输、短距离水平运输和装卸工作。它对减轻劳动强度、节省人力、提高劳动生产率、实现工程施工机械化起着十分重要的作用。

起重机械分为塔式起重机、汽车式起重机、轮胎式起重机、履带式起重机、桅杆式起重机、缆索起重机、施工升降机、建筑卷扬机等。

1. 建筑工程垂直运输定额工作内容

建筑工程垂直运输定额包括单位工程在合理工期内完成全部工程项目所需的垂直运输机械台班，不包括机械的场外往返运输、一次安拆及路基铺垫和轨道铺拆等的费用。

2. 建筑工程垂直运输定额相关规定

（1）建筑物垂直运输

1）檐高是指设计室外地坪至檐口的高度，突出主体建筑屋顶的电梯间、水箱间、女儿墙等不计入檐口的高度之内。

2）檐高 3.6m 以内的单层建筑物，不计算垂直运输机械台班。

3）同一建筑物多种用途（或多种结构），按不同用途或结构分布计算。分别计算后的建筑物檐高均应以该建筑物总檐高为准。

4）定额项目划分是以建筑物檐高及层数两个指标同时界定的，凡檐高达到上限而层数未达到时，以檐高为准；如层数达到上限而檐高未达到时，以层数为准。

（2）构筑物垂直运输：构筑物的高度以设计室外地坪至构筑物的顶面高度为准。

3. 建筑工程垂直运输定额工程量计算规则

（1）建筑物垂直运输机械台班用量，区分不同建筑物的结构类型及高度按建筑面积以"m^2"计算。建筑面积按建筑面积计算规则规定计算。

（2）构筑物垂直运输机械台班以座计算。超过规定高度时，再按每增高 1m 定额项目计算，其高度不足 1m 时，亦按 1m 计算。

4. 建筑物超高增加人工、机械定额

建筑物超过一定高度后会引起人工和机械施工效率的降低，进而会增加人工和机械消耗及需使用加压水泵的台班数。

人工、机械降效，定额中用降效率（即降效系数或定额系数）表示。定额降效率按建筑物檐高（层高）划分档次。

（1）建筑物超高增加人工、机械定额的相关规定

1）建筑物超高增加人工、机械定额适用于建筑物檐高 20m（层数 6 层）以上的工程。

2）檐高是指设计室外地坪至檐口的高度。突出主体建筑屋顶的电梯间、水箱间等不计入檐高。

3）同一建筑物高度不同时，按不同高度的建筑面积，分别按相应项目计算。

（2）建筑物超高增加人工、机械定额工程量计算规则

1）各项降效系数中包括的内容指建筑物基础以上的全部工程项目，但不包括垂直运输、各类构件的水平运输及各项脚手架。

2）人工降效按规定内容中的全部人工费乘以人工降效系数计算。

3）吊装机械降效按吊装项目的全部机械费乘以吊装机械降效系数计算。

4）其他机械（不包括吊装机械）降效按规定内容中的全部机械费乘以其他机械降效系数计算。

5）建筑物施工用水加压增加的水泵台班，按建筑面积以"m^2"计算。

5.12.4 清单计价工程量计算规则

1. 一般措施项目

（编码 011701）工程量清单项目设置内容及包含范围应按表 5-68 的规定执行。

表 5-68　一般措施项目（011701）

项目编码	项目名称	工作内容及包含范围
011701001	安全文明施工（含环境保护、文明施工、安全施工、临时设施）	1. 环境保护包含范围：现场施工机械设备降低噪声、防扰民措施费用；水泥和其他易飞扬颗粒建筑材料密闭存放或采取覆盖措施等费用；工程防扬尘洒水费用；土石方、建渣外运车辆冲洗、防洒漏等费用；现场污染源的控制、生活垃圾清理外运、场地排水排污措施的费用；其他环境保护措施费用 2. 文明施工包含范围"五牌一图"的费用；现场围挡的墙面美化（包括内外粉刷、刷白、标语等）、压顶装饰费用；现场厕所便槽刷白、贴面砖，水泥砂浆地面或地砖费用，建筑物内临时便溺设施费用；其他施工现场临时设施的装饰装修，美化措施费用；现场生活卫生设施费用；符合卫生要求的饮水设备、淋浴、消毒等设施费用；生活用洁净燃料费用；防煤气中毒、防蚊虫叮咬等措施费用；施工现场操作场地的硬化费用；现场绿化费用、治安综合治理费用；现场配备医药保健器材、物品费用和急救人员培训费用；用于现场工人的防暑降温费、电风扇、空调等设备及用电费用；其他文明施工措施费用 3. 安全施工包含范围：安全资料、特殊作业专项方案的编制，安全施工标志的购置及安全宣传的费用；"三宝"（安全帽、安全带、安全网）、"四口"（楼梯口、电梯井口、通道口、预留洞口），"五临边"（阳台围边、楼板围边、屋面围边、槽坑围边、卸料平台两侧），水平防护架、垂直防护架、外架封闭等防护的费用；施工安全用电的费用，包括配电箱三级配电、两级保护装置要求、外电防护措施；起重机、塔式起重机等起重设备（含井架、门架）及外用电梯的安全防护措施（含警示标志）费用及卸料平台的临边防护、层间安全门、防护棚等设施费用；建筑工地起重机械的检验检测费用；施工机具防护棚及其围栏的安全保护设施费用；施工安全防护通道的费用；工人的安全防护用品、用具购置费用；消防设施与消防器材的配置费用；电气保护、安全照明设施费；其他安全防护措施费用 4. 临时设施包含范围：施工现场采用彩色、定型钢板、砖、混凝土砌块等围挡的安砌、维修、拆除或摊销费；施工现场临时建筑物、构筑物的搭设、维修、拆除或摊销的费用；如临时宿舍、办公室、食堂、厨房、厕所、诊疗所、临时文化福利用房、临时仓库、加工场、搅拌台、临时简易水塔、水池等。施工现场临时设施的搭设、维修、拆除或摊销的费用。如临时供水管道、临时供电管线、小型临时设施等；施工现场规定范围内临时简易道路铺设，临时排水沟、排水设施安砌、维修、拆除的费用；其他临时设施费搭设、维修、拆除或摊销的费用
011701002	夜间施工	1. 夜间固定照明灯具和临时可移动照明灯具的设置、拆除 2. 夜间施工时，施工现场交通标志、安全标牌、警示灯等的设置、移动、拆除 3. 包括夜间照明设备摊销及照明用电、施工人员夜班补助、夜间施工劳动效率降低等费用
011701003	非夜间施工照明	为保证工程施工正常进行，在如地下室等特殊施工部位施工时所采用的照明设备的安拆、维护、摊销及照明用电等费用
011701004	二次搬运	包括由于施工场地条件限制而发生的材料、成品、半成品等一次运输不能到达堆放地点，必须进行二次或多次搬运的费用
011701005	冬雨季施工	1. 冬雨（风）期施工时增加的临时设施（防寒保温、防雨、防风设施）的搭设、拆除 2. 冬雨（风）期施工时，对砌体、混凝土等采用的特殊加温、保温和养护措施 3. 冬雨（风）期施工时，施工现场的防滑处理、对影响施工的雨雪的清除 4. 包括冬雨（风）期施工时增加的临时设施的摊销、施工人员的劳动保护用品、冬雨（风）期施工劳动效率降低等费用

（续）

项目编码	项目名称	工作内容及包含范围
011701006	大型机械设备进出场及安拆	1. 大型机械设备进出场包括施工机械整体或分体自停放场地运至施工现场，或由一个施工地点运至另一个施工地点，所发生的施工机械进出场运输及转移费用，由机械设备的装卸、运输及辅助材料费等构成 2. 大型机械设备安拆费包括施工机械在施工现场进行安装、拆卸所需的人工费、材料费、机械费、试运转费和安装所需的辅助设施的费用
011701007	施工排水	包括排水沟槽开挖、砌筑、维修，排水管道的铺设、维修，排水的费用以及专人值守的费用等
011701008	施工降水	包括成井、井管安装、排水管道安拆及摊销、降水设备的安拆及维护的费用，抽水的费用以及专人值守的费用等
011701009	地上、地下设施、建筑物的临时保护设施	在工程施工过程中，对已建成的地上、地下设施和建筑物进行的遮盖、封闭、隔离等必要保护措施所发生的费用
011701010	已完工程及设备保护	对已完工程及设备采取的覆盖、包裹、封闭、隔离等必要保护措施所发生的费用

注：1. 安全文明施工费是指工程施工期间按照国家现行的环境保护、建筑施工安全、施工现场环境与卫生标准和有关规定，购置和更新施工安全防护用具及设施、改善安全生产条件和作业环境所需要的费用。

　　2. 施工排水是指为保证工程在正常条件下施工，所采取的排水措施所发生的费用。

　　3. 施工降水是指为保证工程在正常条件下施工，所采取的降低地下水位的措施所发生的费用。

2. 脚手架工程

（编码011702）工程量清单项目设置及工程量计算规则，见表5-69。

表 5-69　脚手架工程（编码：011702）

项目编码	项目名称	项目特征	计量单位	工程量计算规则	工作内容
011702001	综合脚手架	1. 建筑结构形式 2. 檐口高度	m²	按建筑面积计算	1. 场内、场外材料搬运 2. 搭、拆脚手架、斜道、上料平台 3. 安全网的铺设 4. 选择附墙点与主体连接 5. 测试电动装置、安全锁等 6. 拆除脚手架后材料的堆放
011702002	外脚手架	1. 搭设方式 2. 搭设高度 3. 脚手架材质	m²	按所服务对象的垂直投影面积计算	
011702003	里脚手架				
011702004	悬空脚手架	1. 搭设方式 2. 悬挑宽度 3. 脚手架材质	m²	按搭设的水平投影面积计算	1. 场内、场外材料搬运 2. 搭、拆脚手架、斜道、上料平台 3. 安全网的铺设 4. 拆除脚手架后材料的堆放
011702005	挑脚手架		m	按搭设长度乘以搭设层数以延长米计算	
011702006	满堂脚手架	1. 搭设方式 2. 搭设高度 3. 脚手架材质	m²	按搭设的水平投影面积计算	
011702007	整体提升架	1. 搭设方式及启动装置 2. 搭设高度	m²	按所服务对象的垂直投影面积计算	1. 场内、场外材料搬运 2. 选择附墙点与主体连接 3. 搭、拆脚手架、斜道、上料平台 4. 安全网的铺设 5. 测试电动装置、安全锁等 6. 拆除脚手架后材料的堆放

（续）

项目编码	项目名称	项目特征	计量单位	工程量计算规则	工作内容
011702008	外装饰吊篮	1. 升降方式及启动装置 2. 搭设高度及吊篮型号	m²	按所服务对象的垂直投影面积计算	1. 场内、场外材料搬运 2. 吊篮的安装 3. 测试电动装置、安全锁、平衡控制器等 4. 吊篮的拆卸

注：1. 使用综合脚手架时，不再使用外脚手架、里脚手架等单项脚手架；综合脚手架适用于能够按"建筑面积计算规则"计算建筑面积的建筑工程脚手架，不适用于房屋加层、构筑物及附属工程脚手架。

2. 同一建筑物有不同檐高时，按建筑物竖向切面分别按不同檐高编列清单项目。

3. 整体提升架已包括 2m 高的防护架体设施。

4. 建筑面积计算按《建筑面积计算规范》（GB/T 50353—2005）。

5. 脚手架材质可以不描述，但应注明由投标人根据工程实际情况按照《建筑施工扣件式钢管脚手架安全技术规范》、《建筑施工附着升降脚手架管理规定》等规范自行确定。

3. 混凝土模板及支架（撑）

（编码 011703）工程量清单项目设置及工程量计算规则见表 5-70。

表 5-70　混凝土模板及支架（撑）（编码：011703）

项目编码	项目名称	项目特征	计量单位	工程量计算规则	工作内容
011703001	垫层				
011703002	带形基础				
011703003	独立基础	基础形状			
011703004	满堂基础				
011703005	设备基础				
011703006	桩承台基础			按模板与现浇混凝土构件的接触面积计算	
011703007	矩形柱	柱截面尺寸		①现浇钢筋混凝土墙、板单孔面积≤0.3m² 的孔洞不予扣除，洞侧壁模板亦不增加；单孔面积 >0.3m² 时应予扣除，洞侧壁模板面积并入墙、板工程量内计算	
011703008	构造柱				1. 模板制作
011703009	异形柱	柱截面形状、尺寸			2. 模板安装、拆除、整理堆放及场内外运输
011703010	基础梁				3. 清理模板粘结物及模内杂物、刷隔离剂等
011703011	矩形梁		m²		
011703012	异形梁	梁截面		②现浇框架分别按梁、板、柱有关规定计算；附墙柱、暗梁、暗柱并入墙内工程量内计算	
011703013	圈梁				
011703014	过梁				
011703015	弧形、拱形梁				
011703016	直形墙			③柱、梁、墙、板相互连接的重迭部分，均不计算模板面积	
011703017	弧形墙	墙厚度		④构造柱按图示外露部分计算模板面积	
011703018	短肢剪力墙、电梯井壁				
011703019	有梁板				
011703020	无梁板				
011703021	平板				
011703022	拱板	板厚度			
011703023	薄壳板				
011703024	栏板				
011703025	其他板				

（续）

项目编码	项目名称	项目特征	计量单位	工程量计算规则	工作内容
011703026	天沟、檐沟	构件类型		按模板与现浇混凝土构件的接触面积计算	
011703027	雨篷、悬挑板、阳台板	1. 构件类型 2. 板厚度		按图示外挑部分尺寸的水平投影面积计算，挑出墙外的悬臂梁及板边不另计算	
011703028	直形楼梯			按楼梯（包括休息平台、平台梁、斜梁和楼层板的连接梁）的水平投影面积计算，不扣除宽度≤500mm 的楼梯井所占面积，楼梯踏步、踏步板、平台梁等侧面模板不另计算，伸入墙内部分亦不增加	
011703029	弧形楼梯	形状			
011703030	其他现浇构件	构件类型		按模板与现浇混凝土构件的接触面积计算	1. 模板制作 2. 模板安装、拆除、整理堆放及场内外运输 3. 清理模板粘结物及模内杂物、刷隔离剂等
011703031	电缆沟、地沟	1. 沟类型 2. 沟截面	m²	按模板与电缆沟、地沟接触的面积计算	
011703032	台阶	形状		按图示台阶水平投影面积计算，台阶端头两侧不另计算模板面积。架空式混凝土台阶，按现浇楼梯计算	
011703033	扶手	扶手断面尺寸		按模板与扶手的接触面积计算	
011703034	散水	坡度		按模板与散水的接触面积计算	
011703035	后浇带	后浇带部位		按模板与后浇带的接触面积计算	
011703036	化粪池底				
011703037	化粪池壁	化粪池规格			
011703038	化粪池顶			按模板与混凝土接触面积	
011703039	检查井底				
011703040	检查井壁	检查井规格			
011703041	检查井顶				

注：1. 原槽浇灌的混凝土基础、垫层，不计算模板。

2. 此混凝土模板及支撑（架）项目，只适用于以 m² 计量，按模板与混凝土构件的接触面积计算，以 m³ 计量，模板及支撑（支架）不再单列，按混凝土及钢筋混凝土实体项目执行，综合单价中应包含模板及支架。

3. 采用清水模板时，应在特征中注明。

4. 垂直运输

（编码 011704）工程量清单项目设置及工程量计算规则，见表 5-71。

5. 超高施工增加

工程量清单项目设置及工程量计算规则见表 5-72。

表 5-71　垂直运输（011704）

项目编码	项目名称	项目特征	计量单位	工程量计算规则	工作内容
011704001	垂直运输	1. 建筑物建筑类型及结构形式 2. 地下室建筑面积 3. 建筑物檐口高度、层数	1. m² 2. 天	1. 按《建筑工程建筑面积计算规范》GB/T 50353—2005 的规定计算建筑物的建筑面积 2. 按施工工期日历天数	1. 垂直运输机械的固定装置、基础制作、安装 2. 行走式垂直运输机械轨道的铺设、拆除、摊销

注：1. 建筑物的檐口高度是指设计室外地坪至檐口滴水的高度（平屋顶系指屋面板底高度），突出主体建筑物屋顶的电梯机房、楼梯出口间、水箱间、瞭望塔、排烟机房等不计入檐口高度。

2. 垂直运输机械指施工工程在合理工期内所需垂直运输机械。

3. 同一建筑物有不同檐高时，按建筑物的不同檐高做纵向分割，分别计算建筑面积，以不同檐高分别编码列项。

表 5-72　超高施工增加（011705）

项目编码	项目名称	项目特征	计量单位	工程量计算规则	工作内容
011705001	超高施工增加	1. 建筑物建筑类型及结构形式 2. 建筑物檐口高度、层数 3. 单层建筑物檐口高度超过 20m，多层建筑物超过 6 层部分的建筑面积	m²	按《建筑工程建筑面积计算规范》GB/T 50353—2005 的规定计算建筑物超高部分的建筑面积	1. 建筑物超高引起的人工工效降低以及由于人工工效降低引起的机械降效 2. 高层施工用水加压水泵的安装、拆除及工作台班 3. 通信联络设备的使用及摊销

注：1. 单层建筑物檐口高度超过 20m，多层建筑物超过 6 层时，可按超高部分的建筑面积计算超高施工增加。计算层数时，地下室不计入层数。

2. 同一建筑物有不同檐高时，可按不同高度的建筑面积分别计算建筑面积，以不同檐高分别编码列项。

5.12.5　工程量计算举例

例22　计算如图 5-70 所示的基础模板工程量。

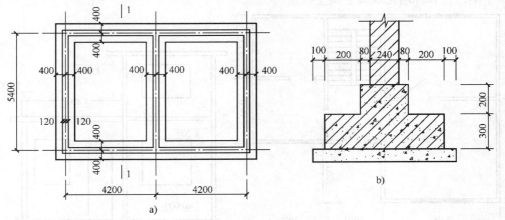

图 5-70　基础平面及剖面图
a）基础平面图　b）1-1 剖面图

解： 定额工程量：

基础模板工程量 = 基础支模长度 × 支模高度

　　外墙基础下阶模板工程量 $= [(4.2 \times 2 + 0.4 \times 2) \times 2 \times 0.3 + (5.4 + 0.4 \times 2) \times 2 \times 0.3 + (4.2 - 0.4 \times 2) \times 4 \times 0.3 + (5.4 - 0.4 \times 2) \times 2 \times 0.3] \mathrm{m}^2 = 16.08 \mathrm{m}^2$

　　外墙基础上阶模板工程量 $= [(4.2 \times 2 + 0.2 \times 2) \times 2 \times 0.2 + (5.4 + 0.2 \times 2) \times 2 \times 0.2 + (4.2 - 0.2 \times 2) \times 4 \times 0.2 + (5.4 - 0.2 \times 2) \times 2 \times 0.2] \mathrm{m}^2 = 10.88 \mathrm{m}^2$

　　内墙基础下阶模板工程量 $= (5.4 - 0.4 \times 2) \times 2 \times 0.3 \mathrm{m}^2 = 2.76 \mathrm{m}^2$

　　内墙基础上阶模板工程量 $= (5.4 - 0.2 \times 2) \times 2 \times 0.2 \mathrm{m}^2 = 2 \mathrm{m}^2$

　　基础模板工程量 $= (16.08 + 10.88 + 2.76 + 2) \mathrm{m}^2 = 31.72 \mathrm{m}^2$

　　清单工程量：同定额工程量。

　　例 23　如图 5-71 所示，外墙 240mm 厚，计算现浇钢筋混凝土有梁板模板工程量。

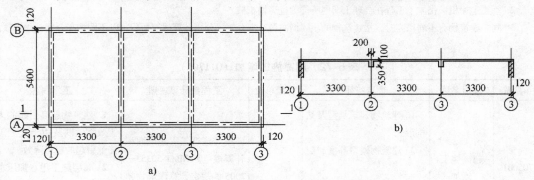

图 5-71　现浇钢筋混凝土有梁板示意图

a) 平面图　b) 1-1 剖面图

　　解：定额工程量：

　　模板工程量 $= (9.9 - 0.24) \times (5.4 - 0.24) + (5.4 - 0.24) \times 0.35 \times 4 + (9.9 + 0.24 + 5.4 + 0.24) \times 2 \times 0.1 \mathrm{m}^2 = 59.67 \mathrm{m}^2$

　　清单工程量：同定额工程量。

　　例 24　某建筑平面图、立面图如图 5-72 所示，内、外墙厚均为 240mm，施工中外墙采用钢管脚手架，计算外墙砌筑脚手架工程量

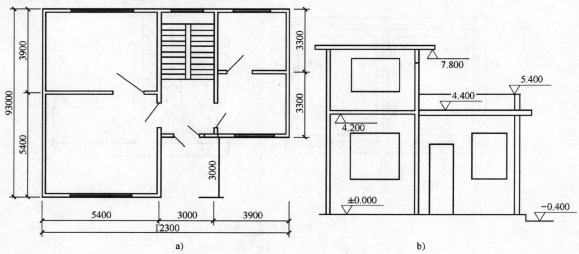

图 5-72　某建筑平面图、立面图

a) 建筑平面图　b) 建筑立面图

解：定额工程量：

砌筑高度在 15m 以下，按单排脚手架计算。外墙砌筑脚手架工程量为：

$S = \{[(12.3 + 9.3) \times 2 + 0.24 \times 4] \times (4.4 + 0.4) + [(3.9 + 3.0) \times 2 + 6.6 + 0.24] \times (5.4 - 4.4) + [(5.4 + 9.3) \times 2 + 0.24 \times 4] \times (7.8 - 4.4)\} \text{m}^2 = 335.83\text{m}^2$

清单工程量：同定额工程量。

例 25　如图 5-73 所示，计算建筑物外墙脚手架工程量。

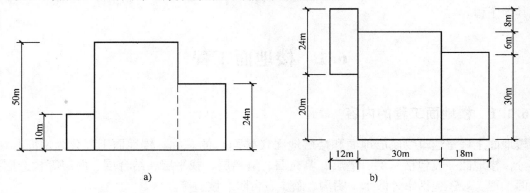

图 5-73　计算外墙脚手架工程量示意图

a）建筑物立面图　b）建筑物平面图

解：定额工程量：

单排脚手架(10m 高) = $(24 + 12 \times 2 + 8) \times 10\text{m}^2 = 560\text{m}^2$

双排脚手架(24m 高) = $(18 \times 2 + 30) \times 24\text{m}^2 = 1584\text{m}^2$

双排脚手架(40m 高) = $(50 - 10) \times (24 - 8)\text{m}^2 = 640\text{m}^2$

双排脚手架(26m 高) = $(50 - 24) \times 30\text{m}^2 = 780\text{m}^2$

双排脚手架(50m 高) = $(20 + 30 \times 2 + 6) \times 50\text{m}^2 = 4300\text{m}^2$

清单工程量：同定额工程量。

第6章 装饰装修工程工程量计算

建筑装饰装修工程主要包括楼、地面工程、墙、柱面工程、顶棚工程、油漆、涂料裱糊工程及其他工程。

6.1 楼地面工程

6.1.1 楼地面工程的内容

楼地面工程是建筑物底层地面和楼层地面（楼面）的总称。楼地面工程分为地面和楼面两部分，楼地面一般包括基层、垫层、填充层、隔离层、找平层、结合层、面层等构造层次。楼地面工程一般还包括室外散水、明沟、踏步、台阶、坡道等。

基层是指夯实土基或楼板。

垫层是指承受地面荷载并均匀传递给基层的构造层。一般有混凝土垫层、砂石人工级配垫层、天然级配砂石垫层、灰土垫层、碎石、碎砖垫层、三合土垫层、炉渣垫层等。

填充层是指在建筑楼地面上起隔声、保温、找坡或敷设暗管、暗线等作用的构造层。一般用轻质的松散（炉渣、膨胀珍珠岩等）或块体材料（加气混凝土、泡沫混凝土、矿棉和板材等）以及整体材料（沥青膨胀珍珠岩、沥青膨胀蛭石等）做填充层。

隔离层是指防止建筑物地面上各种液体或地下水、渗透地面等作用的构造层，仅防止地下潮气透过地面时可称作防潮层。一般用卷材、防水砂浆、沥青砂浆、或防水涂料做隔离层。

找平层是指在垫层、楼板上或填充层上起找平、找坡或加强作用的构造层。一般用水泥砂浆、细石混凝土、沥青砂浆和沥青混凝土做找平层。

结合层是指为使上下两个结构层快速结合和结合得牢固而涂抹的一道中间层。它一般多为素水泥浆涂抹在硬基上。

面层是指直接承受各种荷载作用的表面层。它有整体面层和块料面层之分，整体面层是指在较大面积范围内一次浇筑同一材料而成的楼地面面层。按其使用材料不同可分为水泥砂浆面层、水磨石面层、细石混凝土面层、菱苦土面层等。块料面层一般有大理石面层、花岗石面层、地砖面层、竹、木地板等。

6.1.2 楼地面工程基础定额的工程量计算规则

1. 地面垫层

地面垫层按室内主墙间净空面积乘以设计厚度以"m³"计算。应扣除凸出地面的构筑物、设备基础、室内铁道、地沟等所占体积，不扣除柱、垛、间壁墙、附墙烟囱及面积在 $0.3m^2$ 以内孔洞所占体积。

2. 整体面层、找平层

整体面层、找平层均按主墙间净空面积以"m²"计算。应扣除凸出地面的构筑物、设备基础、室内管道、地沟等所占面积，不扣除柱、垛、间壁墙、附墙烟囱及面积在 $0.3m^2$ 以内孔洞所占面积，但门洞、空圈、暖气包槽、壁龛的开口部分亦不增加。

3. 块料面层

块料面层按图示尺寸实铺面积以"m²"计算，门洞、空圈、暖气包槽、壁龛的开口部分工程量并入相应的面层内计算。

4. 楼梯及台阶面层

（1）楼梯面层（包括踏步、平台、及小于 500mm 宽的楼梯井）按水平投影面积计算。楼梯与楼面相连时，有梯口梁者，算至梯口梁内侧边沿：无梯口梁者，算至最上一层踏步边沿加 300mm（如图 6-1 所示）。

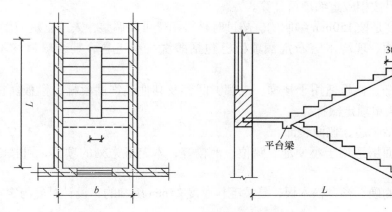

图 6-1 楼梯面层示意图

（2）台阶面层（包括踏步及最上一层踏步沿 300mm）按水平投影面积计算（如图 6-2 所示）。即；计算台阶工程量时，台阶与平台的分界线应以最上层踏步边沿加 300mm。

按水平投影面积计算的台阶工程量，不包括翼墙和侧面装饰。

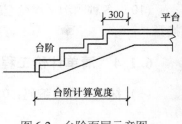

图 6-2 台阶面层示意图

5. 其他

（1）踢脚板按延长米计算，洞口、空圈长度不予扣除，洞口、空圈、垛、附墙烟囱等侧壁长度亦不增加。

（2）散水、防滑坡道按图示尺寸以"m²"计算。

（3）栏杆、扶手包括弯头长度按延长米计算。

（4）防滑条按楼梯踏步两端距离减 300mm 以延长米计算。

（5）明沟按图示尺寸以延长米计算。

随着装饰装修行业的发展，基础定额中的内容已不能满足市场的需求，行业发布了《全国统一建筑装饰装修工程消耗量定额》（GYD—901—2002），对基础定额进行了补充。例如建筑装饰装修工程消耗量定额规定：

（1）楼地面装饰面积按饰面的净面积计算，不扣除 0.1m² 以内的孔洞所占面积。拼花部分按实贴面积计算。

（2）踢脚线按实贴长乘高以"m²"计算。成品踢脚线按实贴延长米计算。楼梯踢脚线按相应定额乘以 1.15 系数。

（3）点缀按个计算，计算主体铺贴地面面积时，不扣除点缀所占面积。

（4）零星项目按实铺面积计算。

（5）栏杆、栏板、扶手均按其中心线长度以延长米计算，计算扶手时不扣除弯头所占长度。弯头按个计算。

（6）石材底面刷养护液按底面面积加 4 个侧面面积，以"m^2"计算。

6.1.3 楼地面工程基础定额的相关规定

（1）水泥砂浆、水泥石子浆、混凝土等的配合比，如设计规定与定额不同时，可以换算。

（2）整体面层、块料面层中的楼地面项目，均不包括踢脚板工料；楼梯不包括踢脚板、侧面及板底抹灰，另按相应定额项目计算。

（3）踢脚板高度是按 150mm 编制的。超过时材料用量可以调整，人工、机械用量不变。

（4）菱苦土地面、现浇水磨石定额项目已包括酸洗打蜡工料，其余项目均不包括酸洗打蜡。

（5）扶手、栏杆、栏板适用于楼梯、走廊、回廊及其他装饰性栏杆、栏板。扶手不包括弯头制安，另按弯头单项定额计算。

（6）台阶不包括牵边、侧面装饰。

（7）零星项目面层适用于小便池、蹲位、池槽等，本定额未列的项目，可按墙、柱面中相应项目计算。

（8）木地板中的硬、衫、松木板，是按毛料厚度 25mm 编制的，设计厚度与定额厚度不同时，可以换算。

（9）地面伸缩缝、垫层等按定额中其他章节相应项目及规定计算。

（10）各种明沟平均净空断面（深×宽），均按 190mm×260mm 计算的，断面不同时允许换算。

6.1.4 清单计价工程量计算规则

（1）抹灰工程（编码：011101）工程量清单项目设置及工程量计算规则见表 6-1。

表 6-1 整体面层（编码：011101）

项目编码	项目名称	项目特征	计量单位	工程量计算规则	工作内容
011101001	水泥砂浆楼地面	1. 垫层材料种类、厚度 2. 找平层厚度、砂浆配合比 3. 素水泥浆遍数 4. 面层厚度、砂浆配合比 5. 面层做法要求	m^2	按设计图示尺寸以面积计算。扣除凸出地面构筑物、设备基础、室内管道、地沟等所占面积，不扣除间壁墙及 ≤ 0.3m^2 柱、垛、附墙烟囱及孔洞所占面积。门洞、空圈、暖气包槽、壁龛的开口部分不增加面积	1. 基层清理 2. 垫层铺设 3. 抹找平层 4. 抹面层 5. 材料运输
011101002	现浇水磨石楼地面	1. 垫层材料种类、厚度 2. 找平层厚度、砂浆配合比 3. 面层厚度、水泥石子浆配合比 4. 嵌条材料种类、规格 5. 石子种类、规格、颜色 6. 颜料种类、颜色 7. 图案要求 8. 磨光、酸洗、打蜡要求			1. 基层清理 2. 垫层铺设 3. 抹找平层 4. 面层铺设 5. 嵌缝条安装 6. 磨光、酸洗、打蜡 7. 材料运输

（续）

项目编码	项目名称	项目特征	计量单位	工程量计算规则	工作内容
011101003	细石混凝土楼地面	1. 垫层材料种类、厚度 2. 找平层厚度、砂浆配合比 3. 面层厚度、混凝土强度等级	m²	按设计图示尺寸以面积计算。扣除凸出地面构筑物、设备基础、室内管道、地沟等所占面积，不扣除间壁墙及 ≤ 0.3m² 柱、垛、附墙烟囱及孔洞所占面积。门洞、空圈、暖气包槽、壁龛的开口部分不增加面积	1. 基层清理 2. 垫层铺设 3. 抹找平层 4. 面层铺设 5. 材料运输
011101004	菱苦土楼地面	1. 垫层材料种类、厚度 2. 找平层厚度、砂浆配合比 3. 面层厚度 4. 打蜡要求			1. 基层清理 2. 垫层铺设 3. 抹找平层 4. 面层铺设 5. 打蜡 6. 材料运输
011101005	自流坪楼地面	1. 垫层材料种类、厚度 2. 找平层厚度、砂浆配合比			1. 基层清理 2. 垫层铺设 3. 抹找平层 4. 材料运输
011101006	平面砂浆找平层	1. 找平层砂浆配合比、厚度 2. 界面剂材料种类 3. 中层漆材料种类、厚度 4. 面漆材料种类、厚度 5. 面层材料种类		按设计图示尺寸以面积计算	1. 基层处理 2. 抹找平层 3. 涂界面剂 4. 涂刷中层漆 5. 打磨、吸尘 6. 镘自流平面漆（浆） 7. 拌合自流平浆料 8. 铺面层

注：1. 水泥砂浆面层处理是拉毛还是提浆压光应在面层做法要求中描述。

2. 平面砂浆找平层只适用于仅做找平层的平面抹灰。

3. 间壁墙指墙厚≤120mm 的墙。

（2）块料面层（编码：011102）工程量清单项目设置及工程量计算规则见表6-2。

表6-2　块料面层（编码：011102）

项目编码	项目名称	项目特征	计量单位	工程量计算规则	工作内容
011102001	石材楼地面	1. 找平层厚度、砂浆配合比 2. 结合层厚度、砂浆配合比 3. 面层材料品种、规格、颜色 4. 嵌缝材料种类 5. 防护层材料种类 6. 酸洗、打蜡要求	m²	按设计图示尺寸以面积计算。门洞、空圈、暖气包槽、壁龛的开口部分并入相应的工程量内	1. 基层清理、抹找平层 2. 面层铺设、磨边 3. 嵌缝 4. 刷防护材料 5. 酸洗、打蜡 6. 材料运输
011102002	碎石材楼地面				

（续）

项目编码	项目名称	项目特征	计量单位	工程量计算规则	工作内容
011102003	块料楼地面	1. 垫层材料种类、厚度 2. 找平层厚度、砂浆配合比 3. 结合层厚度、砂浆配合比 4. 面层材料品种、规格、颜色 5. 嵌缝材料种类 6. 防护层材料种类 8. 酸洗、打蜡要求	m²	按设计图示尺寸以面积计算。门洞、空圈、暖气包槽、壁龛的开口部分并入相应的工程量内	1. 基层清理、抹找平层 2. 面层铺设、磨边 3. 嵌缝 4. 刷防护材料 5. 酸洗、打蜡 6. 材料运输

注：1. 在描述碎石材项目的面层材料特征时可不用描述规格、品牌、颜色。

2. 石材、块料与粘接材料的结合面刷防渗材料的种类在防护层材料种类中描述。

3. 工作内容中的磨边指施工现场磨边，后面章节工作内容中涉及到的磨边含义同此条。

（3）橡塑面层（编码：011103）工程量清单项目设置及工程量计算规则见表6-3。

表6-3　橡塑面层（编码：011103）

项目编码	项目名称	项目特征	计量单位	工程量计算规则	工作内容
011103001	橡胶板楼地面	1. 粘结层厚度、材料种类 2. 面层材料品种、规格、颜色 3. 压线条种类	m²	按设计图示尺寸以面积计算。门洞、空圈、暖气包槽、壁龛的开口部分并入相应的工程量内	1. 基层清理 2. 面层铺贴 3. 压缝条装钉 4. 材料运输
011103002	橡胶板卷材楼地面				
011103003	塑料板楼地面				
011103004	塑料卷材楼地面				

（4）其他材料面层（编码：011104）工程量清单项目设置及工程量计算规则6-4。

表6-4　其他材料面层（编码：011104）

项目编码	项目名称	项目特征	计量单位	工程量计算规则	工作内容
011104001	地毯楼地面	1. 面层材料品种、规格、颜色 2. 防护材料种类 3. 粘结材料种类 4. 压线条种类	m²	按设计图示尺寸以面积计算。门洞、空圈、暖气包槽、壁龛的开口部分并入相应的工程量内	1. 基层清理 2. 铺贴面层 3. 刷防护材料 4. 装钉压条 5. 材料运输
011104002	竹木地板	1. 龙骨材料种类、规格、铺设间距 2. 基层材料种类、规格 3. 面层材料品种、规格、颜色 4. 防护材料种类			1. 基层清理 2. 龙骨铺设 3. 基层铺设 4. 面层铺贴 5. 刷防护材料 6. 材料运输
011104003	金属复合地板	1. 龙骨材料种类、规格、铺设间距 2. 基层材料种类、规格 3. 面层材料品种、规格、颜色 4. 防护材料种类			

（续）

项目编码	项目名称	项目特征	计量单位	工程量计算规则	工作内容
011104004	防静电活动地板	1. 支架高度、材料种类 2. 面层材料品种、规格、颜色 3. 防护材料种类	m²	按设计图示尺寸以面积计算。门洞、空圈、暖气包槽、壁龛的开口部分并入相应的工程量内	1. 基层清理 2. 固定支架安装 3. 活动面层安装 4. 刷防护材料 5. 材料运输

（5）踢脚线（编码：011105）工程量清单项目设置及工程量计算规则见表 6-5。

表 6-5　踢脚线（编码：011105）

项目编码	项目名称	项目特征	计量单位	工程量计算规则	工作内容
011105001	水泥砂浆踢脚线	1. 踢脚线高度 2. 底层厚度、砂浆配合比 3. 面层厚度、砂浆配合比	1. m² 2. m	1. 按设计图示长度乘以高度以面积计算 2. 按延长米计算	1. 基层清理 2. 底层和面层抹灰 3. 材料运输
011105002	石材踢脚线	1. 踢脚线高度 2. 粘结层厚度、材料种类 3. 面层材料品种、规格、颜色 4. 防护材料种类			1. 基层清理 2. 底层抹灰 3. 面层铺贴，磨边 4. 擦缝 5. 磨光、酸洗、打蜡 6. 刷防护材料 7. 材料运输
011105003	块料踢脚线				
011105004	塑料板踢脚线	1. 踢脚线高度 2. 粘结层厚度、材料种类 3. 面层材料种类、规格、颜色			
011105005	木质踢脚线	1. 踢脚线高度 2. 基层材料种类、规格 3. 面层材料品种、规格、颜色			1. 基层清理 2. 基层铺贴 3. 面层铺贴 4. 材料运输
011105006	金属踢脚线				
011105007	防静电踢脚线				

注：石材，块料与粘接材料的结合面刷防渗材料的种类在防护层材料种类中描述。

（6）楼梯面层（编码：011106）工程量清单项目设置及工程量计算规则见表 6-6。

表 6-6　楼梯装饰（编码：011106）

项目编码	项目名称	项目特征	计量单位	工程量计算规则	工作内容
011106001	石材楼梯面层	1. 找平层厚度、砂浆配合比 2. 粘结层厚度、材料种类 3. 面层材料品种、规格、颜色 4. 防滑条材料种类、规格 5. 勾缝材料种类 6. 防护层材料种类 7. 酸洗、打蜡要求	m²	按设计图尺寸以楼梯（包括踏步、休息平台及≤500mm 的楼梯井）水平投影面积计算。楼梯与楼地面相连时，算至梯口梁内侧边沿；无梯口梁者，算至最上一层踏步边沿加 300mm	1. 基层清理 2. 抹找平层 3. 面层铺贴、磨边 4. 贴嵌防滑条 5. 勾缝 6. 刷防护材料 7. 酸洗、打蜡 8. 材料运输
011106002	块料楼梯面层				
011106003	拼碎块料面层				

（续）

项目编码	项目名称	项目特征	计量单位	工程量计算规则	工作内容
011106004	水泥砂浆楼梯面层	1. 找平层厚度、砂浆配合比 2. 面层厚度、砂浆配合比 3. 防滑条材料种类、规格			1. 基层清理 2. 抹找平层 3. 抹面层 4. 抹防滑条 5. 材料运输
011106005	现浇水磨石楼梯面层	1. 找平层厚度、砂浆配合比 2. 面层厚度、水泥石子浆配合比 3. 防滑条材料种类、规格 4. 石子种类、规格、颜色 5. 颜料种类、颜色 6. 磨光、酸洗、打蜡要求		按设计图尺寸以楼梯（包括踏步、休息平台及≤500mm的楼梯井）水平投影面积计算。楼梯与楼地面相连时，算于梯口梁内侧边沿；无梯口梁者，算至最上一层踏步边沿加300mm	1. 基层清理 2. 抹找平层 3. 抹面层 4. 贴嵌防滑条 5. 磨光、酸洗、打蜡 6. 材料运输
011106006	地毯楼梯面层	1. 基层种类 2. 面层材料品种、规格、颜色 3. 防护材料种类 4. 粘结材料种类 5. 固定配件材料种类、规格	m²		1. 基层清理 2. 铺贴面层 3. 固定配件安装 4. 刷防护材料 5. 材料运输
011106007	木板楼梯面层	1. 基层材料种类、规格 2. 面层材料品种、规格、颜色 3. 粘结材料种类 4. 防护材料种类			1. 基层清理 2. 基层铺贴 3. 面层铺贴 4. 刷防护材料 5. 材料运输
011106008	橡胶板楼梯面层	1. 粘结层厚度、材料种类 2. 面层材料品种、规格、颜色 3. 压线条种类			1. 基层清理 2. 面层铺贴 3. 压缝条装钉 4. 材料运输
011106009	塑料板楼梯面层				

注：1. 在描述碎石材项目的面层材料特征时可不用描述规格、品牌、颜色。
    2. 石材、块料与粘接材料的结合面刷防渗材料的种类在防护层材料种类中描述。

（7）台阶装饰（编码：011107）工程量清单项目设置及工程量计算规则见表6-7。

表6-7   台阶装饰（编码：011107）

项目编码	项目名称	项目特征	计量单位	工程量计算规则	工作内容
011107001	石材台阶面	1. 找平层厚度、砂浆配合比 2. 粘结层材料种类 3. 面层材料品种、规格、颜色 4. 勾缝材料种类 5. 防滑条材料种类、规格 6. 防护材料种类	m²	按设计图示尺寸以台阶（包括最上层踏步边沿加300mm）水平投影面积计算	1. 基层清理 2. 抹找平层 3. 面层铺贴 4. 贴嵌防滑条 5. 勾缝 6. 刷防护材料 7. 材料运输
011107002	块料台阶面				
011107003	拼碎块料台阶面				

（续）

项目编码	项目名称	项目特征	计量单位	工程量计算规则	工作内容
011107004	水泥砂浆台阶面	1. 垫层材料种类、厚度 2. 找平层厚度、砂浆配合比 3. 面层厚度、砂浆配合比 4. 防滑条材料种类	m²	按设计图示尺寸以台阶（包括最上层踏步边沿加300mm）水平投影面积计算	1. 清理基层 2. 铺设垫层 3. 抹找平层 4. 抹面层 5. 抹防滑条 6. 材料运输
011107005	现浇水磨石台阶面	1. 垫层材料种类、厚度 2. 找平层厚度、砂浆配合比 3. 面层厚度、水泥石子浆配合比 4. 防滑条材料种类、规格 5. 石子种类、规格、颜色 6. 颜料种类、颜色 7. 磨光、酸洗、打蜡要求			1. 基层清理 2. 铺设垫层 3. 抹找平层 4. 抹面层 5. 贴嵌防滑条 6. 打磨、酸洗、打蜡 7. 材料运输
011107006	剁假石台阶面	1. 垫层材料种类、厚度 2. 找平层厚度、砂浆配合比 3. 面层厚度、砂浆配合比 4. 剁假石要求			1. 基层清理 2. 铺设垫层 3. 抹找平层 4. 抹面层 5. 剁假石 6. 材料运输

（8）零星装饰项目（编码：011108）工程量清单项目设置及工程量计算规表6-8。

表6-8 零星装饰项目（编码：011108）

项目编码	项目名称	项目特征	计量单位	工程量计算规则	工作内容
011108001	石材零星项目	1. 工程部位 2. 找平层厚度、砂浆配合比 3. 粘结层厚度、材料种类 4. 面层材料品种、规格、颜色 5. 勾缝材料种类 6. 防护材料种类 7. 酸洗、打蜡要求	m²	按设计图示尺寸以面积计算	1. 基层清理 2. 抹找平层 3. 面层铺贴、磨边 4. 勾缝 5. 刷防护材料 6. 酸洗、打蜡 7. 材料运输
011108002	碎拼石材零星项目				
011108003	块料零星项目				
011108004	水泥砂浆零星项目	1. 工程部位 2. 找平层厚度、砂浆配合比 3. 面层厚度、砂浆厚度			1. 基层清理 2. 抹找平层 3. 抹面层 4. 材料运输

注：1. 楼梯、台阶牵边和侧面镶贴块料面层，≤0.5m² 的少量分散的楼地面镶贴块料面层，应按零星装饰项目执行。

2. 石材、块料与粘接材料的结合面刷防渗材料的种类在防护层材料种类中描述。

6.1.5　楼地面工程工程量计算举例

例1　某房屋平面如图 6-3 所示。已知内、外墙墙厚均为 240mm，水泥砂浆踢脚线高 150mm，门均为 900m 宽。要求计算：1）100mmC15 混凝土地面垫层工程量。2）20mm 厚水泥砂浆面层工程量。3）水泥砂浆踢脚线工程量。

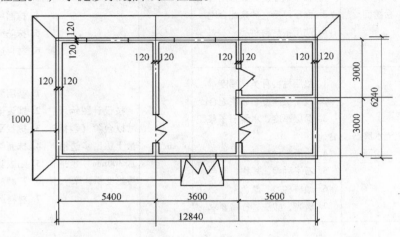

图 6-3　房屋平面图

解：定额工程量：

1. 100mmC15 混凝土地面垫层

地面垫层工程量 = 主墙间净空面积 × 垫层厚度

$$= [(12.84 - 0.24 \times 3) \times (6.0 - 0.24) - (3.6 - 0.24) \times 0.24] \times 0.1 m^3 = 6.9 m^3$$

2. 20mm 厚水泥砂浆面层

地面面层工程量 = 主墙间净空面积 = $[(12.84 - 0.24 \times 3) \times (6.0 - 0.24) - (3.6 - 0.24) \times 0.24] m^2 = 69 m^2$

3. 水泥砂浆踢脚线

踢脚线工程量 $[(12.84 - 0.24) \times 2 + (3.6 - 0.24) \times 2 + (6.0 - 0.24) \times 6 - 0.9 \times 7 + 0.24 \times 3 - 0.24 \times 2] \times 0.15 m^2 = 9.06 m^2$

清单工程量同定额工程量。

例2　计算上图 6-3 所示房屋的地板工程量。

解：定额工程量：

花岗石面面层工程量 = 实铺面积 = 主墙间净空面积 + 门洞等开口部分面积

$$= [(12.84 - 0.24 \times 3) \times (6.0 - 0.24) - (3.6 - 0.24) \times 0.24 + 0.24 \times$$
$$0.9 \times 3 + 0.12 \times 0.9] m^2 = 69.76 m^2$$

清单工程量同定额工程量。

例3　某楼梯平面图及剖面图如图 6-4 所示，设计为花岗石面层，建筑物 5 层，梯井宽度 300mm，计算楼梯面层工程量。

解：

定额工程量：

$$S_1 = (3.0 - 0.24) \times (0.3 + 2.4 + 1.5 - 0.12) m^2 = 11.26 m^2$$

$S_{总} = 11.26 \times （5-1）\ \text{m}^2 = 45.04\text{m}^2$

清单工程量同定额工程量。

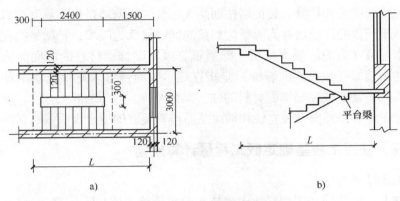

图 6-4　楼梯平面图及剖面图

a）楼梯平面图　b）楼梯剖面图

6.2　墙、柱面工程

墙、柱面工程主要包括外墙抹灰、内墙抹灰、块料面层和独立柱等项目。

6.2.1　墙、柱面装饰的种类

1. 墙、柱面抹灰

抹灰工程又称粉刷或粉饰，它是用砂浆涂抹在房屋结构表面上的一种装修工程。按照面层材料及做法分为一般抹灰和装饰抹灰。

一般抹灰常用的有石灰砂浆抹灰、水泥砂浆抹灰、混合砂浆抹灰、纸筋石灰浆抹灰、麻刀石灰浆抹灰、粉刷石膏等。装饰抹灰常用的有水刷石、干粘石、斩假石、水磨石、拉条灰、甩毛灰及喷涂等。

抹灰层一般可分为底层、中层和面层抹灰，底层抹灰主要起与基层粘结及初步找平作用；中层抹灰主要起找平作用，可分层或一次抹成；面层抹灰起装饰作用。

一般抹灰按质量要求不同，分为普通抹灰、中级抹灰、高级抹灰三级。不同规格标准的建筑对抹灰质量的要求也不同，采用哪种级别标准的抹灰应遵从设计要求。

2. 墙、柱面块料饰面

块料饰面工程是指把天然或人造的装饰块料镶贴在建筑物室内外墙柱表面的一种装饰方法。

饰面块料的种类多种多样，有天然大理石板、天然花岗石板、人造大理石板、预制水磨石板、凸凹假麻石、陶瓷锦砖、釉面砖、金属面砖、瓷板、镜面玻璃、石膏板、铝塑板等。

块料面层的镶贴方法有粘贴方式、挂贴方式、干挂方式等。粘贴方式是指在基层墙面找平层的基础上，在块材背面均匀地涂抹上水泥砂浆或粘结胶，平整的镶贴在墙面上；挂贴方式是对大规格的石材，如花岗石、大理石、青石等先把其挂在基层墙面上，然后用水泥砂浆浇灌使其固定于墙柱面上。干挂方式分直接干挂法和间接干挂法。直接干挂法是通过不锈钢膨胀螺栓、不锈钢挂件、不锈钢连接件等，将外墙饰面板连接在外墙面上；间接干挂法是通过固定在墙、柱、梁上的龙骨，再通过各种挂件固定外墙饰面板。

3. 轻质隔墙及幕墙

轻质隔墙包括间壁墙和护壁、装饰墙柱面两大部分。间壁墙是指不承受荷载，只用于分隔室内房间的墙。不到顶的间壁墙称为隔断，到顶的间壁墙称为隔墙；护壁是指在原墙面基层上铺钉木龙骨、木基层（有的不带木基层）然后铺钉或粘贴饰面材料的墙面装饰。不到顶的护壁称为墙裙；柱面装饰（包括梁面装饰）是指在柱、梁面铺钉木龙骨或钢龙骨、木基层（有的不带木基层）然后铺钉或粘贴饰面材料的柱、梁面装饰。

幕墙是指先在建筑物外面安装立柱和横梁然后再安装玻璃或金属板或石材的结构外墙面。

6.2.2 墙、柱面工程基础定额工程量计算规则

内外墙抹灰计算规则如下：

（1）内墙抹灰：内墙抹灰工程量按内墙抹灰面积计算，应扣除门窗洞口和空圈所占面积，不扣除踢脚板、挂镜线、$0.3m^2$ 以内的孔洞和墙与构件交界处的面积，洞口侧壁和顶面亦不增加。墙垛和附墙烟囱侧壁面积与内墙抹灰工程量合并计算。

1）内墙抹灰的长度，以主墙间的图示净长尺寸计算。

2）内墙抹灰的高度确定如图6-5所示。

① 无墙裙的，其高度按室内地面或楼面至顶棚底面之间的距离计算。

② 有墙裙的，其高度按墙裙顶至顶棚底面之间距离计算。

③ 钉板条顶棚的内墙抹灰，其高度按室内地面或楼面至顶棚底面另加100mm计算。

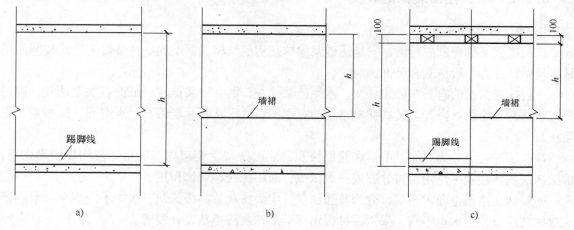

图6-5　内墙抹灰高度示意图

3）内墙裙抹灰面积按内墙净长乘以高度计算。应扣除门窗洞口和空圈所占的面积，门窗洞口和空圈的侧壁面积不另增加，墙垛、附墙烟囱侧壁面积并入墙裙抹灰面积内计算。

（2）外墙抹灰

1）外墙抹灰面积，按外墙面的垂直投影面积以 m^2 计算。应扣除门窗洞口，外墙裙和大于 $0.3m^2$ 孔洞所占面积，洞口侧壁面积不另增加。附墙垛、梁、柱侧面抹灰面积并入外墙面抹灰工程量内计算。栏板、栏杆、窗台线、门窗套、扶手、压顶、挑檐、遮阳板、突出墙外的腰线等，另按相应规定计算。

2）外墙裙抹灰面积按其长度乘以高度计算，应扣除门窗洞口和大于 $0.3m^2$ 孔洞所占面积，门窗洞口及孔洞的侧壁不增加。

3）外墙面高度均由室外地坪起，其止点算至：

① 平屋顶有挑檐（天沟），算至桃檐（天沟）底面如图 6-6a 所示。

② 平屋顶无挑檐（天沟），带女儿墙，算至女儿墙压顶底面如图 6-6b 所示。

③ 坡屋顶带檐口顶棚，算至檐口顶棚底面如图 6-6c 所示。

④ 坡屋顶带挑檐无檐口顶棚，算至屋面板底如图 6-6d 所示。

⑤ 砖出檐者算至挑檐上表面如图 6-6e 所示。

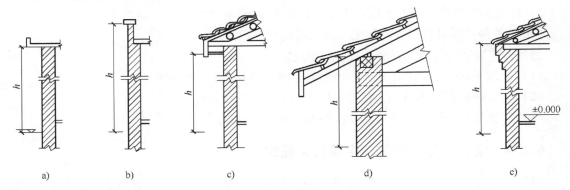

图 6-6　外墙抹灰高度示意图

4）窗台线、门窗套、桃檐、腰线、遮阳板等展开宽度在 300mm 以内者，按装饰线以延长米计算。如展开宽度超过 300mm 以上时，按图示尺寸以展开面积计算，套零星抹灰定额项目。

5）栏板、栏杆（包括立柱、扶手或压顶等）抹灰按立面垂直投影面积乘以系数 2.2 以 m^2 计算。

6）阳台底面抹灰按水平投影面积以 m^2 计算，并入相应顶棚抹灰面积内。阳台如带悬臂梁者，其工程量乘以系数 1.30。

7）雨篷底面或顶面抹灰分别按水平投影面积以 m^2 计算，并入相应顶棚抹灰面积内。雨篷顶面带反沿或反梁者，其工程量乘以系数 1.20，底面带悬臂梁者，其工程量乘系数 1.20。雨篷外边线按相应装饰或零星项目执行。

8）墙面勾缝按垂直投影面积计算，应扣除墙裙和墙面抹灰的面积，不扣除门窗洞口、门窗套、腰线等零星抹灰所占面积，附墙柱和门窗洞口侧面的勾缝面积亦不增加。独立柱、房上烟囱勾缝，按图示尺寸以 m^2 计算。

（3）外墙装饰抹灰

1）外墙各种装饰抹灰面积均按图示尺寸以实抹面积计算。应扣除门窗洞口空圈的面积，其侧壁面积不另增加。

2）挑檐、天沟、腰线、栏杆、栏板、门窗套、窗台线、压顶等均按图示尺寸展开面积以 m^2 计算，并入相应的外墙面积内。

（4）块料面层

1）墙面贴块料面层均按图示尺寸以实贴面积计算。

2）墙裙以高度在 1500mm 以内为准，超过 1500mm 时按墙面计算，高度低于 300mm 时，按踢脚板计算。

（5）木隔墙、墙裙、护壁板

均按图示尺寸长度乘以高度按实铺面积以 m^2 计算。

（6）玻璃隔墙：按上横挡顶面至下横挡底面之间高度乘以宽度（两边立挺外边线之间）

以 m² 计算。

（7）浴厕木隔断：按下横挡底面至上横挡顶面之间高度乘以图示长度以 m² 计算，门扇面积并入隔断面积内计算。

（8）铝合金、轻钢隔墙、幕墙：铝合金、轻钢隔墙、幕墙按四周框外围面积计算。

（9）独立柱

1）一般抹灰、装饰抹灰、镶贴块料按结构断面周长乘以柱的高度以 m² 计算。

2）柱面装饰按柱外围饰面尺寸乘以柱的高度以 m² 计算。

（10）各种"零星项目"均按图示尺寸以展开面积计算。

另外，建筑装饰装修工程消耗量定额中规定：

（1）全玻隔断、全玻幕墙如有加墙肋者工程量按其展开面积计算。

（2）全玻璃隔断的不锈钢边框工程量按边框展开面积计算。

（3）装饰抹灰分格、嵌缝按装饰抹灰面面积计算。

6.2.3　墙、柱面工程基础定额相关规定

（1）墙、柱面工程定额凡注明砂浆种类、配合比、饰面材料型号规格的（含型材）如与设计不同时，可按设计规定调整，但人工数量不变。

（2）墙面抹石灰砂浆分两遍、三遍、四遍，其标准如下：

两遍：一遍底面，一遍面层。三遍：一遍底面，一遍中层，一遍面层。四遍：一遍底面，一遍中层，二遍面层。

（3）抹灰厚度，如设计与定额取定不同时，除定额有注明厚度的项目可以换算外，其他一律不作调整。抹灰厚度按不同砂浆分别列在定额项目中，同类砂浆列总厚度，不同砂浆分别列出厚度，如定额项目中（18 + 16）mm 即表示两种不同砂浆的各自厚度。

（4）圆弧形、锯齿形、不规则墙面抹灰、镶贴块料、饰面按相应项目人工乘以系数 1.15。

（5）外墙贴块料釉面砖、劈离砖和金属砖项目灰缝宽分密缝、10mm 以内和 20mm 以内列项，其人工、材料已综合考虑，如灰缝宽度超过 20mm 以上者，其块料及灰缝材料用量允许调整，其他不变。

（6）定额木材种类除注明者外，均以一、二类木种为准，如采用三、四类木种时，人工及木工机械乘以系数 1.3。

（7）面层、隔墙（间壁）、隔断定额内，除注明者外均未包括压条、收边、装饰线（板），如设计要求时，应按本章相应定额计算。

（8）面层、木基层均未包括刷防火涂料，如设计要求时，应按相应定额计算。

（9）幕墙、隔墙（间壁）、隔断所用的轻钢、铝合金龙骨，如设计要求与定额规定不同时，允许按设计调整，但人工不变。

（10）块料镶贴和装饰抹灰分项中的"零星项目"，适用于挑檐、天沟、腰线、窗台线、门窗套、压顶、栏板、扶手、遮阳板、雨篷周边等。

一般抹灰分项中的"零星项目"适用于各种壁柜、碗柜、过人洞、暖气壁龛、池槽、花台以及 1m² 以内的抹灰。抹灰分项中的"装饰线条"适用于门窗套、挑檐腰线、压顶、遮阳板、楼梯边梁、宣传栏边框等凸出墙面或灰面展开宽度小于 300mm 以内的竖、横线条抹灰。超过 300mm 的线条抹灰按"零星项目"执行。

（11）压条、装饰条以成品安装为准。如在现场制作木压条者，每 10m 增加 0.25 工日。

木材按净断面加刨光损耗计算。如在木基层顶棚面上钉压条、装饰条者，其人工乘以系数 1.34；在轻钢龙骨顶棚板面钉压装饰条者，其人工乘以系数 1.68；木装饰条做图案者，人工乘以系数 1.8。

（12）木龙骨基层是按双向计算的，如设计为单向时，材料、人工用量乘以系数 0.55；木龙骨基层用于隔断、隔墙时每 100m² 木砖改按木材 0.07m³ 计算。

（13）玻璃幕墙、隔墙如设计有平、推拉窗者，扣除平、推拉窗面积另按门窗工程相应定额执行。

（14）木龙骨如采用膨胀螺栓固定者，均按定额执行。

（15）墙柱面抹灰、装饰项目均已包括 3.6m 以下简易脚手架的搭设及拆除。

6.2.4　清单计价工程量计算规则

（1）墙面抹灰（编码：011201）工程量清单项目设置及工程量计算规则见表 6-9。

表 6-9　墙面抹灰（编码：011201）

项目编码	项目名称	项目特征	计量单位	工程量计算规则	工作内容
011201001	墙面一般抹灰	1. 墙体类型　2. 底层厚度、砂浆配合比　3. 面层厚度、砂浆配合比　4. 装饰面材料种类　5. 分格缝宽度、材料种类	m²	按设计图示尺寸以面积计算。扣除墙裙、门窗洞口及单个 >0.3m² 的孔洞面积，不扣除踢脚线、挂镜线和墙与构件交接处的面积，门窗洞口和孔洞的侧壁及顶面不增加面积。附墙柱、梁、垛、烟囱侧壁并入相应的墙面面积内　1. 外墙抹灰面积按外墙垂直投影面积计算　2. 外墙裙抹灰面积按其长度乘以高度计算　3. 内墙抹灰面积按主墙间的净长乘以高度计算　（1）无墙裙的，高度按室内楼地面至顶棚底面计算　（2）有墙裙的，高度按墙裙顶至顶棚底面计算　4. 内墙裙抹灰面按内墙净长乘以高度计算	1. 基层清理　2. 砂浆制作、运输　3. 底层抹灰　4. 抹面层　5. 抹装饰面　6. 勾分格缝
011201002	墙面装饰抹灰				
011201003	墙面勾缝	1. 墙体类型　2. 找平的砂浆　3. 厚度配合比			1. 基层清理　2. 砂浆制作、运输　3. 抹灰找平
011201004	立面砂浆找平层	1. 墙体类型　2. 勾缝类型　3. 勾缝材料种类			1. 基层清理　2. 砂浆制作、运输　3. 勾缝

注：1. 立面砂浆找平项目适用于仅做找平层的立面抹灰。
　　2. 抹石灰砂浆、水泥砂浆、混合砂浆、聚合物水泥砂浆、麻刀石灰浆、石膏灰浆等按墙面一般抹灰列项；水刷石、斩假石、干粘石、假面砖等按墙面装饰抹灰列项。
　　3. 飘窗凸出外墙增加的抹灰不计算工程量，在综合单价中考虑。

（2）柱（梁）面抹灰（编码：011202）工程量清单项目设置及工程量计算规则见表 6-10。

表 6-10　柱面抹灰（编码：011202）

项目编码	项目名称	项目特征	计量单位	工程量计算规则	工作内容
011202001	柱梁面一般抹灰	1. 柱体类型 2. 底层厚度、砂浆配合比 3. 面层厚度、砂浆配合比 4. 装饰面材料种类 5. 分格缝宽度、材料种类	m²	1. 柱面抹灰：按设计图示柱断面周长乘以高度以面积计算 2. 梁面抹灰：按设计图示梁断面周长乘长度以面积计算	1. 基层清理 2. 砂浆制作、运输 3. 底层抹灰 4. 抹面层 5. 勾分格缝
011202002	柱梁面装饰抹灰				
011202003	柱梁面砂浆找平	1. 柱体类型 2. 找平的砂浆厚度,配合比			1. 基层清理 2. 砂浆制作、运输 3. 抹灰找平
011202004	柱梁面勾缝	1. 柱体类型 2. 勾缝类型 3. 勾缝材料种类		按设计图示柱断面周长乘高度以面积计算	1. 基层清理 2. 砂浆制作、运输 3. 勾缝

注：1. 砂浆找平项目适用于仅做找平层的柱（梁）面抹灰。

　　2. 抹石灰砂浆、水泥砂浆、混合砂浆、聚合物水泥砂浆、麻刀石灰浆、石膏灰浆等按柱（梁）面一般抹灰编码列项，水刷石、斩假石、干粘石、假面砖等按柱（梁）面装饰抹灰编码列项。

（3）零星抹灰工程（编码：011203）工程量清单项目设置及工程量计算规则见表 6-11。

表 6-11　零星抹灰（编码：011203）

项目编码	项目名称	项目特征	计量单位	工程量计算规则	工作内容
011203001	零星项目一般抹灰	1. 墙体类型 2. 底层厚度、砂浆配合比 3. 面层厚度、砂浆配合比 4. 装饰面材料种类 5. 分格缝宽度、材料种类	m²	按设计图示尺寸以面积计算	1. 基层清理 2. 砂浆制作、运输 3. 底层抹灰 4. 抹面层 5. 抹装饰面 6. 勾分格缝
011203002	零星项目装饰抹灰	1. 墙体类型 2. 底层厚度、砂浆配合比 3. 面层厚度、砂浆配合比 4. 装饰面材料种类 5. 分格缝宽度、材料种类			
011203003	零星项目砂浆找平	1. 基层类型 2. 找平的砂浆厚度、配合比			1. 基层清理 2. 砂浆制作、运输 3. 抹灰找平

注：1. 抹石灰砂浆、水泥砂浆、混合砂浆、聚合物水泥砂浆、麻刀石灰浆、石膏灰浆等按零星项目一般抹灰编码列项，水刷石、斩假石、干粘石、假面砖等按零星项目装饰抹灰编码列项。

　　2. 墙、柱（梁）面≤0.5m² 的少量分散的抹灰按本规范附录中 L.3 零星抹灰项目编码列项。

（4）墙面块料面层（编码：011204）工程量清单项目设置及工程量计算规则见表6-12。

表 6-12　墙面镶贴块料（编码：011204）

项目编码	项目名称	项目特征	计量单位	工程量计算规则	工作内容
011204001	石材墙面	1. 墙体类型 2. 安装方式 3. 面层材料品种、规格、颜色 4. 缝宽、嵌缝材料种类 5. 防护材料种类 6. 磨光、酸洗、打蜡要求	m²	按镶贴表面积计算	1. 基层清理 2. 砂浆制作、运输 3. 结合层铺贴 4. 面层安装 5. 嵌缝 6. 刷防护材料 7. 磨光、酸洗、打蜡
011204002	碎拼石材墙面				
011204003	块料墙面				
011204004	干挂石材钢骨架	1. 骨架种类、规格 2. 防锈漆品种、遍数	t	按设计图示尺寸以质量计算	1. 骨架制作、运输、安装 2. 刷漆

注：1. 在描述碎块项目的面层材料特征时可不用描述规格、品牌、颜色。

　　2. 石材、块料与粘接材料的结合面刷防渗材料的种类在防护层材料种类中描述。

　　3. 安装方式可描述为砂浆或粘接剂粘贴、挂贴、干挂等，不论哪种安装方式，都要详细描述与组价相关的内容。

（5）柱（梁）面镶贴块料（编码：011205）工程量清单项目设置及工程量计算规则见表6-13。

表 6-13　柱面镶贴块料（编码：011205）

项目编码	项目名称	项目特征	计量单位	工程量计算规则	工作内容
011205001	石材柱面	1. 柱截面类型、尺寸 2. 安装方式 3. 面层材料品种、规格、颜色 4. 缝宽、嵌缝材料种类 5. 防护材料种类 6. 磨光、酸洗、打蜡要求	m²	按镶贴表面积计算	1. 基层清理 2. 砂浆制作、运输 3. 粘结层铺贴 4. 面层安装 5. 嵌缝 6. 刷防护材料 7. 磨光、酸洗、打蜡
011205002	块料柱面				
011205003	拼碎块柱面				
011205004	石材梁面	1. 安装方式 2. 面层材料品种、规格、颜色 3. 缝宽、嵌缝材料种类 4. 防护材料种类 5. 磨光、酸洗、打蜡要求			
011205005	块料梁面				

注：1. 在描述碎块项目的面层材料特征时可不用描述规格、品牌、颜色。

　　2. 石材、块料与粘接材料的结合面刷防渗材料的种类在防护层材料种类中描述。

　　3. 柱梁面干挂石材的钢骨架按本规范及附录中 L.4 相应项目编码列项。

（6）镶贴零星块料（编码：011206）工程量清单项目设置及工程量计算规则见表6-14。

表 6-14　零星镶贴块料（编码：011206）

项目编码	项目名称	项目特征	计量单位	工程量计算规则	工作内容
011206001	石材零星项目	1. 安装方式 2. 面层材料品种、规格、颜色 3. 缝宽、嵌缝材料种类 4. 防护材料种类 5. 磨光、酸洗、打蜡要求	m²	按镶贴表面积计算	1. 基层清理 2. 砂浆制作、运输 3. 面层安装 4. 嵌缝 5. 刷防护材料 6. 磨光、酸洗、打蜡
011206002	块料零星项目				
011206003	拼碎块零星项目				

注：1. 在描述碎块项目的面层材料特征时可不用描述规格、品牌、颜色。

2. 石材、块料与粘接材料的结合面刷防渗材料的种类在防护层材料种类中描述。

3. 零星项目干挂石材的钢骨架按本规范附录中 L4 相应项目编码列项。

4. 墙柱面≤0.5m² 的少量分散的镶贴块料面层应按零星项目执行。

（7）墙饰面（编码：011207）工程量清单项目设置及工程量计算规则见表 6-15。

表 6-15　墙饰面（编码：011207）

项目编码	项目名称	项目特征	计量单位	工程量计算规则	工作内容
011207001	墙面装饰板	1. 龙骨材料种类、规格、中距 2. 隔离层材料种类、规格 3. 基层材料种类、规格 4. 面层材料品种、规格、颜色 5. 压条材料种类、规格	m²	按设计图示墙净长乘以净高以面积计算。扣除门窗洞口及单个 > 0.3m² 的孔洞所占面积	1. 基层清理 2. 龙骨制作、运输、安装 3. 钉隔离层 4. 基层铺钉 5. 面层铺贴

（8）柱（梁）饰面（编码：011208）工程量清单项目设置及工程量计算规则见表 6-16。

表 6-16　柱（梁）饰面（编码：011208）

项目编码	项目名称	项目特征	计量单位	工程量计算规则	工作内容
011208001	柱、（梁）面装饰	1. 龙骨材料种类、规格、中距 2. 隔离层材料种类 3. 基层材料种类、规格 4. 面层材料品种、规格、颜色 5. 压条材料种类、规格	m²	按设计图示饰面外围尺寸以面积计算。柱帽、柱墩并入相应柱饰面工程量内	1. 清理基层 2. 龙骨制作、运输、安装 3. 钉隔离层 4. 基层铺钉 5. 面层铺贴

（9）隔断（编码：011210）工程量清单项目设置及工程量计算规则见表 6-17。

表 6-17　隔断（编码：011210）

项目编码	项目名称	项目特征	计量单位	工程量计算规则	工作内容
011210001	木隔断	1. 骨架、边框材料种类、规格 2. 隔板材料品种、规格、颜色 3. 嵌缝、塞口材料品种 4. 压条材料种类	m²	按设计图示框外围尺寸以面积计算。不扣除单个≤0.3m² 的孔洞所占面积；浴厕门的材质与隔断相同时，门的面积并入隔断面积内	1. 骨架及边框制作、运输、安装 2. 隔板制作、运输、安装 3. 嵌缝、塞口 4. 装订压条

（续）

项目编码	项目名称	项目特征	计量单位	工程量计算规则	工作内容
011210002	金属隔断	1. 骨架、边框材料种类、规格 2. 隔板材料品种、规格、颜色 3. 嵌缝、塞口材料品种		按设计图示框外围尺寸以面积计算。不扣除单个 $\leq 0.3m^2$ 的孔洞所占面积；浴厕门的材质与隔断相同时，门的面积并入隔断面积内	1. 骨架及边框制作、运输、安装 2. 隔板制作、运输、安装 3. 嵌缝、塞口
011210003	玻璃隔断	1. 边框材料种类、规格 2. 玻璃品种、规格、颜色 3. 嵌缝、塞口材料品种	m^2	按设计图示框外围尺寸以面积计算。不扣除单个 $\leq 0.3m^2$ 的孔洞所占面积	1. 边框制作、运输、安装 2. 玻璃制作、运输、安装 3. 嵌缝、塞口
011210004	塑料隔断	1. 边框材料种类、规格 2. 隔板材料品种、规格、颜色 3. 嵌缝、塞口材料品种			1. 骨架及边框制作、运输、安装 2. 隔板制作、运输、安装 3. 嵌缝、塞口
011210005	成品隔断	1. 隔断材料品种、规格、颜色 2. 配件品种、规格	1. m^2 2. 间	1. 按设计图示框外围尺寸以面积计算 2. 按设计间的数量以间计算	1. 隔断运输、安装 2. 嵌缝、塞口
011210006	其他隔断	1. 骨架、边框材料种类、规格 2. 隔板材料品种、规格、颜色 3. 嵌缝、塞口材料品种	m^2	按设计图示框外围尺寸以面积计算。不扣除单个 $\leq 0.3m^2$ 的孔洞所占面积	1. 骨架及边框安装 2. 隔板安装 3. 嵌缝、塞口

（10）幕墙（编码：011209）工程量清单项目设置及工程量计算规则见表6-18。

表6-18　幕墙（编码：011209）

项目编码	项目名称	项目特征	计量单位	工程量计算规则	工作内容
011209001	带骨架幕墙	1. 骨架材料种类、规格、中距 2. 面层材料品种、规格、颜色 3. 面层固定方式 4. 隔离带、框边封闭材料品种、规格 5. 嵌缝、塞口材料品种	m^2	按设计图示框外围尺寸以面积计算。与幕墙同种材质的窗所占面积不扣除	1. 骨架制作、运输、安装 2. 面层安装 3. 隔离带、框边封闭 4. 嵌缝、塞口 5. 清洗
011209002	全玻（无框玻璃）幕墙	1. 玻璃品种、规格、颜色 2. 粘结塞口材料种类 3. 固定方式		按设计图示尺寸以面积计算。带肋全玻幕墙按展开面积计算	1. 幕墙安装 2. 嵌缝、塞口 3. 清洗

6.2.5　墙、柱面工程工程量计算举例

例4　某砖混结构工程如图 6-7 所示，外墙面抹水泥砂浆，底层 1∶3 水泥砂浆打底，14mm 厚；面层为 1∶2 水泥砂浆抹面，6mm 厚。外墙裙水刷石，1∶3 水泥砂浆打底，12mm 厚；刷素水泥浆 2 遍；1∶2.5 水泥白石子，10mm 厚。挑檐水刷白石子，厚度与配合比均与定额相同。内墙面抹 1∶2 水泥砂浆打底，1∶3 石灰砂浆找平层，麻刀石灰浆面层，共20mm 厚。内墙裙采用 1∶3 水泥砂浆打底，19mm 厚，1∶2.5 水泥砂浆面层，6mm 厚，计算内、外墙抹灰工程量。

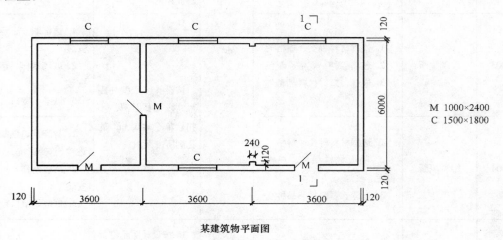

M 1000×2400
C 1500×1800

某建筑物平面图

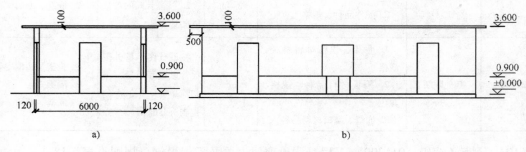

a)　　　　b)

图 6-7　某建筑物示意图

a) 1−1 剖面　b) 立面图

解：定额工程量：

1. 内墙

内墙面抹灰工程量＝内墙面面积−门窗洞口的空圈所占面积＋墙垛、附墙烟囱侧壁面积＝ $\{[(3.6 \times 3 - 0.24 \times 2 + 0.12 \times 2) \times 2 + (6.0 - 0.24) \times 4] \times (3.60 - 0.10 - 0.90) - 1.0 \times (2.40 - 0.90) \times 4 - 1.50 \times 1.80 \times 4\}\text{m}^2 = 98.02\text{m}^2$

内墙裙抹灰工程量＝内墙面净长度×内墙裙抹灰高度−门窗洞口和空圈所占面积＋墙垛、附墙烟囱侧壁面积＝ $[(3.6 \times 3 - 0.24 \times 2 + 0.12 \times 2) \times 2 + (6.0 - 0.24) \times 4 - 1.0 \times 4] \times 0.90\text{m}^2 = 36.14\text{m}^2$

2. 外墙

外墙面水泥砂浆工程量＝ $[(3.6 \times 3 + 0.24 + 6.0 + 0.24) \times 2 \times (3.60 - 0.10 - 0.90) -$

$1.0 \times (2.40 - 0.90) \times 2 - 1.50 \times 1.80 \times 4]\,m^2 = 76.06m^2$

外墙裙水刷白石子工程量 $= [(3.6 \times 3 + 0.24 + 6.0 + 0.24) \times 2 - 1.0 \times 2] \times 0.90m^2 = 29.3m^2$

内、外墙抹灰工程量汇总：内墙面抹灰工程量 $98.02m^2$

内墙裙抹灰工程量 $36.14m^2$

外墙面水泥砂浆工程量 $76.06m^2$

外墙裙水刷白石子工程量 $29.3m^2$

清单工程量同定额工程量。

6.3　顶　棚　工　程

顶棚工程是指在楼板、屋架下弦或屋面板的下面进行的装饰工程。

6.3.1　顶棚装饰的种类

1. 无吊顶顶棚装饰工程

无吊顶顶棚装饰工程是指以屋面板或楼板为基层，在其下表面直接进行涂饰、抹面或裱糊的装饰工程。

2. 有吊顶顶棚装饰工程

有吊顶顶棚装饰工程是指以屋架或屋面板、楼板为支承点，用吊杆连接大、小龙骨再镶贴各种饰面板的顶棚装饰工程。

6.3.2　顶棚工程基础定额工程量计算规则

1. 顶棚抹灰

（1）顶棚抹灰面积，按主墙间的净面积计算，不扣除间壁墙、垛、柱、附墙烟囱、检查口和管道所占的面积。带梁顶棚、梁两侧抹灰面积，并入顶棚抹灰工程量内计算。

（2）密肋梁和井字梁顶棚抹灰面积，按展开面积计算。

（3）顶棚抹灰如带有装饰线时，区别按三道线以内或五道线以内按延长米计算，线角的道数以一个突出的楞角为一道线（如图6-8所示）。

（4）檐口顶棚的抹灰面积，并入相同的顶棚抹灰工程量内计算。

（5）顶棚中的折线、灯槽线、圆弧形线、拱形线等艺术形式的抹灰，按展开面积计算。

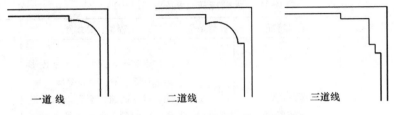

一道线　　　　　二道线　　　　　三道线

图6-8　顶棚抹灰装饰线示意图

2. 吊顶顶棚

（1）各种吊顶顶棚龙骨

按主墙间净空面积计算，不扣除间壁墙、检查口、附墙烟囱、柱、垛和管道所占面积。但顶棚中的折线，迭落等圆弧形、高低吊灯槽等面积也不展开计算。

（2）顶棚面装饰

1）顶棚装饰面积，按主墙间实铺面积以"m²"计算，不扣除间壁墙、检查口、附墙烟囱、附墙垛和管道所占面积，应扣除独立柱及与顶棚相连的窗帘盒所占面积。

2）顶棚的折线，迭落等圆弧形、拱形、高低灯槽及其他艺术形式的顶棚面层均按展开面积计算。

另外，建筑装饰装修工程消耗量定额中规定：

（1）板式楼梯底面的装饰工程量按水平投影面积乘1.15系数计算，梁式楼梯底面按展开面积计算。

（2）网架按水平投影面积计算。

（3）灯光槽按延长米计算。

（4）嵌缝按延长米计算。

6.3.3　顶棚工程基础定额相关规定

（1）凡定额注明砂浆种类和配合比、饰面材料型号规格的，如与设计不同时，可按设计规定调整。

（2）顶棚龙骨是按常用材料及规格组合编制的，如与设计不同时，可以换算，人工不变。

（3）定额中木龙骨规格，大龙骨为50mm×70mm，中、小龙骨为50mm×50mm，吊木筋为50mm×50mm，设计规格不同时，允许换算，人工及其他材料不变。

（4）顶棚面层在同一标高者为一级顶棚；顶棚面层不在同一标高者，且高差在200mm以上者为二级或三级顶棚。

（5）装饰顶棚顶项目已包括3.6m以下简易脚手架的搭设及拆除。

（6）顶棚骨架、顶棚面层分别列项，按相应项目配套使用。对于二级或三级以上造型的顶棚，其面层人工乘以系数1.3。

（7）吊筋安装，如在混凝土板上钻眼、挂筋者，按相应项目每100m²增加人工3.4工日；如在砖墙上打洞搁放骨架者，按相应顶棚项目100m²增加人工1.4工日。上人型顶棚骨架吊筋为射钉者，每100m²减少人工0.25工日，吊筋3.8kg；增加钢板27.6kg，射钉585个。

6.3.4　清单计价工程量计算规则

（1）天棚抹灰（编码：011301）工程量清单项目设置及工程量计算规则见表6-19。

表6-19　天棚抹灰（编码：011301）

项目编码	项目名称	项目特征	计量单位	工程量计算规则	工作内容
011301001	天棚抹灰	1. 基层类型 2. 抹灰厚度、材料种类 3. 砂浆配合比	m²	按设计图示尺寸以水平投影面积计算。不扣除间壁墙、垛、柱、附墙烟囱、检查口和管道所占的面积，带梁顶棚，梁两侧抹灰面积并入顶棚面积内，板式楼梯底面抹灰按斜面积计算，锯齿形楼梯底板抹灰按展开面积计算	1. 基层清理 2. 底层抹灰 3. 抹面层

（2）天棚吊顶（编码：011302）工程量清单项目设置及工程量计算规则见表6-20。

表 6-20　顶棚吊顶（编码：011302）

项目编码	项目名称	项目特征	计量单位	工程量计算规则	工作内容
011302001	吊顶天棚	1. 吊顶形式、吊杆规格、高度 2. 龙骨、材料种类、规格、中距 3. 基层材料种类、规格 4. 面层材料品种、规格 5. 压条材料种类、规格 6. 嵌缝材料种类 7. 防护材料种类	m²	按设计图示尺寸以水平投影面积计算。天棚面中的灯槽及跌级、锯齿形、吊挂式、藻井式天棚面积不展开计算。不扣除间壁墙、检查口、附墙烟囱、柱垛和管道所占面积，扣除单个 > 0.3m² 的孔洞、独立柱及与天棚相连的窗帘盒所占的面积	1. 基层清理 2. 龙骨安装 3. 基层板铺贴 4. 面层铺贴 5. 嵌缝 6. 刷防护材料
011302002	格栅吊顶	1. 龙骨、材料种类、规格、中距 2. 基层材料种类、规格 3. 面层材料品种、规格 4. 防护材料种类			1. 基层清理 2. 安装龙骨 3. 基层板铺贴 4. 面层铺贴 5. 刷防护材料
011302003	吊筒吊顶	1. 吊筒形状、规格 2. 吊筒材料种类 3. 防护材料种类		按设计图示尺寸以水平面积计算	1. 基层清理 2. 吊筒制作安装 3. 刷防护材料
011302004	藤条造型悬挂吊顶	1. 骨架材料种类、规格 2. 面层材料品种、规格			1. 基层清理 2. 龙骨安装 3. 铺贴面层
011302005	织物软雕吊顶				
011302006	网架（装饰）吊顶	网架材料品种、规格			1. 基层清理 2. 网架制作、安装

（3）采光天棚工程（编码：011303）工程量清单项目的设置及工程量计算规则见表6-21。

表 6-21　采光天棚工程（编码：011303）

项目编码	项目名称	项目特征	计量单位	工程量计算规则	工作内容
011303001	采光天棚	1. 骨架类型 2. 固定类型、固定材料品种、规格 3. 面层材料品种、规格 4. 嵌缝、塞口材料种类	m²	按框外围展开面积计算	1. 清理基层 2. 面层制安 3. 嵌缝、塞口 4. 清洗

注：采光天棚骨架不包括在本节中，应单独按本规范附录 F 相关项目编码列项。

（4）天棚其他装饰（编码：011304）工程量清单项目设置及工程量计算规则见表6-22。

表6-22　顶棚其他装饰（编码：011304）

项目编码	项目名称	项目特征	计量单位	工程量计算规则	工作内容
011304001	灯带（槽）	1. 灯带形式、尺寸 2. 格栅片材料品种、规格 3. 安装固定方式	m²	按设计图示尺寸以框外围面积计算	安装、固定
011304002	送风口、回风口	1. 风口材料品种、规格 2. 安装固定方式 3. 防护材料种类	个	按设计图示数量计算	1. 安装、固定 2. 刷防护材料

6.3.5　顶棚工程工程量计算举例

例5　某钢筋混凝土顶棚如图6-9所示。已知板厚100mm 计算其顶棚抹灰工程量。

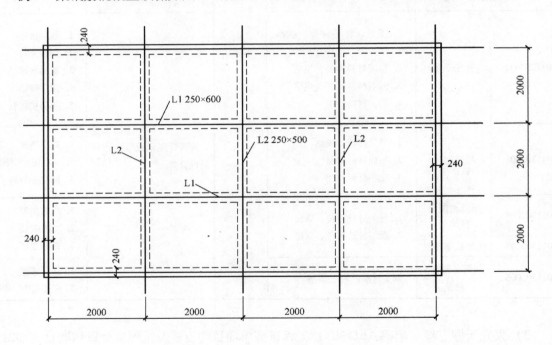

图6-9　某钢筋混凝土顶棚示意图

解：定额工程量：

主墙间净面积 = $(2.0 \times 4 - 0.24) \times (2.0 \times 3 - 0.24) m^2 = 44.70 m^2$

L1 的侧面抹灰面积 = $\{[(2.0 - 0.12 - 0.125) \times 2 + (2.0 - 0.125 \times 2) \times 2] \times (0.6 - 0.1) \times 2 \times 2 + 0.1 \times 0.25 \times 3 \times 2 \times 2\} m^2 = 14.32 m^2$

L2 的侧面抹灰面积 $[(2 - 0.12 - 0.125) \times 2 + (2 - 0.125 \times 2)] \times (0.5 - 0.1) \times 2 \times 3 m^2 = 12.63 m^2$

顶棚抹灰工程量 = 主墙间净面积 + L1、L2 的侧面积抹灰面积 = $(44.70 + 14.32 + 12.63) m^2 = 71.65 m^2$

清单工程量同定额工程量。

例 6　某工程有一套三室二厅商品房，其客厅为不上人型轻钢龙骨石膏吊顶，如图 6-10 所示，龙骨间距为 450mm×450mm。计算顶棚工程量。

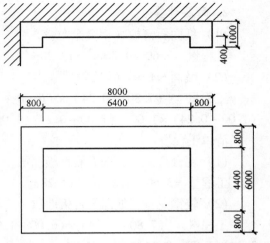

解： 定额工程量：

顶棚吊顶工程量 $= 8.0 \times 6.0 \mathrm{m}^2 = 48 \mathrm{m}^2$

顶棚面层工程量 $= (8.0 \times 6.0 + (6.4 + 4.4) \times 2 \times 0.4) \mathrm{m}^2 = 56.64 \mathrm{m}^2$

清单工程量：顶棚工程量为 $8.0 \times 6.0 \mathrm{m}^2 = 48 \mathrm{m}^2$。

例 7　图 6-11 为某会议室顶面施工图，中间为不上人型 T 型铝合金龙骨，纸面石膏板（600mm×600mm）面层，边上为不上人型轻钢龙骨吊顶，纸面石膏板面层，方柱断面为 1000mm×1000mm。试计算龙骨及面层工程量。

图 6-10　某工程顶棚不上人型轻钢龙骨
石膏板吊顶平面图及剖面图

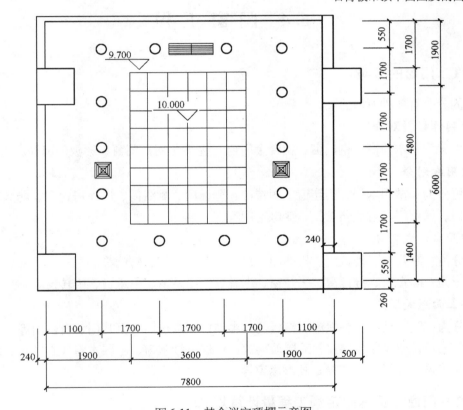

图 6-11　某会议室顶棚示意图

解： 定额工程量：

1. 龙骨计算

（1）铝合金龙骨

工程量 $= 3.60 \times 4.80 \mathrm{m}^2 = 17.28 \mathrm{m}^2$

（2）轻钢龙骨

工程量 $= [(7.80 - 0.24) \times (6.00 + 1.90) - 3.60 \times 4.80] \mathrm{m}^2 = 42.44 \mathrm{m}^2$

2. 面层计算

（1）纸面石膏板（铝合金龙骨）

工程量 $= 3.60 \times 4.80 \text{m}^2 = 17.28 \text{m}^2$

（2）纸面石膏板（轻钢龙骨）

工程量 $= [(7.80 - 0.24) \times (6.00 + 1.90) - 3.60 \times 4.80 + (3.60 + 4.80) \times 2 \times 0.3 -$
$(1.00 - 0.24) \times 1.00 - (1.00 - 0.24)(1.00 - 0.24)] \text{m}^2 = 46.15 \text{m}^2$

清单工程量：

（1）铝合金龙骨，纸面石膏板面层

工程量 $= 3.60 \times 4.80 \text{m}^2 = 17.28 \text{m}^2$

（2）轻钢龙骨，纸面石膏板面层

工程量 $= [(7.80 - 0.24) \times (6.00 + 1.90) - 3.60 \times 4.80 - (1.00 - 0.24) \times 1.00 - (1.00 -$
$0.24)(1.00 - 0.24)] \text{m}^2 = 41.11 \text{m}^2$

6.4　门窗工程

6.4.1　门窗的分类

门窗的分类有多种方法。

1. 按制作材料划分

门窗可分为：木门窗、钢门窗、铝合金门窗、塑料（钢）门窗、彩板门窗等。

2. 按用途划分

门窗可分为：常用木门、门连窗、阁楼门、壁橱门、厕浴门、厂库房大门、防火门、隔声门、冷藏门、保温门、射线防护门、变电室门等。

3. 按开启方式划分

门可分为：平开门、推拉门、折叠门、自由门、上翻门、转门等。

窗可分为：固定窗、推拉窗、平开窗、上悬窗、中悬窗、下悬窗、中转窗等。

4. 按立面形式划分

门可分为：胶合板门、拼板门、镶板门、半玻门、全玻门、百叶门、自由门等。

窗可分为：普通单层玻璃窗、双层玻璃窗、一玻一纱木窗、三层木窗（百叶扇、纱扇、玻璃扇）三角形木窗、半圆形木窗、圆形木窗等。

6.4.2　门窗工程基础定额工程量计算规则

（1）各类门窗制作、安装工程量均按门窗洞口面积计算。

1）门窗的盖口条、贴脸、披水条，按图示尺寸以延长米计算。执行木装修项目。

2）普通窗上部带有半圆窗的工程量应分别按半圆窗和普通窗计算，其分界线以半圆窗和普通窗之间的横框上裁口线为分界线。

3）门窗扇包镀锌薄钢板，按门窗洞口面积以"m²"计算；门窗框包镀锌铁皮、钉橡皮条、钉毛毡按图示门窗洞口尺寸以延长米计算。

（2）铝合金门窗制作、安装，铝合金、不锈钢门窗、彩板组角钢门窗、塑料门窗、钢门窗安装，均按设计门窗洞口面积计算。

（3）卷闸门安装按洞口高度增加 600mm 乘以门实际宽度以"m²"计算。电动装置安装以套计算，小门安装以个计算。

（4）不锈钢片包门框，按框外表面面积以"m²"计算；彩板组角钢门窗附框安装按延长米计算。

另外，建筑装饰装修工程消耗量定额中规定：

（1）铝合金门窗、彩板组角钢门窗、塑钢门窗安装均按洞口面积以"m²"计算。纱扇制作安装按扇外围面积计算。

（2）防盗门、防盗窗、不锈钢格栅门按框外围面积以"m²"计算。

（3）成品防火门以框外围面积计算，防火卷帘门从地（楼）面算至端板顶点乘设计宽度。

（4）实木门框制作安装以延长米计算。实木门扇制作安装及装饰门扇制作按扇外围面积计算。装饰门扇及成品门扇安装按扇计算。

（5）木门扇皮制隔声面层和装饰板隔声面层，按单面面积计算。

（6）不锈钢板包门框、门窗套、花岗石门套、门窗筒子板按展开面积计算。门窗贴脸、窗帘盒、窗帘轨按延长米计算。

（7）窗台板按实铺面积计算。

（8）电子感应门及转门按定额尺寸以樘计算。

（9）不锈钢电动伸缩门以樘计算。

6.4.3　门窗工程基础定额相关规定

（1）定额是按机械和手工操作综合编制的。不论实际采取何种操作方式，均按定额执行。

（2）定额中木材以自然干燥条件下含水率为准编制的，需人工干燥时，其费用可列入木材价格内由各地区另行确定。

（3）定额中所注明的木材断面或厚度均以毛料为准。如设计图样注明的断面或厚度为净料时，应增加刨光损耗；板、方材一面刨光增加 3mm，两一面刨光增加 5mm；圆木每立方米体积增加 0.05m³。

（4）木门窗框、扇定额取定的断面与设计规定不同时，应按比例换算。框断面以边框断面为准（框裁口如为钉条者加贴条的断面）；扇料以主挺断面为准。换算公式如下：

$$\frac{设计断面（加刨光损耗）}{定额断面} \times 定额材积$$

（5）木门窗不论现场或附属加工厂制作，均执行定额，现场外制作点至安装地点的运输另行计算。

（6）定额中普通木门窗、天窗，按框制作、框安装、扇制作、扇安装分列项目；厂库房大门、钢木大门及其他特种门按扇制作、扇安装分列项目。

（7）铝合金门窗制作兼安装项目，是按施工企业附属加工厂制作编制的。加工厂至现场堆放地点的运输另行计算。木骨架枋材 40mm×45mm，设计与定额不符时可以换算。

（8）铝合金卷闸门（包括卷筒、导轨）、彩板组角钢门窗、塑料门窗、钢门窗安装以成品安装编制的。由供应地至现场的运杂费应计入预算价格中。

（9）玻璃厚度、颜色、密封油膏、软填料，如设计与定额不同时可以调整。

（10）铝合金门窗、彩板组角钢门窗、塑料门窗和钢门窗成品安装，如每 100m² 门窗实际用量超过定额用量 1% 以上时，可以换算，但人工、机械用量不变。门窗成品包括五金配件在内。采用附框安装时,扣除门窗安装子目中的膨胀螺栓、密封膏用量及其他材料费。

（11）钢门,钢材含量与定额不同时,钢材用量可以换算,其他不变。

6.4.4　清单计价工程量计算规则

（1）木门（编码：010801）工程量清单项目设置及工程量计算规则见表6-23。

表6-23　木门（010801）

项目编码	项目名称	项目特征	计量单位	工程量算规则	工作内容
010801001	木质门	1. 门代号及洞口尺寸 2. 镶嵌玻璃品种、厚度	1. 樘 2. m²	1. 以樘计量,按设计图示数量计算 2. 以"m²"计量,按设计图示洞口尺寸以面积计算	1. 门安装 2. 玻璃安装 3. 五金安装
010801002	木质门带套				
010801003	木质连窗门				
010801004	木质防火门	1. 门代号及洞口尺寸 2. 镶嵌玻璃品种、厚度			
010801005	木门框	1. 门代号及洞口尺寸 2. 框截面尺寸 3. 防护材料种类			1. 木门框制作、安装 2. 运输 3. 刷防护材料
010801006	门锁安装	1. 锁品种 2. 锁规格	个（套）	按设计图示数量计算	安装

注：1. 木质门应区分镶板木门、企口木板门、实木装饰门、胶合板门、夹板装饰门、木纱门、全玻门（带木质扇框）、木质半玻门（带木质扇框）等项目,分别编码列项。

2. 木门五金应包括：折页、插销、门碰珠、弓背拉手、搭机、木螺钉、弹簧折页（自动门）、管子拉手（自由门、地弹门）、地弹簧（地弹门）、角铁、门轧头（地弹门、自由门）等。

3. 木质门带套计量,按洞口尺寸以面积计算,不包括门套的面积。

4. 以樘计量,项目特征必须描述洞口尺寸；以m²计量,项目特征可不描述洞口尺寸。

5. 单独制作安装木门框按木门框项目编码列项。

（2）金属门（编码：010802）工程量清单项目设置及工程量计算规则见表6-24。

表6-24　金属门（010802）

项目编码	项目名称	项目特征	计量单位	工程量计算规则	工作内容
010802001	金属（塑钢）门	1. 门代号及洞口尺寸 2. 门框或扇外围尺寸 3. 门框、扇材质 4. 玻璃品种、厚度	1. 樘 2. m²	1. 以"樘"计量,按设计图示数量计算 2. 以"m²"计量,按设计图示洞口尺寸以面积计算	1. 门安装 2. 五金安装 3. 玻璃安装
010802002	彩板门	1. 门代号及洞口尺寸 2. 门框或扇外围尺寸			
010802003	钢质防火门	1. 门代号及洞口尺寸 2. 门框或扇外围尺寸 3. 门框、扇材质			
010802004	防盗门	1. 门代号及洞口尺寸 2. 门框或扇外围尺寸 3. 门框、扇材质			1. 门安装 2. 五金安装

注：1. 金属门应区分金属平开门、金属推拉门、金属地弹门、全玻门（带金属扇框）、金属半玻门（带扇框）等项目,分别编码列项。

2. 铝合金门五金包括：地弹簧、门锁、拉手、门插、门铰、螺钉等。

3. 其他金属门五金包括L形执手插销（双舌）、执手锁（单舌）、门轧头、地锁、防盗门机、门眼（猫眼）、门碰珠、电子锁（磁卡锁）、闭门器、装饰拉手等。

4. 以樘计量,项目特征必须描述洞口尺寸,没有洞口尺寸必须描述门框或扇外围尺寸,以平方米计量,项目特征可不描述洞口尺寸及框、扇的外围尺寸。

5. 以m²计量,无设计图示洞口尺寸,按门框、扇外围以面积计算。

（3）金属卷帘（闸）门（编码：010803）工程量清单项目设置及工程量计算规则见表6-25。

表6-25　金属卷帘（闸）门（010803）

项目编码	项目名称	项目特征	计量单位	工程量计算规则	工作内容
010803001	金属卷帘（闸）门	1. 门代号及洞口尺寸 2. 门材质 3. 启动装置品种、规格	1. 樘 2. m²	1. 以樘计量按设计图示数量计算 2. 以平方米计量按设计图示洞口尺寸以面积计算	1. 门运输、安装 2. 启动装置、活动小门五金安装
010803002	防火卷帘闸门				

注：以樘计量项目特征必须描述洞口尺寸；以 m² 计量，项目特征可不描述洞口尺寸。

（4）其他门（编码：010805）工程量清单项目设置及工程量计算规则见表6-26。

表6-26　其他门（010805）

项目编码	项目名称	项目特征	计量单位	工程量计算规则	工作内容
010805001	平开电子感应门	1. 门代号及洞口尺寸 2. 门框或扇外围尺寸 3. 门框、扇材质 4. 玻璃品种、厚度 5. 起动装置的品种、规格 6. 电子配件品种、规格	1. 樘 2. m²	1. 以"樘"计量，按设计图示数量计算 2. 以"m²"计量，按设计图示洞口尺寸以面积计算	1. 门安装 2. 起动装置，五金、电子配件安装
010805002	旋转门				
010805003	电子对讲门	1. 门代号及洞口尺寸 2. 门框或扇外围尺寸 3. 门材质 4. 玻璃品种、厚度 5. 起动装置的品种、规格 6. 电子配件品种、规格			1. 门安装 2. 起动装置、五金、电子配件安装
010805004	电动伸缩门				
010805005	全玻自由门	1. 门代号及洞口尺寸 2. 门框或扇外围尺寸 3. 框材质 4. 玻璃品种、厚度			1. 门安装 2. 五金安装
010805006	镜面不锈钢饰面门	1. 门代号及洞口尺寸 2. 门框或扇外围尺寸 3. 框、扇材质 4. 玻璃品种、厚度			

注：1. 以樘计量，项目特征必须描述洞口尺寸，没有洞口尺寸必须描述门框或扇外围尺寸，以"m²"计量，项目特征可不描述洞口尺寸及框、扇的外围尺寸。

2. 以"m²"计量，无设计图示洞口尺寸，按门框、扇外围以面积计算。

（5）木窗（编码：010806）工程量清单项目设置及工程量计算规则见表6-27。

表 6-27　木窗（010806）

项目编码	项目名称	项目特征	计量单位	工程量计算规则	工作内容
010806001	木质窗	1. 窗代号及洞口尺寸 2. 玻璃品种、厚度 3. 防护材料种类	1. 樘 2. m²	1. 以"樘"计量，按设计图示数量计算 2. 以"m²"计量，按设计图示洞口尺寸以面积计算	1. 窗制作、运输、安装 2. 五金、玻璃安装 3. 刷防护材料
010806002	木橱窗	1. 窗代号 2. 框截面及外围展开面积 3. 玻璃品种、厚度 4. 防护材料种类		1. 以"樘"计量，按设计图示数量计算 2. 以"m²"计量，按设计图示尺寸以框外围展开面积计算	
010806003	木飘（凸）窗				
010806004	木质成品窗	1. 窗代号及洞口尺寸 2. 玻璃品种、厚度		1. 以"樘"计量，按设计图示数量计算 2. 以"m²"计量，按设计图示洞口尺寸面积计算	1. 窗安装 2. 五金、玻璃安装

注：1. 木质窗应区分木百叶窗、木组合窗、木天窗、木固定窗、木装饰空花窗等项目，分别编码列项。
　　2. 以樘计量，项目特征必须描述洞口尺寸，没有洞口尺寸必须描述窗框外围尺寸，以"m²"计量，项目特征可不描述洞口尺寸及框的外围尺寸。
　　3. 以"m²"计量，无设计图示洞口尺寸时，按窗框外围以面积计算。
　　4. 木橱窗、木飘（凸）窗以"樘"计量，项目特征必须描述框截面及外围展开面积。
　　5. 木窗五金包括：折页、插销、风钩、木螺钉、滑楞滑轨（推拉窗）等。
　　6. 窗开启方式指平开、推拉、上或中悬。
　　7. 窗形状指矩形或异形。

（6）金属窗（编码：010807）工程量清单项目设置及工程量计算规则见表 6-28。

表 6-28　金属窗（010807）

项目编码	项目名称	项目特征	计量单位	工程量计算规则	工作内容
010807001	金属（塑钢、断桥）窗	1. 窗代号及洞口尺寸 2. 框、扇材质 3. 玻璃品种、厚度	1. 樘 2. m²	1. 以"樘"计量，按设计图示数量计算 2. 以"m²"计量，按设计图示洞口尺寸以面积计算	1. 窗安装 2. 五金、玻璃安装
010807002	金属防火窗				
010807003	金属百叶窗				
010807004	金属纱窗	1. 窗代号及洞口尺寸 2. 框材质 3. 窗纱材料品种、规格			1. 窗安装 2. 五金安装
010807005	金属格栅窗	1. 窗代号及洞口尺寸 2. 框外围尺寸 3. 框、扇材质		1. 以"樘"计量，按设计图示数量计算 2. 以"m²"计量，按设计图示洞口尺寸以面积计算	1. 窗安装 2. 五金安装

（续）

项目编码	项目名称	项目特征	计量单位	工程量计算规则	工作内容
010807006	金属（塑钢、断桥）橱窗	1. 窗代号 2. 框外围展开面积 3. 框、扇材质 4. 玻璃品种、厚度 5. 防护材料种类	1. 樘 2. m²	1. 以"樘"计量，按设计图示数量计算 2. 以"m²"计量，按设计图示尺寸以框外围展开面积计算	1. 窗制作、运输、安装 2. 五金、玻璃安装 3. 刷防护材料
010807007	金属（塑钢、断桥）飘（凸）窗	1. 窗代号 2. 框外围展开面积 3. 框、扇材质 4. 玻璃品种、厚度			1. 窗安装 2. 五金、玻璃安装
010807008	彩板窗	1. 窗代号及洞口尺寸 2. 框外围尺寸 3. 框、扇材质 4. 玻璃品种、厚度		1. 以"樘"计量，按设计图示数量计算 2. 以"m²"计量，按设计图示洞口尺寸或框外围以面积计算	

注：1. 金属窗应区分金属组合窗、防盗窗等项目，分别编码列项。

2. 以樘计量，项目特征必须描述洞口尺寸，没有洞口尺寸必须描述窗框外围尺寸，以"m²"计量，项目特征可不描述洞口尺寸及框的外围尺寸。

3. 以"m²"计量，无设计图示洞口尺寸，按窗框外围以面积计算。

4. 金属橱窗、飘（凸）窗以樘计量，项目特征必须描述框外围展开面积。

5. 金属窗中铝合金窗五金应包括：卡锁、滑轮、铰拉、执手、拉把、拉手、风撑、角码、牛角制等。

6. 其他金属窗五金包括：折页、螺钉、执手、卡锁、风撑、滑轮滑轨（推拉窗）等。

（7）门窗套（编码：010808）工程量清单项目设置及工程量计算规则见表6-29。

表6-29　门窗套（010808）

项目编码	项目名称	项目特征	计量单位	工程量计算规则	工作内容
010808001	木门窗套	1. 窗代号及洞口尺寸 2. 门窗套展开宽度 3. 基层材料种类 4. 面层材料品种、规格 5. 线条品种、规格 6. 防护材料种类	1. 樘 2. m² 3. m	1. 以"樘"计量，按设计图示数量计算 2. 以"m²"计量，按设计图示尺寸以展开面积计算 3. 以"m²"计量，按设计图示中心以延长米计算	1. 清理基层 2. 立筋制作、安装 3. 基层板安装 4. 面层铺贴 5. 线条安装 6. 刷防护材料
010808002	木筒子板	1. 筒子板宽度 2. 基层材料种类 3. 面层材料品种、规格 4. 线条品种、规格 5. 防护材料种类			
010808003	饰面夹板筒子板	1. 筒子板宽度 2. 基层材料种类 3. 面层材料品种、规格 4. 线条品种、规格 5. 防护材料种类			

（续）

项目编码	项目名称	项目特征	计量单位	工程量计算规则	工作内容
010808004	金属门窗套	1. 窗代号及洞口尺寸 2. 门窗套展开宽度 3. 基层材料种类 4. 面层材料品种、规格 5. 防护材料种类	1. 樘 2. m² 3. m	1. 以"樘"计量，按设计图示数量计算 2. 以"m²"计量，按设计图示尺寸以展开面积计算 3. 以"m²"计量，按设计图示中心以延长米计算	1. 清理基层 2. 立筋制作、安装 3. 基层板安装 4. 面层铺贴 5. 刷防护材料
010808005	石材门窗套	1. 窗代号及洞口尺寸 2. 门窗套展开宽度 3. 底层厚度、砂浆配合比 4. 面层材料品种、规格 5. 线条品种、规格			1. 清理基层 2. 立筋制作、安装 3. 基层抹灰 4. 面层铺贴 5. 线条安装
010808006	门窗木贴脸	1. 门窗代号及洞口尺寸 2. 贴脸板宽度 3. 防护材料种类	1. 樘 2. m	1. 以"樘"计量，按设计图示数量计算 2. 以"m"计量，按设计图示尺寸以延长米计算	贴脸板安装
010808007	成品木门窗套	1. 窗代号及洞口尺寸 2. 门窗套展开宽度 3. 门窗套材料品种、规格	1. 樘 2. m² 3. m	1. 以"樘"计量，按设计图示数量计算 2. 以"m²"计量，按设计图示尺寸以展开面积计算 3. 以"m"计量，按设计图示中心以延长米计算	1. 清理基层 2. 立筋制作、安装 3. 板安装

注：1. 以樘计量，项目特征必须描述洞口尺寸、门窗套展开宽度。

2. 以"m²"计量，项目特征可不描述洞口尺寸、门窗套展开宽度。

3. 以"m"计量，项目特征必须描述门窗套展开宽度、筒子板及贴脸宽度。

（8）窗帘、窗帘盒、窗帘轨（编码：010810）工程量清单项目设置及工程量计算规则见表6-30。

表6-30　窗帘、窗帘盒、窗帘轨（010810）

项目编码	项目名称	项目特征	计量单位	工程量计算规则	工作内容
010810001	窗帘（杆）	1. 窗帘材质 2. 窗帘高度、宽度 3. 窗帘层数 4. 带幔要求	1. m 2. m²	1. 以"m"计量，按设计图示尺寸以长度计算 2. 以"m²"计量，按图示尺寸以展开面积计算	1. 制作、运输 2. 安装

（续）

项目编码	项目名称	项目特征	计量单位	工程量计算规则	工作内容
010810002	木窗帘盒	1. 窗帘盒材质、规格 2. 防护材料种类	m	按设计图示尺寸以长度计算	1. 制作、运输、安装 2. 刷防护材料
010810003	饰面夹板、塑料窗帘盒				
010810004	铝合金窗帘盒				
010810005	窗帘轨	1. 窗帘轨材质、规格 2. 防护材料种类			

注：1. 窗帘若是双层，项目特征必须描述每层材质。

　　2. 窗帘以 m 计量，项目特征必须描述窗帘高度和宽。

（9）窗台板（编码：010809）工程量清单项目设置及工程量计算规则见表 6-31。

表 6-31　窗台板（010809）

项目编码	项目名称	项目特征	计量单位	工程量计算规则	工作内容
010809001	木窗台板	1. 基层材料种类 2. 窗台面板材质、规格、颜色 3. 防护材料种类	m²	按设计图示尺寸以展开面积计算	1. 基层清理 2. 基层制作、安装 3. 窗台板制作、安装 4. 刷防护材料
010809002	铝塑窗台板				
010809003	金属窗台板				
010809004	石材窗台板	1. 粘结层厚度、砂浆配合比 2. 窗台板材质、规格、颜色			1. 基层清理 2. 抹找平层 3. 窗台板制作、安装

6.5　油漆、涂料、裱糊工程

6.5.1　油漆、涂料、裱糊工程概述

油漆、涂料是指涂敷于物体表面，并能与物体表面材料很好粘结并形成完整保护膜的物质。它不仅能使建筑物内外整齐美观，保护被涂覆的建筑材料，还可以延长建筑物使用寿命，改善建筑物室内外效果。

裱糊工程是指将壁纸或墙布粘贴在室内的墙面、柱面、顶棚面得装饰工程。它除具有装饰功能外，有的还具有吸声、隔热、防潮、防霉、防火、防水等功能。

油漆、涂料、裱糊工程包括木材面、金属面、抹灰面油漆（基层处理、清漆、聚氨酯清漆、硝基清漆、聚酯漆、防火漆），涂料、乳胶漆（刮腻子高级乳胶漆、普通乳胶漆、水泥漆、外墙涂料、喷塑、喷涂），裱糊（墙面、梁、柱面、顶棚）。

6.5.2　油漆、涂料、裱糊工程基础定额工程量计算规则

（1）楼地面、顶棚面、墙、柱、梁面的喷（刷）涂料、抹灰面油漆及裱糊工程，均按楼地面、顶棚面、墙、柱、梁面装饰工程相应的工程量计算规则规定计算。

（2）木材面、金属面油漆的工程量分别按表 6-32～表 6-39 规定计算，并乘以表列系数以 m² 计算。

1）木材面油漆的工程量按表 6-32～表 6-35 规定计算。

表 6-32　单层木门工程量系数

项 目 名 称	系 数	工程量计算方法
单层木门	1.00	
双层（一玻一纱）木门	1.36	
双层（单裁口）木门	2.00	按单面洞口面积计算
单层全玻门	0.83	
木百叶门	1.25	
厂库大门	1.10	

表 6-33　单层木窗工程量系数

项 目 名 称	系 数	工程量计算方法
单层玻璃窗	1.00	
双层（一玻一纱）木窗	1.36	
双层（单裁口）木窗	2.00	
三层（二玻一纱）木窗	2.60	按单面洞口面积计算
单层组合窗	0.83	
双层组合窗	1.13	
木百叶窗	1.50	

表 6-34　木扶手（不带托板）工程量系数

项目名称	系数	工程量计算方法	项目名称	系数	工程量计算方法
木扶手（不带托板）	1.00		封檐板、顺水板	1.74	
木扶手（带托板）	2.60	按延长米	挂衣板、黑板框	0.52	按延长米
窗帘盒	2.04		生活园地框、挂镜线、窗帘棍	0.35	

表 6-35　其他木材面工程量系数

项目名称	系数	工程量算方法	项目名称	系数	工程量计算方法
木板、纤维板、胶合板顶棚、檐口	1.00		屋面板（带檩条）	1.1	斜长×宽
清水板条顶棚、檐口	1.07		木间壁、木隔断	1.90	
木方格吊顶顶棚	1.20		玻璃间壁露明墙筋	1.65	
吸声板墙面、顶棚面	0.87	长×宽	木栅栏、木栏杆（带扶手）	1.82	单面外围面积
鱼鳞板墙	2.48		木屋架	1.79	跨度（长）×中高×1/2
木护墙、墙裙	0.91		衣柜、壁柜	0.91	投影面积（不展开）
			零星木装修	0.87	展开面积
窗台板、筒子板盖板	0.82		木地板、木踢脚线	1.00	长×宽
暖气罩	1.28		木楼梯（不包括底面）	2.30	水平投影面积

2）金属面油漆的工程量按表 6-36、表 6-37 规定计算。

表 6-36　单层钢门窗工程量系数表

项目名称	系数	工程量计算方法	项目名称	系数	工程量计算方法
单层钢门窗	1.00	洞口面积	厂库房平开、推拉门	1.70	框（扇）外围面积
双层（一玻一纱）钢门窗	1.48		钢丝网大门	0.81	
钢百叶钢门	2.74		间壁	1.85	长×宽
半截百叶钢门	2.22		平板屋面	0.74	斜长×宽
满钢门或包铁皮门	1.63		瓦垄板屋面	0.89	斜长×宽
钢折叠门	2.30		排水、伸缩缝盖板	0.78	展开面积
射线防护门	2.96		吸气罩	1.63	水平投影面积

表 6-37　其他金属面工程量系数表

项目名称	系数	工程量计算方法	项目名称	系数	工程量计算方法
钢屋架、天窗架、挡风架、屋架梁、支撑、檩条	1.00	重量（t）	钢栅栏门、栏杆、窗栅	1.71	质量（t）
墙架（空腹式）	0.5		钢爬梯	1.18	
墙架（格板式）	0.82		轻型屋架	1.42	
钢柱、吊车梁、花式梁柱、空花构件	0.63		踏步式钢扶梯	1.05	
操作台、走台、制动梁、钢梁车档	0.71		零星铁件	1.32	

（3）抹灰面油漆、涂料的工程量按表 6-38、表 6-39 计算。

表 6-38　平板屋面涂刷磷化、锌黄底漆工程量系数表

项目名称	系数	工程量计算方法
平板屋面	1.00	斜长×宽
瓦垄板屋面	1.20	
排水、伸缩缝盖板	1.05	展开面积
吸气罩	2.20	水平投影面积
包镀锌薄钢板门	2.20	洞口面积

表 6-39　抹灰面工程量系数表

项目名称	系数	工程量计算方法
槽形底板、混凝土折板	1.30	长×宽
有梁底板	1.10	
密肋、井字梁底板	1.50	
混凝土平板式楼梯底	1.30	水平投影面积

6.5.3 油漆、涂料、裱糊工程基础定额相关规定

（1）定额刷漆、刷油采用手工操作；喷塑、喷涂、喷油采用机械操作，操作方法不同时不另调整。

（2）油漆浅、中、深各种颜色，已综合在定额内，颜色不同，不另调整。

（3）定额在同一平面上的分色及门窗内外分色已综合考虑。如需做美术图案者，另行计算。

（4）定额规定的喷、涂、刷遍数，如与设计要求不同时，可按每增加一遍定额项目进行调整。

（5）喷塑（一塑三油）、底油、装饰漆、面油，其规格划分如下：

1）大压花，喷点压平、点面积在 $1.2cm^2$ 以上。

2）中压花，喷点压平、点面积在 $1 \sim 1.2cm^2$。

3）喷中点、幼点，喷点面积在 $1cm^2$ 以下。

6.5.4 清单计价工程量计算规则

（1）门油漆（编码：011401）工程量清单项目设置及工程量计算规则见表6-40。

表6-40　门油漆（011401）

项目编码	项目名称	项目特征	计量单位	工程量计算规则	工作内容
011401001	木门油漆	1. 门类型 2. 门代号及洞口尺寸 3. 腻子种类 4. 刮腻子遍数 5. 防护材料种类 6. 油漆品种、刷漆遍数	1. 樘 2. m²	1. 以"樘"计量，按设计图示数量计量 2. 以"m²"计量，按设计图示洞口尺寸以面积计算以樘计量，按设计图示数量计量	1. 基层清理 2. 刮腻子 3. 刷防护材料、油漆
011401002	金属门油漆				1. 除锈、基层清理 2. 刮腻子 3. 刷防护材料、油漆

注：1. 木门油漆应区分木大门、单层木门、双层（一玻一纱）木门、双层（单裁口）木门、全玻自由门、半玻自由门、装饰门及有框门或无框门等项目，分别编码列项。

2. 金属门油漆应区分平开门、推拉门、钢制防火门列项。

3. 以 m² 计量，项目特征可不必描述洞口尺寸。

（2）窗油漆（编码：011402）工程量清单项目设置及工程量计算规则见表6-41。

表6-41　窗油漆（011402）

项目编码	项目名称	项目特征	计量位	工程量计算规则	工作内容
011402001	木窗油漆	1. 窗类型 2. 窗代号及洞口尺寸 3. 腻子种类 4. 刮腻子遍数 5. 防护材料种类 6. 油漆品种、刷漆遍数	1. 樘 2. m²	1. 以"樘"计量，按设计图示数量计量 2. 以"m²"计量，按设计图示洞口尺寸以面积计算	1. 基层清理 2. 刮腻子 3. 刷防护材料、油漆
011402002	金属窗油漆				1. 除锈、基层清理 2. 刮腻子 3. 刷防护材料、油漆

注：1. 木窗油漆应区分单层木门、双层（一玻一纱）木窗、双层框扇（单裁口）木窗、双层框三层（二玻一纱）木窗、单层组合窗、双层组合窗、木百叶窗、木推拉窗等项目，分别编码列项。

2. 金属窗油漆应区分平开窗、推拉窗、固定窗、组合窗、金属隔栅窗分别列项。

3. 以 m² 计量，项目特征可不必描述洞口尺寸。

（3）木扶手及其他板条线条油漆（编码：011403）工程量清单项目设置及工程量计算规则见表6-42。

表 6-42　木扶手及其他板线条油漆（011403）

项目编码	项目名称	项目特征	计量单位	工程量计算规则	工作内容
011403001	木扶手油漆	1. 断面尺寸 2. 腻子种类 3. 刮腻子要求 4. 防护材料种类 5. 油漆品种、刷漆遍数	m	按设计图示尺寸以长度计算	1. 基层清理 2. 刮腻子 3. 刷防护材料、油漆
011403002	窗帘盒油漆
011403003	封檐板、顺水板油漆
011403004	挂衣板、黑板框油漆
011403005	挂镜线、窗帘棍、单独木线油漆

注：木扶手应区分带托板与不带托板，分别编码列项，若是木栏杆代扶手，木扶手不应单独列项应包含在木栏杆油漆中。

（4）木材面油漆（编码：011404）工程量清单项目设置及工程量计算规则见表6-43。

表 6-43　木材面油漆（011404）

项目编码	项目名称	项目特征	计量单位	工程量计算规则	工作内容
011404001	木板、纤维板、胶合板油漆	1. 腻子种类 2. 刮腻子遍数 3. 防护材料种类 4. 油漆品种、刷漆遍数	m²	按设计图示尺寸以面积计算	1. 基层清理 2. 刮腻子 3. 刷防护材料、油漆
011404002	木护墙、木墙裙油漆
011404003	窗台板、筒子板、盖板、门窗套、踢脚线油漆
011404004	清水板条天棚、檐口油漆
011404005	木方格吊顶天棚油漆
011404006	吸音板墙面、天棚面油漆
011404007	暖气罩油漆
011404008	木间壁、木隔断油漆				按设计图示尺寸以单面外围面积计算
011404009	玻璃间壁露明墙筋油漆
011404010	木栅栏、木栏杆（带扶手）油漆
011404011	衣柜、壁柜油漆				按设计图示尺寸以油漆部分展开面积计算
011404012	梁柱饰面油漆
011404013	零星木装修油漆
011404014	木地板油漆				按设计图示尺寸以面积计算。空洞、空圈、暖气包槽、壁龛的开口部分并入相应的工程量内
011404015	木地板烫硬蜡面	1. 硬蜡品种 2. 面层处理要求				1. 基层清理 2. 烫蜡

（5）金属面油漆（编码：011405）工程量清单项目设置及工程量计算规则见表6-44。

表 6-44　金属面油漆（011405）

项目编码	项目名称	项目特征	计量单位	工程量计算规则	工作内容
011405001	金属面油漆	1. 构件名称 2. 腻子种类 3. 刮腻子要求 4. 防护材料种类 5. 油漆品种、刷漆遍数	1. t 2. m²	1. 以 "t" 计量按设计图示尺寸以质量计算 2. 以 m² 计量按设计展开面积计算	1. 基层清理 2. 刮腻子 3. 刷防护材料、油漆

（6）抹灰面油漆（编码：011406）工程量清单项目设置及工程量计算规则见表6-45。

表6-45　抹灰面油漆（011406）

项目编码	项目名称	项目特征	计量单位	工程量计算规则	工作内容
011406001	抹灰面油漆	1. 基层类型 2. 腻子种类 3. 刮腻子遍数 4. 防护材料种类 5. 油漆品种、刷漆遍数	m²	按设计图示尺寸以面积计算	1. 基层清理 2. 刮腻子 3. 刷防护材料、油漆
011406002	抹灰线条油漆	1. 线条宽度、道数 2. 腻子种类 3. 刮腻子遍数 4. 防护材料种类 5. 油漆品种、刷漆遍数	m	按设计图示尺寸以长度计算	
011406003	满刮腻子	1. 基层类型 2. 腻子种类 3. 刮腻子遍数	m²	按设计图示尺寸以面积计算	1. 基层清理 2. 刮腻子

（7）喷刷、涂料（编码：011407）工程量清单项目设置及工程量计算规则见表6-46。

表6-46　喷刷、涂料（011407）

项目编码	项目名称	项目特征	计量单位	工程量计算规则	工作内容
011407001	墙面喷刷涂料	1. 基层类型 2. 喷刷涂料部位 3. 腻子种类 4. 刮腻子要求 5. 涂料品种、喷刷遍数	m²	按设计图示尺寸以面积计算	1. 基层清理 2. 刮腻子 3. 刷、喷涂料
011407002	天棚喷刷涂料				
011407003	空花格、栏杆刷涂料	1. 腻子种类 2. 刮腻子遍数 3. 涂料品种、刷喷遍数	m²	按设计图示尺寸以单面外围面积计算	1. 基层清理 2. 刮腻子 3. 刷、喷涂料
011407004	线条刷涂料	1. 基层清理 2. 线条宽度 3. 刮腻子遍数 4. 刷防护材料、油漆	m	按设计图示尺寸以长度计算	
011407005	金属构件刷防火涂料	1. 喷刷防火涂料构件名称	1. m² 2. t	1. 以"t"计量，按设计图示尺寸以质量计算 2. 以"m²"计量，按设计展开面积计算	1. 基层清理 2. 刷防护材料、油漆
011407006	木材构件喷刷防火涂料	2. 防火等级要求 3. 涂料品种、喷刷遍数	1. "m²" 2. "m³"	1. 以"m²"计量，按设计图示尺寸以面积计算 2. 以"m³"计量，按设计结构尺寸以体积计算	1. 基层清理 2. 刷防火材料

注：喷刷墙面涂料部位要注明内墙或外墙。

（8）裱糊工程（编码：011408）工程量清单项目设置及工程量计算规则见表 6-47。

表 6-47 裱糊（011408）

项目编码	项目名称	项目特征	计量单位	工程量计算规则	工作内容
011408001	墙纸裱糊	1. 基层类型 2. 裱糊部位 3. 腻子种类 4. 刮腻子遍数 5. 粘结材料种类 6. 防护材料种类 7. 面层材料品种、规格、颜色	m²	按设计图示尺寸以面积计算	1. 基层清理 2. 刮腻子 3. 面层铺粘 4. 刷防护材料
011408002	织锦缎裱糊				

6.6 其 他 工 程

6.6.1 其他工程概述

其他工程包括柜类、货架，暖气罩，厕浴配件，压条、装饰线，雨篷饰面、旗杆，招牌、灯箱及美术字等项目。

（1）厨房壁柜和吊柜，嵌入墙内为壁柜；以支架固定在墙上的吊柜。

（2）镜面玻璃和灯箱等的基层材料是指玻璃背后的衬垫材料，如胶合板、油毡等。

（3）装饰性和美术字的基层类型是指装饰性、美术字依托体的材料，砖墙、木墙、石墙、混凝土墙、墙面抹灰、钢支架等。

（4）旗杆高度指旗杆台座上表面至杆顶的尺寸（包括珠球）。

（5）美术字的字体规格以字的外接矩形长、宽和字的厚度表示。固定方式指粘贴、焊接以及铁钉、螺栓、铆钉固定等方式。

6.6.2 其他工程消耗量定额工程量计算规则

（1）招牌、灯箱

1）平面招牌基层按正立面面积计算，复杂形的凹凸造型部分亦不增减。

2）沿雨篷、檐口或阳台走向的立式招牌基层，按平面招牌复杂型执行时，应按展开面积计算。

3）箱体招牌和竖式标箱的基层，按外围体积计算。突出箱外的灯饰、店徽及其他艺术装潢等均另行计算。

4）灯箱的面层按展开面积以"m²"计算。

5）广告牌钢骨架以"t"计算。

（2）美术字安装按字的最大外围矩形面积以个计算。

（3）压条、装饰线条均按延长米计算。

（4）暖气罩（包括脚的高度在内）按边框外围尺寸垂直投影面积计算。

（5）镜面玻璃安装、盥洗室木镜箱以正立面面积计算。

（6）塑料镜箱、毛巾环、肥皂盒、金属帘子杆、浴缸拉手、毛巾杆安装以只或副计算。

不锈钢旗杆以延长米计算。大理石洗漱台以台面投影面积计算（不扣除孔洞面积）。

（7）货架、柜橱类均以正立面的高（包括脚的高度在内）乘以宽以"m²"计算。

（8）收银台、试衣间等以个计算，其他以延长米为单位计算。

（9）拆除工程量按拆除面积或长度计算，执行消耗量定额相应子目。

6.6.3 其他工程消耗量定额相关规定

（1）其他工程定额项目在实际施工中使用的材料品种、规格与设计取定不同时，可以换算，但人工、机械不变。

（2）定额中铁件已包括刷防锈漆一遍，如设计需涂刷油漆、防火涂料按相应子目执行。

（3）招牌基层

1）平面招牌是指安装在门前的墙面上；箱体招牌、竖式标箱是指六面体固定在墙面上；沿雨篷、檐口、阳台走向立式招牌，按平面招牌复杂项目执行。

2）一般招牌和矩形招牌是指正立面平整无凸面；复杂招牌和异形招牌是指正立面有凹凸造型。

3）招牌的灯饰均不包括在定额内。

（4）美术字安装。美术字均以成品安装固定为准。美术字不分字体均执行本定额。

（5）装饰线条

1）木装饰线、石膏装饰线均以成品安装为准。

2）石材装饰线条均以成品安装为准。石材装饰线条磨边、磨圆角均包括成品的单价中，不再另计。

（6）石材磨边、磨斜边、磨半圆边及台面开孔子目均为现场磨制。

（7）装饰线条以墙面上直线安装为准，如顶棚安装直线形、圆弧形或其他图案者，按以下规定计算。

1）顶棚面安装直线装饰线条人工乘以1.34系数。

2）顶棚面安装圆弧装饰线条人工乘1.6系数，材料乘1.1系数。

3）墙面安装圆弧装饰线条人工乘1.2系数，材料乘1.1系数。

4）装饰线条做艺术图案者，人工乘1.8系数，材料乘1.1系数。

（8）暖气罩挂板式是指钩挂在暖气片上；平墙式是指凹入墙内；明式是指凸出墙面；半凹半凸式按明式定额子目执行。

（9）货架、柜类定额中未考虑面板拼花及饰面板上贴其他材料的花饰、造型艺术品。

6.6.4 清单计价工程量计算规则

（1）柜类、货架（编码：011501）工程量清单项目设置及工程量计算规则见表6-48。

表6-48　柜类、货架（011501）

项目编码	项目名称	项目特征	计量单位	工程量计算规则	工作内容
011501001	柜台	1. 台柜规格 2. 材料种类、规格 3. 五金种类、规格 4. 防护材料种类 5. 油漆品种、刷漆遍数	1. 个 2. m	1. 以"个"计量按设计图示数量计算 2. 以"m"计量，按设计图示尺寸以延长米计算	1. 台柜制作、运输、安装（安放） 2. 刷防护材料、油漆 3. 五金件安装
011501002	酒柜				
011501003	衣柜				
011501004	存包柜				
011501005	鞋柜				

（续）

项目编码	项目名称	项目特征	计量单位	工程量计算规则	工作内容
011501006	书柜				
011501007	厨房壁柜				
011501008	木壁柜				
011501009	厨房低柜				
011501010	厨房吊柜	1. 台柜规格 2. 材料种类、规格 3. 五金种类、规格 4. 防护材料种类 5. 油漆品种、刷漆遍数	1. 个 2. m	1. 以"个"计量按设计图示数量计算 2. 以"m"计量，按设计图示尺寸以延长米计算	1. 台柜制作、运输、安装（安放） 2. 刷防护材料、油漆 3. 五金件安装
011501011	矮柜				
011501012	吧台背柜				
011501013	酒吧吊柜				
011501014	酒吧台				
011501015	展台				
011501016	收银台				
011501017	试衣间				
011501018	货架				
011501019	书架				
011501020	服务台				

（2）扶手、栏杆、栏板装饰：工程量清单项目的设置及工程量计算规则见表 6-49。

表 6-49　扶手、栏杆、栏板装饰（编码：011503）

项目编码	项目名称	项目特征	计量单位	工程量计算规则	工作内容
011503001	金属扶手、栏杆、栏板	1. 扶手材料种类、规格、品牌 2. 栏杆材料种类、规格、品牌 3. 栏板材料种类、规格、品牌、颜色 4. 固定配件种类 5. 防护材料种类	m	按设计图示以扶手中心线长度（包括弯头长度）计算	1. 制作 2. 运输 3. 安装 4. 刷防护材料
011503002	硬木扶手、栏杆、栏板				
011503003	塑料扶手、栏杆、栏板				
011503004	金属靠墙扶手	1. 扶手材料种类、规格、品牌 2. 固定配件种类 3. 防护材料种类			
011503005	硬木靠墙扶手				
011503006	塑料靠墙扶手				
011503006	玻璃栏板	1. 栏杆玻璃的种类、规格、颜色、品牌 2. 固定方式 3. 固定配件种类	m	按设计图示以扶手中心线长度（包括弯头长度）计算	1. 制作 2. 运输 3. 安装 4. 刷防护材料

（3）暖气罩（编码：011504）工程量清单项目设置及工程量计算规则见表 6-50。

表 6-50　暖气罩 (011504)

项目编码	项目名称	项目特征	计量单位	工程量计算规则	工作内容
011504001	饰面板暖气罩	1. 暖气罩材质 2. 防护材料种类	m²	按设计图示尺寸以垂直投影面积（不展开）计算	1. 暖气罩制作、运输、安装 2. 刷防护材料、油漆
011504002	塑料板暖气罩				
011504003	金属暖气罩				

（4）浴厕配件（编码：011505）工程量清单项目设置及工程量计算规则见表 6-51。

表 6-51　浴厕配件 (011505)

项目编码	项目名称	项目特征	计量单位	工程量计算规则	工作内容
011505001	洗漱台	1. 材料品种、规格、品牌、颜色 2. 支架、配件品种、规格、品牌	1. m² 2. 个	1. 按设计图示尺寸以台面外接矩形面积计算。不扣除孔洞、挖弯、削角所占面积，挡板、吊沿板面积并入台面面积内 2. 若设计图示数量计算	1. 台面及支架、运输、安装 2. 杆、环、盒、配件安装 3. 刷油漆
011505002	晒衣架		个	按设计图示数量计算	
011505003	帘子杆				
011505004	浴缸拉手				
011505005	卫生间扶手				
011505006	毛巾杆（架）		套		1. 台面及支架制作、运输、安装 2. 杆、环盒、配件、安装 3. 刷油漆
011505007	毛巾环		副		
011505008	卫生纸盒		个		
011505009	肥皂盒				
011505010	镜面玻璃	1. 镜面玻璃品种、规格 2. 框材质、断面尺寸 3. 基层材料种类 4. 防护材料种类	m²	按设计图示尺寸以边框外围面积计算	1. 基层安装 2. 玻璃及框制作、运输、安装
011505011	镜箱	1. 箱材质、规格 2. 玻璃品种、规格 3. 基层材料种类 4. 防护材料种类 5. 油漆品种、刷漆遍数	个	按设计图示数量计算	1. 基层安装 2. 箱体制作、运输、安装 3. 玻璃安装 4. 刷防护材料、油漆

（5）压条、装饰线（编码：011502）工程量清单项目设置及工程量计算规则见表 6-52。

表 6-52　压条、装饰线（011502）

项目编码	项目名称	项目特征	计量单位	工程量计算规则	工作内容
011502001	金属装饰线	1. 基层类型 2. 线条材料品种、规格、颜色 3. 防护材料种类	m	按设计图示尺寸以长度计算	1. 线条制作、安装 2. 刷防护材料
011502002	木质装饰线				
011502003	石材装饰线				
011502004	石膏装饰线				
011502005	镜面玻璃线				
011502006	铝塑装饰线				
011502007	塑料装饰线				

（6）雨篷、旗杆（编码：011506）工程量清单项目设置及工程量计算规则见表6-53。

表 6-53　雨篷、旗杆（011506）

项目编码	项目名称	项目特征	计量单位	工程量计算规则	工作内容
011506001	雨篷吊挂饰面	1. 基层类型 2. 龙骨材料种类、规格、中距 3. 面层材料品种、规格、品牌 4. 吊顶（天棚）材料品种、规格、品牌 5. 嵌缝材料种类 6. 防护材料种类	m²	按设计图示尺寸以水平投影面积计算	1. 底层抹灰 2. 龙骨基层安装 3. 面层安装 4. 刷防护材料、油漆
011506002	金属旗杆	1. 旗杆材料、各类、规格 2. 旗杆高度 3. 基础材料种类 4. 基座材料种类 5. 基座面层材料、种类、规格	根	按设计图示数量计算	1. 土石挖、填、运 2. 基础混凝土浇筑 3. 旗杆制作、安装 4. 旗杆台座制作、饰面
011506003	玻璃雨篷	1. 玻璃雨篷固定方式 2. 龙骨材料种类、规格、中距 3. 玻璃材料品种、规格、品牌 4. 嵌缝材料种类 5. 防护材料种类	M2	按设计图示尺寸以水平投影面积计算	1. 龙骨基层安装 2. 面层安装 3. 刷防护材料、油漆

（7）招牌、灯箱（编码：011507）工程量清单项目设置及工程量计算规则见表6-54。

表 6-54　招牌、灯箱（011507）

项目编码	项目名称	项目特征	计量单位	工程量计算规则	工作内容
011507001	平面、箱式招牌	1. 箱体规格 2. 基层材料种类 3. 面层材料种类 4. 防护材料种类	m²	按设计图示尺寸以正立面边框外围面积计算。复杂形的凹凸造型部分不增加面积	1. 基层安装 2. 箱体及支架制作、运输、安装 3. 面层制作、安装 4. 刷防护材料、油漆
011507002	竖式标箱		个	按设计图示数量计算	
011507003	灯箱				

（8）美术字（编码：011508）工程量清单项目设置及工程量计算规则见表6-55。

表6-55　美术字（011508）

项目编码	项目名称	项目特征	计量单位	工程量计算规则	工作内容
011508001	泡沫塑料字	1. 基层类型 2. 镌字材料品种、颜色 3. 字体规格 4. 固定方式 5. 油漆品种、刷漆遍数	个	按设计图示数量计算	1. 字制作、运输、安装 2. 刷油漆
011508002	有机玻璃字				
011508003	木质字				
011508004	金属字				
011508005	吸塑字				

第7章 建筑与装饰工程工程量 计算编制实例

为了对工程量计算有一个清晰的认识，下面用一个实际例子，完整地介绍建筑、装饰工程工程量计算的具体方法。

某民宅工程为框架结构，2 层，建筑面积 360m²，总高度 6.6m，钢筋混凝土独立基础，施工图共 7 张（如图 7-1 ~ 图 7-7 所示）。

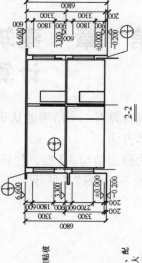

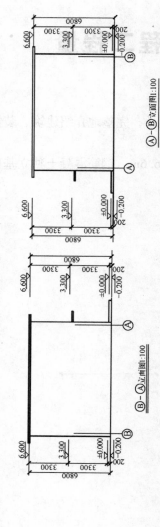

施工图设计说明

1.设计依据
1.1建设单位提供的项目批准文件和规划总平面图。
1.2建设单位审定的设计方案和经确认的设计任务书。
1.3工程所在地区现行的设计规范、建筑设计规定。

2.项目概况
2.1工程名称：××住宅　　工程地点：××村
2.2建筑面积：360.0m²。
2.3建筑层数为2层，建筑高度6.800m。
2.4建筑结构形式为钢筋混凝土框架结构。
2.5设计使用年限为50年。
2.6抗震设防烈度按6度设计。
2.7防火设计的建筑耐火等级为二级。
2.8屋面的防水等级为二级。

3.设计标高
3.1本工程±0.000为一层室内地坪标高，相当于绝对标高为22.45m。室外高差为-0.200m。
3.2各层标注标高为完成面标高，图面标高以m为单位。
3.3本工程标高以m（m）为单位，总平面尺寸以m（m）为单位，其他尺寸以毫米（mm）为单位标示。

4.墙体工程
4.1墙体的基础部分详见结构施工图。
4.2本工程采用水泥空心砌块墙，外墙采用240厚，内墙采用190厚，卫生间采用90厚，砌块强度≥MU5.0，表观密度≤1200kg/强度≥等级应为。
4.3图做法：见立面图，楼地面构造详见构造。
4.4外墙装饰：所有外墙涂料采用高级建筑外墙涂料。
4.5所以内墙做法详见上层；上、下均做墙水泥砂浆面。
4.6凡门窗洞留槽处及构造柱、凡用水泥砂浆围周围贴防水砂浆建筑，下挂应应做时水试验合格后再进行下道工序，做法详见92J301P31。
4.7卫生间均设置网络后均坡变出水式水泥砂浆找平面排阳排水。

5.门窗工程
5.1建筑外门窗应从出性能分级为2级。气密性能分级为4级，水密性能分级为3级，保温性能分级为4级，隔声性能分级为4级

1-1

2-2

图 7-1

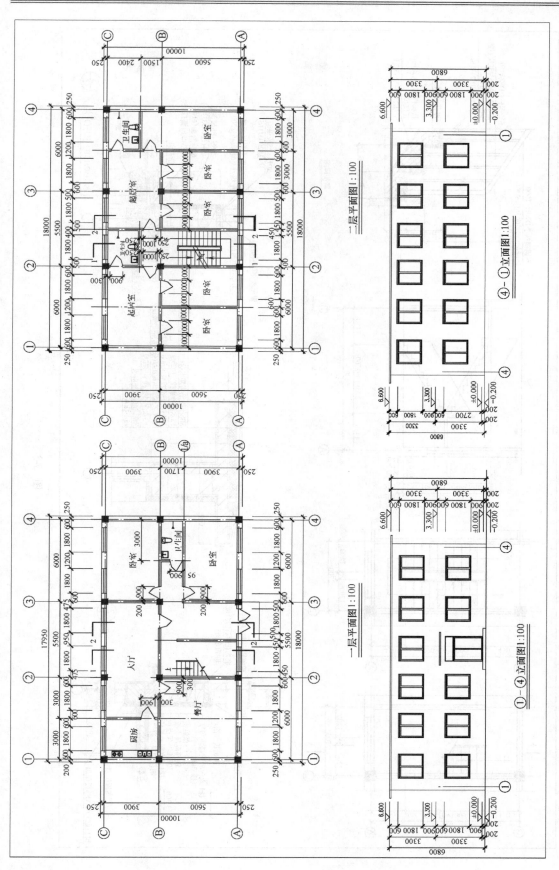

图 7-2

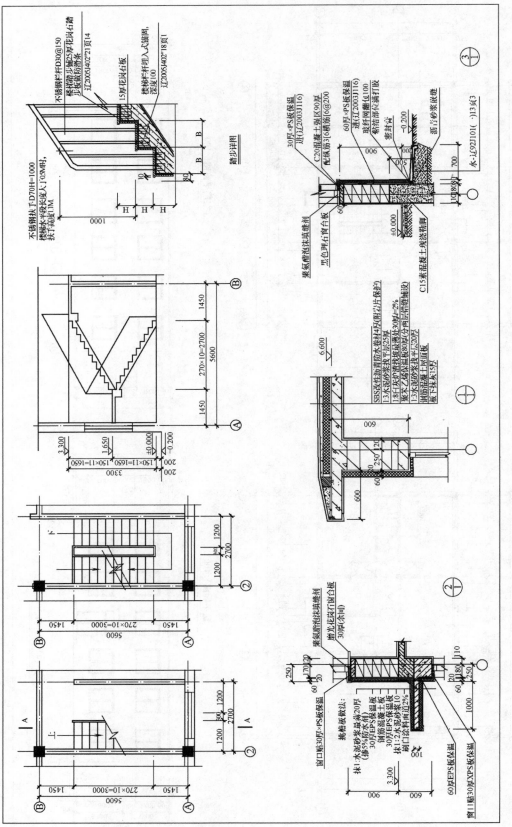

图 7-3

结构设计总说明

一、工程概况：

1. 本工程为××住宅。

2. 结构形式为现浇钢筋混凝土框架结构，基础采用柱下独立基础。

二、建筑结构安全等级及设计使用年限

1. 建筑结构安全等级：二级。

2. 设计使用年限：50年。

3. 建筑抗震设防分类为：丙类。

4. 地基基础设计等级：丙级。

5. 桩基结构抗震等级为：二级。

三、自然条件

1. 基本风压为0.55kN/m²，地面粗糙度类别：B类。

2. 基本雪压为0.4kN/m²。

3. 抗震设防烈度为：七度，设计基本地震加速度为0.15g。地震分组为Ⅰ组，场地类别Ⅱ类。

4. 场地标准冻深：1.0m。

5. 场地工程地质条件：

本工程采用下列立井地基标高±0.000为相对标高，地基承载力特征值=150kN/m²。

四、建筑物室内地面标高±0.000相对高程。

五、本工程设计遵循的标准、规范

1. 建筑结构荷载规范（GB50009—2001）

2. 混凝土结构设计规范（GB50010—2002）

3. 建筑地基基础设计规范（GB50007—2002）

4. 建筑抗震设计规范（GB50011—2001）

六、荷载

使用荷载：不上人屋面：0.7kN/m²，楼面2.0kN/m²，楼梯2.0kN/m²。

七、本工程设计计算所采用的计算程序为广厦建筑结构CAD软件。

八、材料

1. 混凝土：

框架柱、框梁、楼梯、DL，均为C30素混凝土垫层1:吊层C10，

2. 钢筋：

本工程采用普通钢筋：HPB235级（Ⅰ），HRB335级（Ⅱ）。

3. 砌体：

±0.000以下外墙采用MU30毛石，M7.5水泥砂浆砌筑。±0.000以上内墙采用MU5空心砌块，±0.000以上内墙采用MU5空心砌块，砌块容重≤11kN/m³，MU5空心砌块，Mb5混合砂浆砌筑，砌块容重≤11kN/m³，±0.000以下内墙采用MU10实心砖，M7.5水泥砂浆砌筑。

九、钢筋混凝土结构构造

1. 现浇板分布筋除注明外均为φ6@200。

2. 楼板上有洞口时，且洞口内径≤300且洞筒配合设施道时，电池钢筒预留，不能截断构件半筋；未经设计同意，不得任意截断上升筒。

3. 受力钢筋空弯时最小混凝土保护层厚度见03G101-1P33。（本工程DL、基础YP为二类环境，一类环境）

4. 框架梁纵向受拉钢筋抗震锚固两长度见a及。

5. 钢筋机械连接锚固两构造，梁中间支座下部钢筋锚固及搭接构造见03G101-1P35。

6. 抗震KZ纵向钢筋连接构造见03G101-1P37B。

7. 抗震KZ边柱和角柱柱顶纵向钢筋构造，抗震KZ柱顶纵向钢筋构造见03G101-1P37B。

8. 抗震KZ中柱柱顶纵向钢筋构造，抗震KZ柱变截面向钢筋构造见03G101-1P38。

9. 抗震KZ箍筋加密区范围构造见03G101-1P39。

10. 抗震KZ箍筋加密区高度选用表见03G101-1P41。

11. 抗震楼层框架梁KL纵向钢筋构造见03G101-1P54。

12. 抗震屋面框架梁WKL纵向钢筋构造（一）、（二）见03G101-1P55、56。

13. KL、WKL中间支座纵向钢筋构造见03G101-1P61。

14. 不同级抗震等级KL、WKL箍筋、附加箍筋、吊筋构造见03G101-1P63。

15. 尾筋构造见03G101-1P65。

16. L、l中之间纵向钢筋构造，XL及各类的悬挑钢筋配筋构造见03G101-1P66。

17. 梁柱表示方法表见03G101-1P平面整体表示法。

18. 本说明（03G101-1为04年5月版。

19. 位于平间：连接区段内的受拉钢筋搭接接头面积以百分率对接板及接头面积百分率不宜大于25%，对柱不宜大于50%。钢筋搭接头连接接区段的长度为1.3倍搭接长度，搭接范围内箍筋间为100，钢筋直径≥22时优先采用机械连接。

十、抗震构造

填充墙与柱间（包括墙与墙间）等构造见L2002G802P22，P23，P24，规定。

十一、其他

1. 悬挑构件施工时，应设临时支撑，其混凝土达到设计强度100%时可拆除临时支撑。

2. 凡底板上铺锚端，其下面无洗时，板内钢应应设置增设附加钢筋，板跨≤4.5m附加钢筋为φ110@50，板跨>4.5m板，附加钢筋为φ116@50。

3. 地沟盖板，沟壁选用辽2004G304，GB10-KGB10-3。GL10-盖板或下标高-0.050。

4. 地沟入口削前见13页下，众②。

5. DL梁箍处GL选辽2004G307，GL1.10-6。

6. 地沟应按计设选施道。

十二、木设计未详处有关地道、施工执行。

十三、木设计未考虑冬季施工。

十四、施工图图所注人尺以毫米（mm）计，标高以米（m）计。

十五、填充墙柱入≥5m时，梁顶与梁连接；墙长超过2倍时，设置墙超过层高2倍柱，墙体半高设置与柱连接且墙柱配筋混凝土墙连接梁。墙高超过4m时，设单半高设置与柱连接且伞长通的钢筋混凝土墙1:水平系梁。

图 7-4

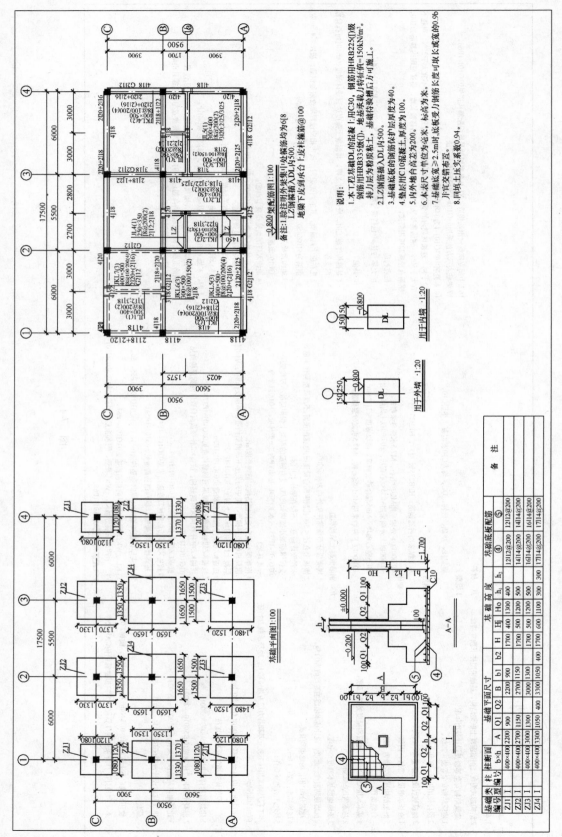

图 7-5

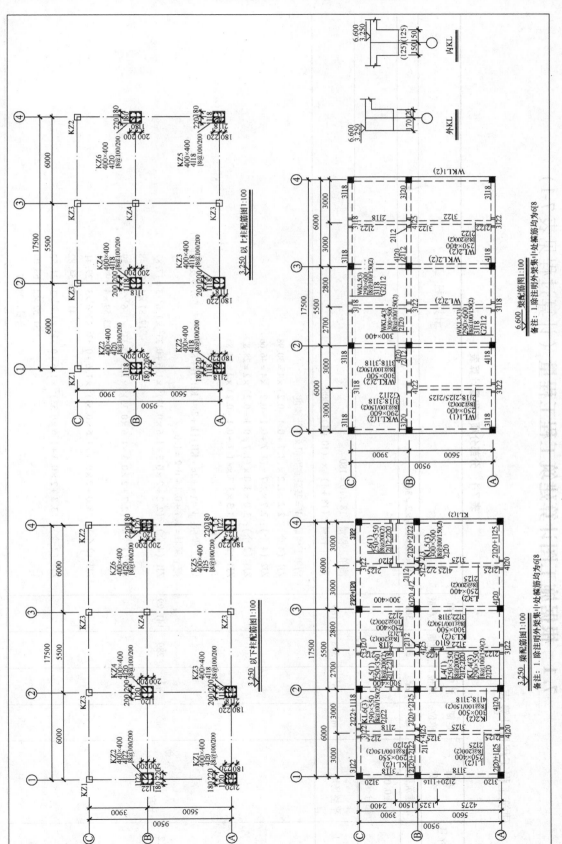

图 7-6

7.1 根据施工图计算建筑工程工程量（计算过程见表7-1）

建筑工程工程量计算表

表7-1　分部分项工程量计算表

序号	项目名称	定额单位	清单单位	定额工程量	清单工程量	计算过程
一	建筑面积	m^2	m^2	360	360	$18 \times 10 = 180 \times 2 = 360$
	±0.000以下部分					
1	平整场地	m^2	m^2	308	180	清单工程量：$18 \times 10 = 180$ 定额工程量：$(18+4) \times (10+4) = 308$
2	人工挖基础土方	m^3	m^3	289	141.29	清单工程量：$V =$ 基础底面积 × 挖土深度 ZJ1（4个）：$2.2 \times 2.2 \times (1.7+0.1-0.2) \times 4 = 30.98$ ZJ2（4个）：$2.7 \times 2.7 \times (1.7+0.1-0.2) \times 4 = 46.66$ ZJ3（2个）：$3.0 \times 3.0 \times (1.7+0.1-0.2) \times 2 = 28.8$ ZJ4（2个）：$3.3 \times 3.3 \times (1.7+0.1-0.2) \times 2 = 34.85$ 合计：141.29 定额工程量：$V = (a+2c+KH)(b+2c+KH)H + K^2H^3/3$（考虑放坡及工作面） 挖土深 $H = 1.7+0.1-0.2 = 1.6$ ZJ1（4个）：$(2.2+2 \times 0.3+1.6 \times 0.33)^2 \times 1.6 + 0.33^2 \times 1.6^3/3 = 17.87$ $17.87 \times 4 = 71.48$ ZJ2（4个）：$(2.7+2 \times 0.3+1.6 \times 0.33)^2 \times 1.6 + 0.33^2 \times 1.6^3/3 = 23.59$ $23.59 \times 4 = 94.36$ ZJ3（2个）：$(3.0+2 \times 0.3+1.6 \times 0.33)^2 \times 1.6 + 0.33^2 \times 1.6^3/3 = 27.41$ $27.41 \times 2 = 54.82$ ZJ4（2个）：$(3.3+2 \times 0.3+1.6 \times 0.33)^2 \times 1.6 + 0.33^2 \times 1.6^3/3 = 31.52$ $31.52 \times 2 = 63.04$ 合计：283.7

（续）

序号	项目名称	定额单位	清单单位	定额工程量	清单工程量	计算过程
3	地梁挖土	m^3	m^3	62.122	22.66	清单工程量：$V=$断面积×挖土长度 JKL1 (2)：$0.4×(0.5+0.8-0.2)×(9.5-1.12-2.7-1.12)=2.01$ JKL2 (2)：$0.3×(0.5+0.8-0.2)×(9.5-1.37-3.3-1.52)=1.09$ JKL3 (2)：$0.3×(0.5+0.8-0.2)×(9.5-1.37-3.3-1.52)=1.09$ JKL4 (2)：$0.4×(0.5+0.8-0.2)×(9.5-1.12-2.7)=2.01$ JKL5 (3)：$0.4×(0.5+0.8-0.2)×(17.5-1.12×2-3.0×2)=4.07$ JKL6 (3)：$0.3×(0.5+0.8-0.2)×(17.5-1.37×2-3.3×2)=2.69$ JKL7 (3)：$0.4×(0.5+0.8-0.2)×(17.5-1.12×2-2.7×2)=4.34$ JL1 (1)：$0.3×(0.4+0.8-0.2)×(3.9-0.15-0.15)=1.08$ JL2 (1)：$0.3×(0.45+0.8-0.2)×(5.6-0.15-0.15)=1.67$ JL3 (1)：$0.25×(0.35+0.8-0.2)×(1.7-0.15-0.15)=0.33$ JL4 (1)：$0.25×(0.35+0.8-0.2)×(2.7-0.15-0.15)=0.57$ JL5 (1)：$0.3×(0.4+0.8-0.2)×(6.0-0.15-0.15)=1.71$ 合计:22.66 定额工程量：考虑工作面其值为:62.122
4	基础混凝土（C10）垫层	m^3	m^3	10.166	10.166	清单工程量：$V=$底面积×厚度 ZJ1 (4个)：$(2.2+0.1×2)×(2.2+0.1×2)×0.1×4=2.304$ ZJ2 (4个)：$(2.7+0.1×2)×(2.7+0.1×2)×0.1×4=3.364$ ZJ3 (2个)：$(3.0+0.1×2)×(3.0+0.1×2)×0.1×2=2.048$ ZJ4 (2个)：$(3.3+0.1×2)×(3.3+0.1×2)×0.1×2=2.45$ 合计：10.166 定额工程量同清单工程量为：10.166
5	基础混凝土（C30）	m^3	m^3	38.722	38.722	清单工程量： ZJ1 (4个)：$2.2×2.2×0.4×4=7.744$ ZJ2 (4个)：$2.7×2.7×0.5×4=14.58$ ZJ3 (2个)：$3.0×3.0×0.5×2=9$ ZJ4 (2个)：$(3.3×3.3×0.3+1.2×1.2×0.3)×2=7.398$ 合计：38.722 定额工程量同清单工程量为：38.722

（续）

序号	项目名称	定额单位	清单单位	定额工程量	清单工程量	计算过程
6	基础DL混凝土（C30）	m³	m³	20.415	20.415	清单工程量：V=断面积×长度 JKL1 (2)：0.4×0.5×(9.5-0.4×2)=1.74 JKL2 (2)：0.3×0.5×(9.5-0.4×2)=1.305 JKL3 (2)：0.3×0.5×(9.5-0.4×2)=1.305 JKL4 (2)：0.4×0.5×(9.5-0.4×2)=1.74 JKL5 (3)：0.4×0.5×(17.5-0.4×3)=3.26 JKL6 (3)：0.3×0.5×(17.5-0.4×3)=2.445 JKL7 (3)：0.4×0.5×(17.5-0.4×3)=3.26 JL1 (1)：0.3×0.4×(3.9-0.15-0.15)=1.08 JL2 (1)：0.3×0.45×(5.6-0.15-0.15)=1.67 JL3 (1)：0.25×0.35×(1.7-0.15-0.15)=0.33 JL4 (1)：0.25×0.35×(2.7-0.15-0.15)=0.57 JL5 (1)：0.3×0.4×(6.0-0.15-0.15)=1.71 合计：20.415 定额工程量同清单工程量为：20.415
7	回填土	m³		265.01	77.84	定额工程量： 289+62.122-[10.166+38.722+20.415+5.317+9.54+0.4×0.4×(1.1×4+1.0×6+0.9×2)]=265.01 清单工程量： 141.29+22.66-[10.166+38.722+20.415+5.317+9.54+0.4×0.4×(1.1×4+1.0×6+0.9×2)]=77.84
8	外运土	m³		86.11	86.11	10.166+38.722+20.415+5.317+9.54+0.4×0.4×(1.1×4+1.0×6+0.9×2)=86.11
二	混凝土工程					
9	柱混凝土（C30）	m³		15.01	15.01	清单工程量： KZ1 (2个)：0.4×0.4×(6.6+1.3)×2=2.528 KZ2 (1个)：0.4×0.4×(6.6+1.3)=1.264 KZ2 (1个)：0.4×0.4×(6.6+1.2)=1.248 KZ3 (4个)：0.4×0.4×(6.6+1.2)×4=4.992

（续）

序号	项目名称	定额单位	清单单位	定额工程量	清单工程量	计算过程
9	柱混凝土 (C30)	m³	m³	15.01	15.01	KZ4 (2个)：0.4×0.4×(6.6+1.1)×2=2.464 KZ5 (1个)：0.4×0.4×(6.6+1.3)=1.264 KZ6 (1个)：0.4×0.4×(6.6+1.2)=1.248 合计：15.01 定额工程量：15.01 清单工程量：
						一层 KL1 (2)：0.29×0.55×(9.5−0.4×2)×2=2.78 KL2 (2)：0.3×0.5×(9.5−0.4×2)=1.305 KL3 (2)：0.3×0.5×(9.5−0.4×2)=1.305 KL4 (2)：0.29×0.55×(17.5−0.4×3)=2.6 KL5 (3)：0.4×0.5×(17.5−0.4×3)=3.26 KL6 (3)：0.29×0.55×(17.5−0.4×3)=2.6 L1 (2)：0.25×0.4×(9.5−0.3−0.12×2)=0.896 L2 (2)：0.25×0.4×(9.5−0.3−0.12×2)=0.896 L3 (2)：0.25×0.4×(9.5−0.3−0.12×2)=0.896 L4 (1)：0.25×0.35×(2.7−0.15−0.125)=0.212 L5 (1)：0.25×0.35×(2.7−0.15−0.125)=0.212 L6 (1)：0.25×0.35×(3.0−0.125−0.12)=0.241
10	单梁混凝土 (C30)	m³	m³	33.30	33.30	小计：17.20 二层 WKL1 (2)：0.29×0.6×(9.5−0.4×2)×2=3.03 WKL2 (2)：0.3×0.5×(9.5−0.4×2)×2=2.61 WKL3 (3)：0.29×0.6×(17.5−0.4×3)=2.84 WKL4 (3)：0.3×0.5×(17.5−0.4×3)=2.45 WKL5 (3)：0.29×0.6×(17.5−0.4×3)=2.84 WL1 (1)：0.25×0.4×(5.6−0.15−0.12)=0.533

（续）

序号	项目名称	定额单位	清单单位	定额工程量	清单工程量	计算过程
10	单梁混凝土(C30)	m³	m³	33.30	33.30	WL2 (2)：0.25×0.4×(9.5-0.3-0.12×2)×2=1.792 小计：16.1 合计：33.30 定额工程量同清单工程量为：33.30
11	板混凝土(C30)	m³	m³	28.03	28.03	清单工程量： 一层顶 (17.5-0.3×2-0.25×3-0.12×2)×(3.9-0.15-0.12)×0.1=5.78 (17.5-0.3×2-0.25-0.12×2)×(5.6-0.15-0.12)×0.1-(2.7-0.15-0.125)×(4.275-0.125-0.12)×0.1=7.77 小计：13.55 二层顶 (17.5-0.3×2-0.25×2-0.12×2)×(3.9-0.15-0.12)×0.1=5.87 (17.5-0.3×2-0.25×3-0.12×2)×(5.6-0.15-0.12)×0.1=8.61 小计：14.48 合计：28.03 定额工程量同清单工程量为：28.03
12	楼梯混凝土(C30)	m²	m²	10.34	10.34	清单工程量： (2.7-0.15-0.125)×(5.6-1.45-0.12+0.25)=10.34 定额工程量同清单工程量为：10.34
13	挑檐板混凝土(C30)	m³	m³	3.89	3.89	清单工程量： [(9.5+0.18×2)×2+(17.5+0.18×2)×2+4×0.67]×0.67×0.1=3.89 定额工程量同清单工程量为：3.89
14	楼梯LZ混凝土(C30)	m³	m³	0.72	0.72	清单工程量： (0.25×0.3)×(1.6+0.8)×4=0.72 定额工程量同清单工程量为：0.72

（续）

序号	项目名称	定额单位	清单单位	定额工程量	清单工程量	计算过程
三	钢筋工程					
15	一级钢筋Φ6	t	t	0.043	0.043	清单工程量同定额工程量：具体计算过程见钢筋工程量计算详解
16	一级钢筋Φ8	t	t	0.424	0.424	清单工程量同定额工程量：具体计算过程见钢筋工程量计算详解
17	一级钢筋Φ10	t	t	0.114	0.114	清单工程量同定额工程量：具体计算过程见钢筋工程量计算详解
18	二级钢筋Φ10	t	t	0.029	0.029	清单工程量同定额工程量：具体计算过程见钢筋工程量计算详解
19	二级钢筋Φ12	t	t	0.196	0.196	清单工程量同定额工程量：具体计算过程见钢筋工程量计算详解
20	二级钢筋Φ14	t	t	0.753	0.753	清单工程量同定额工程量：具体计算过程见钢筋工程量计算详解
21	二级钢筋Φ16	t	t	0.012	0.012	清单工程量同定额工程量：具体计算过程见钢筋工程量计算详解
22	二级钢筋Φ18	t	t	1.659	1.659	清单工程量同定额工程量：具体计算过程见钢筋工程量计算详解
23	二级钢筋Φ20	t	t	1.639	1.639	清单工程量同定额工程量：具体计算过程见钢筋工程量计算详解
24	二级钢筋Φ22	t	t	0.25	0.25	清单工程量同定额工程量：具体计算过程见钢筋工程量计算详解
25	二级钢筋Φ25	t	t	0.726	0.726	清单工程量同定额工程量：具体计算过程见钢筋工程量计算详解

（续）

序号	项目名称	定额单位	清单单位	定额工程量	清单工程量	计算过程
26	箍筋Φ8	t	t	0.839	0.839	清单工程量同定额工程量： 具体计算过程见过梁钢筋工程量计算详解
四	砌筑工程					
27	±0.000以下 外墙 MU30 毛石砌体 M7.5 水泥砂浆砌筑	m³	m³	9.54	9.54	清单工程量： 外墙长 $(10+18)\times2-4\times0.29=54.84$ $54.84\times0.29\times(0.8-0.2)=9.54$ 定额工程量同清单工程量：9.54
28	±0.000以下 内墙 实心砖砌体 M7.5 水泥砂浆砌筑	m³	m³	7.213	7.213	清单工程量： $(3.9-0.11-0.07)\times0.19\times0.8=0.566$ $(3.9-0.22-0.2)\times0.19\times0.8=0.529$ $(5.6-0.22-0.2)\times0.19\times0.8\times2=1.57$ $(5.6-0.11-0.07)\times0.19\times0.8=0.828$ $(6.0-0.11-0.07)\times0.19\times0.8=0.88$ $(1.7-0.07\times2)\times0.19\times0.8=0.23$ $(17.95-0.22\times2-0.4\times2)\times0.19\times0.8=2.61$ 合计：7.213 定额工程量同清单工程量为：7.213
29	±0.000以上 外墙 MU5 空心砌块 Mb5 混合砂浆砌筑	m³	m³	78.273	78.273	清单工程量： $V=$ 墙体体积 − 埋件体积 − 门窗体积 外墙长 $L_{中}=(10+18)\times2-4\times0.29=54.84$ $54.84\times0.29\times(6.6-0.3)-1.8\times0.09\times0.29\times23-1.8\times1.8\times0.29\times23-1.8\times2.7\times0.29-V_{过梁}=87.533-V_{过梁}$ $V_{柱}=78.273$ 定额工程量同清单工程量为：78.273

（续）

序号	项目名称	定额单位	清单单位	定额工程量	清单工程量	计算过程
30	±0.000 以上内墙 MU5 空心砌块 Mb5 混合砂浆砌筑	m³	m³	50.59	50.59	清单工程量： V = 墙体积 - 埋件体积 - 门窗体积 一层 $(3.9 - 0.11 - 0.095) \times 0.19 \times (3.3 - 0.4) + (5.6 - 0.22 - 0.2) \times 0.19 \times (3.3 - 0.5) + (5.6 - 0.11 - 0.095) \times 0.19 \times (3.3 - 0.4) + (9.5 - 0.4 - 0.22 \times 2) \times 0.19 \times (3.3 - 0.5) + (6.0 - 0.11 - 0.095) \times 0.19 \times (3.3 - 0.1) + (1.7 - 0.095 \times 2) \times 0.19 \times (3.3 - 0.4) + (17.5 - 0.4 \times 2 - 0.22 \times 2) \times 0.19 \times (3.3 - 0.5) - 0.9 \times 0.19 \times 2.1 \times 6 - V_{过梁} = 23.06$ 二层 $(5.6 - 0.11 - 0.095) \times 0.19 \times (3.3 - 0.4) + (9.5 - 0.4 - 0.22 \times 2) \times 2 \times 0.19 \times (3.3 - 0.5) + (9.5 - 0.19 - 0.11 \times 2) \times 2 \times 0.19 \times (3.3 - 0.4) + (17.5 - 0.4 \times 2 - 3.0 - 0.095) \times 0.19 \times (3.3 - 0.5) + (3.0 - 0.095 - 0.11) \times 0.19 \times (3.3 - 0.1) - 0.9 \times 0.19 \times 2.1 \times 9 - V_{过梁} = 27.53$ 合计：$23.06 + 27.53 = 50.59$ 定额工程量同清单工程量为：50.59
五	屋面工程					
31	1：3 水泥砂浆找平20厚	m²	m²	180	180	清单工程量： $18 \times 10 = 180$ 定额工程量：180
32	聚苯乙烯保温板80厚	m²	m²	180	180	清单工程量： $18 \times 10 = 180$ 定额工程量：180
33	1：8 白灰炉渣找坡	m³	m³	23.4	23.4	清单工程量： 平均厚度 = 屋面坡度 × 跨度 $L/2$ + 最薄处厚度 $h = 2\% \times 10/2 + 0.03 = 0.13\text{m}$ $18 \times 10 \times 0.13 = 23.4$ 定额工程量：23.4

（续）

序号	项目名称	定额单位	清单单位	定额工程量	清单工程量	计算过程
34	1：3水泥砂浆找平25厚	m²	m²	219.32	219.32	清单工程量： 18×10+[(18+10)×2+4×0.67]×0.67=219.32 定额工程量：219.32
35	SBS改性沥青防水卷材	m²	m²	219.32	219.32	清单工程量： 18×10+[(18+10)×2+4×0.67]×0.67=219.32 定额工程量：219.32
六	楼地面工程					
36	地面素土夯实	m³	m³	164.66	164.66	清单工程量： (18-0.11×2)×(10-0.11×2)-(3.9-0.11-0.095)×0.19-(5.6-0.22-0.2)×0.19-(5.6-0.11-0.095)×0.19-(9.5-0.4-0.22×2)×0.19-(6.0-0.11-0.095)×0.19-(1.7-0.095×2)×0.19-(17.5-0.4×2-0.22×2)×0.19-0.4×0.4×2=164.66 定额工程量：164.66
37	地面插石灌浆	m³	m³	24.7	24.7	清单工程量： 164.66×0.15=24.7 定额工程量：24.7
38	地面找平层 1：2水泥砂浆找平20厚	m²	m²	164.66	164.66	清单工程量： 同地面素土夯实工程量164.66 定额工程量：164.66
39	楼面找平层 1：2水泥砂浆找平20厚	m²	m²	151.71	151.71	清单工程量： (18-0.11×2)×(10-0.11×2)-(5.6-0.11-0.095)×0.19-(9.5-0.4-0.22×2)×2×0.19-(9.5-0.19-0.11×2)×2×0.19-(3.0-0.095-0.11)×0.19-(3.0-0.11-0.095)×0.19-0.4×0.4×2-(1.45+3-0.11+0.25)×(2.7-0.19)=151.71 定额工程量：151.71
40	楼梯找平层 1：2水泥砂浆找平20厚	m²	m²	11.52	11.52	清单工程量： (1.45+3-0.11+0.25)×(2.7-0.19)=11.52 定额工程量：11.52

（续）

序号	项目名称	定额单位	清单单位	定额工程量	清单工程量	计算过程
七	其他工程					
41	墙体保温板 EPS60 厚	m²	m²	273.42	273.42	清单工程量： $(18+10) \times 2 \times (6.6-0.3) - (1.8 \times 1.8) \times 23 - 1.8 \times 2.7 = 273.42$ 定额工程量：273.42
42	窗口贴保温板 XPS30 厚	m²	m²	43.06	43.06	清单工程量： $1.8 \times 4 \times (0.18+0.08) \times 23 = 43.06$ 定额工程量：43.06
43	雨蓬保温板 EPS30 厚	m²	m²	5.6	5.6	清单工程量： $2.8 \times 1.0 \times 2 = 5.6$ 定额工程量：5.6
44	雨蓬 1:3 水泥砂浆找平 20 厚	m²	m²	2.8	2.8	清单工程量： $2.8 \times 1.0 = 2.8$ 定额工程量：2.8
45	散水	m²	m²	41.46	41.46	清单工程量：散水中心线＝外墙外边线＋4×散水宽 $[(18+10) \times 2 + 4 \times 0.7] \times 0.7 = 41.46$ 定额工程量：41.46
46	台阶	m²	m²	4.2	4.2	清单工程量： $2.8 \times 1.5 = 4.2$ 定额工程量：4.2
八	措施项目					
47	混凝土模板	项				清单工程量：同定额工程量
48	基础模板	m²		58.48		定额工程量： ZJ1（4 个）：$2.2 \times 4 \times 0.4 \times 4 = 14.08$ ZJ2（4 个）：$2.7 \times 4 \times 0.5 \times 4 = 21.6$

(续)

序号	项目名称	定额单位	清单单位	定额工程量	清单工程量	计算过程
48	基础模板	m^2	m^2	58.48		ZJ3 (2个): 3.0×4×0.5×2×2=12 ZJ4 (2个): (3.3×4×0.3+1.2×4×0.3) ×2=10.8 合计: 58.48
49	地梁模板	m^2	m^2	98.57		定额工程量: JKL1 (2): 2×0.5×(9.5-0.4×2)=8.7 JKL2 (2): 2×0.5×(9.5-0.4×2)=8.7 JKL3 (2): 2×0.5×(9.5-0.4×2)=8.7 JKL4 (2): 2×0.5×(9.5-0.4×2)=8.7 JKL5 (3): 2×0.5×(17.5-0.4×3)=16.3 JKL6 (3): 2×0.5×(17.5-0.4×3)=16.3 JKL7 (3): 2×0.5×(17.5-0.4×3)=16.3 JL1 (1): 2×0.4×(3.9-0.15-0.15)=2.88 JL2 (1): 2×0.45×(5.6-0.15-0.15)=4.77 JL3 (1): 2×0.35×(1.7-0.15-0.15)=0.98 JL4 (1): 2×0.35×(2.7-0.15-0.15)=1.68 JL5 (1): 2×0.4× (6.0-0.15-0.15) =4.56 合计: 98.57
50	柱模板	m^2	m^2	138.42		定额工程量: ZJ1 (4个): (6.6+1.2) ×4×0.4×4=49.42 ZJ2 (4个): (6.6+1.1) ×4×0.4×4=49.28 ZJ3 (2个): (6.6+1.1) ×4×0.4×2=24.64 ZJ4 (2个): [(6.6+1.0) ×4×0.4] ×2=24.32 扣梁头: 0.4×0.5×33×3=19.8 楼梯柱模板 (0.25+0.3) ×2× (1.6+0.8) ×4=10.56 合计: 138.42

（续）

序号	项目名称	定额单位	清单单位	定额工程量	清单工程量	计算过程
51	单梁板		m²	144.647		定额工程量： 一层 KL1 (2)：(0.29+0.55×2)×(9.5-0.4×2)×2=24.19 KL2 (2)：(0.3+0.5×2)×(9.5-0.4×2)=11.31 KL3 (2)：(0.3+0.5×2)×(9.5-0.4×2)=11.31 KL4 (2)：(0.29+0.55×2)×(17.5-0.4×3)=22.66 KL5 (3)：(0.4+0.5×2)×(17.5-0.4×3)=22.82 KL6 (3)：(0.29+0.55×2)×(17.5-0.4×3)=22.66 L1 (2)：(0.25+0.4×2)×(9.5-0.3-0.12×2)=9.408 L2 (2)：(0.25+0.4×2)×(9.5-0.3-0.12×2)=9.408 L3 (2)：(0.25+0.4×2)×(9.5-0.3-0.12×2)=9.408 L4 (1)：(0.25+0.35×2)×(2.7-0.15-0.125)=2.3 L5 (1)：(0.25+0.35×2)×(2.7-0.15-0.125)=2.3 L6 (1)：(0.25+0.35×2)×(3.0-0.125-0.12)=2.62 小计：150.367 二层算法同一层，这里略
52	板模板	m²		135.5		定额工程量： 一层顶 (17.5-0.3×2-0.25×3-0.12×2)×(3.9-0.15-0.12)=57.8 (17.5-0.3×2-0.25-0.12×2)×(5.6-0.15-0.12)-(2.7-0.15-0.125)×(4.275-0.125-0.12)=77.7 小计：135.5 二层算法同一层，这里略
53	楼梯模板	m²		10.34		定额工程量： 一层顶 (2.7-0.15-0.125)×(5.6-1.45-0.12+0.25)=10.34
54	挑檐模板			38.9		定额工程量： [(9.5+0.18×2)×2+(17.5+0.18×2)×2+4×0.67]×0.67=38.9

（续）

序号	项目名称	定额单位	清单单位	定额工程量	清单工程量	计算过程
55	雨篷模板	m²		2.8		定额工程量： $(1.8 + 0.5 \times 2) \times 1.0 = 2.8$
56	垂直运输	m²	项	360	360	清单工程量：同定额工程量 定额工程量：360
57	脚手架	m²	项	360	360	清单工程量：同定额工程量 定额工程量：360
58	塔式起重机基础	座	座	1	1	清单工程量：同定额工程量：1
59	塔式起重机安拆	次	次	1	1	清单工程量：同定额工程量：1
60	塔式起重机运输	台次	台次	1	1	清单工程量：同定额工程量：1

7.2 根据施工图计算装饰装修工程工程量（计算过程见表7-2）

装饰装修工程工程量计算表

表7-2　分部分项工程量计算表

序号	项目名称	定额单位	清单单位	定额工程量	清单工程量	计算过程
一	楼地面工程					
1	地板面层	m²	m²	176.28	176.28	清单工程量： 一层 $(6.0 - 0.11 - 0.095) \times (3.9 - 0.11 - 0.095) \times 2 + 0.095 \times 0.9 \times 2 = 43.0$ 二层 $151.71 - (3.0 - 0.11 - 0.095) \times (2.4 - 0.11 - 0.095) - (2.7 - 0.19) \times (2.4 - 0.11 - 0.095) - (2.7 - 0.19) \times 1.5 - (1.45 - 0.25) \times (2.7 - 0.19) = 133.28$ 合计：176.28 定额工程量：176.28

（续）

序号	项目名称	定额单位	清单单位	定额工程量	清单工程量	计算过程
2	地砖面层	m²		57.46	57.46	清单工程量： 一层 $(3.0-0.11-0.095)×(3.9-0.11-0.095)+(6.0-0.11-0.095)×(5.6-0.11-0.095)+(3.0-0.11-0.095)×(1.7-0.19)=45.81$ 二层 $(3.0-0.11-0.095)×(2.4-0.11-0.095)+(2.7-0.19)×(2.4-0.11-0.095)=11.65$ 合计：57.46 定额工程量：57.46
3	花岗石楼地面	m²	m²	66.34	66.34	清单工程量： $(3.9-0.11-0.095)×(3+5.5-0.19)+(5.5-0.19×2)×(5.6-0.11-0.095)+(1.7-0.19)×(3-0.19)+(2.7-0.19)×1.5=66.34$ 定额工程量：66.34
4	花岗石楼梯面层	m²	m²	11.52	11.52	清单工程量： $(1.45+3-0.11+0.25)×(2.7-0.19)=11.52$ 定额工程量：11.52
二	墙柱面工程					
5	外墙抹灰 1：3水泥砂浆	m²	m²	268.36	268.36	清单工程量： $(18+10)×2×(6.6-0.3-0.1)-1.8×1.8×23-1.8×(2.7-0.3)=268.36$ 定额工程量：268.36
6	内墙抹混合砂浆	m²	m²	536.99	536.99	清单工程量： 一层 $(3.9-0.11-0.095)×(3.3-0.4)+(5.6-0.22-0.2)×(3.3-0.5)+(5.6-0.11-0.095)×(3.3-0.4)+(9.5-0.4-0.22×2)×(3.3-0.5)+(6.0-0.11-0.095)×(3.3-0.1)+(1.7-0.095×2)×(3.3-0.4)+(17.5-0.4×2-0.22×2)×0.22×2)-0.9×2.1×6=122.22×2=244.44$ 二层

（续）

序号	项目名称	定额单位	清单单位	定额工程量	清单工程量	计算过程
6	内墙抹混合砂浆	m²	m²	536.99	536.99	$(5.6-0.11-0.095)×(3.3-0.4)+(9.5-0.4-0.22×2)×2×(3.3-0.5)+(9.5-0.19-0.11×2)×2×(3.3-0.4)+(17.5-0.4×2-0.22-3.0-0.095)×(3.3-0.5)+(3.0-0.095-0.11)×(3.3-0.1)-0.9×2.1×9=146.28×2=292.55$ 合计：536.99 定额工程量：536.99
7	内墙抹混合砂浆（混凝土底）	m²	m²	106.02	106.02	清单工程量： 一层 $(3.9-0.11-0.095)×(0.06梁侧+0.4)+(5.6-0.22-0.2)×(0.11梁侧+0.5)+(5.6-0.11-0.095)×(0.06梁侧+0.4)+(9.5-0.4-0.22×2)×(0.11梁侧+0.5)+(1.7-0.095×2)×(0.06梁侧+0.4)+(17.5-0.4×2-0.22×2)×(0.11梁侧+0.5)=23.33×2=46.66$ 二层 $(5.6-0.11-0.095)×(0.06梁侧+0.4)+(9.5-0.4-0.22×2)×2×(0.11梁侧+0.5)+(9.5-0.19-0.11×2)×2×(0.11梁侧+0.5)=29.68×2=59.36$ $(0.06梁侧+0.4)+(17.5-0.4×2-0.22-3.0-0.095)×(0.11梁侧+0.5)$ 合计：106.02 定额工程量：106.02
三	顶棚工程					
8	雨篷底抹灰 1:2水泥砂浆	m²	m²	2.8	2.8	清单工程量： $2.8×1.0=2.8$ 定额工程量：2.8
9	顶棚抹灰 1:2水泥砂浆	m²	m²	331.05	331.05	清单工程量： 地面找平层工程量164.66×2+$(1.45+3-0.11+0.25)×(2.7-0.19)×(1.15-1)=331.05$ 定额工程量：331.05
10	挑檐底抹灰 1:2水泥砂浆	m²	m²	35.04	35.04	清单工程量： $[(18+10)×2+4×0.60]×0.60=35.04$ 定额工程量：35.04
四	门窗工程					
11	塑钢窗	m²	m²	74.52	74.52	清单工程量： $1.8×1.8×23=74.52$ 定额工程量：74.52

（续）

序号	项目名称	定额单位	清单单位	定额工程量	清单工程量	计算过程
12	木门	m²	m²	21.87	21.87	清单工程量： 0.9×2.1×9+1.8×2.7=21.87 定额工程量：21.87
13	防盗门	m²	m²	4.86	4.86	清单工程量： 1.8×2.7=4.86 定额工程量：4.86
五	油漆涂料工程					
14	外墙涂料	m²	m²	268.36	268.36	清单工程量： 同外墙抹灰工程量 268.36 定额工程量：268.36
15	内墙涂料	m²	m²	643.01	643.01	清单工程量： 同内墙抹灰工程量 536.99+106.02=643.01 定额工程量：643.01
16	顶棚涂料	m²	m²	368.89	368.89	清单工程量： 同顶棚抹灰工程量 331.05+2.8+35.04=368.89 定额工程量：368.89
六	其他工程					
17	理石窗台板	m	m	7.04	7.04	清单工程量：同定额工程量 定额工程量：1.8×(0.11+0.06)×23=7.04
18	楼梯不锈钢栏杆	m	m	7.805	7.805	清单工程量：同定额工程量 定额工程量： 1.0+2.7×2+0.3+1.2-0.095=7.805
七	措施项目					
19	建筑物垂直运输	m²	m²	360	360	清单工程量：同定额工程量 定额工程量：建筑面积 360

钢筋工程量计算详解

一、基础钢筋

工程量：

ZJ1（4个）：

Φ12 单根长：（2.2 − 0.04 × 2）m = 2.12m

2.12 × 24 根 × 4 = 203.52m

ZJ2（4个）：

Φ14 单根长：（2.7 − 0.04 × 2）× 0.9m = 2.36m

2.36m/根 × 28 根 × 4 = 264.32m

ZJ3（2个）：

Φ14 单根长：（3.0 − 0.04 × 2）× 0.9m = 2.628m

2.628m/根 × 32 根 × 2 = 168.192m

ZJ4（2个）：

Φ14 单根长：（3.3 − 0.04 × 2）× 0.9m = 2.9m

2.9m/根 × 34 根 × 2 = 197.2m

合计：Φ12 203.52m，折合 0.18t

Φ14 （264.32 + 168.192 + 197.2）m = 629.712m，折合 0.762t

二、框架柱钢筋

工程量：

1. 基础插筋

基础插筋单根长度 L = 锚入基础内长度 + 底层非连接区长度 + 搭接长度

L = [（0.4 − 0.04 + 0.1）+（1.7 − 0.4 + 3.3 − 0.55）/3 + 1.4 × 31 × 0.02]m = 2.678m

KZ1（2个）：Φ20 2.678m/根 × 10根 × 2 = 53.56m

KZ2（2个）：Φ20 2.678m/根 × 8根 × 2 = 42.85m

KZ3（4个）：Φ18 2.678m/根 × 10根 × 4 = 107.12m

KZ4（2个）：Φ20 2.678m/根 × 8根 × 2 = 42.85m

KZ5（1个）：Φ25 2.678 × 6 × 1m = 16.07m

Φ22 2.678 × 2 × 1m = 5.36m

KZ6（1个）：Φ20 2.678 × 10 × 1m = 26.78m

基础插筋合计：：Φ18：107.12m，折合 0.325t

Φ20：（53.56 + 42.85 + 42.85）m = 139.26m，折合0.344t

Φ22：5.36m，折合 0.016t

Φ25：16.07m，折合 0.062t

2. 底层柱纵筋

底层柱纵筋单根长度 L = 底层层高 + 室内地坪至基础顶面距离 − 底层非连接区长度 + 上层非连接区长度 + 搭接长度

KZ1（2个）：

L = [3.3 +（1.7 − 0.4）−（1.7 − 0.4 + 3.3 − 0.55）/3 + 0.5 + 1.4 × 31 × 0.02]m = 4.618m

Φ20 4.618m/根 × 10 根 × 2 = 92.36m

KZ2（2 个）：

$L = [3.3 + (1.7 - 0.4) - (1.7 - 0.4 + 3.3 - 0.55)/3 + 0.5 + 1.4 \times 31 \times 0.022] \text{m} = 4.705 \text{m}$

Φ22　4.705m/根×8 根×2 = 75.28m

KZ3（4 个）：

$L = [3.3 + (1.7 - 0.4) - (1.7 - 0.4 + 3.3 - 0.55)/3 + 0.5 + 1.4 \times 31 \times 0.018] \text{m} = 4.531 \text{m}$

Φ18　4.531m/根×10 根×4 = 181.24m

KZ4（2 个）：

$L = [3.3 + (1.7 - 0.4) - (1.7 - 0.4 + 3.3 - 0.50)/3 + 0.5 + 1.4 \times 31 \times 0.02] \text{m} = 4.618 \text{m}$

Φ20　4.618m/根×8 根×2 = 73.89m

KZ5（1 个）：

$L = [3.3 + (1.7 - 0.4) - (1.7 - 0.4 + 3.3 - 0.55)/3 + 0.5 + 1.4 \times 31 \times 0.025] \text{m} = 4.835 \text{m}$

Φ25　4.835m/根×6 根×1 = 29.01m

$L = [3.3 + (1.7 - 0.4) - (1.7 - 0.4 + 3.3 - 0.55)/3 + 0.5 + 1.4 \times 31 \times 0.022] \text{m} = 4.705 \text{m}$

Φ22　4.705m/根×2 根×1 = 9.41m

KZ6（1 个）：

$L = [3.3 + (1.7 - 0.4) - (1.7 - 0.4 + 3.3 - 0.55)/3 + 0.5 + 1.4 \times 31 \times 0.02] \text{m} = 4.618 \text{m}$

Φ20　4.618m/根×10 根×1 = 46.18m

小计：Φ18　181.24m，折合 0.362t

　　　　Φ20　（92.36 + 73.89 + 46.18）m = 212.43m，折合 0.524t

　　　　Φ22　（75.28 + 9.41）M = 84.69m，折合 0.253t

　　　　Φ25　29.01m，折合 0.112t

3. 顶层柱纵筋

顶层角、边柱外侧纵筋长度 = 顶层层高 - 顶层非连接区长度 - 顶层构件（梁）高度 + 锚入顶层构件内长度

顶层角、边柱内侧纵筋长度 = 顶层层高 - 顶层非连接区长度 - 钢筋保护层 + 顶层构件内弯折长度

顶层中柱纵筋长度 = 顶层层高 - 顶层非连接区长度 - 钢筋保护层 + 中柱顶层弯折长度

KZ1（2 个）：角柱

B、H 外侧纵筋长 $L = (3.3 - 0.5 - 0.6 + 1.5 \times 31 \times 0.018) \text{m} = 3.037 \text{m}$

B、H 内侧纵筋长 $L = (3.3 - 0.5 - 0.025 + 12 \times 0.018) \text{m} = 2.991 \text{m}$

Φ18　（3.037×6 + 2.991×4）×2m = 60.37m

KZ2（2 个）：角柱一个、边柱一个

B、H 外侧纵筋长 $L = (3.3 - 0.5 - 0.6 + 1.5 \times 31 \times 0.02) \text{m} = 3.13 \text{m}$

B、H 内侧纵筋长 $L = (3.3 - 0.5 - 0.025 + 12 \times 0.02) \text{m} = 3.015 \text{m}$

Φ20　（3.13×8 + 3.015×8）m = 49.16m

KZ3（4 个）：边柱

B、H 外侧纵筋长 $L = (3.3 - 0.5 - 0.6 + 1.5 \times 31 \times 0.018) \text{m} = 3.037 \text{m}$

B、H 内侧纵筋长 $L = (3.3 - 0.5 - 0.025 + 12 \times 0.018) \text{m} = 2.991 \text{m}$

Φ18　（3.037×3 + 2.991×5）×4m = 96.26m

KZ4（2 个）：中柱

B、H 侧纵筋长 $L=(3.3-0.5-0.025+12\times0.018)$ m $=2.991$ m

Φ18　$2.991\times8\times2$ m $=47.856$ m

KZ5（1 个）：角柱

B、H 外侧纵筋长 $L=(3.3-0.5-0.6+1.5\times31\times0.018)$ m $=3.037$ m

B、H 内侧纵筋长 $L=(3.3-0.5-0.025+12\times0.018)$ m $=2.991$ m

Φ18　$(3.037\times6+2.991\times4)$ m $=30.186$ m

KZ6（1 个）：边柱

B、H 外侧纵筋长 $L=(3.3-0.5-0.6+1.5\times31\times0.02)$ m $=3.13$ m

B、H 内侧纵筋长 $L=(3.3-0.5-0.025+12\times0.02)$ m $=3.015$ m

Φ20　$(3.13\times3+3.015\times5)$ m $=24.465$ m

框架柱纵筋合计：Φ18　$(60.37+96.26+47.856+30.186)$ m $=234.67$ m,折合0.469t

Φ20　$(49.16+24.465)$ m $=73.625$ m,折合0.182t

4. 柱箍筋

单根外围封闭 2×2 箍筋按外皮的预算长度 $L_1=(b-2c+2d+h-2c+2d)\times2+1.9d\times2+\max(10d,75)\times2=(b+h)\times2-8c+8d+1.9d\times2+\max(10d,75)\times2$

单根非外围封闭 2×2 箍筋按外皮的预算长度 $L_2=$ （截面 b 边相邻纵筋间距×某箍筋所占 b 边间距数 + 纵筋直径 + 箍筋直径×2）×2 + （截面高 $h-2c+2d$）×2+1.9d×2+$\max(10d,75)$ ×2

或

单根非外围封闭 2×2 箍筋按外皮的预算长度 $L_2=$ （截面 h 边相邻纵筋间距×某箍筋所占 h 边间距数 + 纵筋直径 + 箍筋直径×2）×2 + （截面宽 $b-2c+2d$）×2+1.9d×2+$\max(10d,75)$ ×2

单肢箍筋 3 按外皮的预算长度 $L_3=h-2c+2d+1.9d\times2+\max(10d,75)$ ×2

式中，截面 b 边相邻纵筋间距 $=(b-2c-D)/(n-1)$

截面 h 边相邻纵筋间距 $=(h-2c-D)/(n-1)$

b 为截面宽，h 为截面高，c 为保护层厚度，D 为纵筋直径，d 为箍筋直径，max 是取大值的意思，n 为截面 b 或 h 边纵筋根数

箍筋根数 = 箍筋布置范围/箍筋间距 +1 或 −1 或 +0 （取整数）

基础层箍筋根数 $=\max[2,($ 基础厚度 $h-$ 基础保护层 $c)/500+1($ 或 −1或 +0$)]$

KZ1（2 个）：

箍筋根数：

基础层箍筋根数 =2 根

底层加密区箍筋根数 $=\{[(3.3+1.3-0.55)/3+2.3L_{1E}]/0.1+1+(0.5+0.55)/0.1+1\}$ 根 $=[(1.35+2.3\times1.4\times31\times0.008)/0.1+1+11.5]$ 根 $=34$ 根

底层非加密区箍筋根数 $=\{[3.3+1.3-(3.3+1.3-0.55)/3-2.3L_{1E}-(0.5+0.55)]/0.2-1\}$ 根 $=6$ 根

顶层加密区箍筋根数 $=[(0.5+2.3L_{1E})/0.1+1+(0.5+0.6)/0.1+1]$ 根 $=[(0.5+2.3\times1.4\times31\times0.008)/0.1+1+12]$ 根 $=26$ 根

顶层非加密区箍筋根数 $=\{[3.3-0.5-2.3L_{1E}-(0.5+0.6)]/0.2-1\}$ 根 $=4$ 根

单根外围封闭 2×2 箍筋按外皮的预算长度 $=[(0.4+0.4)\times2-8\times0.03+8\times0.008+1.9\times0.008\times2+10\times0.008\times2]$ m $=1.614$ m

单根非外围封闭 2×2 箍筋按外皮的预算长度 $=\{[(0.4-2\times0.03-0.02)/(4-1)\times1+0.02+$

$0.008 \times 2] \times 2 + (0.4 - 2 \times 0.03 + 2 \times 0.008) \times 2 + 1.9 \times 0.008 \times 2 + 10 \times 0.008 \times 2\} \, \mathrm{m} = 1.188\mathrm{m}$

单肢箍筋按外皮的预算长度 $= (0.4 - 2 \times 0.03 + 0.008 \times 2 + 1.9 \times 0.008 \times 2 + 10 \times 0.008 \times 2) \mathrm{m} = 0.546\mathrm{m}$

箍筋按外皮的预算长度合计 $= (1.614 + 1.188 + 0.546) \times (34 + 6 + 26 + 4) \times 2\mathrm{m} = 468.72\mathrm{m}$

KZ2（2 个）：

箍筋根数：

基础层箍筋根数 $= 2$ 根

底层加密区箍筋根数 $= \{[(3.3 + 1.2 - 0.55)/3 + 2.3L_{1\mathrm{E}}]/0.1 + 1 + (0.5 + 0.55)/0.1 + 1 = (1.32 + 2.3 \times 1.4 \times 31 \times 0.008)/0.1 + 1 + 11.5\}$ 根 $= 34$ 根

底层非加密区箍筋根数 $= \{[3.3 + 1.2 - (3.3 + 1.2 - 0.55)/3 - 2.3L_{1\mathrm{E}} - (0.5 + 0.55)]/0.2 - 1\}$ 根 $= 6$ 根

顶层加密区箍筋根数 $= \{(0.5 + 2.3L_{1\mathrm{E}})/0.1 + 1 + (0.5 + 0.6)/0.1 + 1 = (0.5 + 2.3 \times 1.4 \times 31 \times 0.008)/0.1 + 1 + 12\}$ 根 $= 26$ 根

顶层非加密区箍筋根数 $= [3.3 - 0.5 - 2.3L_{1\mathrm{E}} - (0.5 + 0.6)]/0.2 - 1 = 4$ 根

单根外围封闭 2×2 箍筋按外皮的预算长度 $= [(0.4 + 0.4) \times 2 - 8 \times 0.03 + 8 \times 0.008 + 1.9 \times 0.008 \times 2 + 10 \times 0.008 \times 2] \mathrm{m} = 1.614\mathrm{m}$

单肢箍筋按外皮的预算长度 $= [0.4 - 2 \times 0.03 + 0.008 \times 2 + 1.9 \times 0.008 \times 2 + 10 \times 0.008 \times 2] \mathrm{m} = 0.546\mathrm{m}$

箍筋按外皮的预算长度合计 $= (1.614 + 0.546) \times (34 + 6 + 26 + 4) \times 2\mathrm{m} = 151.2 \times 2\mathrm{m} = 302.4\mathrm{m}$

KZ4（2 个）：

箍筋根数：

基础层箍筋根数 $= 2$ 根

底层加密区箍筋根数 $= \{[(3.3 + 1.1 - 0.55)/3 + 2.3L_{1\mathrm{E}}]/0.1 + 1 + (0.5 + 0.55)/0.1 + 1\}$ 根 $= \{(1.28 + 2.3 \times 1.4 \times 31 \times 0.008)/0.1 + 1 + 11.5\}$ 根 $= 33$ 根

底层非加密区箍筋根数 $= \{[3.3 + 1.1 - (3.3 + 1.1 - 0.55)/3 - 2.3L_{1\mathrm{E}} - (0.5 + 0.55)]/0.2 - 1\}$ 根 $= 6$ 根

顶层加密区箍筋根数 $= \{(0.5 + 2.3L_{1\mathrm{E}})/0.1 + 1 + (0.5 + 0.6)/0.1 + 1\}$ 根 $= [(0.5 + 2.3 \times 1.4 \times 31 \times 0.008)/0.1 + 1 + 12]$ 根 $= 26$ 根

顶层非加密区箍筋根数 $= [3.3 - 0.5 - 2.3L_{1\mathrm{E}} - (0.5 + 0.6)]/0.2 - 1 = 4$ 根

单根外围封闭 2×2 箍筋按外皮的预算长度 $= [(0.4 + 0.4) \times 2 - 8 \times 0.03 + 8 \times 0.008 + 1.9 \times 0.008 \times 2 + 10 \times 0.008 \times 2] \mathrm{m} = 1.614\mathrm{m}$

单肢箍筋按外皮的预算长度 $= [0.4 - 2 \times 0.03 + 0.008 \times 2 + 1.9 \times 0.008 \times 2 + 10 \times 0.008 \times 2] \mathrm{m} = 0.546\mathrm{m}$

箍筋按外皮的预算长度合计 $= (1.614 + 0.546 \times 2) \times (33 + 6 + 26 + 4) \times 2\mathrm{m} = 373.43\mathrm{m}$

柱箍筋小计：箍筋 Φ8　 $(468.72 + 302.4 + 373.43) \mathrm{m} = 1144.55\mathrm{m}$，折合 $0.452\mathrm{t}$

其余柱箍筋算法同上。

三、框架梁钢筋

1. 相关梁钢筋计算公式

1）楼层框架梁上下贯通筋长度 = 伸入左端支座内长度 + 通跨净长 + 伸入右端支座内长度 + 搭接长度 × 搭接个数

2）第一排端支座负筋长度 = 伸入端支座内长度 + 伸入首（尾）跨内长度

3）第一排中间支座负筋长度 = 伸入中间支座左跨长度 + 中间支座宽 + 伸入中间支座右跨长度

4）第二排端支座负筋长度 = 伸入端支座内长度 + 伸入首（尾）跨内长度

5）第二排中间支座负筋长度 = 伸入中间支座左跨长度 + 中间支座宽 + 伸入中间支座右跨长度

6）下部端跨非贯通筋长度 = 伸入端支座内长度 + 首（尾）跨净长度 + 伸入中间支座内长度

7）下部中间跨非贯通筋长度 = 伸入中支座 1 内长度 + 中间跨净长度 + 伸入中间支座 2 内长度

8）侧面构造纵筋长度 = 伸入左端支座内长度 + 通跨净长 + 伸入右端支座内长度 + 搭接长度 × 搭接个数

9）箍筋根数 = 箍筋布置范围/箍筋间距 +1 或 −1 或 +0（取整数）

10）箍筋长度计算同柱

11）拉筋长度 $= (b - 2c + 2d_1 + 2d_2) + 1.9 \times 2d + \max(10d, 75) \times 2$

式中，b 为箍筋截面宽；c 为框架梁的保护层厚度，d_1 为箍筋直径，d_2 为拉筋直径，$\max$ 表示取大值

12）拉筋根数 $= [($净跨长度 $- 50 \times 2)/($非加密区间距 $\times 2) + 1] \times$ 拉筋的排数

13）吊筋长度 $= b + 50 \times 2 + (h_b - 2c)/\sin 45° \times 2 + 20d \times 2$　　（当梁高 $h_b \le 800$ 时，吊筋斜度为 45°）

式中 b 为次梁的宽度，h_b 为框架梁的高度，c 为框架梁的保护层厚度，d 为吊筋直径

2. 一层顶梁钢筋工程量计算

KL1（2）；2 个

1）梁顶贯通筋 2φ20 长度 $= [($柱宽 − 保护层 $+ 15d) \times 2 + L_净][(0.4 - 0.025 + 15 \times 0.02) \times 2 + 9.5 - 0.22 \times 2] \times 2m = 20.82m$

2）第一排左端支座负筋 1φ20 长度 $= [(0.4 - 0.025 + 15 \times 0.02) + 1/3(5.6 - 0.22 - 0.2)]m = 2.401m$

3）第一排右端支座负筋 1φ20 长度 $= [(0.4 - 0.025 + 15 \times 0.02) + 1/3(3.9 - 0.22 - 0.2)]m = 1.835m$

4）第一排中间支座负筋 1φ16 长度 $= [1/3(5.6 - 0.22 - 0.2) + 0.4 + 1/3(5.6 - 0.22 - 0.2)]m = 3.85m$

5）下部左端跨非贯通筋 3φ18 长度 $= [(0.4 - 0.025 + 15 \times 0.018) + (5.6 - 0.22 - 0.2) + 31 \times 0.018] \times 3m = 19.149m$

6）下部右端跨非贯通筋 3φ18 长度 $= [(0.4 - 0.025 + 15 \times 0.018) + (3.9 - 0.22 - 0.2) + 31 \times 0.018] \times 3m = 14.049m$

7）框架梁箍筋的计算：

① 单根箍筋长度 $= (b + h) \times 2 - 8c + 8d + 1.9d \times 2 + \max(10d, 75) \times 2 = [(0.29 + 0.55) \times 2 - 8 \times 0.025 + 8 \times 0.008 + 1.9 \times 0.008 \times 2 + 10 \times 0.008 \times 2]m = 1.734m$

② 框架梁 KL1（2）箍筋根数 $= \{[(1.5 \times 0.55 - 0.05)/0.1 + 1] \times 4 + (5.6 - 0.22 - 0.2 - 1.5 \times 0.55 \times 2)/0.2 - 1 + (3.9 - 0.22 - 0.2 - 1.5 \times 0.55 \times 2)/0.2 - 1\}$根 $= (36 + 17 + 8)$根 $= 61$根

框架梁 KL1（2）箍筋总长度 = 1.734m/根 × 61 根 = 105.77m

框架梁 KL1（2）小计：ϕ20　（20.82 + 2.401 + 1.835）× 2m = 50.112m

ϕ16　3.85m × 2m = 7.7m

ϕ18　（19.149 + 14.049）× 2m = 66.396m

箍筋ϕ8　105.77 × 2m = 211.55m

KL2（2）：2 个

1）梁顶贯通筋4ϕ18 长度 = [（柱宽 - 保护层 + 15d）× 2 + $L_{净}$] = [（0.4 - 0.025 + 15 × 0.018）× 2 + 9.5 + 3.9 - 0.22 × 2] × 4m = 57m

2）梁底贯通筋3ϕ18 长度 = [（0.4 - 0.025 + 15 × 0.018）× 2 + 9.5 + 3.9 - 0.22 × 2] × 3m = 42.75m

3）框架梁箍筋的计算：

① 单根箍筋长度 = （b + h）× 2 - 8c + 8d + 1.9d × 2 + max（10d, 75）× 2 = [（0.3 + 0.5）× 2 - 8 × 0.025 + 8 × 0.008 + 1.9 × 0.008 × 2 + 10 × 0.008 × 2]m = 1.654m

② 框架梁 KL2（2）箍筋根数 = {[（1.5 × 0.5 - 0.05）/0.1 + 1] × 4 + （5.6 - 0.22 - 0.2 - 1.5 × 0.5 × 2）/0.2 - 1 + （3.9 - 0.22 - 0.2 - 1.5 × 0.5 × 2）/0.2 - 1} 根 = （32 + 18 + 19）根 = 69根

框架梁 KL2（2）箍筋总长度 = 1.654m/根 × [69根 + 12根（附加箍筋）] = 133.97m

框架梁 KL2（2）小计：　ϕ18　（57 + 42.75）× 2m = 199.5m

箍筋ϕ8　133.97 × 2m = 267.95m

KL4（3）：1 个

1）梁顶贯通筋2ϕ20 长度 = [（柱宽 - 保护层 + 15d）× 2 + $L_{净}$] = [（0.4 - 0.025 + 15 × 0.02）× 2 + 17.5 - 0.22 × 2] × 2m = 28.82m

2）第一排左端支座负筋1ϕ25 长度 = [（0.4 - 0.025 + 15 × 0.025）+ 1/3（6.0 - 0.22 - 0.2）]m = 2.61m

3）第一排右端支座负筋1ϕ25 长度 = [（0.4 - 0.025 + 15 × 0.025）+ 1/3（6.0 - 0.22 - 0.2）]m = 2.61m

4）第一排中间支座负筋2 × 2ϕ20 长度 = [1/3（6.0 - 0.22 - 0.2）+ 0.4 + 1/3（6.0 - 0.22 - 0.2）] × 2 × 2m = 16.48m

5）下部左端跨非贯通筋4ϕ20 长度 = [（0.4 - 0.025 + 15 × 0.02）+ （6.0 - 0.22 - 0.2）+ 31 × 0.02] × 4m = 27.5m

6）下部中间跨非贯通筋3ϕ22 长度 = [（5.5 - 0.22 - 0.2）+ 31 × 0.022 × 2] × 3m = 19.33m

7）下部右端跨非贯通筋4ϕ20 长度 = [（0.4 - 0.025 + 15 × 0.02）+ （6.0 - 0.22 - 0.2）+ 31 × 0.02] × 4m = 27.5m

8）框架梁箍筋的计算：

① 单根箍筋长度 = （b + h）× 2 - 8c + 8d + 1.9d × 2 + max（10d, 75）× 2 = [（0.29 + 0.55）× 2 - 8 × 0.025 + 8 × 0.008 + 1.9 × 0.008 × 2 + 10 × 0.008 × 2]m = 1.734m

② 框架梁 KL4（3）箍筋根数 = {[（1.5 × 0.55 - 0.05）/0.1 + 1] × 6 + [（6.0 - 0.22 - 0.2 - 1.5 × 0.55 × 2）/0.15 - 1] × 2 + （5.5 - 0.2 × 2 - 1.5 × 0.55 × 2）/0.15 - 1} 根 = （54 + 52 + 22）根 = 128根

框架梁 KL4（3）箍筋总长度 = 1.734m/根 × [128根 + 18根（附加箍筋）] = 253.16m

框架梁 KL4（3）小计：ϕ20　（20.82 + 27.5 × 2 + 16.48）m = 92.3m

$\Phi 25$　　$2.61\text{m} \times 2 = 5.22\text{m}$

$\Phi 22$　　19.33m

箍筋$\Phi 8$　　253.16m

KL5（3）；1个

1）梁顶贯通筋2$\Phi 20$长度$=[$（柱宽$-$保护层$+15d$）$\times 2+L_{净}]=[$（$0.4-0.025+15\times$

0.02）$\times 2+17.5-0.22\times 2]\times 2\text{m}=28.82\text{m}$

2）第一排左端支座负筋2$\Phi 22$长度$=[$（$0.4-0.025+15\times 0.022$）$+1/3$（$6.0-0.22-0.2$）$]$

$\times 2\text{m}=5.13\text{m}$

3）第一排右端支座负筋2$\Phi 22$长度$=[$（$0.4-0.025+15\times 0.022$）$+1/3$（$6.0-0.22-0.2$）$]$

$\times 2\text{m}=5.13\text{m}$

4）第一排中间支座负筋2$\Phi 25$长度$=[1/3$（$6.0-0.22-0.2$）$+0.4+1/3$（$6.0-0.22-$

0.2）$]\times 2\text{m}=8.24\text{m}$

第一排中间支座负筋2$\Phi 20$长度$=[1/3$（$6.0-0.22-0.2$）$+0.4+1/3$（$6.0-0.22-0.2$）$]\times$

$2\text{m}=8.24\text{m}$

第二排中间支座负筋2$\Phi 20$长度$=[1/4$（$6.0-0.22-0.2$）$+0.4+1/4$（$6.0-0.22-0.2$）$]\times$

$2\text{m}=3.19\text{m}$

5）下部左端跨非贯通筋4$\Phi 25$长度$=[$（$0.4-0.025+15\times 0.025$）$+$（$6.0-0.22-0.2$）$+31\times$

$0.025]\times 4\text{m}=28.42\text{m}$

6）下部中间跨非贯通筋4$\Phi 25$长度$=[$（$5.5-0.2-0.2$）$+31\times 0.025\times 2]\times 4\text{m}=26.6\text{m}$

7）下部右端跨非贯通筋5$\Phi 25$长度$=[$（$0.4-0.025+15\times 0.025$）$+$（$6.0-0.22-0.2$）$+31\times$

$0.025]\times 5\text{m}=35.53\text{m}$

8）框架梁箍筋的计算：

单根箍筋长度$=$（$b+h$）$\times 2-8c+8d+1.9d\times 2+\max$（$10d,75$）$\times 2=[$（$0.3+0.5$）$\times 2-$

$8\times 0.025+8\times 0.008+1.9\times 0.008\times 2+10\times 0.008\times 2]\text{m}=1.654\text{m}$

框架梁KL5（3）箍筋根数$=\{[$（$1.5\times 0.5-0.05$）$/0.1+1]\times 6+[$（$6.0-0.22-0.2-$

$1.5\times 0.5\times 2$）$/0.15-1]\times 2+$（$5.5-0.2\times 2-1.5\times 0.5\times 2$）$/0.15-1\}$根$=$（$48+54+23$）根$=$

125根

框架梁KL5（3）箍筋总长度$=1.654\text{m}/$根$\times [$125根$+18$根（附加箍筋）$]=236.52\text{m}$

9）吊筋6$\Phi 12$长度$=[b+0.05\times 2+$（h_b-2c）$/\sin 45°\times 2+20d\times 2]\times 6=[0.3+0.05\times 2+$

（$0.5-2\times 0.025$）$/0.707\times 2+20\times 0.012\times 2]\times 6\text{m}=12.92\text{m}$

框架梁KL5（3）小计：$\Phi 20$　　（$28.82+8.24+3.19$）$\text{m}=40.25\text{m}$

　　　　　　　　　　　　$\Phi 22$　　（5.13×2）$\text{m}=10.26\text{m}$

　　　　　　　　　　　　$\Phi 25$　　（$8.24+28.42+26.6+35.53$）$\text{m}=98.79\text{m}$

　　　　　　　　　　　　箍筋$\Phi 8$　　236.52m

　　　　　　　　　　　　吊筋$\Phi 12$　　12.92m

梁L_1（2）：一个

1）梁顶贯通筋2$\Phi 25$长度$=[$（柱宽$-$保护层$+15d$）$\times 2+L_{净}]=[$（$0.4-0.025+15\times$

0.025）$\times 2+9.5-0.22\times 2]\times 2\text{m}=21.12\text{m}$

2）第一排中间支座负筋1$\Phi 25$长度$=[1/3$（$5.6-0.22-0.2$）$+0.4+1/3$（$5.6-0.22-$

0.2）$]\text{m}=3.85\text{m}$

3）下部左端跨非贯通筋3Φ25长度 = [(5.6 - 0.22 - 0.2) + 12 × 0.025 × 2] × 3m = 17.34m

4）下部右端跨非贯通筋2Φ18长度 = [(3.9 - 0.22 - 0.2) + 12 × 0.018 × 2] × 2m = 7.824m

5）梁 L_1（2）箍筋的计算：

① 单根箍筋长度 = $(b + h) × 2 - 8c + 8d + 1.9d × 2 + \max(10d, 75) × 2$ = [(0.25 + 0.4) × 2 - 8 × 0.025 + 8 × 0.008 + 1.9 × 0.008 × 2 + 10 × 0.008 × 2]m = 1.354m

② 梁 L_1（2）箍筋根数 = [(9.5 - 0.22 × 2 - 0.05 × 2)/0.2 + 1]根 = 46根

梁 L_1（2）箍筋总长度 = 1.354m/根 × 46 根 = 62.284m

梁 L_1（2）小计：Φ18   7.824m

Φ25   (21.12 + 17.34 + 3.85) m = 42.31m

箍筋Φ8   62.2m

梁 L_4（1）：一个

1）梁顶贯通筋2Φ12长度 = [12 × 0.012 × 2 + (2.7 - 0.15 - 0.125)] × 2m = 5.426m

2）梁下部贯通筋2Φ20长度 = [(2.7 - 0.15 - 0.125) + 12 × 0.02 × 2] × 2m = 5.81m

3）梁 L_4（1）箍筋的计算：

① 单根箍筋长度 = $(b + h) × 2 - 8c + 8d + 1.9d × 2 + \max(10d, 75) × 2$ = [(0.25 + 0.35) × 2 - 8 × 0.025 + 8 × 0.008 + 1.9 × 0.008 × 2 + 10 × 0.008 × 2]m = 1.254m

② 梁 L_4（1）箍筋根数 = [(2.7 - 0.15 - 0.125)/0.2 + 1] 根 = 14 根

梁 L_4（1）箍筋总长度 = 1.254m/根 × 14 根 = 17.56m

梁 L_4（1）小计：Φ12   5.426m

Φ20   5.81m

箍筋Φ8   17.56m

以上梁钢筋合计：Φ25   (5.22 + 98.79 + 42.31) m = 146.32m，折合 0.564t

Φ22   (19.33 + 10.26) m = 29.59m，折合 0.088t

Φ20   (50.112 + 92.3 + 40.25 + 5.81) m = 188.47m，折合 0.465t

Φ16   7.7m，折合 0.012t

Φ18   (66.396 + 199.5 + 5.912) m = 271.81m，折合 0.543t

箍筋Φ8   (211.55 + 267.95 + 253.16 + 236.52 + 62.2 + 17.56) m = 1048.94m，折合 0.414t

吊筋Φ12   12.92m + 5.426m，折合 0.016t

其余梁钢筋工程量算法同，这里略。

四、板钢筋

相关板钢筋的计算公式如下：

板受力钢筋（底筋）长度 = 板跨净长 + 两端锚固（在梁宽/2,5d 中取大值）+ 弯钩

受力钢筋根数 = (X 或 Y 方向板跨净长 - 2 × 50)/布置间距 + 1

板板边支座负筋长度 = 伸入支座内长度 + 伸入跨内长度 + 弯折长度

板板边支座负筋根数 = (X 或 Y 方向板跨净长 - 2 × 50)/负筋布置间距 + 1

板中间支座负筋长度 = 伸入支座左跨内长度 + 支座宽度 + 伸入支座右跨内长度 + 弯折长度 × 2

板中间支座负筋根数 = (X 或 Y 方向板跨净长 - 2 × 50)/负筋布置间距 + 1

支座负筋分布筋长度 = 净跨 - 两侧负筋标注之和 + 2 × 150（根据实际图样情况）

支座负筋分布筋根数 = (负筋伸入跨内长度 - 50)/分布筋间距 + 1

板中马凳筋长度 = 马凳筋横向长 + 2 × 马凳筋垂直高度 + 2 × 马凳筋底部弯折长

板中马凳筋根数 = [（本跨净长 − 支座负筋伸入跨内长度)/马凳间距 + 1] × 马凳布置排数

式中：1）马凳布置排数根据实际情况确定

2）50 指钢筋起步距离，150 指钢筋搭接长度

一层板钢筋工程量计算：

①～②轴为例：

板底筋：ϕ8@150长度 $L_1 = (3.0 - 0.11 + 0.145 + 6.25 \times 0.008 \times 2)\text{m} = 3.135\text{m}$

$\quad\quad L_1$根数 $= [(5.6 - 0.15 - 0.11 - 0.05 \times 2)/0.15 + 1 + (3.9 - 0.15 - 0.11 - 0.05 \times 2)/0.15 + 1]$根 = 61根

$\quad\quad$ 长度 $L_2 = (3.0 + 6.25 \times 0.008 \times 2)\text{m} = 3.1\text{m}$

$\quad\quad L_2$根数 $= [(5.6 - 0.15 - 0.11 - 0.05 \times 2)/0.15 + 1 + (3.9 - 0.15 - 0.11 - 0.05 \times 2)/0.15 + 1]$根 = 61根

$\quad\quad$ 长度 $L_3 = (3.9 - 0.11 + 0.145 + 6.25 \times 0.008 \times 2)\text{m} = 4.035\text{m}$

$\quad\quad L_3$根数 $= [(3.0 - 0.125 - 0.11 - 0.05 \times 2)/0.15 + 1 + (3.0 - 0.125 - 0.15 - 0.05 \times 2)/0.15 + 1]$根 = 37根

$\quad\quad$ 长度 $L_4 = [5.6 - 0.11 + 0.145 + 6.25 \times 0.008 \times 2]\text{m} = 5.735\text{m}$

$\quad\quad L_4$根数 $= [(3.0 - 0.125 - 0.11 - 0.05 \times 2)/0.15 + 1 + (3.0 - 0.125 - 0.15 - 0.05 \times 2)/0.15 + 1]$根 = 37根

$\quad\quad$ 板底筋ϕ8@150长度小计：$(3.135 \times 61 + 3.1 \times 61 + 4.035 \times 37 + 5.735 \times 37)\text{m} = 741.825\text{m}$

板上部钢筋：

1）支座负筋

ϕ10@180

长度 $L_1 = [1.0 + (0.1 - 0.03) \times 2]\text{m} = 2.14\text{m}$

L_1 根数 $= [(5.6 - 0.2 - 0.22 - 0.05 \times 2)/0.15 + 1]$根 = 35根

长度 $L_2 = [1.8 + (0.1 - 0.03) \times 2]\text{m} = 1.94\text{m}$

L_2 根数 $= [(5.6 - 0.15 - 0.11 - 0.05 \times 2)/0.15 + 1]$根 = 36根

长度 $L_3 = [1.0 + (0.1 - 0.03) \times 2]\text{m} = 2.14\text{m}$

L_3根数 $= [(4.275 - 0.22 - 0.125 - 0.05 \times 2)/0.15 + 1]$根 = 27根

长度 $L_4 = [(0.9 + 0.3 + 0.6) + (0.1 - 0.03) \times 2]\text{m} = 1.94\text{m}$

L_4根数 $= [(1.325 - 0.2 - 0.125 - 0.05 \times 2)/0.15 + 1]$根 = 7根

小计：$(2.14 \times 35 + 1.94 \times 36 + 2.14 \times 27 + 1.94 \times 7)\text{m} = 216.1\text{m}$

ϕ8@150

$\quad\quad$ 长度 $L_1 = [1.0 + (0.1 - 0.03) \times 2]\text{m} = 1.14\text{m}$

$\quad\quad L_1$根数 $= [(3.9 - 0.2 - 0.22 - 0.05 \times 2)/0.15 + 1]$根 = 24根

$\quad\quad$ 长度 $L_2 = [1.8 + (0.1 - 0.03) \times 2]\text{m} = 1.94\text{m}$

$\quad\quad L_2$根数 $= [(3.9 - 0.15 - 0.11 - 0.05 \times 2)/0.15 + 1]$根 = 25根

$\quad\quad$ 长度 $L_3 = [1.8 + (0.1 - 0.03) \times 2]\text{m} = 1.94\text{m}$

$\quad\quad L_3$根数 $= [(2.4 - 0.125 - 0.22 - 0.05 \times 2)/0.15 + 1]$根 = 14根

$\quad\quad$ 长度 $L_4 = [(0.9 + 0.3 + 0.6) + (0.1 - 0.03) \times 2]\text{m} = 1.94\text{m}$

$\quad\quad L_4$根数 $= [(1.5 - 0.125 - 0.2 - 0.05 \times 2)/0.15 + 1]$根 = 8根

长度 $L_5 = [1.0 + (0.1 - 0.03) \times 2 + 1.8 + (0.1 - 0.03) \times 2 + 1.0 + (0.1 - 0.03) \times 2]\text{m} = 4.22\text{m}$

L_5 根数 $= [(3.0 - 0.125 - 0.22 - 0.05 \times 2)/0.15 + 1 + (3.0 - 0.15 - 0.125 - 0.05 \times 2)/0.15 + 1]$ 根 $= 37$ 根

小计：$(2.14 \times 24 + 1.94 \times 25 + 1.94 \times 14 + 1.94 \times 8 + 4.22 \times 37)\text{m} = 298.68\text{m}$

2）支座负筋分布筋

$\phi 6@200$

支座负筋分布筋长度 $L_1 = [5.6 + 0.18 - 0.9 - (1.0 + 0.015) + 2 \times 0.15]\text{m} = 4.165\text{m}$

支座负筋分布筋 L_1 根数 $= \{(1.0 - 0.275)/0.2 + 1 + [(0.9 - 0.125)/0.2 + 1] \times 2 + (1.0 - 0.285)/0.2 + 1\}$ 根 $= 19$ 根

支座负筋分布筋长度 $L_2 = [3.9 + 0.18 - 0.9 - (1.0 + 0.015) + 2 \times 0.15]\text{m} = 2.465\text{m}$

支座负筋分布筋 L_2 根数 $= \{(1.0 - 0.275)/0.2 + 1 + [(0.9 - 0.125)/0.2 + 1] \times 2 + 0.9/0.2 + 1\}$ 根 $= 20$ 根

支座负筋分布筋长度 $L_3 = [3.0 + 0.18 - 0.9 - (1.0 + 0.015) + 2 \times 0.15]\text{m} = 1.565\text{m}$

支座负筋分布筋 L_3 根数 $= \{(1.0 + 0.015 - 0.29)/0.2 + 1 + [(0.9 - 0.15)/0.2 + 1] \times 2 + (1.0 + 0.015 - 0.29)/0.2 + 1\}$ 根 $= 19$ 根

支座负筋分布筋长度 $L_4 = (3.0 - 0.9 \times 2 + 2 \times 0.15)\text{m} = 1.5\text{m}$

支座负筋分布筋 L_4 根数 $= \{(1.0 + 0.015 - 0.29)/0.2 + 1 + [(0.9 - 0.15)/0.2 + 1] \times 2 + (1.0 + 0.015 - 0.29)/0.2 + 1\}$ 根 $= 19$ 根

小计：$(4.165 + 2.465 + 1.565 + 1.5) \times 19\text{m} = 184.2\text{m}$

板以上钢筋合计：$\phi 8@150$　　$(739.125 + 300.62)\text{m} = 1039.754\text{m}$，折合 0.411t

　　　　　　　　　　$\phi 10@180$　184.2m，折合 0.114t

　　　　　　　　　　$\phi 6@200$　193.9m，折合 0.043t

其余板钢筋算法同，这里略。

五、楼梯钢筋

板底筋 $\phi 10@150$　梯板下部纵筋长度 $= (0.27 \times 9 \times \sqrt{0.27^2 + 0.15^2}/0.27 + 0.12 \times 2)\text{m}$
　　　　　　　　　　　　$= 3.015\text{m}$

　　　　　　　　梯板下部纵筋根数 $= [(1.2 - 0.095 - 0.015 \times 2)/0.15 + 1]$ 根 $= 8$ 根

　　　　　　　　小计：$3.015 \times 8\text{m} = 24.12\text{m}$

板顶筋 $\phi 10@150$

　　　　　　　　上梯梁端上部纵筋长度 $= [1.0 + 0.12 - 2 \times 0.015 + 0.4 \times 30 \times 0.01 + 15 \times 0.01]\text{m} = 1.36\text{m}$

　　　　　　　　上梯梁端上部纵筋根数 $= [(1.2 - 0.095 - 0.015 \times 2)/0.15 + 1]$ 根 $= 8$ 根

　　　　　　　　下梯梁端上部纵筋长度 $= [1.0 + 0.12 - 2 \times 0.015 + 30 \times 0.01]\text{m} = 1.39\text{m}$

　　　　　　　　下梯梁端上部纵筋根数 $= [(1.2 - 0.095 - 0.015 \times 2)/0.15 + 1]$ 根 $= 8$ 根

　　　　　　　　小计：$(1.36 + 1.39) \times 8\text{m} = 22\text{m}$

板底筋分布筋 $\phi 8@200$

　　　　　　　　板底筋长度 $= (1.2 - 0.095 - 0.015 \times 2 + 6.25 \times 0.01 \times 2)\text{m} = 1.2\text{m}$

　　　　　　　　板底筋根数 $= [(0.27 \times 9 \times \sqrt{0.27^2 + 0.15^2}/0.27 - 2 \times 0.05)/0.2 + 1]$ 根 $= 15$ 根

小计：（1.2×15）m＝18m

板顶筋分布筋Φ8@200

板顶筋长度＝（1.2－0.095－0.015×2＋6.25×0.01×2）m＝1.2m

板顶筋根数＝［（1.0－0.05）÷0.2＋1］×2根＝12根

小计：1.2×12m＝14.4m

楼梯钢筋合计：Φ10@150　　（24.12＋22）m＝46.12m，折合0.029t

Φ8@200　　（18＋14.4）m＝32.4m，折合0.013t

六、钢筋工程工程量合计：

Φ6　0.043t

Φ8　（0.411＋0.013）t＝0.424t

Φ10　0.114t

Φ10　0.029t

Φ12　（0.18＋0.016）t＝0.196t

Φ14　0.753t

Φ16　0.016t

Φ18　（0.325＋0.322＋0.469＋0.543）t＝1.659t

Φ20　（0.344＋0.468＋0.182＋0.465）t＝1.639t

Φ22　（0.016＋0.226＋0.008）t＝0.25t

Φ25　（0.062＋0.1＋0.564）t＝0.726t

箍筋Φ8　（0.425＋0.414）t＝0.839t

注：上述只介绍了主要构件的钢筋，其他构件钢筋算法同此。

第8章 安装工程工程量计算

8.1 电气设备安装工程

8.1.1 电气设备安装工程主要内容

电气设备安装工程主要包括：变压器、配电装置、母线、绝缘子安装工程，控制设备及低压电器、蓄电池、电动机、滑触线装置、电缆工程，防雷及接地装置工程，10kV 以下架空配电线路工程，电气调整试验，配管、配线工程，照明器具工程和电梯电气装置安装工程等。现就与一般土建相配套的送配电线路工程、电器照明工程、建筑物防雷接地装置安装等工程项目加以介绍。

1. 配送电线路工程

配送电线工程主要包括 10kV 以下的电缆及架空配电线路安装工程。

2. 电器照明工程

（1）电器照明供电方式：电器照明供电方式有单相制、三相四线制及三相五线制三种。单相制由一根相线和一根零线组成，单相制供电一般用于用电量较小的建筑物；三相四线制由三根相线和一根中性线组成，三相五线制由三根相线、一根中性和一根保护接地线组成，三相四线制和三相五线制供电一般用于用电量较大的建筑物。

（2）电器照明工程的组成：电器照明工程由进户装置、配电箱（盘）、室内配管配线、灯具、开关和插座等组成。进户装置是指将室外低压配电线路上的电源引入建筑物内的设施。配电箱（盘）是接受和分配电能的枢纽。室内配管配线包括干线和支线配管配线两种，干线是指从总配电箱引至分配电箱的线路，它有放射式、树干式和混合式三种布置方式。支线是指由分配电箱至用电器的供电线路。室内配管配线分明敷和暗敷两种。

3. 建筑物防雷接地装置

其主要由接闪器、引下线和接地装置三大部分组成。接闪器有避雷针、避雷带和避雷网等形式。引下线可分为明装和暗装两种。接地装置可分为自然接地体、基础接地体和人工接地体三种，其中人工接地体分垂直接地和水平接地两类。

8.1.2 电器照明工程施工图的组成与识读

1. 电器照明工程施工图的组成

电器照明工程施工图一般由首页、系统图、平面图和详图组成。首页主要包括施工目录，所采用的特殊图例符号及文字符号，有关电器规格和施工要求说明；系统图主要反映整个建筑物内照明供电的全貌，主要包括建筑物电源的引线，配电箱（盘）的数量、型号和尺寸，配管配线的种类、型号、截面等，配电线路上开关电器的规格、型号以及全楼的总容量；平面图主要反映进户线的位置、规格及穿线管径，配电箱（盘）的位置和编号，配管配线线路的布置和敷设方式，管内穿线的规格数量，以及各种用电器具的位置和各支路的编号等；详图主要表明某一电器或具体部位的组成与做法。

2. 电器照明工程施工图的识读

电器照明工程施工图主要表示电气线路走向及安装要求，在识读时，一是要熟悉设计说明、各种电器设备的图例符号和施工图样；二是按导线行走的线路方向进行识图；三是应将系统图与平面图对照起来，同时结合设计说明及土建施工图、有关的规范、标准、通用图集等综合识图。

8.1.3　电缆安装

1. 全国统一安装定额工程量计算规则

（1）直埋电缆的挖、填土（石）方，除特殊要求外，可按表8-1计算土方量。

表8-1　直埋电缆的挖、填土（石）方量

项　　目	电缆根数	
	1~2	每增一根
每米沟长挖方量/m³	0.45	0.153

注：1. 两根以内的电缆沟，系按上口宽度600mm、下口宽度400mm、深度900mm计算的常规土方量（深度按规范的最低标准）。

2. 每增加一根电缆，其宽度增加170mm。

3. 以上土方量系按埋深从自然地坪起算，如设计埋深超过900mm时，多挖的土方量应另行计算。

（2）电缆沟盖板揭、盖定额，按每揭或每盖一次以"延长米"计算，如又揭又盖，则按两次计算。

（3）电缆保护管长度，除按设计规定长度计算外，遇有下列情况，应按以下规定增加保护管长度：

1）横穿道路，按路基宽度两端各增加2m。

2）垂直敷设时，管口距地面增加2m。

3）穿过建筑物外墙时，按基础外缘以外增加1m。

4）穿过排水沟时，按沟壁外缘以外增加1m。

（4）电缆保护管埋地敷设，其土方量凡有施工图注明的，按施工图计算；无施工图的一般按沟深0.9m、沟宽按最外边的保护管两侧边缘外各增加0.3m工作面计算。

（5）电缆敷设按单根以延长米计算，一个沟内（或架上）敷设三根各长100m的电缆，应按300m计算，以此类推。

（6）电缆敷设长度应根据敷设路径的水平和垂直敷设长度，按表8-2规定增加附加长度。

表8-2　电缆敷设的附加长度

序　　号	项　　目	预留长度（附加）	说　　明
1	电缆敷设弛度、波形弯度、交叉	2.5%	按电缆全长计算
2	电缆进入建筑物	2.0m	规范规定最小值
3	电缆进入沟内或吊架时引上（下）预留	1.5m	规范规定最小值
4	变电所进线、出线	1.5m	规范规定最小值
5	电力电缆终端头	1.5m	检修余量最小值

（续）

序　号	项　目	预留长度（附加）	说　明
6	电缆中间接头盒	两端各留 2.0m	检修余量最小值
7	电缆进控制、保护屏及模拟盘等	高＋宽	按盘面尺寸
8	高压开关柜及低压配电盘、箱	2.0m	盘下进出线
9	电缆至电动机	0.5m	从电动机接线盒起算
10	厂用变压器	3.0m	从地坪起算
11	电缆绕过梁柱等增加长度	按实计算	按被绕物的断面情况计算增加长度
12	电梯电缆与电缆架固定点	每处 0.5m	规范最小值

注：电缆附加及预留的长度是电缆敷设长度的组成部分，应计入电缆长度工程量之内。

（7）电缆终端头及中间头均以"个"为计量单位。电力电缆和控制电缆均按一根电缆有两个终端头考虑。中间电缆头设计有图示的，按设计确定；设计没有规定的，按实际情况计算（或按平均 250m 一个中间头考虑）。

（8）桥架安装，以"10m"为计量单位。

（9）吊电缆的钢索及拉紧装置，应按相应定额另行计算。

（10）钢索的计算长度以两端固定点的距离为准，不扣除拉紧装置的长度。

（11）电缆敷设及桥架安装，应按定额说明的综合内容范围计算。

2. 清单计价工程量计算规则

电缆安装（编码：030408）工程量清单项目设置及工程量计算规则见表 8-3。

表 8-3　电缆安装（编码：030408）

项目编码	项目名称	项目特征	计量单位	工程量计算规则	工作内容
030408001	电力电缆	1. 名称 2. 型号 3. 规格	m	按设计图示尺寸以长度计算	1. 电缆敷设 2. 揭（盖）盖板
030408002	控制电缆	4. 材质 5. 敷设方式、部位 6. 地形			
030408003	电缆保护管	1. 名称 2. 材质 3. 规格 4. 敷设方式			保护管敷设
030408004	电缆槽盒	1. 名称 2. 材质 3. 规格 4. 型号 5. 接地			槽盒安装
030408005	铺砂、盖保护板（砖）	1. 种类 2. 规格			1. 铺砂 2. 盖板（砖）

（续）

项目编码	项目名称	项目特征	计量单位	工程量计算规则	工作内容
030408006	电缆终端头	1. 名称 2. 型号 3. 规格 4. 材质、类型 5. 安装部位 6. 电压等级（kV）	个	按设计图示数量计算	1. 电缆终端头制作 2. 电缆终端头安装 3. 接地
030408007	电缆中间头	1. 名称 2. 型号 3. 规格 4. 材质、类型 5. 安装方式 6. 电压等级（kV）			1. 电缆中间头制作 2. 电缆中间头安装 3. 接地
030408008	防火堵洞		处	按设计图示数量计算	
030408009	防火隔板	1. 名称 2. 材质 3. 方式 4. 部位	m²	按设计图示尺寸以面积计算	安装
030408010	防火涂料		kg	按设计图示尺寸以质量计算	
030408011	电缆分支箱	1. 名称 2. 型号 3. 规格 4. 基础形式、材质、规格	台	按设计图示数量计算	1. 本体安装 2. 基础制作、安装

注：1. 电缆穿刺线夹按电缆中间头编码列项。

　　2. 电缆井、电缆排管、顶管，应按《市政工程计量规范》相关项目编码列项。

8.1.4　防雷及接地装置安装

1. 全国统一安装定额工程量计算规则

（1）接地极制作安装以根为计量单位，其长度按设计长度计算。设计无规定时，每根长度按 2.5m 计算。若设计有管帽时，管帽另按加工件计算。

（2）接地母线敷设，按设计长度以"m"为计量单位计算工程量。接地母线、避雷线敷设，均按延长米计算，其长度按施工图设计水平和垂直规定长度另加 3.9% 的附加长度（包括转弯、上下波动、避绕障碍物、搭接头所占长度）计算。计算主材费时应另增加规定的损耗率。

（3）接地跨接线以"处"为计量单位。按规程规定，凡需接地跨接线的工程内容，每跨接一次按一处计算。户外配电装置构架均需接地，每副构架按一处计算。

（4）避雷针的加工制作、安装，以"根"为计量单位，独立避雷针安装以"基"为计量单位。长度、高度、数量均按设计规定。独立避雷针的加工制作应执行一般铁件制作定额或按成品计算。

（5）半导体少长针消雷装置安装以"套"为计量单位，按设计安装高度分别执行相应定额。装置本身由设备制造厂成套供货。

（6）利用建筑物内主筋作接地引下线安装，以"10m"为计量单位，每一柱子内按焊接两根主筋考虑。如果焊接主筋数超过两根时，可按比例调整。

（7）断接卡子制作安装以"套"为计量单位，按设计规定装设的断接卡子数量计算。接地检查井内的断接卡子安装按每井一套计算。

（8）高层建筑物屋顶的防雷接地装置应执行避雷网安装定额，电缆支架的接地线安装应执行户内接地母线敷设定额。

（9）均压环敷设以"米"为单位计算，主要考虑利用圈梁内主筋作均压环接地连线，焊接按两根主筋考虑。超过两根时，可按比例调整。长度按设计需要作均压接地的圈梁中心线长度，以延长米计算。

（10）钢、铝窗接地以"处"为计量单位（高层建筑六层以上的金属窗设计一般要求接地），按设计规定接地的金属窗数进行计算。

（11）柱子主筋与圈梁连接以"处"为计量单位，每处按两根主筋与两根圈梁钢筋分别焊接连接考虑。如果焊接主筋和圈梁钢筋超过两根时，可按比例调整；需要连接的柱子主筋和圈梁钢筋"处"数按规定设计计算。

2. 清单计价工程量计算规则

防雷及接地装置（编码：030409）工程量清单项目设置及工程量计算规则见表 8-4。

表 8-4 防雷及接地装置（编码：030409）

项目编码	项目名称	项目特征	计量单位	工程量计算规则	工作内容
030409001	接地板	1. 名称 2. 材质 3. 规格 4. 土质 5. 基础接地形式	根 （块）	按设计图示数量计算	1. 接地极（板、桩）制作、安装 2. 基础接地网安装 3. 补刷（喷）油漆
030409002	接地母线	1. 名称 2. 材质 3. 规格 4. 安装部位 5. 安装形式			1. 接地母线制作、安装 2. 补刷（喷）油漆
030409003	避雷引下线	1. 名称 2. 材质 3. 规格 4. 安装部位 5. 安装形式 6. 断接卡子、箱材质、规格	m	按设计图示尺寸以长度计算	1. 避雷引下线制作、安装 2. 断接卡子、箱制作、安装 4. 利用主钢筋焊接 5. 补刷（喷）油漆
030409004	均压环	1. 名称 2. 材质 3. 规格 4. 安装形式			1. 均压环敷设 2. 钢铝窗接地 3. 柱主筋与圈梁焊接 4. 利用圈梁钢筋焊接 5. 补刷（喷）油漆
030409005	避雷网	1. 名称 2. 材质 3. 规格 4. 安装形式 5. 混凝土块标号			1. 避雷网制作、安装 2. 跨接 3. 混凝土块制作 4. 补刷（喷）油漆

（续）

项目编码	项目名称	项目特征	计量单位	工程量计算规则	工作内容
030409006	避雷针	1. 名称 2. 材质 3. 规格 4. 安装形式、高度	根	按设计图示数量计算	1. 避雷针制作、安装 2. 跨接 3. 补刷（喷）油漆
030409007	半导体少长针消雷装置	1. 型号 2. 高度	套		本体安装
030409008	等电位端子箱、测试板	1. 名称 2. 材质 3. 规格	台（块）		
030409009	绝缘垫		m²	按设计图示尺寸以展开面积计算	1. 制作 2. 安装
030409010	浪涌保护器	1. 名称 2. 规格 3. 安装形式 4. 防雷等级	个	按设计图示数量计算	1. 本体安装 2. 接线 3. 接地
030409011	降阻剂	1. 名称	kg	按设计图示数量以质量计算	1. 挖土 2. 施放降阻剂 3. 回填土 4. 运输

　　注：1. 利用桩基础作接地板，应描述桩台下桩的根数，每桩几根柱筋需焊接。其工程量计入桩引下线的工程量。

　　　　2. 利用柱筋作引下线的，需描述是几根柱筋焊接作为引下线。

　　　　3. 使用电缆、电线作接地线，应按规范附录 D.8、D.12 相关项目编码列项。

8.1.5　配管、配线

1.《全国统一安装工程预算定额》工程量计算规则

　　（1）各种配管应区别不同敷设方式、敷设位置、管材材质、规格，以延长米为计量单位，不扣除管路中间的接线箱（盒）、灯头盒、开关盒所占长度。

　　（2）定额中未包括钢索架设及拉紧装置、接线箱（盒）、支架的制作安装，其工程量应另行计算。

　　（3）管内穿线的工程量，应区别线路性质、导线材质、导线截面，以单线"延长米"为计量单位计算。线路分支接头线的长度已综合考虑在定额中，不得另行计算。

　　照明线路中的导线截面大于或等于 6mm² 以上时，应执行动力线路穿线相应项目。

　　（4）线夹配线工程量，应区别线夹材质（塑料、瓷质）、线式（两线、三线）、敷设位置（在木、砖、混凝土）以及导线规格，以线路"延长米"为计量单位计算。

　　（5）绝缘子配线工程量，应区别绝缘子形式（针式、彭形、蝶式）、绝缘子配线位置（沿屋架、梁、柱、墙，跨屋架、梁、柱、木结构、顶棚内、砖、混凝土结构，沿钢支架及钢索）、导线截面积，以线路"延长米"为计量单位计算。

　　绝缘子暗配，引下线按线路支持点至顶棚下缘距离的长度计算。

　　（6）槽板配线工程量，应区别槽板材质（木质、塑料）、配线位置（在木结构、砖、混凝土）、导线截面、线式（二线、三线），以线路"延长米"为计量单位计算。

　　（7）塑料护套线明敷工程量，应区别导线截面、导线芯数（二芯、三芯）、敷设位置（在木结构、砖混凝土结构，沿钢索），以单根线路"延长米"为计量单位计算。

（8）线槽配线工程量，应区别导线截面，以单根线路"延长米"为计量单位计算。

（9）钢索架设工程量，应区别圆钢、钢索直径（$\phi 6mm$，$\phi 9mm$），按图示墙（柱）内缘距离，以"延长米"为计量单位计算，不扣除拉紧装置所占长度。

（10）母线拉紧装置及钢索拉紧装置制作安装工程量，应区别母线截面、花篮螺栓直径（12mm，16mm，18mm），以"套"为计量单位计算。

（11）车间带形母线安装工程量，应区别母线材质（铝、铜）、母线截面、安装位置（沿屋架、梁、柱、墙，跨屋架、梁、柱），以"延长米"为计量单位计算。

（12）动力配管混凝土地面刨沟工程量，应区别管子直径，以"延长米"为计量单位计算。

（13）接线箱安装工程量，应区别安装形式（明装、暗装）、接线箱半周长，以"个"为计量单位计算。

（14）接线盒安装工程量，应区别安装形式（明装、暗装、钢索上）以及接线盒类型，以"个"为计量单位计算。

（15）灯具，明、暗开关，插座、按钮等的预留线，已分别综合在相应定额内，不另行计算。配线进入开关箱、柜、板的预留线，按表 8-5 规定的长度，分别计入相应的工程量。

表 8-5　配线进入开关箱、柜、板的预留线长（每一根线）

序　号	项　目	预留长度（附加）	说　明
1	各种开关箱、柜、板	高＋宽	盘面尺寸
2	单独安装（无箱、盘）的铁壳开关、闸刀开关、起动器、母线槽进出线盒等	0.3m	从安装对象中心线算
3	由地坪管子出口引至动力接线箱	1.0m	从管口计算
4	电源与管内导线连接（管内穿线与软、硬母线接头）	1.5m	从管口计算
5	出户线	1.5m	从管口计算

2. 清单计价工程量计算规则

配管、配线（编码：030412）工程量清单项目设置及工程量计算规则见表 8-6。

表 8-6　配管、配线（编码：030412）

项目编码	项目名称	项目特征	计量单位	工程量计算规则	工作内容
030412001	配管	1. 名称 2. 材质 3. 规格 4. 配置形式 5. 接地要求 6. 钢索材质、规格	m	按设计图示尺寸以长度计算	1. 电线管路敷设 2. 钢索架设（拉紧装置安装） 3. 预留沟槽 4. 接地
030412002	线槽	1. 名称 2. 材质 3. 规格			1. 本地安装 2. 补刷（喷）油漆
030412003	桥架	1. 名称 2. 型号 3. 规格 4. 材质 5. 类型 6. 接地			1. 本体安装 2. 接地

（续）

项目编码	项目名称	项目特征	计量单位	工程量计算规则	工作内容
030412004	配线	1. 名称 2. 配线形式 3. 型号 4. 规格 5. 材质 6. 配线部位 7. 配线线制 8. 钢索材质、规格	m	按设计图示尺寸以单线长度计算	1. 配线 2. 钢索架设（拉紧装置安装） 3. 支持体（夹板、绝缘子、槽板等）安装
030412005	接线箱	1. 名称 2. 材质 3. 规格 4. 安装形式	个	按设计图示数量计算	本体安装
030412006	接线盒				

注：1. 配管、线槽安装不扣除管路中间的接线箱（盒）、灯头盒、开关盒所占长度。

2. 配管名称指：电线管、钢管、防爆管、塑料管、软管、波纹管等。

3. 配管配置形式指：明、暗配、吊顶内、钢结构支架、钢索配管、埋地敷设、水下敷设、砌筑沟内敷设等。

4. 配线名称指：管内穿线、瓷夹板配线、塑料夹板配线、绝缘子配线、槽板配线、塑料护套配线、线槽配线、车间带形母线等。

5. 配线形式指：照明线路、动力线路、木结构、顶棚内、砖、混凝土结构、沿支架、钢索、屋架、梁、柱、墙、跨屋架、梁、柱。

6. 配线保护管遇到下列情况之一时，应增设管路接线盒和拉线盒：①管长度每超过 30m，无弯曲；②管长度每超过 20m，有 1 个弯曲；③管长度每超过 15m，有 2 个弯曲；④管长度每超过 8m，有 3 个弯曲。垂直敷设的电线保护管遇到下列情况之一时，应增设固定导线用的拉线盒：①管内导线截面为 50mm² 及以下，长度每超过 30m；②管内导线截面为 70~95mm²，长度每超过 20m；③管内导线截面为 120~240mm²，长度每超过 18m。在配管清单项目计量时，设计无要求时上述规定可以作为计量接线盒、拉线盒的依据。

7. 配管安装中不包括凿槽、刨沟的工作内容，应按本规范附录 D.14 相关项目编码列项。

8.1.6　照明器具安装

1. 全国统一安装定额工程计算规则

（1）普通灯具安装的工程量，应区别灯具的种类、型号、规格，以套为计量单位计算。普通灯具安装定额适用范围见表 8-7。

表 8-7　普通灯具安装定额适用范围

定额名称	灯具种类
圆球吸顶灯	材质为玻璃的螺口、卡口圆球独立吸顶灯
半圆球吸顶灯	材质为玻璃的独立的半圆球吸顶灯、扁圆罩吸顶灯、平圆形吸顶灯
方形吸顶灯	材质为玻璃的独立的半矩形吸顶灯、方形罩吸顶灯、大口方罩顶灯
软线吊灯	利用软线为垂吊材料，独立的，材质为玻璃、塑料、搪瓷，形状如碗、伞、平盘灯罩组成的各式软线吊灯
吊链灯	利用吊链作辅助悬吊材料，独立的、材质为玻璃、塑料罩的各式吊链灯
防水吊灯	一般防水吊灯
一般弯脖灯	圆球弯脖灯，风雨壁灯

（续）

定 额 名 称	灯 具 种 类
一般墙壁灯	各种材质的一般壁灯、镜前灯
软线吊灯头	一般吊灯头
声光控座灯头	一般声控、光控座灯头
座灯头	一般塑胶、瓷质座灯头

（2）吊式艺术装饰灯具的工程量，应根据装饰灯具示意图集所示，区别不同装饰物以及灯体直径和灯体垂吊长度，以"套"为计量单位计算。灯体直径为装饰物的最大外缘直径，灯体垂吊长度为灯座底部到灯梢之间的总长度。

（3）吸顶式艺术装饰灯具安装的工程量，应根据装饰灯具示意图集所示，区别不同装饰物、吸盘的几何形状、灯体直径、灯体周长和灯体垂吊长度，以"套"为计量单位计算。灯体直径为吸盘最大外缘直径，灯体半周长为矩形吸盘的半周长。吸顶式艺术装饰灯具的灯体垂吊长度为吸盘到灯梢之间的总长度。

（4）荧光艺术装饰灯具安装的工程量，应根据装饰灯具示意图集所示，区别不同安装形式和计量单位计算。

1）组合荧光灯光带安装的工程量，应根据装饰灯具示意图集所示，区别安装形式、灯管数量，以"延长米"为计量单位。灯具的设计数量与定额不符时，可根据设计数量加损耗量调整主材。

2）内藏组合式灯安装的工程量，应根据装饰灯具示意图集所示，区别灯具组合形式，以"延长米"为计量单位。灯具的设计数量与定额不符时，可根据设计数量加损耗量调整主材。

3）发光棚安装的工程量，应根据装饰灯具示意图集所示，以"m²"为计量单位。发光棚灯具按设计用量加损耗量计算。

4）立体广告灯箱、荧光灯光沿的工程量，应根据装饰灯具示意图集所示，以"延长米"为计量单位。灯具设计用量与定额不符时，可根据设计数量加损耗量调整主材。

（5）几何形状组合艺术灯具安装的工程量，应根据装饰灯具示意图集所示，区别不同安装形式及灯具的不同形式，以"套"为计量单位计算。

（6）标志、诱导装饰灯具安装的工程量，应根据装饰灯具示意图集所示，区别不同安装形式，以"套"为计量单位计算。

（7）水下艺术装饰灯具安装的工程量，应根据装饰灯具示意图集所示，区别不同安装形式，以"套"为计量单位计算。

（8）点光源艺术装饰灯具安装的工程量，应根据装饰灯具示意图集所示，区别不同安装形式、不同灯具直径，以"套"为计量单位计算。

（9）草坪灯具安装的工程量，应根据装饰灯具示意图所示，区别不同安装形式，分别以"套"为计量单位计算。

（10）歌舞厅灯具安装的工程量，应根据装饰灯具示意图所示，区别不同灯具形式，分别以"套"、"延长米"、"台"为计量单位计算。

（11）荧光灯具安装的工程量，应区别灯具的安装形式、灯具种类、灯管数量，以"套"为计量单位计算。

（12）工厂灯及防水防尘灯安装的工程量，应区别不同安装形式，以"套"为计量单位计算。

（13）工厂其他灯具安装的工程量，应区别不同灯具类型、安装形式、安装高度，以"套"、"个"、"延长米"为计量单位计算。

（14）医院灯具安装的工程量，应区别灯具种类，以"套"为计量单位计算。

（15）路灯安装工程，应区别不同臂长、不同灯数，以"套"为计量单位计算。工厂厂区内、住宅小区内路灯安装执行《全国统一安装工程预算定额》第二册中照明器具安装工程定额。城市道路的灯安装执行《全国统一市政工程预算定额》。

（16）开关、按钮安装的工程量，应区别开关、按钮安装形式，开关、按钮种类，开关极数以及单控与双控，以"套"为计量单位计算。

（17）插座安装的工程量，应区别电源相数、额定电流、插座安装形式、插座插孔个数，以"套"为计量单位计算。

（18）安全变压器安装的工程量，应区别安全变压器容量，以"台"为计量单位计算。

（19）电铃、电铃号码牌箱安装的工程量，应区别电铃直径、电铃号牌箱规格（号），以"套"为计量单位计算。

（20）门铃安装工程量计算，应区别门铃安装形式，以"个"为计量单位计算。

（21）风扇安装的工程量，应区别风扇种类，以"台"为计量单位计算。

（22）盘管风机三速开关、请勿打扰灯，须减除插座安装的工程量，以"套"为计量单位计算。

2. 清单计价工程计算规则

照明器具安装（编码：030413）工程量清单项目设置及工程量计算规则见表8-8。

表 8-8　照明器具安装（编码：030413）

项目编码	项目名称	项目特征	计量单位	工程量计算规则	工 作 内 容
030413001	普通灯具	1. 名称 2. 型号 3. 规格 4. 类型	套	按设计图示数量计算	本体安装
030413002	工厂灯	1. 名称 2. 型号 3. 规格 4. 安装形式			
031413003	高度标志（障碍）灯	1. 名称 2. 型号 3. 规格 4. 安装部位 5. 安装高度			
030413004	装饰灯	1. 名称 2. 型号 3. 规格 4. 安装形式			
030413005	荧光灯				
030413006	医疗专用灯	1. 名称 2. 型号 3. 规格			

（续）

项目编码	项目名称	项目特征	计量单位	工程量计算规则	工 作 内 容
030413007	一般路灯	1. 名称 2. 型号 3. 规格 4. 灯杆材质规格 5. 灯架形式及臂长 6. 附件配置要求 7. 灯杆形式（单、双） 8. 基础形式、砂浆配合比 9. 杆座材质、规格 10. 接线端子材质、规格 11. 编号、接地要求	套	按设计图示数量计算	1. 基础制作、安装 2. 立灯杆 3. 杆座安装 4. 灯架及灯具附件安装 5. 焊压接线端子 6. 补刷（喷）油漆 7. 灯杆编号 8. 接地
030413008	中杆灯	1. 名称 2. 灯杆的材质及高度 3. 灯架的型号、规格 4. 附件配置 5. 光源数量 6. 基础形式、浇筑材质 7. 杆座材质、规格 8. 接线端子材质、规格 9. 铁构件规格 10. 编号接地要求 11. 灌浆配合比			1. 基础浇筑 2. 立灯杆 3. 杆座安装 4. 灯架及灯具附件安装 5. 焊压接线端子 6. 铁构件、安装 7. 补刷（喷）油漆 9. 灯杆编号 10. 接地
030413009	高杆灯安装	1. 名称 2. 灯杆高度 3. 灯架形式（成套或组装、固定或升降） 4. 附件配置 4. 光源数量 6. 基础形式浇筑材质 7. 杆座材质、规格 8. 接线端子材质、规格 9. 铁构件规格 10. 编号、接地要求 11. 灌浆配合比			1. 基础浇筑 2. 立杆 3. 杆座安装 4. 灯架及灯具附件安装 5. 焊压接线端子 6. 铁构件安装 7. 补刷（喷）油漆 8. 灯杆编号 9. 升降机构接线调试 10. 接地
030413010	桥栏杆灯	1. 名称 2. 型号 3. 规格 4. 安装形式			1. 灯具安装 2. 补刷（喷）油漆
030413011	地道涵洞灯				

注：1. 普通灯具包括：圆球吸顶灯、半圆球吸顶灯、方形吸顶灯、软线吊灯、座灯头、吊链灯、防水吊灯、壁灯等。

2. 工厂灯包括：工厂罩灯、防水灯、防尘灯、碘钨灯、投光灯、泛光灯、混光灯、密闭灯等。

3. 高度标志（障碍）灯包括：烟囱标志灯、高塔标志灯、高层建筑屋顶障碍指示灯等。

4. 装饰灯包括：吊式艺术装饰灯、吸顶式艺术装饰灯、荧光艺术装饰灯、几何型组合艺术装饰灯、标志灯、诱导装饰灯、水下（上）艺术装饰灯、点光源艺术灯、歌舞厅灯具、草坪灯具等。

5. 医疗专用灯包括：病房指示灯、病房暗脚灯、紫外线杀菌灯、无影灯等。

6. 中杆灯是指安装在高度≤19m 的灯杆上的照明器具。

7. 高杆灯是指安装在高度 >19m 的灯杆上的照明器具。

8.2　给水排水、采暖、燃气工程

8.2.1　给水排水工程

1. 给水排水工程施工图的组成与识读

给水排水工程施工图一般包括图样目录、施工图设计说明、主要材料设备表、平面图、系统图及详图等。平面图主要表明建筑物内给水、排水管道及设备的平面位置。系统图通常绘制成轴测图，反映管道系统的空间关系。详图是用平面图或剖面图表示出某些设备、器具或管道节点的详细构造、尺寸和安装要求。

阅读给水排水工程施工图，首先要熟悉施工图的图例符号，了解设计说明后，识读平面图，然后将系统图与平面图结合起来，同时考虑建筑施工图，综合看图。给水排水系统图应按水的流向去识读，给水按一定的方向通过引入管和干、支管，最后与具体设备相连，即引入管（包括总水表）→干管→立管→支管→用水设备。排水系统内的水由排水设备（如卫生器具）经支管、干管、排出管流入室外检查井中。另外在阅读平面施工图时，还应了解管道和设备的类型、数量、安装方式、平面布置尺寸和管径尺寸等。

2. 《全国统一安装工程预算定额》工程量计算规则

（1）管道安装

1）各种管道，均以施工图所示中心长度，以"m"为计量单位，不扣除阀门、管件（包括减压器、疏水器、水表、伸缩器等组成安装）所占的长度。

2）镀锌薄钢板套管制作以"个"为计量单位，其安装已包括在管道安装定额内，不得另行计算。

3）管道支架制作安装，室内管道公称直径32mm以下的安装工程已包括在内，不得另行计算；公称直径32mm以上的，可另行计算。

4）各种伸缩器制作安装，均以"个"为计量单位。方形伸缩器的两臂，按臂长的两倍合并在管道长度内计算。

5）管道消毒、冲洗、压力试验，均按管道长度以"m"为计量单位，不扣除阀门、管件所占的长度。

（2）阀门、水位标尺安装

1）各种阀门安装，均以"个"为计量单位。法兰阀门安装，如仅为一侧法兰连接时，定额所列法兰、带帽螺栓及垫圈数量减半，其余不变。

2）各种法兰连接用垫片，均按石棉橡胶板计算。如用其他材料，不得调整。

3）法兰阀（带短管甲乙）安装，均以"套"为计量单位。如接口材料不同时，可调整。

4）自动排气阀安装以"个"为计量单位，已包括了支架制作安装，不得另行计算。

5）浮球阀安装均以"个"为计量单位，已包括了连杆及浮球的安装，不得另行计算。

6）浮标液面计、水位标尺是按国标编制的，如设计与国标不符时，可调整。

（3）低压器具、水表组成与安装

1）减压器、疏水器组成安装以"组"为计量单位。如设计组数与定额不同时，阀门和压力表数量可按设计用量进行调整，其余不变。

2）减压器安装，按高压侧的直径计算。

3）法兰水表安装以"组"为计量单位，定额中旁通管及止回阀如与设计规定的安装形式不同时，阀门及止回阀可按设计规定进行调整，其余不变。

（4）卫生器具制作安装

1）卫生器具组成安装，以"组"为计量单位，已按标准图综合了卫生器具与给水管、排水管连接的人工与材料用量，不得另行计算。

2）浴盆安装不包括支座和四周侧面的砌砖及瓷砖粘贴。

3）蹲式大便器安装，已包括了固定大便器的垫砖，但不包括大便器蹲台砌筑。

4）大便槽、小便槽自动冲洗水箱安装，以"套"为计量单位，已包括了水箱托架的制作安装，不得另行计算。

5）小便槽冲洗管制作与安装，以米为计量单位，不包括阀门安装，其工程量可按相应定额另行计算。

6）脚踏开关安装，已包括了弯管与喷头的安装，不得另行计算。

7）冷热水混合器安装，以套为计量单位，不包括支架制作安装及阀门安装，其工程量可按相应定额另行计算。

8）蒸汽 – 水加热器安装，以台为计量单位，包括莲蓬头安装，不包括支架制作安装及阀门、疏水器安装，其工程量可按相应定额另行计算。

9）容积式水加热器安装，以台为计量单位，不包括安全阀安装、保温与基础砌筑，其工程量可按相应定额另行计算。

10）电热水器、电开水炉安装，以台为计量单位，只考虑本体安装，连接管、连接件等工程量可按相应定额另行计算。

11）饮水器安装以台为计量单位，阀门和脚踏开关工程量可按相应定额另行计算。

3. 清单计价工程量计算规则

（1）给水排水、采暖燃气管道（编码：031001）工程量清单项目设置及工程量计算规则见表 8-9。

表 8-9　给水排水、采暖燃气管道（编码：031001）

项目编码	项目名称	项目特征	计量单位	工程量计算规则	工作内容
031001001	镀锌钢管	1. 安装部位 2. 介质 3. 规格、压力等级 4. 连接形式 5. 压力试验及吹、洗设计要求	m	按设计图示管道中心线以长度计算	1. 管道安装 2. 管件制作、安装 3. 压力试验 4. 吹扫、冲洗
031001002	钢管				
031001003	不锈钢管				
031001004	铜管				
031001005	铸铁管	1. 安装部位 2. 介质 3. 材质、规格 4. 连接形式 5. 接口材料 6. 压力试验及吹、洗设计要求 7. 警示带形式			1. 管道安装 2. 管件安装 3. 压力试验 4. 吹扫、冲洗 5. 警示带铺设

（续）

项目编码	项目名称	项目特征	计量单位	工程量计算规则	工作内容
031001006	塑料管	1. 安装部位 2. 介质 3. 材质、规格 4. 连接形式 5. 压力试验及吹、洗设计要求 6. 警示带形式	m	按设计图示管道中心线以长度计算	1. 管道安装 2. 管件安装 3. 塑料卡固定 4. 压力试验 5. 吹扫、冲洗 6. 警示带铺设
031001007	复合管				
031001008	直埋式预制保温管	1. 埋设深度 2. 介质 3. 管道材质、规格 4. 连接形式 5. 接口保温材料 6. 压力试验及吹、洗设计要求 7. 警示带形式			1. 管道安装 2. 管件安装 3. 接口保温 4. 压力试验 5. 吹扫、冲洗 6. 警示带铺设
031001009	承插缸瓦管	1. 埋设深度 2. 规格 3. 接口方式及材料 4. 压力试验及吹、洗设计要求 5. 警示带形式			1. 管道安装 2. 管件安装 3. 压力试验 4. 吹扫、冲洗 5. 警示带铺设
031001010	承插水泥管				
031001011	室外管道碰头	1. 介质 2. 碰头形式 3. 材质、规格 4. 连接形式 5. 防腐、绝热设计要求	处	按设计图示以处计算	1. 挖填工作坑或暖气沟拆除或修复 2. 碰头 3. 接口处防腐 4. 接口处绝热及保护层

注：1. 安装部位，指管道安装在室内、室外。
2. 输送介质包括给水、排水、中水、雨水、热媒体、燃气、空调水等。
3. 方形补偿器制作安装，应含在管道安装综合单价中。
4. 铸铁管安装适用于承插铸铁管、球墨铸铁管、柔性抗震铸铁管等。
5. 塑料管安装：
　(1) 适用于 UPVC、PVC、PP-C、PP-R、PE、PB 管等塑料管材。
　(2) 项目特征应描述是否设置阻火圈或止水环，按设计图样或规范要求计入综合单价中。
6. 复合管安装适用于钢塑复合管、铝塑复合管、钢骨架复合管等复合型管道安装。
7. 直埋保温管包括直埋保温管件安装及接口保温。
8. 排水管道安装包括立管检查口、透气帽。
9. 室外管道碰头：
　(1) 适用于新建或扩建工程热源、水源、气源管道与原（旧）有管道碰头。
　(2) 室外管道碰头包括挖工作坑、土方回填或暖气沟局部拆除及修复。
　(3) 带介质管道碰头包括开关闸、临时放水管线铺设等费用。
　(4) 热源管道碰头每处包括供、回水两个接口。
　(5) 碰头形式指带介质碰头、不带介质碰头。
10. 管道工程量计算不扣除阀门、管件（包括减压器、疏水器、水表、伸缩器等组成安装）及附属构筑物所占长度；方形补偿器以其所占长度列入管道安装工程量。
11. 压力试验按设计要求描述试验方法，如水压试验、气压试验、泄漏性试验、闭水试验、通球试验、真空试验等。
12. 吹、洗按设计要求描述吹扫、冲洗方法，如水冲洗、消毒冲洗、空气吹扫等。

（2）管道支架及其他制作安装（编码：031002）工程量清单项目设置及工程量计算规则见表 8-10。

表 8-10　管道支架及其他制作安装（编码：031002）

项目编码	项目名称	项目特征	计量单位	工程量计算规则	工作内容
031002001	管道支吊架	1. 材质 2. 管架形式 3. 支吊架衬垫材质 4. 减震器形式及做法	1. kg 2. 套	1. 以 "kg" 计量，按设计图示质量计算 2. 以套计量，按设计图示数量计算	1. 制作 2. 安装
031002002	设备支吊架	1. 材质 2. 形式			
031002003	套管	1. 类型 2. 材质 3. 规格 4. 填料材质 5. 除锈、刷油材质及做法	个	按设计图示数量计算	1. 制作 2. 安装 3. 除锈、刷油
031002004	减震装置制作、安装	1. 型号、规格 2. 材质 3. 安装形式	台	按设计图示，以需要减震的设备数量计算	1. 制作 2. 安装

注：1. 单件支架质量 100kg 以上的管道支吊架执行设备支吊架制作安装。

　　2. 成品支吊架安装执行相应管道支吊架或设备支吊架项目，不再计取制作费，支吊架本身价值含在综合单价中。

　　3. 套管制作安装，适用于穿基础、墙、楼板等部位的防水套管、填料套管、无填料套管及防火套管等，应分别列项。

　　4. 减震装置制作、安装，项目特征要描述减震器型号、规格及数量。

（3）管道附件（编码：031003）工程量清单项目设置及工程量计算规则见表 8-11。

表 8-11　管道附件（编码：031003）

项目编码	项目名称	项目特征	计量单位	工程量计算规则	工作内容
031003001	螺纹阀门	1. 类型 2. 材质 3. 规格、压力等级 4. 连接形式 5. 焊接方法	个	按设计图示数量计算	安装
031003002	螺纹法兰阀门				
031003003	焊接法兰阀门				
031003004	带短管甲乙阀门	1. 材质 2. 规格、压力等级 3. 连接形式 4. 接口方式及材质			
031003005	减压器	1. 材质 2. 规格、压力等级 3. 连接形式 4. 附件名称、规格、数量	组		1. 组成 2. 安装
031003006	疏水器				
031003007	除污器（过滤器）				

（续）

项目编码	项目名称	项目特征	计量单位	工程量计算规则	工作内容
031003008	补偿器	1. 类型 2. 材质 3. 规格、压力等级 4. 连接形式	个		安装
031003009	软接头	1. 材质 2. 规格 3. 连接形式			
031003010	法兰	1. 材质 2. 规格、压力等级 3. 连接形式	副 （片）		
031003011	水表	1. 安装部位（室内外） 2. 型号、规格 3. 连接形式 4. 附件名称、规格、数量	组	按设计图示数量计算	1. 组成 2. 安装
031003012	倒流防止器	1. 材质 2. 型号、规格 3. 连接形式	套		
031003013	热量表	1. 类型 2. 型号、规格 3. 连接形式	块		安装
031003014	塑料排水管消声器	1. 规格	个		
031003015	浮标液面计	2. 连接形式	组		
031003016	浮漂水位标尺	1. 用途 2. 规格	套		

注：1. 法兰阀门安装包括法兰安装，不得另计法兰安装。阀门安装如仅为一侧法兰连接时，应在项目特征中描述。

2. 塑料阀门连接形式需注明热熔连接、粘接、热风焊接等方式。

3. 减压器规格按高压侧管道规格描述。

4. 减压器、疏水器、除污器（过滤器）项目包括组成与安装，项目特征应描述所配阀门、压力表、温度计等附件的规格和数量。

5. 水表安装项目，项目特征应描述所配阀门等附件的规格和数量。

6. 所有阀门、仪表安装中均不包括电气接线及测试，发生时按规范附录 D 电气设备安装工程相关项目编码列项。

（4）卫生器具（编码：031004）工程量清单项目设置及工程量计算规则见表8-12。

表8-12　卫生器具（编号：031004）

项目编码	项目名称	项目特征	计量单位	工程量计算规则	工作内容
031004001	浴盆	1. 材质 2. 规格类型 3. 组装形式 4. 附件名称、数量	组	按设计图示数量计算	器具、附件安装
031004002	净身盆				
031004003	洗脸盆				

（续）

项目编码	项目名称	项目特征	计量单位	工程量计算规则	工作内容
031004004	洗涤盆	1. 材质 2. 规格类型 3. 组装形式 4. 附件名称数量	组		器具、附件安装
031004005	化验盆				
031004006	大便器				
031004007	小便器				
031004008	其他成品卫生器具				
031004009	烘手器	1. 材质 2. 型号、规格	个		安装
031004010	淋浴器	1. 材质、规格 2. 组装形式 3. 附件名称、数量	套	按设计图示数量计算	器具、附件安装
031004011	淋浴间				
031004012	桑拿浴房				
031004013	大、小便槽自动冲洗水箱制作安装	1. 材质、类型 2. 规格 3. 水箱配件 4. 支架形式及做法 5. 器具及支架除锈、刷油设计要求	套		1. 制作 2. 安装 3. 支架制作、安装 4. 除锈、刷油
031004014	给、排水附件	1. 材质 2. 型号、规格 3. 安装方式	个 （组）		安装
031004015	小便槽冲洗管制作安装	1. 材质 2. 规格	m	按设计图示长度计算	1. 制作 2. 安装
031004016	蒸汽-水加热器制作安装	1. 类型 2. 型号、规格 3. 安装方式	套	按设计图示数量计算	1. 制作 2. 安装
031004017	冷热水混合器制作安装				
031004018	饮水器				
031004019	隔油器	1. 类型 2. 型号、规格 3. 安装部位			

注：1. 成品卫生器具项目中的附件安装，主要指给水附件包括水嘴、阀门、喷头等，排水配件包括存水弯、排水栓、出水口等以及配备的连接管。

　　2. 浴缸支座和浴缸周边的砌砖、瓷砖粘贴，应按《房屋建筑与装饰工程计量规范》相关项目编码列项；功能性浴缸不含电机接线和调试，应按规范附录 D 电气设备安装工程相关项目编码列项。

　　3. 洗脸盆适用于洗脸盆、洗发盆、洗手盆安装。

　　4. 器具安装中若采用混凝土或砖基础，应按《房屋建筑与装饰工程计量规范》相关项目编码列项。

8.2.2　采暖工程

采暖工程的任务是将热源产生的热量，通过室外供热管网将热量输送到建筑物内的采暖系统，使室内温度达到人们从事正常生产和生活活动舒适度要求。采暖工程按不同的载体可分为热水采暖、蒸汽采暖和辐射采暖三大类。一般采暖系统的供热方式有集中、下给上行（上分式）、上给下行（下分式）、中给上下行等四种供暖系统。

1. 《全国统一安装工程预算定额》工程量计算规则

（1）管道安装

1）室内采暖管道的工程量均按图示中心线的延长米为单位计算，阀门、管件所占长度均不从延长米中扣除，但暖气片所占长度应扣除。

室内采暖管道安装工程除管道本身价值和直径在 32mm 以上钢管支架需另行计算外，以下工作内容均已考虑在定额中，不得重复计算；管道及接头零件安装；水压试验或灌水试验，DN32 以内钢管的管卡及托钩制作安装；弯管制作与安装（伸缩器、圆形补偿器除外）；穿墙及过楼板铁皮套管安装人工等。穿墙及过楼板镀锌铁皮套的制作应按镀锌铁皮套管项目另行计算，钢套管的制作安装工料，按室外焊接钢管安装项目计算。

2）除锅炉房和泵房管道安装以及高层建筑内加压泵间的管道安装执行《全国统一安装工程预算定额》"工业管道工程"分册的相应项目外，其余部分均按《全国统一安装工程预算定额》"给水排水、采暖、燃气工程"分册执行。

3）安装的管子规格如与定额中子目规定不相符合时，应使用接近规格的项目，规格居中时按大者套，超过定额最大规格时可作补充定额。

4）各种伸缩器制作安装根据不同形式、连接方式和公称直径，分别以"个"为单位计算。

用直管弯制作伸缩器，在计算工程量时，应分别并入不同直径的导管延长米内，弯曲的两臂长度原则上应按设计确定的尺寸计算。若设计未明确时，按弯曲臂长（H）的两倍计算。

套筒式以及除去以直管弯制的伸缩器以外的各种形式的补偿器，在计算时，均不扣除所占管道的长度。

5）阀门安装工程量以"个"为单位计算，不分低压、中压，使用同一定额，但连接方式应按螺纹式和法兰式以及不同规格分别计算。螺纹阀门安装适用于内外螺纹的阀门安装。法兰阀门安装适用于各种法兰阀门的安装。如仅为一侧法兰连接时，定额中的法兰、带帽螺栓及钢垫圈数量减半计算。各种法兰连接用垫片均按橡胶合棉板计算，如用其他材料，均不做调整。

（2）低压器具安装

减压器和疏水器的组成与安装均应区分连接方式和公称直径的不同，分别以组为单位计算。减压器安装按高压侧的直径计算。减压器、疏水器如设计组成与定额不同时，阀门和压力表数量可按设计需要量调整，其余不变。但单体安装的减压器、疏水器应按阀门安装项目执行。单体安装的安全阀可按阀门安装相应定额项目乘以系数 2.0 计算。

（3）供暖器具安装

1）热空气幕安装，以"台"为计量单位，其支架制作安装可按相应定额另行计算。

2）长翼、柱型铸铁散热器组成安装，以"片"为计量单位，其汽包垫不得换算；圆翼型铸铁散热器组成安装，以"节"为计量单位。

3）光排管散热器制作安装，以"m"为计量单位，已包括联管长度，不得另行计算。

（4）小型容器制作安装

1）钢板水箱制作，按施工图所示尺寸，不扣除人孔、手孔质量，以"kg"为计量单位。法兰和短管水位计可按相应定额另行计算。

2）钢板水箱安装，按国家标准图集水箱容量立方米，执行相应定额。各种水箱安装均以个为计量单位。

2. 清单计价工程量计算规则

（1）供暖器具（编码：031005）工程量清单项目设置及工程量计算规则见表8-13。

表8-13　供暖器具（编码：031005）

项目编码	项目名称	项目特征	计量单位	工程量计算规则	工作内容
031005001	铸铁散热器	1. 型号、规格 2. 安装方式 3. 托架形式 4. 器具、托架除锈、刷油设计要求	片（组）	按设计图示数量计算	1. 组对、安装 2. 水压试验 3. 托架制作、安装 4. 除锈、刷油
031005002	钢制散热器	1. 结构形式 2. 型号、规格 3. 安装方式 4. 托架刷油设计要求	组（片）		1. 安装 2. 托架安装 3. 托架刷油
031005003	其他成品散热器	1. 材质、类型 2. 型号、规格 3. 托架刷油设计要求	组（片）		1. 安装 2. 托架安装 3. 托架刷油
031005004	光排管散热器制作安装	1. 材质、类型 2. 型号、规格 3. 托架形式及做法 4. 器具、托架除锈、刷油设计要求	m	按设计图示排管长度计算	1. 制作、安装 2. 水压试验 3. 除锈、刷油
031005005	暖风机	1. 质量 2. 型号、规格 3. 安装方式	台	按设计图示数量计算	安装
031005006	地板辐射采暖	1. 保温层及钢丝网设计要求 2. 管道材质 3. 型号、规格 4. 管道固定方式 5. 压力试验及吹扫设计要求	1. m² 2. m	1. 以 m² 计量按设计图示采暖房间净面积计算 2. 以 m 计量，按设计图示管道长度计算	1. 保温层及钢丝网铺设 2. 管道排布、绑扎、固定 3. 与分水器连接 4. 水压试验、冲洗 5. 配合地面浇注
031005007	热媒集配装置制作、安装	1. 材质 2. 规格 3. 附件名称、规格、数量	台	按设计图示数量计算	1. 制作 2. 安装 3. 附件安装
031005008	集气罐制作安装	1. 材质 2. 规格	个		1. 制作 2. 安装

注：1. 铸铁散热器，包括拉条制作安装。

　　2. 钢制散热器结构形式，包括钢制闭式、板式、壁挂式、扁管式及柱式散热器等，应分别列项计算。

　　3. 光排管散热器，包括联管制作安装。

　　4. 地板辐射采暖，管道固定方式包括固定卡、绑扎等方式；包括与分集水器连接和配合地面浇注用工。

（2）采暖空调水工程系统调整（编码：031009）工程量清单项目设置及工程量计算规则见表8-14。

表8-14　采暖空调水工程系统调整（编码：031009）

项目编码	项目名称	项目特征	计量单位	工程量计算规则	工作内容
031009001	采暖工程系统调试	系统形式	系统	按采暖工程系统计算	系统调试
031009002	空调水工程系统调试			按空调水工程系统计算	

注：1. 由采暖管道、管件、阀门、法兰、供暖器具组成采暖工程系统。
　　2. 由空调水管道、管件、阀门、法兰、冷水机组组成空调水工程系统。

8.2.3　燃气工程

燃气工程的结构比较简单，但安全性要求较高。其管道工程与给水、采暖工程基本相同，所用阀门、连接件也一样。但燃气工程中的发生设备比较复杂，工艺要求较高，通常应有专业安装企业施工。燃气工程常用的专用设备及器材包括管道、燃气表、灶具、附件（调压器、过滤器、流量孔板、油密封旋塞阀门等）、热水器。燃气工程施工图的组成内容及识读方法与给水排水工程施工图基本相同。

1.《全国统一安装工程预算定额》工程量计算规则

（1）各种管道安装，均按设计管道中心线长度，以"m"为计量单位，不扣除各种管件和阀门所占长度。

（2）除铸铁管外，管道安装中已包括管件安装和管件本身价值。

（3）承插铸铁管安装定额中未列出接头零件，其本身价值应按设计用量另行计算，其余不变。

（4）钢管焊接挖眼接管工作，均在定额中综合取定，不得另行计算。

（5）调长器及调长器与阀门连接，包括一副法兰安装，螺栓规格和数量以压力为0.6MPa的法兰装配；如压力不同，可按设计要求的数量、规格进行调整，其他不变。

（6）燃气表安装，按不同规格、型号分别以块为计量单位，不包括表托、支架、表底垫层基础，其工程量可根据设计要求另行计算。

（7）燃气加热设备、灶具等，按不同用途规定型号，分别以台为计量单位。

（8）气嘴安装按规格型号连接方式，分别以个为计量单位。

2. 清单计价工程量计算规则

燃气器具及其他（编码：031007）工程量清单项目设置及工程量计算规则见表8-15。

表8-15　燃气器具（编码：031007）

项目编码	项目名称	项目特征	计量单位	工程量计算规则	工作内容
031007001	燃气开水炉	1. 型号、容量 2. 安装方式 3. 附件型号、规格	台	按设计图示数量计算	1. 安装 2. 附件安装
031007002	燃气采暖炉				
031007003	燃气沸水器、消毒器	1. 类型 2. 型号、容量 3. 安装方式 4. 附件型号、规格			1. 安装 2. 附件安装
031007004	燃气热水器				

（续）

项目编码	项目名称	项目特征	计量单位	工程量计算规则	工作内容
031007005	燃气表	1. 类型 2. 型号、规格 3. 连接方式 4. 托架设计要求	台	按设计图示数量计算	1. 安装 2. 托架制作、安装
031007006	燃气灶具	1. 用途 2. 类型 3. 型号、规格 4. 安装方式 5. 附件型号、规格			1. 安装 2. 附件安装
031007007	气嘴、点火棒	1. 单嘴、双嘴 2. 材质 3. 型号、规格 4. 连接形式	个		
031007008	调压器	1. 类型 2. 型号、规格 3. 安装方式	台		安装
031007009	水封（油封）	1. 材质 2. 型号、规格	组		
031007010	燃气抽水缸	1. 材质 2. 规格 3. 连接形式	个		
031007011	燃气管道调长器	1. 规格 2. 压力等级 3. 连接形式			
031007012	调长器与阀门连接				
031007013	调压箱、调压装置	1. 类型 2. 型号、规格 3. 安装部位	台		
031007014	引入口砌筑	1. 砌筑形式、材质 2. 保温、保护材料设计要求	处		1. 保温（保护）台砌筑 2. 填充保温（保护）材料

注：1. 沸水器、消毒器适用于容积式沸水器、自动沸水器、燃气消毒器等。
　2. 燃气灶具适用于人工煤气灶具、液化石油气灶具、天然气燃气灶具等；用途应描述民用或公用；类型应描述所采用气源。
　3. 点火棒，综合单价中包括软管安装。
　4. 调压箱、调压装置安装部位应区分室内、室外。
　5. 引入口砌筑形式，应注明地上、地下。

8.3　通风空调工程

8.3.1　通风空调工程施工图的组成与识读

通风空调工程施工图主要包括图样目录、首页、平面图、剖面图、系统图、原理图及详图。首页主要内容表明设计参数、设计要求、图例及设备材料汇总表等；平面图主要表明出风管、异径管、弯头、检查孔、测定孔、调节阀、防火阀、送排风口及各种设备和基础的位置、尺寸等，并且注明系统编号和送回风口空气流动的方向等；剖面图表明管线、部件及设备在垂直方向上的布置和主要尺寸，即管径或截面尺寸、标高，进排风口形式、尺寸、标高、空气流向等；系统图表明风管和部件的空间位置及其走向，图中标注了风口、调节阀、检查孔、测定孔、风帽及各种异型部件的位置，标注了出风管管径、标高、坡度、坡向、风帽的型号与标高；原理图表明整个空调系统控制点与测点的联系、控制方案及控制点参数，标明了空气处理和输送过程的走向，同时用图例表明仪表及控制元件的型号等。

在阅读通风空调工程施工图时，首先要熟悉相关图例、符号，然后沿空气流动线路看图，即由进风装置、空气处理设备、送风机、干管、支管、送风口、回风口、回风机、回风管、排风口和空气处理室的线路识读。其次要将平面图与系统图结合起来对照识读，另外在看图时还要结合设计施工说明里的内容。

8.3.2　通风空调设备制作安装

1.《全国统一安装工程预算定额》工程量计算规则

（1）风机安装，按设计不同型号以台为计量单位。

（2）整体式空调机组安装，空调器按不同质量和安装方式，以台为计量单位；分段组装空调器，按质量以"kg"为计量单位。

（3）风机盘管安装，按安装方式不同以台为计量单位。

（4）空气加热器、除尘设备安装，按质量不同以台为计量单位。

2. 清单计价工程量计算规则

通风空调设备及部件制作安装（编码：030701）工程量清单项目设置及工程量计算规则见表 8-16。

表 8-16　通风空调设备及部件制作安装（编码：030701）

项目编码	项目名称	项目特征	计量单位	工程量计算规则	工作内容
030701001	空气加热器（冷却器）	1. 名称 2. 型号 3. 规格 4. 质量 5. 安装形式 6. 支架形式、材质	台	按设计图示数量计算	1. 本体安装、调试 2. 设备支架制作、安装
030701002	除尘设备	1. 名称 2. 型号 3. 规格 4. 质量 5. 安装形式 6. 支架形式、材质			1. 本体安装、调试 2. 设备支架制作、安装
030701003	空调器	1. 名称 2. 型号 3. 规格 4. 安装形式 5. 质量 6. 隔振垫（器）、支架形式、材质	台（组）	按设计图示数量计算	1. 本体安装或组装、调试 2. 设备支架制作、安装

（续）

项目编码	项目名称	项目特征	计量单位	工程量计算规则	工作内容
030701004	风机盘管	1. 名称 2. 型号 3. 规格 4. 安装形式 5. 减震器、支架形式、材质 6. 试压要求	台	按设计图示数量计算	1. 本体安装、调试 2. 支架制作、安装 3. 试压
030701005	表冷器	1. 名称 2. 型号 3. 规格			1. 本体安装 2. 型钢制安 3. 过滤器安装 4. 挡水板安装 5. 调试及运转
030701006	密闭门	1. 名称 2. 型号 3. 规格 4. 形式 5. 支架形式、材质	个		1. 本体制作 2. 本体安装 3. 支架制作、安装
030701007	挡水板	1. 名称 2. 型号 3. 规格 4. 形式 5. 支架形式、材质	个	按设计图示数量计算	1. 本体制作 2. 本体安装 3. 支架制作、安装
030701008	滤水器、溢水盘				
030701009	金属壳体				
030701010	过滤器	1. 名称 2. 型号 3. 规格 4. 类型 5. 框架形式、材质	1. 台 2. m²	1. 按设计图示数量计算 2. 按设计图示尺寸以过滤面积计算	1. 本体安装 2. 框架制作、安装
030701011	净化工作台	1. 名称 2. 型号 3. 规格 4. 类型	台	按设计图示数量计算	本体安装
030701012	风淋室	1. 名称 2. 型号 3. 规格 4. 类型 5. 质量			
030701013	洁净室				

注：通风空调设备安装的地脚螺栓按设备自带考虑。

8.3.3 通风管道制作安装

1. 《全国统一安装工程预算定额》工程量计算规则

（1）风管制作安装，以施工图规格不同按展开面积计算，不扣除检查孔、测定孔、送风口、吸风口等所占面积。圆形风管的计算式为

$$F = \pi D L$$

式中 F——圆形风管展开面积（m²）；

　　　　D——圆形风管直径（m）；

　　　　L——管道中心线长度（m）。

　　矩形风管按图示周长乘以管道中心线长度计算。

　　（2）风管长度一律以施工图示中心线长度为准（主管与支管以其中心线交点划分），包括弯头、三通、变径管、天圆地方等管件的长度，但不得包括部件所占长度。直径和周长按图示尺寸为准展开，咬口重叠部分已包括在定额内，不得另行增加。

　　（3）风管导流叶片制作安装按图示叶片的面积计算。

　　（4）整个通风系统设计采用渐缩管均匀送风者，圆形风管按平均直径、短形风管按平均周长计算。

　　（5）塑料风管、复合型材料风管制作安装定额所列规格直径为内径，周长为内周长。

　　（6）柔性软风管安装，按图示管道中心线长度以"m"为计量单位。柔性软风管阀门安装以个为计量单位。

　　（7）软管（帆布接口）制作安装，按图示尺寸以"m²"为计量单位。

　　（8）风管检查孔质量，按国标通风部件标准质量计算。

　　（9）风管测定孔制作安装，按其型号以个为计量单位。

　　（10）薄钢板通风管道、净化通风管道、玻璃钢通风管道、复合型材料通风管道的制作安装中，已包括法兰、加固框和吊托支架，不得另行计算。

　　（11）不锈钢通风管道、铝板通风管道的制作安装中，不包括法兰和吊托支架，可按相应定额以"kg"为计量单位另行计算。

　　（12）塑料通风管道制作安装，不包括吊托支架，可按相应定额以"kg"为计量单位另行计算。

2. 清单计价工程量计算规则

　　（1）通风管道制作安装（编码：030702）工程量清单项目设置及工程量计算规则见表8-17。

表8-17　通风管道制作安装（编码：030702）

项目编码	项目名称	项目特征	计量单位	工程量计算规则	工作内容
030702001	碳钢通风管道	1. 名称 2. 材质 3. 形状 4. 规格	m²	按设计图示以展开面积计算	1. 风管、管件、法兰、零件、支吊架制作、安装 2. 过跨风管落地支架制作、安装
030702002	净化通风管	5. 板材厚度 6. 管件、法兰等附件、支架设计要求 7. 接口形式			
030702003	不锈钢板通风管道	1. 名称 2. 形状			
030702004	铝板通风管道	3. 规格 4. 板材厚度 5. 管件、法兰等附件及支架设计要求			
030702005	塑料通风管道	6. 接口形式			
030702006	玻璃钢通风管道	1. 名称 2. 形状 3. 规格 4. 板材厚度 5. 支架形式、材质 6. 接口形式		按图示外径尺寸以展开面积计算	1. 风管、管件安装 2. 支吊架制作、安装 3. 过跨风管落地支架制作、安装

（续）

项目编码	项目名称	项目特征	计量单位	工程量计算规则	工作内容
030702007	复合型风管	1. 名称 2. 材质 3. 形状 4. 规格 5. 板材厚度 6. 接口形式 7. 支架形式、材质	m²	按图示外径尺寸以展开面积计算	1. 风管、管件安装 2. 支架制作、安装 3. 过跨风管落地支架制作、安装
030702008	柔性软风管	1. 名称 2. 材质 3. 规格 4. 风管接头、支架形式、材质	m	按设计图示中心线以长度计算	1. 风管安装 2. 风管接头安装 3. 支吊架制作、安装
030702009	弯头导流叶片	1. 名称 2. 材质 3. 规格 4. 形式	1. m² 2. 组	1. 按设计图示以展开面积计算 2. 按设计图示以组计算	1. 制作 2. 组装
030702010	风管检查孔	1. 名称 2. 材质 3. 规格	1. kg 2. 个	1. 按风管检查孔质量以kg计算 2. 按设计图示数量以个计算	1. 制作 2. 安装
030702011	温度、风量测定孔	1. 名称 2. 材质 3. 规格 4. 设计要求	个	按设计图示数量以个计算	1. 制作 2. 安装

注：1. 风管展开面积，不扣除检查孔、测定孔、送风口、吸风口等所占面积；风管长度一律以设计图示中心线长度为准（主管与支管以其中心线交点划分），包括弯头、三通、变径管、天圆地方等管件的长度，但不包括部件所占的长度。风管展开面积不包括风管、管口重叠部分面积。风管渐缩管：圆形风管按平均直径，矩形风管按平均周长。

2. 穿墙套管按展开面积计算，计入通风管道工程量中。

3. 通风管道的法兰垫料或封口材料，按图样要求应在项目特征中描述。

4. 净化通风管的空气清洁度按100000级标准编制，净化通风管使用的型钢材料如要求镀锌时，工作内容应注明支架镀锌。

5. 弯头导流叶片数量，按设计图样或规范要求计算。

6. 风管检查孔、温度测定孔、风量测定孔数量，按设计图样或规范要求计算。

（2）通风管道的法兰垫料或封口材料，可按图样要求的材质计价。

（3）净化风管的空气清净度按100000度标准编制。

（4）净化风管使用的型钢材料如图样要求镀锌时，镀锌费另列。

（5）不锈钢风管制作安装，不论圆形、矩形均按圆形风管计价。

（6）不锈钢、铝风管的风管厚度，可按图样要求的厚度列项。厚度不同时只调整板材价，其他不做调整。

（7）碳钢风管、净化风管、塑料风管、玻璃钢风管的工程内容中均列有法兰、加固框、支吊架制作安装工程内容，如招标人或受招标人委托的工程造价咨询单位编制工程标底采用《全国统一安装工程预算定额》第九册为计价依据计价时，上述的工程内容已包括在该定额的制作安装定额内，不再重复列项。

8.3.4 通风管道部件制作安装

1. 全国统一定额工程量计算规则

（1）标准部件的制作，按其成品质量，以"kg"为计量单位，根据设计型号、规格，按国际通风部件标准质量表计算质量，非标准部件按图示成品质量计算。部件的安装按图示规格尺寸（周长或直径），以个为计量单位，分别执行相应定额。

（2）钢百叶窗及活动金属百叶风口的制作，以 m^2 为计量单位，安装按规格尺寸以个为计量单位。

（3）风帽筝绳制作安装，按图示规格、长度，以"kg"为计量单位。

（4）风帽泛水制作安装，按图示展开面积以 m^2 为计量单位。

（5）挡水板制作安装，按空调器断面面积计算。

（6）钢板密闭门制作安装，以个为计量单位。

（7）设备支架制作安装，按图示尺寸以"kg"为计量单位，执行《静置设备与工艺金属结构制作安装工程》定额相应项目和工程量计算规则。

（8）电加热器外壳制作安装，按图示尺寸以"kg"为计量单位。

（9）风机减震台座制作安装执行设备支架定额，定额内不包括减震器，应按设计规定另行计算。

（10）高、中、低效过滤器、净化工作台安装，以"台"为计量单位；风淋室安装按不同质量以台为计量单位。

（11）洁净室安装按质量计算，执行分段组装式空调器安装定额。

2. 清单计价工程量计算规则

通风管道部件制作安装（编码：030703）工程量清单项目设置及工程量计算规则见表8-18。

表8-18 通风管道部件制作安装（编码：030703）

项目编码	项目名称	项目特征	计量单位	工程量计算规则	工作内容
030703001	碳钢阀门	1. 名称 2. 型号 3. 规格 4. 质量 5. 类型 6. 支架形式、材质		按设计图示数量计算	1. 阀体制作 2. 阀体安装 3. 支架制作、安装
030703002	柔性软风管阀门	1. 名称 2. 规格 3. 材质 4. 类型	个	按设计图示数量计算	阀体安装
030703003	铝蝶阀	1. 名称 2. 规格 3. 质量 4. 类型			
030703004	不锈钢蝶阀				

（续）

项目编码	项目名称	项目特征	计量单位	工程量计算规则	工作内容
030703005	塑料阀门	1. 名称 2. 型号 3. 规格 4. 类型	个	按设计图示数量计算	阀体安装
030703006	玻璃钢蝶阀				
030703007	碳钢风口、散流器、百叶窗	1. 名称 2. 型号 3. 规格 4. 质量 5. 类型 6. 形式			1. 风口制作、安装 2. 散流器制作、安装 3. 百叶窗安装
030703008	不锈钢风口、散流器、百叶窗	1. 名称 2. 型号 3. 规格 4. 质量 5. 类型 6. 形式			1. 风口制作安装 2. 散流器制作、安装
030703009	塑料风口、散流器、百叶窗				
030703010	玻璃钢风口	1. 名称 2. 型号 3. 规格 4. 类型 5. 形式			风口安装
030703011	铝及铝合金风口、散流器				1. 风口制作安装 2. 散流器制作、安装
030703012	碳钢风帽	1. 名称 2. 规格 3. 质量 4. 类型 5. 形式 6. 风帽筝绳、泛水设计要求	个	按设计图示数量计算	1. 风帽制作安装 2. 筒形风帽滴水盘制作安装 3. 风帽筝绳制作、安装 4. 风帽泛水制作安装
030703013	不锈钢风帽				
030703014	塑料风帽				
030703015	铝板伞形风帽	1. 名称 2. 规格 3. 质量 4. 类型 5. 形式 6. 风帽筝绳、泛水设计要求			1. 板伞形风帽制作安装 2. 风帽筝绳制作安装 3. 风帽泛水制作、安装
030703016	玻璃钢风帽				1. 玻璃钢风帽安装 2. 筒形风帽滴水盘安装 3. 风帽筝绳安装 4. 风帽泛水安装
030703017	碳钢罩类	1. 名称 2. 型号 3. 规格 4. 质量 5. 类型 6. 形式 7. 罩类材质			罩类制作安装

（续）

项目编码	项目名称	项目特征	计量单位	工程量计算规则	工作内容
030703018	塑料罩类	1. 名称 2. 型号 3. 规格 4. 质量 5. 类型 6. 形式	个	按设计图示数量计算	1. 罩类制作 2. 罩类安装
030703019	柔性接口	1. 名称 2. 规格 3. 材质 4. 类型 5. 形式	m²	按设计图示尺寸以展开面积计算	1. 柔性接口制作 2. 柔性接口安装
030703020	消声器	1. 名称 2. 规格 3. 材质 4. 形式 5. 质量 6. 支架形式、材质	个	按设计图示数量计算	1. 消声器制作 2. 消声器安装 3. 支架制作安装
030703021	静压箱	1. 名称 2. 规格 3. 形式 4. 材质 5. 支架形式、材质	1. 个 2. m²	1. 按设计图示数量计算 2. 按设计图示尺寸以展开面积计算	1. 静压箱制作、安装 2. 支架制作、安装

注：1. 碳钢阀门包括：空气加热器上通阀、空气加热器旁通阀、圆形瓣式起动阀、风管蝶阀、风管止回阀、密闭式斜插板阀、矩形风管三通调节阀、对开多叶调节阀、风管防火阀、各型风罩调节阀、人防工程密闭阀、自动排气活门等。
2. 塑料阀门包括：塑料蝶阀、塑料插板阀、各型风罩塑料调节阀。
3. 碳钢风口、散流器、百叶窗包括：百叶风口、矩形送风口、矩形空气分布器、风管插板风口、旋转吹风口、圆形散流器、方形散流器、流线型散流器、送吸风口、活动箅式风口、网式风口、钢百叶窗等。
4. 碳钢罩类包括：带防护罩、电动机防雨罩、侧吸罩、中小型零件焊接台排气罩、整体分组式槽边侧吸罩、吹吸式槽边通风罩、条缝槽边抽风罩、泥心烘炉排气罩、升降式回转排气罩、上下吸式圆形回转罩、升降式排气罩、手锻炉排气罩。
5. 塑料罩类包括：塑料槽边侧吸罩、塑料槽边风罩、塑料条缝槽边抽风罩。
6. 柔性接口指：金属、非金属软接口及伸缩器。
7. 消声器包括：片式消声器、矿棉管式消声器、聚脂泡沫管式消声器、卡普隆纤维管式消声器、弧形声流式消声器、阻抗复合式消声器、微穿孔板消声器、消声弯头。
8. 通风部件图样要求制作安装，要求用成品部件只安装不制作，这类特征在项目特征中应明确描述。
9. 静压箱的面积计算：按设计图示尺寸以展开面积计算，不扣除开口的面积。

8.4 建筑智能化系统设备安装工程

8.4.1 建筑智能化系统设备安装工程组成及施工图识读

建筑智能化系统设备安装工程包括综合布线系统工程、通信系统设备安装工程、计算机网络系统设备安装工程、建筑设备监控系统安装工程、有线电视系统设备安装工程、扩声、背景音乐系统设备安装工程、电源和电子设备防雷接地装置安装工程、停车场管理系统设备安装工程、楼宇安全防范系统设备安装工程、住宅（小区）智能化系统设备安装设备安装工程。

建筑智能化系统设备安装工程施工图的构成、内容、标注方式及其识读方法等与电气设备安装工程是相同的。

8.4.2　综合布线系统

《全国统一安装工程预算定额》工程量计算规则

（1）双绞线缆、光缆、漏泄同轴电缆、电话线和广播线敷设、穿放、明布放以"m"计算。电缆敷设按单根延长米计算，如一个架上敷设 3 根各长 100m 的电缆，应按 300m 计算，以此类推。电缆附加及预留的长度是电缆敷设长度的组成部分，应计入电缆长度工程量之内。电缆进入建筑物预留长度 2m；电缆进入沟内或吊架上引上（下）预留 1.5m；电缆中间接头盒，预留长度两端各留 2m。

（2）制作跳线以"条"计算，卡接双绞线缆以"对"计算，跳线架、配线架安装以"条"计算。

（3）安装各类信息插座、过线（路）盒、信息插座底盒（接线盒）、光缆终端盒和跳块打接以"个"计算。

（4）双绞线缆测试、以"链路"或"信息点"计算，光纤测试以"链路"或"芯"计算。

（5）光纤连接以芯（磨制法以"端口"）计算。

（6）布放尾纤以根计算。

（7）室外架设架空光缆以"米"计算。

（8）光缆接续以头计算。

（9）制作光缆成端接头以"套"计算。

（10）安装漏泄同轴电缆接头以个计算。

（11）成套电话组线箱、机柜、机架、抗震底座安装以台计算。

（12）安装电话出线口、中途箱、电话电缆架空引入装置以个计算。

8.4.3　通信系统设备安装

《全国统一安装工程预算定额》工程量计算规则

（1）铁塔架设，以"t"计算。

（2）天线安装、调试，以"副"（天线加边加罩以"面"）计算。

（3）馈线安装、调试，以"条"计算。

（4）微波无线接入系统基站设备、用户站设备安装、调试，以"台"计算。

（5）微波无线接入系统联调，以站计算。

（6）卫星通信甚小口径地面站（VSAT）中心站设备安装、调试，以"台"计算。

（7）卫星通信甚小口径地面站（VSAT）端站设备安装、调试、中心站站内环测及全网系统对测，以"站"计算。

（8）移动通信天馈系统中安装、调试、直放站设备、基站系统调试以及全系统联网调试，以"站"计算。

（9）光纤数字传输设备安装、调试以"端"计算。

（10）程控交换机安装、调试以"部"计算。

（11）程控交换机中继线调试以"路"计算。

（12）会议电话、电视系统设备安装、调试以"台"计算。

（13）会议电话、电视系统联网测试以"系统"计算。

8.4.4 计算机网络系统设备安装

1.《全国统一安装工程预算定额》工程量计算规则

（1）计算机网络终端和附属设备安装，以"台"计算。

（2）网络系统设备、软件安装、调试，以"台（套）"计算。

（3）局域网交换机系统功能调试，以"个"计算。

（4）网络调试、系统试运行、验收测试，以"系统"计算。

2. 清单计价工程量计算规则

计算机应用网络系统工程（编码：030501）工程量清单项目设置及工程量计算规则见表 8-19。

表 8-19 计算机应用、网络系统工程（编码：030501）

项目编码	项目名称	项目特征	计量单位	工程量计算规则	工作内容
030501001	输入设备	1. 名称 2. 类别 3. 规格 4. 安装方式	台	按设计图示数量计算	1. 本体安装 2. 单体调试
030501002	输出设备				
030501003	控制设备	1. 名称 2. 类别 3. 路数 4. 规格			1. 本体安装 2. 单体调试
030501004	存储设备	1. 名称 2. 类别 3. 规格 4. 容量 5. 通道数			
030501005	插箱、机柜	1. 名称 2. 类别 3. 规格			1. 本体安装 2. 接电源线、保护地线、功能地线
030501006	互联电缆	1. 名称 2. 类别 3. 规格	条		制作、安装
030501007	接口卡	1. 名称 2. 类别 3. 传输数率	台套		1. 本体安装 2. 单体调试
030501008	集线器	1. 名称 2. 类别 3. 堆叠单元量			

（续）

项目编码	项目名称	项目特征	计量单位	工程量计算规则	工作内容
030501009	路由器	1. 名称 2. 类别 3. 规格 4. 功能	台 套	按设计图示数量计算	1. 本体安装 2. 单体调试
030501010	收发器				
030501011	防火墙				
030501012	交换机	1. 名称 2. 功能 3. 层数			
030501013	网络服务器	1. 名称 2. 类别 3. 规格			1. 本体安装 2. 插件安装 3. 接信号线、电源线、地线
030501014	计算机应用、网络系统接地	1. 名称 2. 类别 3. 规格	系统		1. 安装焊接 2. 检测
030501015	计算机应用、网络系统联调	1. 名称 2. 类别 3. 用户数			系统调试
030501016	计算机应用、网络系统试运行				试运行
030501017	软件	1. 名称 2. 类别 3. 规格 4. 容量	套		1. 安装 2. 调试 3. 试运行

8.4.5　建筑设备监控系统安装

《全国统一安装工程预算定额》工程量计算规则

（1）基表及控制设备、第三方设备通信接口安装、抄表采集系统安装与调试，以"个"计算。

（2）中心管理系统调试、控制网络通信设备安装、控制器安装、流量计安装与调试，以"台"计算。

（3）楼宇自控中央管理系统安装、调试，以"系统"计算。

（4）楼宇自控用户软件安装、调试，以"套"计算。

（5）温（湿）度传感器、压力传感器、电量变送器和其他传感器及变送器，以"支"计算。

（6）阀门及电动执行机构安装、调试，以"个"计算。

8.4.6　住宅（小区）智能化系统

住宅（小区）智能化系统定额适用于新建住宅小区智能化系统设备安装工程。住宅小区智能化设备安装工程包括：家居控制系统设备安装、家居智能化系统设备调试、小区智能化系

统设备调试、小区智能化系统试运行。

有关综合布线、通信设备、计算机网络、家居三表、有线电视设备、背景音乐设备、防雷接地装置、停车场设备、安全防范设备等的安装、调试参照建筑智能化系统设备安装工程相应定额子目。

住宅（小区）智能化系统定额中设备按成套购置考虑。

1. 《全国统一安装工程预算定额》工程量计算规则

（1）住宅小区智能化设备安装工程，以"台"计算。

（2）住宅小区智能化设备系统调试，以"套"（管理中心调试以"系统"）计算。

（3）小区智能化系统试运行、测试，以"系统"计算。

2. 清单计价工程量计算规则

建筑设备自动化系统工程（编码：030503）工程量清单项目设置及工程量计算规则见表8-20。

表8-20　建筑设备自动化系统工程（编码：030503）

项目编码	项目名称	项目特征	计量单位	工程量计算规则	工作内容
030503001	中央管理系统	1. 名称 2. 类别 3. 功能 4. 控制点数量	系统套		1. 本体组装、连接 2. 系统软件安装 3. 单体调整 4. 系统联调 5. 接地
030503002	通信网络控制设备	1. 名称 2. 类别 3. 规格			1. 本体安装 2. 软件安装 3. 单体调试 4. 联调联试 5. 接地
030503003	控制器	1. 名称 2. 类别 3. 功能 4. 控制点数量	台套		1. 本体安装 2. 软件安装 3. 单体调试 4. 联调联试 5. 接地
030503004	控制箱	1. 名称 2. 类别 3. 功能 4. 控制器、控制模块规格、体积 5. 控制器、控制模块数量		按设计图示数量计算	1. 本体安装、标识 2. 控制器、控制模块组装 3. 单体调试 4. 联调联试 5. 接地
030503005	第三方通信设备接口	1. 名称 2. 类别 3. 接口点数	台套		1. 本体安装、连接 2. 接口软件安装调试 3. 单体调试 4. 联调联试
030503006	传感器	1. 名称 2. 类别 3. 功能 4. 规格	支台		1. 本体安装和连接 2. 通电检查 3. 单体调整测试 4. 系统联调
030503007	电动调节阀执行机构		个		1. 本体安装和连线
030503008	电动、电磁阀门				2. 单体测试

（续）

项目编码	项目名称	项目特征	计量单位	工程量计算规则	工作内容
030503009	建筑设备自控化系统调试	1. 名称 2. 类别 3. 功能 4. 控制点数量	台户	按设计图示数量计算	整体调试
030503010	建筑设备自控化系统试运行	名称	系统		试运行

8.4.7 有线电视系统设备安装

1.《全国统一安装工程预算定额》工程量计算规则

（1）电视共用天线安装、调试，以"副"计算。

（2）敷设天线电缆，以"米"计算。

（3）制作天线电缆接头，以"头"计算。

（4）电视墙安装、前端射频设备安装、调试，以"套"计算。

（5）卫星地面站接收设备、光端设备、有线电视系统管理设备、播控设备安装、调试，以"台"计算。

（6）干线设备、分配网络安装、调试，以"个"计算。

2. 清单计价工程量计算规则

有线电视卫星接收系统工程（编码：030505）工程量清单项目设置及工程量计算规则见表 8-21。

表 8-21 有线电视卫星接收系统工程（编码：030505）

项目编码	项目名称	项目特征	计量单位	工程量计算规则	工作内容
030505001	共用天线	1. 名称 2. 规格 3. 电视设备箱型号规格 4. 天线杆、基础种类	副	按设计图示数量计算	1. 电视设备箱安装 2. 天线杆基础安装 3. 天线杆安装 4. 天线安装
030505002	卫星电视天线、馈线系统	1. 名称 2. 规格 3. 地点 4. 楼高 5. 长度			安装、调测
030505003	前端机柜	1. 名称 2. 规格	个		1. 本体安装 2. 连接电源 3. 接地
030505004	电视墙	1. 名称 2. 监视器数量	套		1. 机架、监视器安装 2. 信号分配系统安装 3. 连接电源 4. 接地

（续）

项目编码	项目名称	项目特征	计量单位	工程量计算规则	工作内容
030505005	敷设射频同轴电缆	1. 名称 2. 规格 3. 敷设方式	m		线缆敷设
030505006	同轴电缆接头	1. 规格 2. 方式	个		电缆接头
030505007	前端射频设备	1. 名称 2. 类别 3. 频道数量	套		1. 本体安装 2. 单体调试
030505008	卫星地面站接收设备	1. 名称 2. 类别		按设计图示数量计算	1. 本体安装 2. 单体调试 3. 全站系统调试
030505009	光端设备安装、调试	1. 名称 2. 类别 3. 容量	台		1. 本体安装 2. 单体调试
030505010	有线电视系统管理设备	1. 名称 2. 类别			
030505011	播控设备安装、调试	1. 名称 2. 功能 3. 规格			1. 本体安装 2. 系统调试
030505012	干线设备	1. 名称 2. 功能 3. 安装位置			
030505013	分配网络	1. 名称 2. 功能 3. 规格 4. 安装方式	个		1. 本体安装 2. 电缆接头制作、布线 3. 单体调试
030505014	终端调试	1. 名称 2. 功能			调试

8.4.8 扩声、背景音乐系统设备安装

1. 《全国统一安装工程预算定额》工程量计算规则

（1）扩声系统设备安装、调试，以"台"计算。

（2）扩声系统设备运行，以"系统"计算。

（3）背景音乐系统设备安装、调试，以"台"计算。

（4）背景音乐系统联调、试运行，以"系统"计算。

2. 清单工程量计算规则

音频、视频系统工程（编码：030506）工程量清单项目设置及工程量计算规则见表8-22。

表 8-22　音频、视频系统工程（编码：030506）

项目编码	项目名称	项目特征	计量单位	工程量计算规则	工作内容
030506001	扩声系统设备	1. 名称 2. 类别 3. 规格 4. 安装方式	台	按设计图示数量计算	1. 本体安装 2. 单体调试
030506002	扩声系统调试	1. 名称 2. 类别 3. 功能	1. 只 2. 副 3. 台 4. 系统		1. 设备连接构成系统 2. 调试、达标 3. 通过 DSP 实现多种功能
030506003	扩声系统试运行	1. 名称 2. 试运行时间	系统		统试运行
030506004	背景音乐系统设备	1. 名称 2. 类别 3. 规格 4. 安装方式	台		1. 本体安装 2. 单体调试
030506005	背景音乐系统调试	1. 名称 2. 类别 3. 功能 4. 公共广播语言清晰度及相应声学特性指标要求	1. 台 2. 系统		1. 设备连接构成系统 2. 试听、调试 3. 系统试运行 4. 公共广播达到语言清晰度及相应声学特性指标
030506006	背景音乐系统试运行	1. 名称 2. 试运行时间	系统		试运行
030506007	视频系统设备	1. 名称 2. 类别 3. 规格 4. 功能、用途 5. 安装方式	台		1. 本体安装 2. 单体调试
030506008	视频系统调试	1. 名称 2. 类别 3. 功能	系统		1. 设备连接构成系统 2. 调试 3. 达到相应系统设计标准 4. 实现相应系统设计功能

8.4.9　电源和电子设备防雷接地装置安装

电源和电子设备防雷接地装置安装定额适用于弱电系统设备自主配置的电源，包括太阳能电池、柴油发电机组、开关电源。电源和电子设备防雷接地装置安装定额中防雷、接地装置按成套供应考虑。

全国统一安装定额工程量计算规则

（1）太阳能电池方阵铁架安装，以 m² 计算。

（2）太阳能电池、柴油发电机组安装，以组计算。

（3）柴油发电机组体外排气系统、柴油箱、机油箱安装，以套计算。

（4）开关电源安装、调试、整流器、其他配电设备安装，以台计算。

（5）天线铁塔防雷接地装置安装，以处计算。

（6）电子设备防雷接地装置、接地模块安装，以个计算。

（7）电源避雷器安装，以台计算。

8.4.10　停车场管理系统设备安装

《全国统一安装工程预算定额》工程量计算规则

（1）车辆检测识别设备、出入口设备、显示和信号设备、监控管理中心设备安装、调试，以套计算。

（2）分系统调试和全系统联调，以系统计算。

8.4.11　楼宇安全防范系统设备安装

1.《全国统一安装工程预算定额》工程量计算规则

（1）入侵报警器（室内外、周界）设备安装工程，以"套"计算。

（2）出入口控制设备安装工程，以台计算。

（3）电视监控设备安装工程，以台（显示装置以"m²"）计算。

（4）分系统调试、系统集成调试，以系统计算。

2. 清单计价工程量计算规则

安全防范系统工程（编码：030507）工程量清单项目设置及工程量计算规则见表8-23。

表8-23　安全防范系统工程（编码：030507）

项目编码	项目名称	项目特征	计量单位	工程量计算规则	工作内容
030507001	入侵探测设备	1. 名称 2. 类别 3. 探测范围 4. 安装方式	套	·按设计图示数量计算	1. 本体安装 2. 单体调试
030507002	入侵报警控制器	1. 名称 2. 类别 3. 路数 4. 安装方式			
030507003	入侵报警中心显示设备	1. 名称 2. 类别 3. 安装方式			
030507004	入侵报警信号传输设备	1. 名称 2. 类别 3. 功率 4. 安装方式			
030507005	出入口目标识别设备	1. 名称 2. 规格	台		1. 本体安装 2. 单体调试
030507006	出入口控制设备				

（续）

项目编码	项目名称	项目特征	计量单位	工程量计算规则	工作内容
030507007	出入口执行机构设备	1. 名称 2. 类别 3. 规格	台	按设计图示数量计算	1. 本体安装 2. 单体调试
030507008	监控摄像设备	1. 名称 2. 类别 3. 安装方式			
030507009	视频控制设备	1. 名称 2. 类别	台 套		
030507010	音频、视频及脉冲分配器	3. 路数 4. 安装方式			
030507011	视频补偿器	1. 名称 2. 通道量	台 套		
030507012	视频传输设备	1. 名称 2. 类别 3. 规格			
030507013	录像设备	1. 名称 2. 类别 3. 规格 4. 存储容量、格式	台 套		1. 本体安装 2. 单体调试
030507014	显示设备	1. 名称 2. 类别 3. 规格	台 m²		
030507015	安全检查设备	1. 名称 2. 规格 3. 类别 4. 程式 5. 通道数	台 套		
030507016	停车场管理设备	1. 名称 2. 类别 3. 规格			
030507017	安全防范分系统调试	1. 名称 2. 类别 3. 通道数	系统	按设计内容	各分系统调试
030507018	安全防范全系统调试	系统内容			1. 各分系统的联动、参数设置 2. 全系统联调

（续）

项目编码	项目名称	项目特征	计量单位	工程量计算规则	工作内容
030507019	安全防范系统工程试运行	1. 名称 2. 类别	系统	按设计内容	系统试运行

注：其他相关问题，应按下列规定处理：

1. "建筑智能化工程"适用于建筑室内、外的建筑智能化安装工程。

2. 土方工程，应按《房屋建筑与装饰工程计量规范》相关项目编码列项。

3. 开挖路面工程，应按《市政工程计量规范》相关项目编码列项。

4. 配管工程、线槽、桥架、电气设备、电气器件、接线箱、盒、电线、接地系统、凿（压）槽、打孔、打洞、人孔、手孔、立杆工程，应按本规范附录 D 电气设备安装工程相关项目编码列项。

5. 蓄电池组、六孔管道、专业通信系统工程，应按规范附录 K 通信设备及线路工程相关项目编码列项。

6. 机架等项目的除锈、刷油，应按本规范附录 L 刷油、防腐蚀、绝热工程相应项目。

7. 如主项工程量与综合工程内容工程量不对应，列综合项时需列出综合工程内容的工程量。

8. 由国家或地方检测验收部门进行的检测验收应按规范附录 M 措施项目编码列项。

第 9 章 建设工程工程量清单计价

9.1 《建设工程工程量清单计价规范》简介

随着我国建设市场发展步伐的加快，招标投标制、合同制的逐渐推行，以及加入世界贸易组织（WTO）与国际接轨的需要，工程造价领域的改革不断深化。工程量清单计价是工程造价领域改革的一个重要组成部分，它标志着工程造价的计价模式已由传统的定额计价模式向市场竞争形成价格的模式发展。这种模式更适应市场经济发展的需要。

工程量清单计价是在建设工程招投标活动中，具有编制能力的招标人或委托具有相应资质的中介机构编制工程量清单，其作为招标文件的一部分提供给投标人，投标人依据工程量清单，拟建工程的施工方案，结合自身实际情况并考虑风险后，自主报价的工程造价计价模式。这种模式将工程造价的形成过程进行了分解：工程量清单由具有编制招标文件能力的招标人或受其委托具有相应资质的中介机构进行编制，投标报价由投标人编制。这与以往做法完全不同，是由两个不同行为的人来进行分阶段操作，从程序上规范了工程造价的形成过程。

为了规范工程量清单计价行为，促进建设市场健康有序发展，原国家建设部批准颁布国家标准《建设工程工程量清单计价规范》（GB 50500—2003），于 2003 年 7 月 1 日正式施行。2008 年 12 月，颁布了《建设工程工程量清单计价规范》（GB 50500—2008），对原规范（2003版）进行了修订。2012 年 12 月，颁布了《建设工程工程量清单计价规范》（GB 50500—2013），对 2008 版计价规范进行了调整和补充，2013 年 4 月 1 日开始施行。

9.1.1 实行工程量清单计价的意义

1. 实行工程量清单计价，推进我国工程造价管理改革与发展

长期以来，我国在计算工程造价方面是以工程预算定额作为主要依据的，预算定额中规定的消耗量是按社会平均水平编制的，它不能准确地反映各个企业的实际消耗量，不能全面地体现现代企业的管理能力、技术装备水平和劳动生产率，也不能体现公平竞争的原则。随着建设工程市场化进程的发展，实行工程量清单计价，将改变以往的工程预算定额的计价模式，它适应工程招标投标和由市场竞争形成价格的需要，因此推行工程量清单计价模式是十分必要的。

2. 实行工程量清单计价，规范计价行为促进建设市场健康有序发展

采用工程量清单计价模式进行招标投标，对发包方而言，工程量清单是招标文件的重要组成部分，由招标单位编制或委托有资质的工程造价咨询单位编制的。工程量清单必须准确、详尽、完整，并承担相应的风险，有利于提高招标单位的管理水平，减少索赔事件的发生。由于工程量清单是公开的，将避免工程招标中的弄虚作假、暗箱操作等不规范行为。对承包方而言，只有通过采用先进的技术、先进的设备和现代管理方式降低工程成本，才能被市场接受和承认。因此，实行工程量清单计价，对于在全国建立一个统一、开放、健康、有序的建筑市场

具有重要的作用。

3. 实行工程量清单计价, 有助于我国政府工程造价管理职能转变

过去政府在工程造价管理中的职能是制定由政府控制的指令性定额, 实行工程量清单计价, 将变为制定适应市场经济规律需要的工程量清单计价原则和方法, 由过去行政直接干预转变为对工程造价的依法监管, 进而推行政府宏观调控、企业自主报价、市场形成价格、社会全面监督的工程造价管理思路。

4. 实行工程量清单计价是我国建筑企业融入世界大市场的需要

随着我国的改革开放步伐, 特别是我国加入世界贸易组织 (WTO) 后, 建设市场将进一步对外开放, 外国建筑企业将进入我国, 我国的建筑企业将更广泛地参与国际竞争。工程量清单计价是国际通行计价方法, 我国的建筑企业要参与国际竞争, 就需要按国际惯例、规范和做法来计算工程造价。在我国实行工程量清单计价, 有利于提高国内建设各方主体参与国际竞争的能力, 也有利于提高我国工程建设的管理水平, 更是我国建筑企业融入世界大市场的需要。

9.1.2　《建设工程工程量清单计价规范》的产生

自 2000 年开始实施《中华人民共和国招标投标法》以来, 招标工程在建筑市场中占了主导地位, 特别是国家投资和国家投资为主的建设工程, 通过招标竞争成为市场形成工程造价的主要形式。从而要求实行与之相适应的工程造价管理体制。2003 年 7 月, 国家制定《建设工程工程量清单计价规范》(GB 50500—2003), 在全国范围推行工程量清单计价。工程量清单计价方法相对于传统的定额计价方法是一种新的计价模式, 即是一种市场定价模式, 是由建设产品的买方和卖方在建设市场上根据供求状况、信息状况进行自由竞价, 从而最终能够签订工程合同价格的方法。随着工程造价计价方式改革的不断深入, 国家在 2008 年对原 2003 版《建设工程工程量清单计价规范》进行了修订, 颁布了 2008 版计价规范, 2013 年又颁布了 2013 版计价规范, 于 2013 年 4 月 1 日施行。它的颁布实施对规范建设工程发、承包双方的计价行为, 维护建设市场秩序, 建立市场形成价格的机制将发挥重要作用。

9.1.3　《建设工程工程量清单计价规范》的主要内容

1. 总则

总则中规定了《计价规范》编制目的、编制依据、适用范围、工程量清单计价活动应遵循的基本原则等。

(1) 为规范工程造价计价行为、统一建设工程工程量清单的编制和计价方法是制定颁布《计价规范》的目的。

(2) 本规范适用于建设工程施工发承包计价活动。建设工程在这里主要是指建筑工程、装饰装修工程、安装工程、市政工程、园林绿化工程及矿山工程等。

(3) 全部使用国有资金投资或国有资金投资为主的建设工程施工发承包, 必须采用工程量清单计价。非国有资金投资的建设工程, 宜采用工程量清单计价。从资金来源方面, 规定了强制实行工程量清单计价范围。

国有投资的资金包括国家融资资金。①国有资金投资的工程建设项目包括: 使用各级财政预算资金的项目; 使用纳入财政管理的各种政府性专项建设资金的项目; 使用国有企事业单位自有资金, 并且国有资金投资者实际拥有控制权的项目。②国家融资资金投资的工程建设项目

包括：使用国家发行债券所筹资金的项目；使用国家对外借款或者担保所筹资金的项目；使用国家政策性贷款的项目。国家授权投资主体融资的项目及国家特许的融资项目。

国有投资为主的工程建设项目是指国有资金占投资总额 50% 以上，或虽不足 50% 但国有投资者实质上拥有控股权的工程建设项目。

(4) 建设工程工程量清单计价活动应遵循客观、公正、公平的原则。

2. 术语

对《计价规范》特有的术语给予定义，尽可能避免本规范贯彻实施过程中由于不同理解造成的争议。其中主要包括工程量清单、综合单价、暂列金额、暂估价、计日工、总承包服务费、企业定额、招标控制价、投标价、签约合同价、竣工结算价等。

3. 工程量清单编制

规定了编制工程量清单应遵循的原则，明确了工程量清单编制人及其资格，工程量清单组成内容（分部分项目工程量清单、措施项目清单、其他项目清单、规费项目清单、税金项目清单）、编制依据和各组成内容的编制要求。

4. 工程量清单计价

规定了工程量清单计价活动的规则，明确了清单计价的工作范围，工程量清单计价价款构成，包括招标控制价编制、投标报价、合同价款约定、工程计量、合同价款调整、竣工结算与支付、合同价款争议解决等。

5. 工程量清单及其计价格式

对工程量清单及其计价格式、内容、填写方法表格组成和使用规定等方面做了统一要求。

6. 相关工程的国家计量规范

(1)《建筑与装饰工程计量规范》适用于房屋建筑与装饰工程。

(2)《通用安装工程计量规范》，适用于工业与民用建筑安装工程。

(3)《市政工程计量规范》，适用于城市市政建设工程。

(4)《园林绿化工程工程量计算规范》，适用于园林绿化工程。

(5)《仿古建筑工程计量规范》适用于仿古建筑工程。这些计量规范是各类工程在施工承发包计价活动中的工程量清单编制和工程量计算的重要依据。

9.1.4 《建设工程工程量清单计价规范》的特点

(1) 强制性：《计价规范》是由建设主管部门按照国家标准的要求批准颁布的，规定全部使用国有资金或国有资金为主的大中型建设工程必须按清单规范规定执行；其同时明确工程量清单是招标文件的组成部分，并规定了招标人在编制工程量清单时必须遵守的规则，做到"四个统一"，即：统一项目编码、统一项目名称、统一计量单位、统一工程量计算规则。这些都体现了《计价规范》强制性的特点。

(2) 实用性：附录中工程量清单项目及计算规则的项目名称表现的是工程实体项目，项目名称都是以工程实体命名的，明确清晰；工程量计算规则简洁明了；另外还有项目特征和工程内容的表述，这对编制工程量清单时确定具体项目名称和进行投标报价提供了准确、可靠的信息。

"工程实体"是指工程本身所需要的物体。在工程建造过程中，有一些工程项目不是构成工程实体的，但却是建造时不可缺少的，如"措施项目"在《计价规范》中这部分是单独列出计算的，不与工程实体混合在一起，反映了工程本身的真正消耗量和工程本身的真正价值。

(3) 竞争性：在《计价规范》中，措施项目在工程量清单中以一项列出，具体采用什么措施，如模板、脚手架、临时设施、施工排水等详细内容由投标人根据企业的施工组织设计，视具体情况自主报价，这些项目会因不同企业而各不相同，是企业竞争的内容。在《计价规范》中，措施项目中人工、材料和施工机械没有具体的消耗量，投标企业可以依据企业定额和市场价格信息，或参照建设行政主管部门发布的社会平均消耗量定额进行报价，企业拥有了自主报价权。

（4）通用性：工程量清单计价是国际上通用的计价模式，符合工程量计算方法标准化、工程量计算规则统一化、工程造价确定市场化的要求。

我国加入 WTO 后，建设市场进一步对外开放，在我国推行工程量清单计价，对于逐步与国际惯例接轨是十分必要的。另外，实行工程量清单计价，有利于规范建设市场计价行为，规范建设市场秩序，促进建设市场有序竞争；有利于控制建设项目投资，合理利用资源；有利于促进技术进步，提高企业管理水平和劳动生产率；有利于提高工程造价人员素质，使其成为懂技术、懂经济、懂管理全面发展的复合型人才。

9.2　工程量清单的编制

9.2.1　工程量清单概述

工程量清单是表现拟建工程的分部分项工程项目，措施项目、其他项目、规费项目和税金项目名称和相应数量的明细清单。工程量清单由招标人提供，是招标文件的组成部分。工程量清单由分部分项工程量清单、措施项目清单、其他项目清单、规费项目清单和税金项目清单组成。

招标工程量清单的编制，是由具有编制能力的招标人或受其委托，具有相应资质的工程造价咨询人（或招标代理人）编制。

招标工程量清单是工程量清单计价的基础，是编制招标控制价和投标报价的依据，也是支付工程价款、调整合同价、办理竣工结算以及工程索赔等的基础资料。

工程量清单的编制概括来说是按照施工图样和施工方案，根据《计价规范》的规定及其工程量计算规则的要求，分别列项计算，最后归纳汇总而成。

9.2.2　工程量清单的编制依据

（1）《建设工程工程量清单计价规范》（GB 50500—2013）和相关工程的国家计量规范。
（2）国家或省级、行业建设主管部门颁发的计价依据和办法。
（3）建设工程设计文件。
（4）与建设工程项目有关的标准、规范、技术资料。
（5）拟定的招标文件。
（6）施工现场情况、工程特点及常规施工方案。
（7）其他相关资料。

9.2.3　工程量清单的编制方法

工程量清单包括分部分项工程量清单、措施项目清单、其他项目清单、规费项目清单和税金项目清单。

1. 分部分项工程量清单的编制方法

分部分项工程量清单应包括项目编码、项目名称、项目特征、计量单位和工程量。这是构成分部分项工程量清单的五个要素，是分部分项工程量清单的组成中缺一不可的。在《建设工程工程量清单计价规范》（GB 50500—2013）和相关工程的国家计量规范附录中，对工程量清单项目设置作了明确规定，是为了统一工程量清单的项目编码、项目名称、计量单位和工程量计算规则，是编制工程量清单的依据。

（1）项目编码：分部分项工程量清单项目编码，采用五级编码制，用十二位阿拉伯数字表示。一至九位（一、二、三、四级）编码统一，按规范附录中规定编码设置；十至十二位（第五级）编码应根据拟建工程的工程量清单项目名称设置，同一招标工程项目编码不得有重码。各级编码代表的含义如下：

1）第一级表示专业工程顺序码（一、二位）；01 表示房屋建筑与装饰工程、02 表示仿古建筑工程、03 表示通用安装工程、04 表示市政工程、05 表示园林绿化工程、06 表示矿山工程、07 表示构筑物工程、08 表示城市轨道交通工程、09 表示爆破工程。

2）第二级表示附录分类顺序码（三、四位）；04 表示 D 砌筑工程。

3）第三级表示分部工程顺序码（五、六位）；01 表示 D.1 砖砌体。

4）第四级表示分项工程项目名称顺序码（七、八、九位）；003 表示实心砖墙。

5）第五级表示具体清单项目名称顺序码（十至十二位）；由工程量清单编制人编制。

在编制工程量清单时应注意对项目编码的设置不得有重码，例如一个标段（合同段）的工程量清单中含有三个单位工程，每一单位工程中都有项目特征相同的实心砖墙砌体，在工程量清单中又需反映三个不同单位工程的实心砖墙砌体工程量，这种情况下，第一个单位工程的实心砖墙项目编码为 010401003001，第二个单位工程的实心砖墙项目编码为 010401003002，第三个单位工程的实心砖墙的项目编码为 010401003003，并分别列出各单位工程的实心砖墙的工程量。

（2）项目名称和特征

1）项目名称：项目名称原则是上以形成工程实体命名的。工程实体这里是指可用适当的计量单位计算的简单完整的分部分项工程及其组合。分部分项工程量清单项目名称的确定应按《计价规范》附录的项目名称结合拟建工程的实际情况确定。项目名称应规范、准确、通俗，进而避免投标人报价的失误。

2）项目特征：项目特征是分项工程的主要特征，应按规范附录中规定的项目特征，结合拟建工程的实际予以描述（要能满足确定综合单价的需要，若采用标准图集或施工图样能够全部或部分满足项目特征描述的要求，项目特征描述可直接采用"详见××图集或××图号"的方式，对不能满足项目特征描述要求的部分，仍应用文字描述）。项目特征是按不同的工程部位、施工工艺或材料品种、规格等分别列项。凡规范附录的项目特征中未描述到的其他独有特征，由清单编制人视项目具体情况确定，以准确描述清单项目为准。

工程量清单的项目特征是对清单项目的准确描述，是确定一个清单项目综合单价不可缺少的主要依据，它对准确确定工程量清单项目的综合单价具有决定性作用。因此，在编制工程量清单时，必须对项目特征进行准确而全面的描述。

在按规范的附录对工程量清单项目的特征进行描述时，应注意"项目特征"与"工作内容"的区别。"项目特征"是工程项目的实质，是影响工程量清单项目价值大小的因素，招标人应高度重视分部分项工程量清单项目特征的描述，任何不描述或描述不清均会在施工合同履约过程中产生分歧，引起纠纷，导致索赔事件的发生。而"工作内容"主要讲的是操作程序，是承包人完成能通过验收的工程项目所必须要操作的工序，这些工序即使发包人不提，承包人为完成合格工程也必然要做，因而发包人在对工程量清单项目进行描述时就没有必要对项目的施工工序向承包人提出规定。

（3）计量单位：工程量清单的计量单位应按规范附录中规定的计量单位确定，当计量单位有两个或两个以上时，应根据拟建工程项目的实际，选择最适宜表现该项目特征并方便计量的单位。在同一个建设项目（或标段，合同段中）中，有多个单位工程的相同项目，计量单位必须保持一致。

（4）工程量的计算：分部分项工程量清单中所列的工程量应按规范附录中规定的工程量计算规则计算。

工程量计算的依据主要是设计施工图样和工程量计算规则。清单工程量计算规则是对清单项目工程量计算的规定，招标人必须按规范附录中规定的工程量计算规则进行工程量计算，除另有说明外，所有清单项目的工程量均应以实体工程量为准，按完成后的净值计算。投标人投标报价时，应在单价中考虑施工中的各种损失和需要增加的工程量。

工程量的计算规则按主要专业划分。包括房屋建筑与装饰工程、仿古建筑工程通用安装工程、市政工程、园林绿化工程、矿山工程、构筑物工程、城市轨道交通工程、爆破工程九个专业部分。

工程量计算结果的有效位数应遵守下列规定：

1）以"t"为计量单位的，保留小数点后三位数字，第四位四舍五入。

2）以"m³"、"m²"、"m"、"kg"为计量单位的，保留小数点后二位数字，第三位四舍五入。

3）以"个"、"项"为计量单位的，取整数。

（5）编制工程量清单出现规范附录中未包括的项目，编制人应作补充，并将编制的补充项目报省级或行业工程造价管理机构备案。

补充项目的编码应由规范的专业工程代码与 B 和三位阿拉伯数字组成，并应从 XB001 起顺序编制，同一招标工程的项目不得重码，工程量清单中应附有补充项目的项目名称，项目特征，计量单位、工程量计算规则、工作内容。

（6）分部分项工程量清单设置与工程量计算举例

例 9-1　某多层砖混结构住宅工程，土壤类别为三类土；基础类型为毛石带形基础；垫层宽度为 1000 mm；挖土深度为 1.6 m；弃土运距为 5km。

解：业主根据基础施工图计算：

基础挖土断面积为：$1.0m \times 1.6m = 1.6m^2$

基础总长度为：1480.6m

土方挖方总量为：$1.6 \times 1480.6m^3 = 2368.96m^3$

分部分项工程量清单编制如表 9-1 所示。

表 9-1　分部分项工程量清单

工程名称：略　　　　　　　　　　　　　　　　　　　　　　第 页 共 页

序号	项目编码	项目名称	项目特征	计量单位	工程数量
1	010101003001	A.1 土（石）方工程 挖基础土方	挖基础土方 土壤类别：三类土 基础类型：毛石带形基础 垫层宽度：1000mm 挖土深度：1.6m 弃土运距：5km	m³	2368.96

2. 措施项目清单的编制方法

措施项目是指为完成工程项目施工，发生于该工程施工准备和施工过程中的技术、生活、安全、环境保护等方面的非工程实体项目总称。例如：安全文明施工、模板工程、脚手架工程等。

（1）措施项目清单列项：措施项目清单应包括为完成分部分项实体工程而必须采取的一些措施性工作。由于不同施工企业采取的施工方法与施工措施可能不同，因此，规范规定，措施项目清单应根据拟建工程的实际情况列项。专业工程的措施项目可按规范附录中规定的项目选择列项。若出现本规范未列的项目，可根据工程实际情况补充。

在措施项目清单列项时，应考虑多种因素，除工程本身的因素外，还涉及水文、气象、环境、安全等及施工企业的实际情况。一是根据拟建工程的施工组织设计，确定正常情况下发生的安全文明施工、环境保护等项目；二是根据施工技术方案及现场条件，确定二次搬运、夜间施工、降水、排水等项目；三是根据招标文件提出的具体要求，设置必须采取措施才能实现的项目。

（2）措施项目清单编制：在规范中，将实体性项目划分为分部分项工程项目，非实体性项目划分为措施项目。非实体性项目一般是指其费用的发生和金额的大小与使用时间、施工方法等相关，与实际完成的实体工程量的多少关系不大，如大中型施工机械、文明施工、临时设施等。但也有的非实体性项目可以计算工程量。如混凝土浇筑的模板工程。

①在措施项目中，可以计算工程量的项目清单应采用分部分项工程量清单的方式编制，列出项目编码、项目名称、项目特征、计量单位和工程量。

②不能计算工程量的项目清单，必须按规范规定的项目编码、项目名称确定清单项目。

3. 其他项目清单的编制方法

（1）其他项目清单的内容：其他项目清单包括暂列金额、暂估价（包括材料暂估单价、工程设备暂估单价和专业工程暂估价）、计日工、总承包服务费。实际施工中出现《计价规范》中未列的项目可根据工程实际情况补充。

1）暂列金额：暂列金额是招标人在工程量清单中暂定并包括在合同价款中的一笔款项。用于施工合同签订时尚未确定或者不可预见的所需材料，设备、服务的采购，施工中可能发生的工程变更、合同约定调整因素出现时的工程价款调整以及发生索赔、现场签证确认等的费用。

投标人只需要直接将工程量清单中所列的暂列金额纳入投标总价，不需要在报价中考虑暂列金额以外任何其他费用。

工程建设自身的特性决定了工程的最终造价（竣工结算价格）不可能就是合同价格，二者可能接近，这是由于工程的设计需要根据工程进展不断进行优化和调整，业主的需求可能会随工程建设进展出现变化，另外在工程建设过程中，还会存在一些不能预见、不能确定的因素。所有这些都会影响合同的价格，暂列金额正是为这类不可避免的价格调整而设立的，以保证合理确定和有效控制工程造价。但设立暂列金额并不能保证工程结算价格就一定不会超过合同价格，是否超出合同价格，这一是取决于暂列金额预测的准确性与否，二是看在工程建设工程中是否出现了其他事先未预测到的事件。

列入合同价的暂列金额并不是就归承包人所有了，即使是总价包干合同，也不等于合同价的所有金额都归承包人所有，是否是承包人应得金额要看具体的合同约定，只有按照合同约定的程序实际发生后，才是承包人的应得价款，纳入合同结算价款中。在暂列金额中扣除实际发生的金额后，其余额仍属于发包人所有。

2）暂估价：暂估价是指招标人在工程量清单中提供的用于支付必然发生但暂时不能确定价格的材料工程设备的单价以及专业工程的金额。

在招标阶段预见一定要发生，由于标准不明确或者需要由专业承包人完成，暂时无法确定其准确价格。暂估价数量和拟用项目应在工程量清单中的"暂估价表"中加以补充说明。

一般将材料费进入分部分项工程量清单综合单价中，以方便投标人组价。专业工程的暂估价一般应是综合暂估价，应包括管理费、利润等取费，规费和税金除外。

3）计日工：计日工是指在施工过程中，承包人完成发包人提出的施工图样以外的零星项目或工作，按合同中约定的综合单价计价的一种方式。

为了解决现场发生的零星工作的计价，清单中设立了计日工项目，以方便额外工作和变更的计价。所谓零星工作一般是指合同约定之外的或者因变更而产生的、工程量清单中没有相应项目的额外工作，尤其是那些时间不允许事先商定价格的额外工作。

计日工以完成零星工作所消耗的人工工日、材料数量、机械台班进行计量，并按照合同约定的计日工单价进行计价支付。发包人给出的暂定数量需要根据经验尽可能地接近实际数量。

4）总承包服务费：总承包服务费是指总承包人为配合协调发包人进行的专业工程分包，发包人自行采购的设备、材料等进行保管以及施工现场管理、竣工资料汇总整理等服务所需的费用。

在工程建设中，招标人在法律、法规允许的条件下进行专业工程发包，自行供应材料、设备，这需要总承包人对发包的专业工程提供协调和配合服务，对供应的材料、设备提供收、发和保管服务以及进行施工现场管理等服务，因此招标人需要向总承包人支付相应的费用。该项费用由招标人预计并按投标人的投标报价向投标人支付。若实际中出现未列出的其他项目清单项目时，可根据工程实际情况补充。

（2）其他项目清单是以表格形式表现的，其表格形式见表9-2。

表9-2　其他项目清单与计价汇总表

工程名称　　　　　　　　　　　　　　　　　　　　　　　　标段：　　第　页　共　页

序　号	项 目 名 称	计 量 单 位	金额/元	备　注
1	暂列金额	项		详见明细表
2	暂估价			
2.1	材料(工程设备)暂估价			详见明细表
2.2	专业工程暂估价			详见明细表
3	计日工			详见明细表
4	总承包服务费			详见明细表
5				
	合计			

注：1. 材料暂估单价进入清单项目综合单价。此处不汇总。

　　2. 需要列出相应的明细表。

4. 规费项目清单的编制

规费是指根据省级政府或省级有关权力部门规定必须缴纳的，应计入建筑安装工程造价的费用。

规费清单应按照下列内容列项，出现未包括的规费项目，可根据省级政府或省级有关权力部门的规定列项。

（1）工程排污费。

（2）社会保障费：包括养老保险费、失业保险费、医疗保险费。

（3）住房公积金。

（4）工伤保险。

5. 税金项目清单的编制

税金是指国家税法规定的应计入建筑安装工程造价内的税种包括营业税、城市维护建设税以及教育费附加等。

税金项目清单应包括下列内容，出现未包括的税金项目，可根据税务部门规定列项：

1）营业税。

2）城市维护建设税。

3）教育费附加。

9.2.4　工程量清单的基本表格

编制工程量清单，宜采用《计价规范》规定的统一格式，各省、自治区、直辖市建设行政主管部门和行业建设主管部门可根据本地区、本行业的实际情况，在本规范计价表格的基础上补充完善。

工程量清单编制使用表格包括如下内容：

（1）工程量清单封面：封面应按规定的内容填写、签字、盖章，造价员编制的工程量清单应有负责审核的造价工程师签字、盖章。

（2）总说明：总说明应按下列内容填写：①工程概况：建设规模、工程特征、计划工期、施工现场实际情况、自然地理条件、环境保护要求等。②工程招标和分包范围。③工程量清单编制依据。④工程质量、材料、施工等的特殊要求。⑤其他需要说明的问题。

（3）分部分项工程量清单：本表在"工程名称"栏应填写详细具体的工程名称。"标段"栏，对于房屋建筑而言，习惯上并无标段划分，可不填写标段，但对于管道敷设、道路施工，往往以标段划分，应填写标段。

（4）措施项目清单（一）。本表适用于以"项"计价的措施项目。

（5）措施项目清单（二）。本表适用于以综合单价形式计价的措施项目。

（6）其他项目清单。本表中材料暂估单价进入清单项目综合单价，此处不汇总。

（7）暂列金额明细表：此表由招标人填写，如不能详列，也可只列暂定金额总额，投标人应将上述暂列金额计入投标总价中。

（8）材料（工程设备）暂估单价表：此表由招标人填写，并在备注栏说明暂估价的材料拟用在哪些清单项目上，投标人应将上述材料暂估单价计入工程量清单综合单价报价中。材料包括原材料、燃料、构配件以及按规定应计入建筑安装工程造价的设备。

（9）专业工程暂估价表：此表由招标人填写，投标人应将上述专业工程暂估价计入投标总价中。

（10）计日工表：此表项目名称、数量由招标人填写，编制招标控制价时，单价由招标人按有关计价规定确定；投标时，单价由投标人自主报价，计入投标总价中。

（11）总承包服务费计价表。

（12）规费税金项目清单。

9.3　工程量清单计价

9.3.1　工程量清单计价概念及组成

1. 工程量清单计价的概念

工程量清单计价是投标人按照招标文件的规定，根据工程量清单所列项目，参照工程量清单计价依据计算的全部费用。

2. 工程量清单计价建设工程造价的组成

采用工程量清单计价，建设工程造价由分部分项工程费、措施项目费、其他项目费和规费、税金组成。

（1）分部分项工程费是指为完成分部分项工程量所需的实体项目费用。

（2）措施项目费是指分部分项工程费以外，为完成该工程项目施工，发生于该工程施工前和施工过程中技术、生活、安全等方面的非工程实体项目所需的费用。

（3）其他项目费是指分部分项工程费和措施项目费以外，该工程项目施工中可能发生的其他费用。它包括暂列金额、暂估价、计日工及总承包服务费。

（4）规费和税金是指按规定列入建筑安装工程造价的规费和税金。

工程量清单计价应采用综合单价法。综合单价是完成工程量清单中一个规定计量单位的分部分项工程量清单项目或措施清单项目所需的人工费、材料和工程设备费、施工机具使用费和企业管理费、利润以及一定范围内的风险费用。综合单价不仅适用于分部分项工程量清单，也适用于措施项目和其他项目清单。

9.3.2　工程量清单计价的基本流程

工程量清单计价的基本流程可以描述为：按照统一的工程量清单计价标准格式，依据统一的工程量清单项目设置规则和工程量清单计量规则，以及具体工程的施工图样，计算出各个清单项目的工程量，编制工程量清单，再根据行业定额及工程造价信息等相关资料计算出建设项目的招标控制价，根据企业定额及企业所掌握的各种信息等相关资料计算出建设项目的投标价。这一基本的计算流程如图9-1所示。

9.3.3　工程量清单计价的应用

工程量清单计价活动主要包括编制招标控制价、编制投标价、工程合同价款的约定与调整及竣工结算的办理及施工过程中的工程计量、工程价款支付、工程价款调整等内容。

1. 招标控制价

招标控制价是招标人根据国家或省级、行业建设主管部门颁发的有关计价依据和办法，以及拟定的招标文件和招标工程量清单，编制的招标工程的最高限价。国有资金投资的工程建设项目应实行工程量清单招标，并应编制招标控制价，招标控制价应由具有编制能力的招标人或受其委托具有相应资质的工程造价咨询人编制。

2. 投标价

投标价是由投标人按照招标文件的要求，根据工程特点，并结合企业定额及企业自身的施工技术、装备和管理水平，依据有关规定自主确定的工程造价，是投标人投标时报出的工程合同价，是投标人希望达成工程承包交易的期望价格，它不能高于招标人设定的招标控制价。

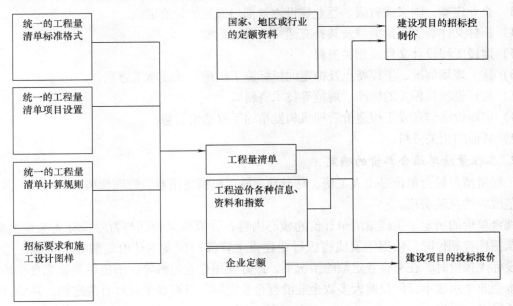

图 9-1　工程量清单计价流程示意图

3. 合同价款的确定与调整

合同价是在工程发、承包交易过程中，由发、承包双方在施工合同中约定的工程造价。采用招标发包的工程，其合同价格应为投标人的中标价。在发、承包双方履行合同的过程中，当国家的法律、法规、规章及政策发生变化时，国家或省级、行业建设主管部门或其授权的工程造价管理机构据此发布工程造价调整文件，合同价款应当进行调整。

4. 竣工结算价

竣工结算价是由发、承包双方依据国家有关法律、法规和标准规定，按照合同约定确定的，包括在履行合同过程中按合同约定进行的工程变更、索赔和价款调整，是承包人按合同约定完成了全部承包工作后，发包人应付给承包人的合同总金额。

9.3.4　招标控制价及投标价的编制

1. 编制依据

（1）招标控制价的编制依据

1）《建设工程工程量清单计价规范》。

2）国家或省级、行业建设主管部门颁发的计价定额和计价办法。

3）建设工程设计文件及相关资料。

4）拟定的招标文件及招标工程量清单。

5）与建设项目相关的标准、规范、技术资料。

6）施工现场情况、工程特点及常规施工方案。

7）工程造价管理机构发布的工程造价信息；工程造价信息没有发布的，参照市场价。

8）其他的相关资料。

（2）投标价的编制依据

1）《建设工程工程量清单计价规范》。

2）国家或省级、行业建设主管部门颁发的计价办法。

3）企业定额，国家或省级、行业建设主管部门颁发的计价定额。

4）招标文件、工程量清单及其补充通知、答疑纪要。

5）建设工程设计文件及相关资料。

6）施工现场情况、工程特点及拟定的投标施工组织设计或施工方案。

7）与建设项目相关的标准、规范等技术资料。

8）市场价格信息或工程造价管理机构发布的工程造价信息。

9）其他的相关资料。

2. 工程量清单综合单价的确定

工程量清单综合单价是由人工费、材料费、施工机械使用费、管理费和利润组成，并考虑一定范围内的风险费用。

综合单价的确定是工程量清单计价的核心内容，计算结果合理与否对投标人来说很重要。在编制招标控制价时，依据国家或省级行业建设主管部门颁发的计价定额等资料确定综合单价；投标人报价时，在有企业定额的情况下，最好使用企业定额等内部资料测算综合单价，以反映本企业个别成本。但目前大多数企业没有企业定额，只有参考现行有关定额，并结合其他相关资料进行报价。

综合单价的计算应按照工程量清单项目描述的内容，借助于综合单价分析表进行计算确定。

（1）确定综合单价的基本思路：计价规范的综合性很大，计价规范中的计算规则与所用定额的计算规则可能有所不同。在确定综合单价之前，一般需要根据所采用的定额的工程量计算规则重新计算每一分项工程的施工工程量，然后再计算各分部分项工程的综合单价。具体确定思路如下：

1）依据所采用的定额的工程量计算规则、施工图样、施工组织设计及清单工程量的项目特征、工程内容等核实或重新计算施工工程量。

2）清单项目费用分析：依据所采用的定额及清单工程量的项目特征、工程造价信息、相应费用标准等资料进行清单项目费用分析

①清单项目所含分部分项工程人工、材料、机械费＝其分部分项施工工程量×定额单价

式中定额单价＝人工费单价＋材料费单价＋机械费单价

或分部分项工程人工、材料、机械费＝ $\sum$（工日数×人工单价）＋ $\sum$（材料数量×材料单价）＋ $\sum$（机械台班数量×机械台班单价）

②管理费＝人工费（或人工费＋机械费；人工费＋材料费＋机械费）×管理费率

③利润＝人工费（或人工费＋机械费；人工费＋材料费＋机械费）×利润率

④考虑风险费用

分部分项工程费用＝分部分项人工费＋材料费＋机械费＋管理费＋利润＋风险费用

3）确定综合单价

$$综合单价＝ \sum 清单项目所含分部分项工程费用/清单工程量$$

（2）综合单价的确定方法：计价规范与国家或省级、行业建设主管部门颁发的计价定额中的工程量计算规则、计量单位、项目内容不尽相同，综合单价的确定方法有以下几种形式：

1）当计价规范的工程内容、计量单位及工程量计算规则与现行定额一致；且只与一个定额项目对应时，其综合单价可表示如下：

清单项目综合单价 = 定额项目单价 + 管理费 + 利润 + 考虑风险

2）当计价规范的计量单位及工程量计算规则与现行定额一致，但工程内容不一致，需几个定额项目组成时，其综合单价可表示如下：

清单项目综合单价 = $\sum$（定额项目单价 + 管理费 + 利润 + 考虑风险）

3）当计价规范的工程内容、计量单位及工程量计算规则均与现行定额不一致时，其综合单价可表示如下：

清单项目综合单价 = $\sum$（该清单项目所包含的各定额项目工程量 × 定额单价 + 管理费 + 利润 + 风险）/ 该清单项目工程量

（3）综合单价确定举例：见例 9-2。

3. 分部分项工程费确定

分部分项工程费应根据招标文件中分部分项工程量清单项目的特征描述及有关要求，按《计价规范》规定确定的综合单价计算。

分部分项工程费 = $\sum$ 分部分项工程清单工程量 × 综合单价

式中：分部分项工程清单工程量是招标文件给定或通过答疑调整后的工程量，综合单价中应包括招标文件中要求投标人承担的风险费用，招标文件提供了暂估单价的材料。按暂估的单价计入综合单价。

例 9-2　某工程分部分项工程量清单见表 9-3，试计算各分部分项工程费。

表 9-3　分部分项工程量清单

工程名称：某中学教学楼工程

序　号	项目编码	项目名称	项目特征描述	计量单位	工　程　量
1	010101004001	挖基坑土方	土方类别：三类土，独立基础，垫层地面积 $2 \sim 8m^2$，挖土深度 1.65m	m^3	35.42
2	011302001001	会议室吊顶顶棚	轻钢龙骨（U型）不上人，石膏板层规格 600×600、层高 3.6m	m^2	230
3	010515001009	现浇构件钢筋Ф20	二级钢筋，Ф20 制作、运输、安装	t	60

解：1. 挖基础土方

（1）分析清单项目：清单编码为 010101004001，工程量为 $35.42m^3$，结合施工图看出，该清单的工作内容是挖土。

（2）计算综合单价

1）根据施工图、拟定的施工方案及定额的工程量计算规则计算各工作内容的施工工程量，各工作内容的费用总和除以清单工程量即为该项目的综合单价。

计算得施工工程量如下：

挖土 = $56.72m^3$。

2）根据《计价规范》与《计价定额》套取相应定额子目。

基坑挖土三类土：$1 \sim 26$。

3）根据计价定额、材料市场价格及费用标准等相关资料计算出综合单价，具体计算方法见表 9-4。

表9-4 工程量清单综合单价分析表

工程名称：某中学教学楼工程

项目编码	010101004001		项目名称		挖基础土方		计量单位		m^3		
清单综合单价组成明细											
定额编号	定额名称	定额单位	数量	单价				合价			
				人工费	材料费	机械费	管理费和利润	人工费	材料费	机械费	管理费和利润
1-26	基础挖土方三类土	100m³	0.567	2227.44	0.000	0.000	712.78	1262.96	0.000	0.000	404.14
人工单价	小计							1262.96	0.000	0.000	404.14
40 元/工日	未计价材料费										
清单项目综合单价								47.07 元/m³			

注：1. 分析表中的工程量为依据计价定额工程量计算规则计算出的工程量。

2. 管理费和利润＝（人工费＋机械费）×（14＋18）%（按辽宁省总承包工程二类标准计取）。

3. 清单综合单价＝（人工费＋材料费＋机械费＋管理费和利润）/清单工程量。

2. 会议室顶棚吊顶

（1）分析清单项目：清单编码为011302001001，数量230m²。该清单主要包括以下工作内容：

① 顶棚轻钢龙骨（U 型以不上人）600mm×600mm。

② 顶棚石膏板吊顶。

（2）计算综合单价

① 计算顶棚吊顶各工作内容工程量。

顶棚轻钢龙骨（U 型以不上人）：230m²。

顶棚石膏板面层：230m²。

② 根据《计价规范》及《计价定额》套取相应定额子目。

顶棚轻钢龙骨3—25，顶棚石膏板面层3—97。

③ 根据计价定额、材料市场价格及费用标准等相关资料计算出综合单价，具体计算方法见表9-5。

表9-5 工程量清单综合单价分析表

工程名称：某中学教学楼工程

项目编号	011302001001		项目名称		会议室吊顶顶棚		计量单位		m^2		
定额编号	定额名称	定额单位	数量	单价				合价			
				人工费	材料费	机械费	管理费和利润	人工费	材料费	机械费	管理费和利润
1-25	顶棚轻钢龙骨	100m²	2.3	852.73	1114.18	8.52	275.6	1961.28	2562.62	18.86	633.88
3-97	顶棚石膏两层	100m²	2.3	570.24	1198.00	—	182.48	1311.55	2755.4	—	419.7
人工单价	小计							3272.83	5318.02	18.86	1053.58
40 元/工日	未计价材料费										
清单项目综合单价（人工费＋材料费＋机械费＋管理费和利润）/清单量								42.01 元/m²			

注：1. 分析表中工程量为依据计价定额工程量计算规则计算出的工程量。

2. 管理费和利润＝（人工费＋机械费）×（14＋18）%（按辽宁省总承包工程二类标准计取）。

3. 清单综合单价＝人工费单价＋材料费单价＋机械费单价＋管理费和利润。

3. 钢筋⚡20

（1）分析清单项目

清单项目编码 010515001009、数量 60t、结合施工图样，该清单项目主要包括以下工作内容：二级钢筋⚡20 制作、运输、安装。

（2）计算综合单价

① 根据施工图等计算钢筋⚡20 工程量为 60t。

② 根据《计价规范》及《计价定额》套相应定额子目。

二级钢筋⚡20　4-286

③ 根据计价定额、材料市场价及费用标准等计算综合单价，具体计算方法见表 9-6。

表 9-6 工程量清单综合单价分析表

工程名称：某中学教学楼工程

项目编号	010515001009		项目名称		钢筋⚡20	计量单位		t	
清单综合单价组成明细									
定额编号	定额名称	定额单位	数量	单价				合价	
				人工费	材料费	机械费	管理费和利润	人工费	材料费	机械费	管理费和利润
4-286	钢筋⚡20	t	60	228.73	3659.16	66.65	94.52	13723.8	219549.6	3999	5671.3
人工单价	小计							13723.8	219549.6	3999	5671.3
40 元/工日	未计价材料费										
清单项目综合单价								4049.06			

注：1. 分析表中工程量为依据计价定额计算出的工程量。

2. 管理费和利润 =（人工费 + 机械费）×（14 + 18）%（按辽宁省总承包工程二类标准计取）。

3. 综合单价 =（人工费 + 材料费 + 机械费 + 管理费和利润）/清单工程量 =［（13723.8 + 219549.6 + 3999 + 5671.3）/60］元 = 4049.06 元或综合单价 = 人工单价 + 材料单价 + 机械单价 + 管理费和利润 =（278.73 + 3659.16 + 66.65 + 94.52）元 = 4049.06 元

分部分项工程量清单与计价表见表 9-7。

表 9-7 分部分项工程量清单与计价表

工程名称：某中学教学楼工程

序号	项目编号	项目名称	项目特征描述	计量单位	工程量	金额/元		
						综合单价	合价	其中暂估价
1	010101004001	挖基坑土方	土方类别：三类土、独立基础、垫层面积：2-8m²、挖土深度 1.65m、余土外运 10km	m³	35.42	47.07	1667.22	
2	010515001009	钢筋⚡20	二级钢筋⚡20 制作、运输、安装	t	60	4049.06	242943.6	
3	011302001001	会议室顶棚吊顶	轻钢龙骨（U型不上人）石膏板两层，规格 600×600	m²	230	42.01	9662.3	

注：招标文件提供了暂估单价的材料，按暂估的单价计入综合单价。

4. 措施项目费的确定

编制招标控制价时，措施项目费应根据拟定的招标文件中的措施项目清单，并按《计价规范》的规定计价。投标报价时，投标人可根据工程实际情况结合施工组织设计，对招标人所列措施项目进行增补，即根据招标文件中的措施项目清单及投标时拟定的施工组织设计或施工方案列项，按《计价规范》的规定自主计价。

（1）可以计算工程量的措施项目，应按分部分项工程量清单的方式采用综合单价计价。

措施项目费 = $\sum$ 措施项目工程量 × 相应综合单价

（2）不可以计算工程量的措施项目，必须按规范规定的项目编码、项目名称列项、计价，应包括除规费、税金外的全部费用。

（3）措施项目清单中的安全文明施工费应按照国家或省级、行业建设主管部门的规定标准计价，不得作为竞争性费用。

5. 其他项目费确定

（1）编制招标控制价时

1）暂列金额由招标人应根据工程特点，按有关计价规定进行估算确定，按招标工程量清单列出的金额填写。

2）暂估价包括材料、工程设备暂估价和专业工程暂估价，暂估价中的材料和工程设备暂估价应按照工程造价管理机构发布的工程造价信息或参考市场价格确定，按招标工程量清单中列出的单价计入综合单价；暂估价中的专业工程暂估价应分不同专业，按有关计价规定估算，按招标工程量清单中列出的金额填写。

3）计日工包括计日工人工、材料和施工机械。计日工应根据工程特点和有关计价依据确定综合单价计算。其中人工单价和机械台班单价应按省级、行业建设主管部门或其授权的工程造价管理机构公布的单价计算；材料应按工程造价管理机构发布的工程造价信息中的材料单价计算，工程造价信息未发布材料单价的材料，其价格应按市场调查确定的单价计算。

4）总承包服务费应根据招标工程量清单列出的内容和要求估算。

（2）编制投标价时

1）暂列金额应按招标工程量清单中列出的金额填写，不得变动。

2）暂估价中的材料、工程设备暂估价应按招标工程量清单中列出的单价计入综合单价；专业工程暂估价应按招标工程量清单中列出的金额填写。

3）计日工应按招标工程量清单中列出的项目和数量，自主确定各项综合单价并计算计日工总额。

4）总承包服务费应根据招标工程量清单中列出的内容和提出的要求自主确定。

6. 规费和税金确定

规费和税金应按国家或省级、行业建设主管部门的规定计算，不得作为竞争性费用。

9.3.5 工程合同价款的约定与调整

1. 工程合同价款的约定

（1）实行招标的工程合同价款应在中标通知书发出日起30天内，由发、承包双方依据招标文件和中标人的投标文件在书面合同中约定。不实行招标的工程合同价款，在发、承包双方认可的工程价款基础上，由发、承包双方在合同中约定。

（2）实行招标的工程，合同的约定不得违背招投标文件中关于工期、造价、质量等方面的实质性内容。所谓实质性内容，按照《中华人民共和国合同法》规定，有关合同标的、数量、质量、价款或者报酬、履行期限、履行地点和方式、违约责任和解决争议方法等的变更，是对要约内容的实质性变更。

在签订建设合同时，当招标文件与中标人投标文件不一致的地方，以投标文件为准。

（3）实行工程量清单计价的工程，应当采用单价合同方式。即合同约定的工程价款中所包含的工程量清单项目综合单价在约定条件内是固定的，不予调整，工程量允许调整。工程量清单项目综合单价在约定的条件外，允许调整。但调整方式、方法应在合同中约定。

（4）发、承包双方应在合同条款中对下列事项进行约定；合同中没有约定或约定不明的，在合同履行中发生争议，由双方协商确定；协商不能达成一致的，按《计价规范》执行。

1）预付工程款的数额、支付时间及抵扣方式。

预付款是发包人为解决承包人在施工准备阶段资金周转问题提供的协助。如使用大宗材料，可根据工程具体情况设置工程材料预付款。

2）安全文明施工措施的支付计划，使用要求等。

3）工程计量与支付工程进度款的方式、数额及时间。

4）工程价款的调整因素、方法、程序、支付及时间。

5）施工索赔与现场签证的程序、金额确认与支付时间。

6）承担计价风险的内容、范围以及超出约定内容、范围的调整办法。

7）工程竣工价款结算编制与核对、支付及时间。

8）工程质量保证（保修）金的数额、预扣方式及时间。

9）违约责任以及发生工程价款争议的解决方法及时间。

10）与履行合同、支付价款有关的其他事项等。

在工程合同中，涉及工程价款的事项很多，因此在订合同时，能够详细约定的事项应尽可能明确，约定的用词尽量唯一，遇有几种解释时，最好对用文字加以注释，以避免因理解上的分歧引起合同纠纷。

2. 工程合同价款调整

在承、发包双方履行合同的过程中，以下事项（但不限于）发生，发承包双方应当按照合同约定调整合同价款：①法律法规变化；②工程变更；③项目特征描述不符；④工程量清单缺项；⑤工程量偏差；⑥物价变化；⑦暂估价；⑧计日工；⑨现场签证；⑩不可抗力；⑪提前竣工（赶工补偿）；⑫误期赔偿；⑬施工索赔；⑭暂列金额；⑮发承包双方约定的其他调整事项。

（1）出现合同价款调增事项（不含工程量偏差、计日工、现场签证、施工索赔）后的14天内，承包人应向发包人提交合同价款调增报告并附上相关资料，若承包人在14天内未提交合同价款调增报告的，视为承包人对该事项不存在调整价款。

（2）发包人应在收到承包人合同价款调增报告及相关资料之日起14天内对其核实，予以确认的应书面通知承包人。如有疑问，应向承包人提出协商意见。发包人在收到合同价款调增报告之日起14天内未确认也未提出协商意见的，视为承包人提交的合同价款调增报告已被发包人认可。发包人提出协商意见的，承包人应在收到协商意见后的14天内对其核实，予以确认的应书面通知发包人。如承包人在收到发包人的协商意见后14天内既不确认也未提出不同意见的，视为发包人提出的意见已被承包人认可。

（3）如发包人与承包人对不同意见不能达成一致的，只要不实质影响发承包双方履约的，双方应实施该结果，直到其按照合同争议的解决被改变为止。

（4）出现合同价款调减事项（不含工程量偏差、施工索赔）后的14天内，发包人应向承包人提交合同价款调减报告并附相关资料，若发包人在14天内未提交合同价款调减报告的，视为发包人对该事项不存在调整价款。

（5）经发承包双方确认调整的合同价款，作为追加（减）合同价款，与工程进度款或结算款同期支付。

9.3.6　竣工结算价的确定

工程项目完工后，发、承包双方应在合同约定的时间内办理工程竣工结算。工程竣工结算由承包人或受其委托具有相应资质的工程造价咨询人编制，由发包人或受其委托具有相应资质的工程造价咨询人核对。

1. 工程竣工结算的编制依据

（1）《建设工程工程量清单计价规范》。

（2）施工合同，工程竣工图样及资料。

（3）双方确认的工程量。

（4）双方确认追加（减）的工程价款。

（5）双方确认的索赔、现场签证事项及价款。

（6）投标文件、招标文件。

（7）其他依据。

2. 工程竣工结算价的确定

（1）分部分项工程费应依据双方确认的工程量、合同约定的综合单价计算；如发生调整的，以发、承包双方确认调整的综合单价计算。

（2）措施项目费应依据合同约定的项目和金额计算；如发生调整的，以发、承包双方确认调整的金额计算，其中安全文明施工费应按国家或省级、行业建设主管部门的规定计价，不得作为竞争性费用。

（3）其他项目费的计算：

1）计日工应按发包人实际签证确认的事项计算。

2）暂估价中的材料单价应按发、承包双方最终确认价在综合单价中调整；专业工程暂估价应按中标价或发包人、承包人和分包人最终确认价计算。

3）总承包服务费应根据合同约定金额计算，如发生调整的，以发、承包双方确认调整的金额计算。

4）索赔费用应依据发、承包双方确认索赔事项和金额计算。

5）现场签证费用应依据发、承包双方签证资料确认的金额计算。

6）暂列金额应减去工程价款调整与索赔、现场签证金额计算，如有余额归发包人。

（4）规费和税金应按国家或省级、行业建设主管部门的规定计算，不得作为竞争性费用。

9.3.7　工程量清单计价的基本表格

工程量清单计价应采用统一格式。各省、自治区、直辖市建设行政主管部门和行业建设主管部门可根据本地区、本行业的实际情况，在本规范计价表格的基础上补充完善。

根据《计价规范》规定，工程量清单计价格式由下列内容组成：

1. 投标报价（招标控制价）封面

封面应按规定的内容填写、签字、盖章。除承包人自行编制的投标报价和竣工结算外，受委托编制的招标控制价、投标报价，编制人是造价员的，应有负责审核的造价工程师签字、盖章以及工程造价咨询人盖章。

2. 总说明

总说明应按下列内容填写：

（1）工程概况：建设规模、工程特征、计划工期、合同工期、实际工期、施工现场及变化情况、施工组织设计的特点、自然地理条件、环境保护要求等。

（2）编制依据等。

3. 工程项目招标控制价／投标报价汇总表

本表适用于工程项目招标控制价或投标报价的汇总。

4. 单项工程招标控制价／投标报价汇总表

本表适用于单项工程招标控制价或投标报价的汇总，暂估价包括分部分项工程中的暂估价和专业工程暂估价。

5. 单位工程招标控制价／投标报价汇总表

本表适用于单位工程招标控制价或投标报价的汇总，如无单位工程划分，单项工程也使用本表汇总。

6. 分部分项工程量清单与计价表

工程量清单与计价表中列明的所有需要填写的单价和合价，投标人均应填写，未填写的单价和合价，视为此项费用已包含在工程量清单的其他单价和合价中。

7. 工程量清单综合单价分析表

此表若不使用省级或行业建设主管部门发布的计价依据，可不填定额项目、编号等，招标文件提供了暂估单价的材料，按暂估的单价填入表内"暂估单价"及"暂估合价"栏。

8. 措施项目清单与计价汇总表（一）

本表适用于以"项"计价的措施项目。

9. 措施项目清单与计价汇总表（二）

本表适用于以综合单价形式计价的措施项目。

10. 其他项目清单与计价汇总表

本表中材料暂估单价进入清单项目综合单价，此处不汇总。

11. 暂列金额明细表

此表由招标人填写，如不能详列，也可只列暂定金额总额，投标人应将上述暂列金额计入投标总价中。

12. 材料（工程设备）暂估单价表

此表由招标人填写，并在备注栏说明暂估价的材料拟用在哪些清单项目上，投标人应将上述材料暂估单价计入工程量清单综合单价报价中。材料包括原材料、燃料、构配件以及按规定应计入建筑安装工程造价的设备。

13. 专业工程暂估价表

此表由招标人填写，投标人应将上述专业工程暂估价计入投标总价中。

14. 计日工表

此表项目名称、数量由招标人填写，编制招标控制价时，单价由招标人按有关计价规定确定；投标时，单价由投标人自主报价，计入投标总价中。

15. 总承包服务费计价表

16. 规费、税金项目清单与计价表

第10章 建筑工程造价软件应用

10.1 广联达工程造价计算软件简介

10.1.1 概述

建筑市场上工程造价计算软件多种多样，一般都具有人机交互方式输入，操作简便；包含清单和定额两种计算规则；运算速度快，计算结果精确；软件之间接口方便，传输数据准确等特点。为广大工程造价人员提供巨大的方便。

现仅以广联达软件股份有限公司开发的工程造价计算系列软件为例，简单介绍一下使用的思路。

10.1.2 广联达工程造价软件种类

广联达软件主要包括工程量清单计价软件（GBQ）、图形算量软件（GCL）、钢筋抽样软件（GGJ）、安装算量软件（GQI）等部分组成，分别进行套价、工程量计算、钢筋用量计算、安装工程量计算等。软件内置规范和图集实现自动扣减，内置规范和图集还可以有用户根据不同需求，自行设置修改，满足多样需求。安装好广联达工程造价计算系列软件以后，双击桌面上的图标，就启动了该软件。

10.1.3 软件算量操作流程

如图 10-1 所示。

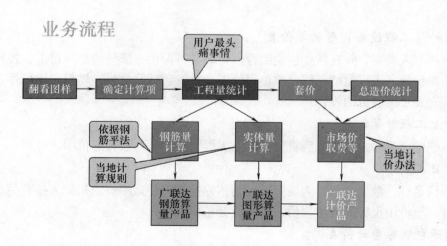

图 10-1　广联达工程造价软件业务流程

算量产品原理：通过建立数据模型（识别电子 CAD、自行绘制、导入钢筋或图形文件）、内置计算规则（钢筋平法）、自动考虑扣减、自动统计结果、保留数据接口。

10.2　工程造价计算实例

10.2.1　工程概况

本工程为某市某民宅工程框架结构住宅楼，抗震设防烈度为 7 度，二类场地，设计地震基本加速度为 0.15g，建筑安全等级为二级，场地标准冻深：1.0m，建筑面积 360m²，建筑层数为二层，建筑高度 6.6m，建筑结构形式为钢筋混凝土框架结构。

结构材料：混凝土构件采用 C30，墙体均采用水泥炉渣空心砌块，砂浆为 ±0.000 以下采用 M7.5 水泥砂浆砌筑；±0.000 以上采用 M5.0 混合砂浆砌筑。

施工图见附图。

10.2.2　工程造价计算过程

用软件进行工程造价计算时，一般分为三个模块进行：一是图形算量，二是钢筋计算，三是工程计价。

计算顺序可以先使用图形算量，也可以先进行钢筋计算。先做图形计算，定义构件，绘制图元，完成工程量计算后，把图形导入钢筋算量软件 GGL，减少钢筋计算的绘制量。也可先做钢筋计算，定义构件，绘制图元，完成钢筋计算后，把图形导入图形算量软件 GCL，减少图形工程量计算的绘制量。再者，软件有从 CAD 直接导图的功能，如果能取得设计图样的 CAD 文件，可以把图导入图形算量软件 GCL 中，稍作调整计算工程量。

1. 图形算量

图形算量的基本流程为：

（1）建立工程。

（2）工程设置。

（3）建立数据模型。

建立数据模型方法一：导入外部数据方法。

1）识别 CAD。

2）导入 GGJ 工程。

3）合并 GCL 工程。

建立数据模型方法二：手动绘制流程。

1）定义构件。

2）做法管理。

3）绘制图元。

4）编辑图元。

5）检查图元绘制。

（4）表格输入。

（5）汇总计算、工程量查看。

（6）查看报表及打印。

（7）对量、报表反查。

（1）新建工程

1）打开图形算量软件后，鼠标左键点击［新建向导］按钮，弹出新建工程向导窗口。

2）输入工程名称，选择标书模式、计算规则、清单库和定额库。在这里，工程名称为"某民宅工程"，清单规则选择为"辽宁省建筑工程清单计算规则（2008（R8.0）"定额规则"辽宁省建筑工程消耗量定额计算规则（2008（R8.0）"，清单库配套选择为："工程量清单项目设置规则（2008—辽宁）"，定额库配套选择为辽宁省建筑工程消耗量定额（2008 粒石）；左键点击［下一步］按钮。

3）连续点击［下一步］按钮，分别输入工程信息、编制信息；点击［下一步］按钮，输入辅助信息；在这里，室外地坪相对标高输入 – 0.2m，外墙裙高度为 0；第五步：完成；您可以查看所输入的信息是否正确，如果不正确，您可以点击"上一步"进行修改；确认输入信息无误后可以点击"完成"。点击完成后就可以完成工程的新建，出现楼层管理界面，如图 10-2 所示。

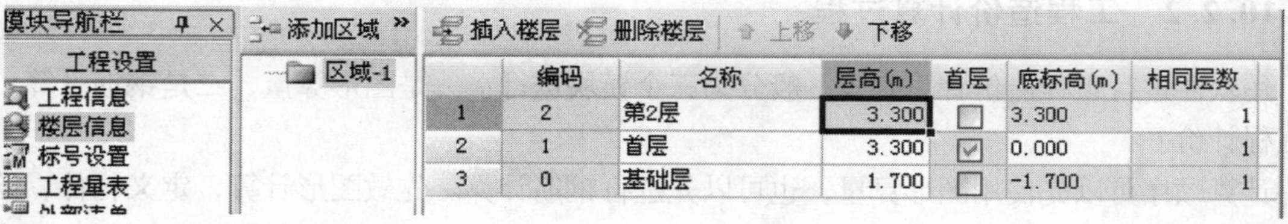

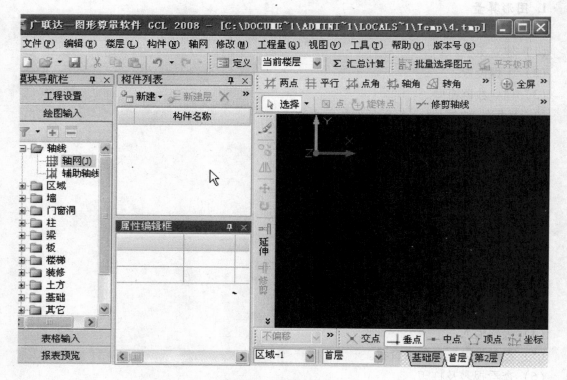

图 10-2　楼层管理界面

点击［插入楼层］，即为第二层。输入基础层、首层、二层层高：1.7m、3.3m、3.3m。

（2）新建轴网：点击［绘图输入］即切换到绘图输入界面，如图 10-3 所示。

图 10-3　绘图输入界面

切换到绘图输入界面,软件共分为:标题栏、菜单栏、工具栏、导航条、绘图区、状态栏六个部分。

标题栏:标题栏中从左向右分别显示 GCL 的图标,当前所操作工程的文件名称等;其主要的作用是显示当前正在操作的工程。

菜单栏:菜单栏中包含软件的所有功能和操作。

工具栏:工具栏提供软件操作的常用功能键和快捷键,包括:常用工具条、构件工具条、捕捉工具条、修改工具条、窗口缩放工具条,主要作用就是进行快速绘图。

导航栏:导航条主要是显示软件操作的主要流程和常用构件图元,可以快速进行页面和构件切换;软件中设置了"常用类型"功能,可根据需要把工作中常用的构件放到该菜单下,方便进行构件选择和切换。

绘图区:绘图区是进行绘图的区域,在该区域建立轴网、绘制图元构件、套取构件做法、然后由软件自动进行工程量的计算。

状态栏:这里会显示各种状态下的绘图信息,主要包括:当前楼层层高、当前楼层底标高、软件操作提示信息。

第一步:点击工具栏中 [轴网] 按钮,打开"轴网管理"界面。

第二步:点击 [新建正交轴网] 按钮进入"新建轴网"窗口。

第三步:点击下开间,在轴距处输入"6000"回车;"5500"回车;"6000"回车;轴网的下开间即建立好了;同理输入"上开间";检查无误后,点击轴号自动排序即可与图样完全对应。

第四步:点击左进深,在轴距处输入"5600"回车、"3900"回车,轴网的左进深即建立好了;同理输入"右进深"。此时在左边预览区域出现新建的轴网预览,如果您输入的轴距错误了,可以立刻进行修改;检查无误后,点击"轴号自动排序"即可与图样完全对应(图 10-4)。

第五步:点击常用工具条中的绘图,切换到绘图状态,在弹出的对话框中点击确认按钮新的轴网就建立成功了。

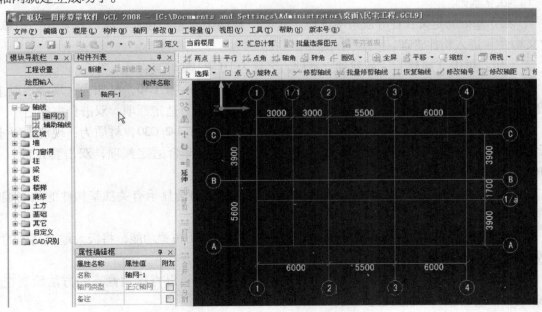

图 10-4　轴网绘制

（3）平行辅轴：所谓平行辅轴就是与主轴网中的轴线或与已画好的辅轴相平行并间隔一段距离的辅助轴线。

第一步：点击"工具导航条"－＞"辅助轴线"；

第二步：点击"绘图工具条"－＞"平行辅轴"；

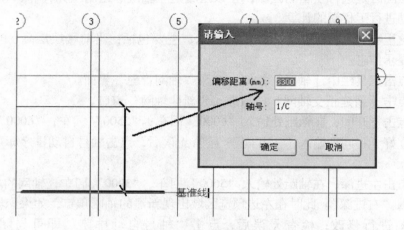

第三步：按鼠标左键选择基准（参考）轴线，弹出"输入偏移距离"界面；

第四步：输入偏移数值及轴号，在偏移距离处输入"3300"，轴号为"1/C"，单击"确定"按钮，一条平行辅轴就建立好了，单击"确定"，完成操作（当输入的偏移距离为正数时，偏移的方向为 x 轴或 y 轴的正方向；当输入的偏移距离为负数数时，偏移的方向为 x 轴或 y 轴的反方向（图10-5）。

图 10-5　绘制平行辅轴

（4）基础部分（独立基础及土方）

1）独立基础

① 独立基础的定义：在导航条中选择"基础"构件类别的"独立基础"构件类型，单击［定义构件］进入构件管理。

第一步：单击［新建］－新建独立基础，名称为 DJ-4，底标高：－1.7。

第二步：单击［新建］－新建独立基础单元，名称为 DJ-4-1 C30，材质为：现浇混凝土，长度：3300，宽度：3300，高度：300，查询匹配定额，选择合适定额项，双击套定额。

第三步：单击［新建］－新建独立基础单元，名称为 DJ-4-2 C30，材质为：现浇混凝土，长度：1200，宽度：1200，高度：300，查询匹配定额，选择合适定额项，双击套定额（如图10-6）完成独立基础的定义。

② 独立基础的画法：在导航条中选择"绘图工具条"中会显示有关独基构件的绘制编辑操作。

独基支持画点、画旋转点和智能布置三种画法，灵活运用布置功能，将极大地提高您的绘图效率。

第一步：单击［绘图］按钮，独立基础属于点式构件，可以直接用画点的方法绘制在各轴线的交点处，完成独立基础的绘制。

2）基础垫层：在模块导航栏中切换到垫层，第一步：在构件列表中单击新建，新建面式

图 10-6　　独立基础的定义

　　垫层，在属性编辑框中按照图样输入厚度等属性，点击［定义］，选择量表，套取定额子目。

　　第二步：点击［绘图］按钮，在构件列表中选择垫层，按照独立基础进行智能布置，然后调整独立基础垫层底标高。独立基础及垫层绘制如图 10-7 所示。

　　3）基坑土方：对于土方的构件，图形算量提供了更加快速的处理方式，可以通过独立基础的信息自动生成土方构件及相应属性，这样就可以快速准确的布置基坑构件。

　　第一步：在导航栏中选择'基础'构件类别的'独立基础'→点击 [自动生成土方构件] 。

　　第二步：在生成方式及相关属性中输入工作面宽 300mm 和放坡系数 0.5。

　　第三步：点击确定即可生成相应的基坑构件及基坑土方工程量。

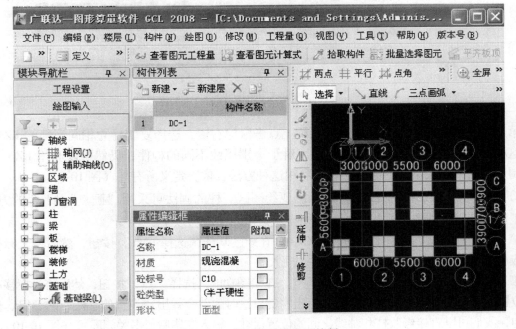

图 10-7　独立基础及垫层绘制

（5）柱的定义与绘制

1）柱定义

第一步：在模块导航栏中，选择"柱"构件，在构件列表中点击［新建］菜单下选择"新建矩形柱"建立一个 KZ-1。

第二步：输入如下属性值，名称为：KZ1 400×400 C30，类别为：框架柱，材质：现浇混凝土，截面宽度 400，截面高度 400，点击构件量表，查询匹配定额，双击选定定额，套定额，单个柱定义完成，如下图所示（图 10-8）。

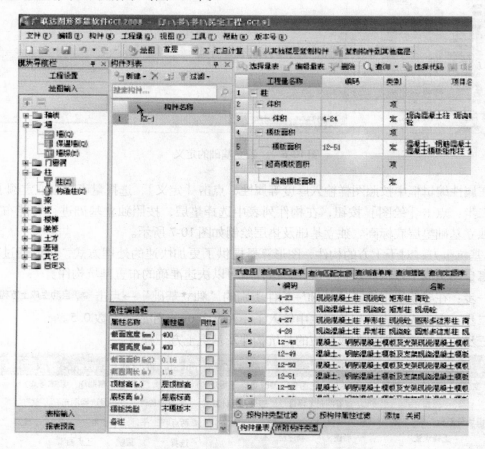

图 10-8　柱的定义 1

第三步：在构件列表中 KZ－1 的名称上点击鼠标右键，选择复制建立相同属性的 KZ－2，利用这种方法快速建立相同属性的构件。对于个别属性不同的构件，仍然可以利用 KZ－1 进行复制，然后只修改不同的截面信息。利用这种方法，依次定义所有柱（图 10-9）。

2）柱绘制。点工具栏 绘图 项，出现绘图区。柱的画法可采用"画点" 点 的方法，按施工图的位置将柱点击到相应的轴线交点上点击左键就可以了。

第一步：在左侧构件列表中选择 KZ－4，在绘图功能区选择"点"按钮，然后将光标移动到相应位置，直接点击左键即可将 KZ－4 画入。

第二步：在左侧构件列表中选择 KZ－1，在绘图功能区选择"点"按钮，然后将光标移动到相应位置，按柱键盘上的 Ctrl 键，同时点击左键，这时软件会弹出"设置偏心柱"的窗口，在此窗口中，我们可以直接修改柱和轴线之间的位置尺寸，输入完毕后点击关闭即可（图 10-10），利用上述两种方法，依次将首层中所有的框架柱全部画入。

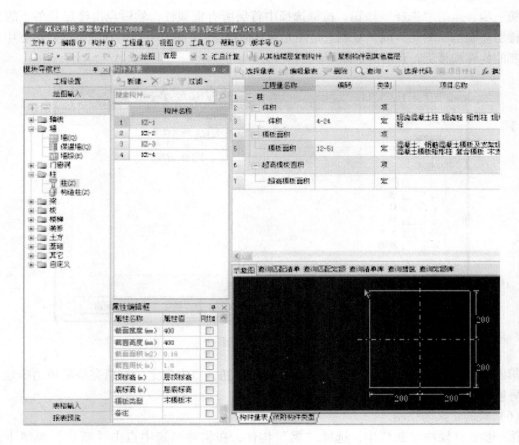

图 10-9　柱的定义 2

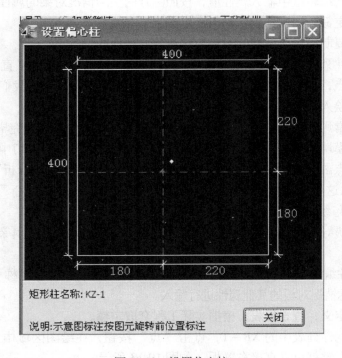

图 10-10　设置偏心柱

第三步：点击"选择"按钮，拉框选择中首层所有框架柱，然后点击楼层菜单下的"从其他楼层复制构件图元"或"复制选定图元到其他楼层"（图 10-11），在弹出的对话框中勾选要复制的构件和楼层，点击确定即可。

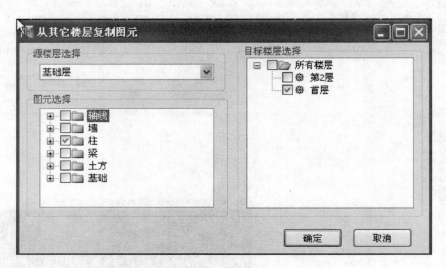

图 10-11　复制图元

第四步：点击常用工具栏中的"汇总计算"按钮，点击确定，汇总完毕后单击确定，在模块导航栏中切换报表预览界面，查看工程量。

（6）梁的定义与绘制

第一步：在模块导航栏中，选择"梁"构件，在构件列表中点击［新建］菜单下选择"新建矩形梁"建立一个 KL－1。

第二步：在属性编辑框中输入属性值，按照图样的实际情况对梁的属性进行定义，点击构件量表，查询匹配定额，双击选定定额，套定额。

第三步：使用复制后修改截面的方法来快速建立其他的梁。

第四步：在构件列表中选择梁（如 KL－1），点击"绘图"，点击"直线"按钮，鼠标左键点击相应轴线交点，点击右键，KL－1 就绘制完成。利用这种方法，我们可以将该层图样中的其他框架梁全部绘入（如图 10-12 所示）。

第五步：点击常用工具栏中的"汇总计算"按钮，点击确定，汇总完毕后击确定。

第六步：点击模块导航栏中报表预览，在弹出的设定报表范围的窗口中选择楼层，选择完毕后点击确定，在点击弹出的提示框中的确定。点击左侧"做法汇总分析"下的"构件工程量统计表"，可以从这里查看到梁的总量。

（7）板的定义与绘制。

第一步：在模块导航栏中点击"现浇板"构件，在构件列表中点击［新建］，选择"新建现浇板"。

第二步：在属性编辑框中，可以根据图样来定义板的名称，比如板名称可以定义为 XB－1，然后根据图样的实际情况对板的其他属性进行输入。

第三步：点击定义，查看量表，根据实际工程套取定额。

第四步：点击构件列表中的 XB－1，点击"点"按钮，在绘图区域中梁和梁围成的封闭区域内，点击鼠标左键就可以直接布置板（如图 10-13 所示）。

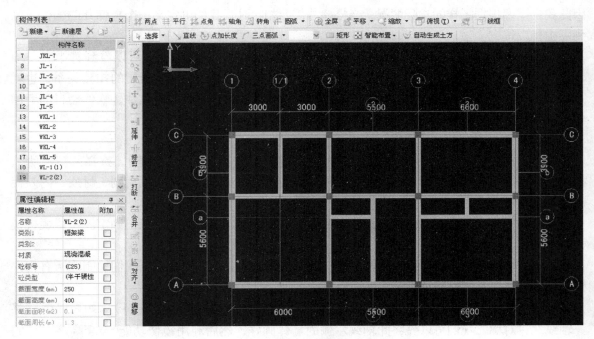

图 10-12　梁绘制

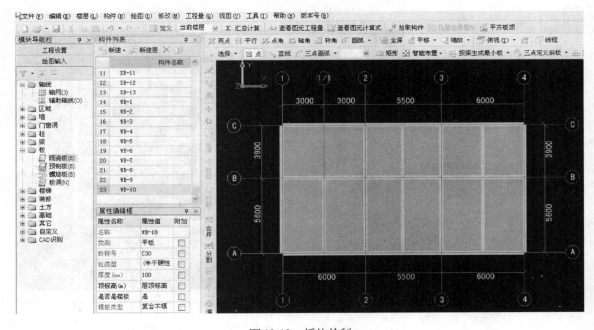

图 10-13　板的绘制

（8）楼梯的定义与绘制：

第一步：在模块导航栏中点击"楼梯"构件，在构件列表中点击［新建］，选择"新建楼梯"。在属性编辑框中输入属性值，按照图样的实际情况对楼梯的属性进行定义，点击构件量表，查询匹配定额，双击选定定额，套定额。

第二步：用画直线或画矩形的功能将楼梯所占范围画入即可。画楼梯与画板是一样的，需要注意的是在有些定额规则中规定，楼梯井大于一定宽度时，需要在楼梯的投影面积中扣掉，因此我们需要根据图样的实际情况，当楼梯井需要扣除时，我们再定义一个楼梯井的构件，画到图中相应位置。

第三步：点击"工程设置"下的计算规则，查看楼梯的计算规则，可以看到其中有一项是楼梯水平投影面积和楼梯井水平投影面积的扣减，后面显示了软件中设置的扣减关系，也就是说，如果遇到楼梯井需要扣除的情况，只需要把楼梯和楼梯井都画入软件，软件会自动考虑他们的扣减关系。

（9）墙的定义与绘制：

第一步：在模块导航栏中点击"墙"构件，在构件列表中点击［新建］，选择"新建墙"。按照图样在属性编辑框中输入墙的属性，软件的扣减和做法的套取是依据类别、材质、内外标志属性值自动考虑的，因此这三个属性值一定要按照图样准确填写。

第二步：点击定义，点击选择量表，在弹出的窗口中勾选砌块墙，点击确定。将量表替换为砌块墙量表。

第三步：选择菜单栏中构件，所有构件自动套用做法，软件便会根据我们绘制的所有构件柱梁板墙的量表及属性自动套取定额。

第四步：点击绘图，用直线画法将一层平面图中的墙绘制好（图10-14）。如果墙体以某一轴线左右对称，我们可以先将此轴线左侧的墙体画好，然后利用镜像功能 镜像 将左侧的墙体镜像到右侧。

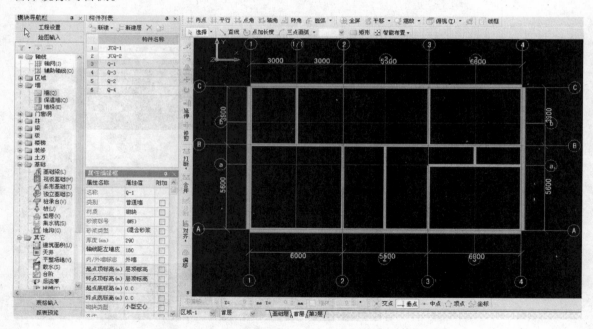

图10-14　墙的绘制

第五步：点击常用工具栏中的汇总计算按钮，点击确定，汇总完毕后点击确定，在模块导航栏中切换报表预览界面，在弹出的设定报表范围的提示中选择首层所有构件，点击确定，弹出的提示点击确定，点击左侧做法汇总分析下的构件做法汇总表，看到安装我们量表和构件属性自动汇总出的做法工程量。

另外，对于在寒冷的地区出现的保温墙，可以使用保温墙的构件来处理，也可以使用墙的构件另加保温层来处理。

（10）门窗及过梁的定义与绘制：

第一步：在模块导航栏中点击"门"构件，在构件列表中点击［新建］，选择"新建矩形门"。按照图样在属性编辑框中输入门的名称、洞口宽度、洞口高度等属性，点击定义，查看量表，根据图样套取相应定额子目。

第二步：依照相同的定义方法将所有窗进行定义，在定义窗的时候，需要注意窗还需要按照图样说明输入离地高度。

第三步：点击绘图，在构件列表中选择 M-1，点击点，安装图样一层平面图 M-1 的位置，将光标放在 M-1 所在的墙上，可以看到软件中自动显示门距左右墙端得距离，按一下键盘左侧的 Tab 键，输入 M-1，距墙左侧端头的距离，回车后完成门的绘制。窗的绘制也是相同的（图 10-15）。

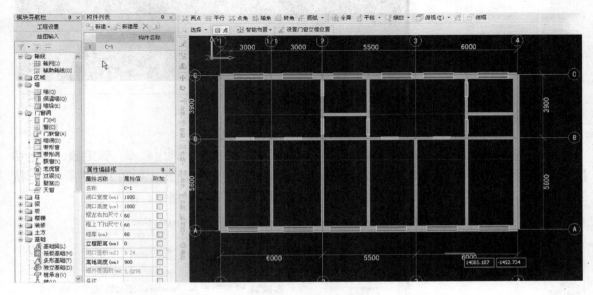

图 10-15　窗的绘制

第四步：在模块导航栏中点击"过梁"构件，在构件列表中点击［新建］，选择"新建矩形过梁"。按照图样在属性编辑框中输入过梁的名称、材质、混凝土类型、混凝土标号、截面高度、位置，根据计算规则输入过梁的起点伸入墙内长度。点击定义，查看量表，选择相应定额子目，完成过梁的定义。

第五步：点击绘图，在构件列表中选择 GL-1，点击"点"，按照图样直接点画到门窗上（图 10-16）。

第六步：布置过梁的快捷方法：点开智能布置，选择按门窗洞口布置，在弹出的框中只勾选门、窗、墙洞，输入大于等于 900，点击确定，完成过梁的自动布置。

第七步：选择工具条上的动态观察器，把光标放在绘图区，按下鼠标左键不放向上推动，可以看到三维立体图，查看门窗过梁的立面位置关系。

第八步：点击俯视，把显示状态转换为平面，再点击线框，此时就可以看到门窗的立樘位置。

（11）内装修的定义与绘制：

第一步：点击软件左侧模块导航栏中的楼地面，点击构件列表中的新建－新建楼地面，按照图样中的装修表在属性编辑框中进行编辑。

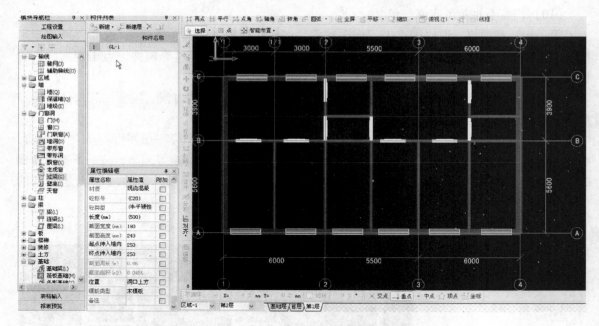

图 10-16　过梁的绘制

第二步：点击定义，点击选择量表进行选择之后确定，点击查询定额库，查定额，点击切换定额库的下拉箭头可切换定额，按照图样选择定额，双击加入量表（如图 10-17 所示）。按照相同的定义方法和定额套取的方法将所有的楼地面、踢脚、墙面墙裙、顶棚完成。

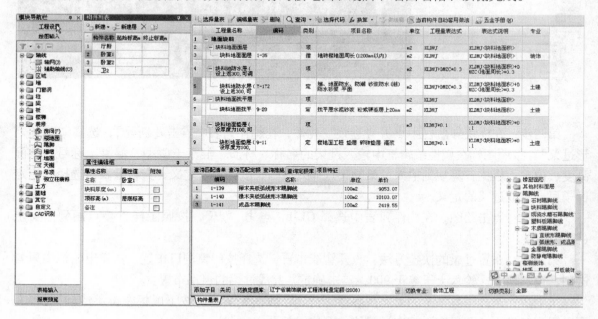

图 10-17　内装修的定义

第三步：点击导航栏中的房间，新建 – 新建房间 – 命名 – 选择与之匹配的楼地面、顶棚、墙面等。

第四步：点击绘图，选择房间，"点"绘到相应位置。

（12）外装修：点击导航栏中的墙面，新建 – 新建墙面 – 命名，输入工程信息，套定额，绘图选择点画，完成外墙面的绘制。

（13）室外部分构件的处理：

1）屋面：点击导航栏中的屋面，点击新建新建屋面，点击定义，查看量表套取做法；点击绘图，点击智能布置下的现浇板，完成屋面布置。

2）台阶：切换到首页，点击台阶，在构件列表中新建台阶，输入台阶各项属性，点击定义，查看量表，套取相应做法；点击绘图，点击绘图功能区中的矩形，打开动态输入，画台阶；点击设置台阶踏步边，点击起始踏步边，输入踏步宽度，确定。

3）散水：点击散水，在构件列表中新建散水，输入散水各项属性，点击定义，查看量表，套取相应做法；点击绘图，点击智能布置，选择外墙外边线，输入散水宽度，确定。

4）平整场地：点击平整场地，在构件列表中新建平整场地，输入平整场地的属性，点击定义，查看量表，套取相应做法；点击"点"绘图，点击在建筑图形内，确定。

5）建筑面积：点击建筑面积，在构件列表中新建建筑面积，输入建筑面积的属性，点击定义，查看量表，套取相应做法；点击"点"绘图，点击在建筑图形内，确定。

（14）汇总计算：点击"汇总计算"，到"报表预览"中查看计算结果，导入工程量清单计价软件（GBQ），稍作调整，计算工程造价。计算结果见附表1。

2. 钢筋计算

广联达 GGJ 软件综合考虑了平法系列图集、结构设计规范、施工验收规范以及常见的钢筋施工工艺，能够满足不同的钢筋计算要求，计算工程的钢筋总量或者不同结构类型、不同楼层、不同构件的钢筋明细量。在使用中一般按照先绘制和计算主体结构，在计算零星构件的顺序。操作顺序同 GCL 算量软件：建工程 – 建楼层 – 建轴网 – 画图输入钢筋（定义构件、画图）– 汇总查看结果。

（1）工程的建立

1）建立工程：依照"向导"提示输入内容，输入工程名称，选择计算规则，确定汇总方式，一般预算使用"按外皮计算钢筋长度"，而施工现场下料选用"按中轴线计算钢筋长度"（见图10-18）。

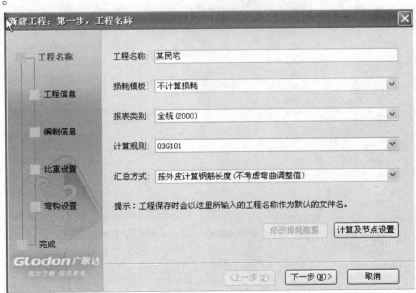

图 10-18　新建工程

2）工程设置：点击"下一步"进入"工程信息"界面，工程信息中的结构类型、设防烈度、檐高等将影响搭接、锚固等数值，需要根据实际工程情况输入，这些数据将对计算结果产生影响（见图 10-19）。

点击"下一步"，进入"编辑信息"界面，根据实际工程情况填写相应内容，报表汇总时，会链接到报表中，对钢筋量的计算没有影响（见图 10-20）。

点击"下一步"，进入"比重设置"界面，设置钢筋比重（线密度），软件默认 A 表示 HPB235 型钢筋，默认 B 表示 HPB335 型钢筋，默认 C 表示 HPB400 型钢筋，默认 D 表示 RRB400 型钢筋（见图 10-21）。

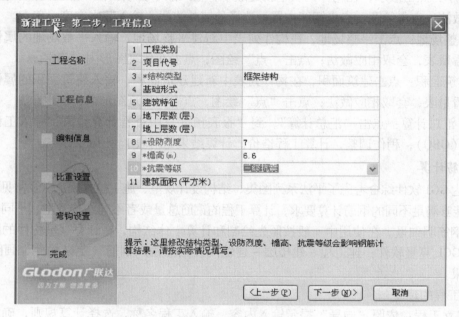

图 10-19　工程信息

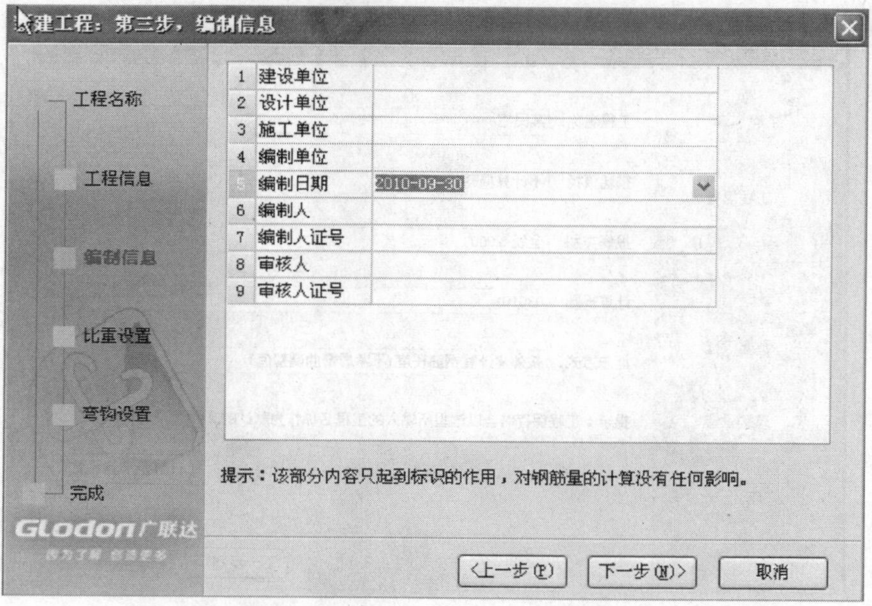

图 10-20　编制信息

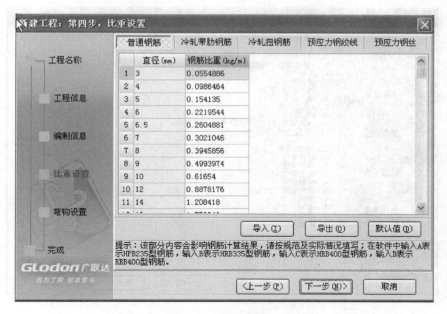

图 10-21　比重（线密度）设置

点击"下一步"，进入"弯钩设置"界面，根据需要对钢筋的弯钩进行设置，选择按构件还是按工程的抗震等级选择箍筋弯钩平直段的计算长度（见图 10-22）。

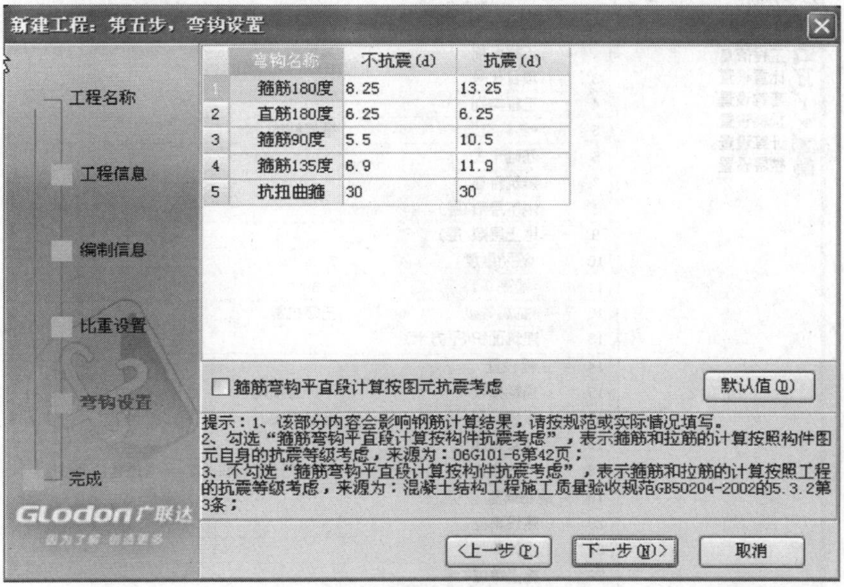

图 10-22　弯钩设置

点击"下一步"，进入"完成"界面，点击"完成"，复核修改工程信息（见图 10-23）。

3）计算设置：进入（图 10-24）界面后，模块导航栏共有四个选项，工程设置、绘图输入、单构件输入、报表预览，在工程设置中共有六个设置选项对工程中将要用到的参数进行设置，工程信息、比重（线密度）设置、弯钩设置已设置完成，在此界面可以进行修改，损耗设置一般不用修改，计算设置部分，软件中默认的都是常用做法，实际工程中可以根据实际情况进行修改。

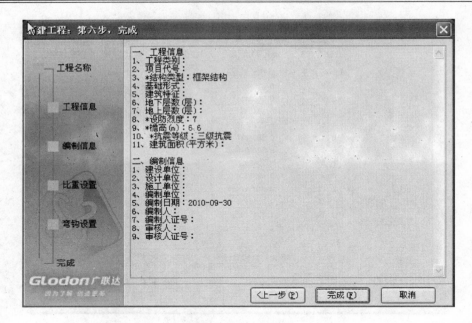

图 10-23   完成界面

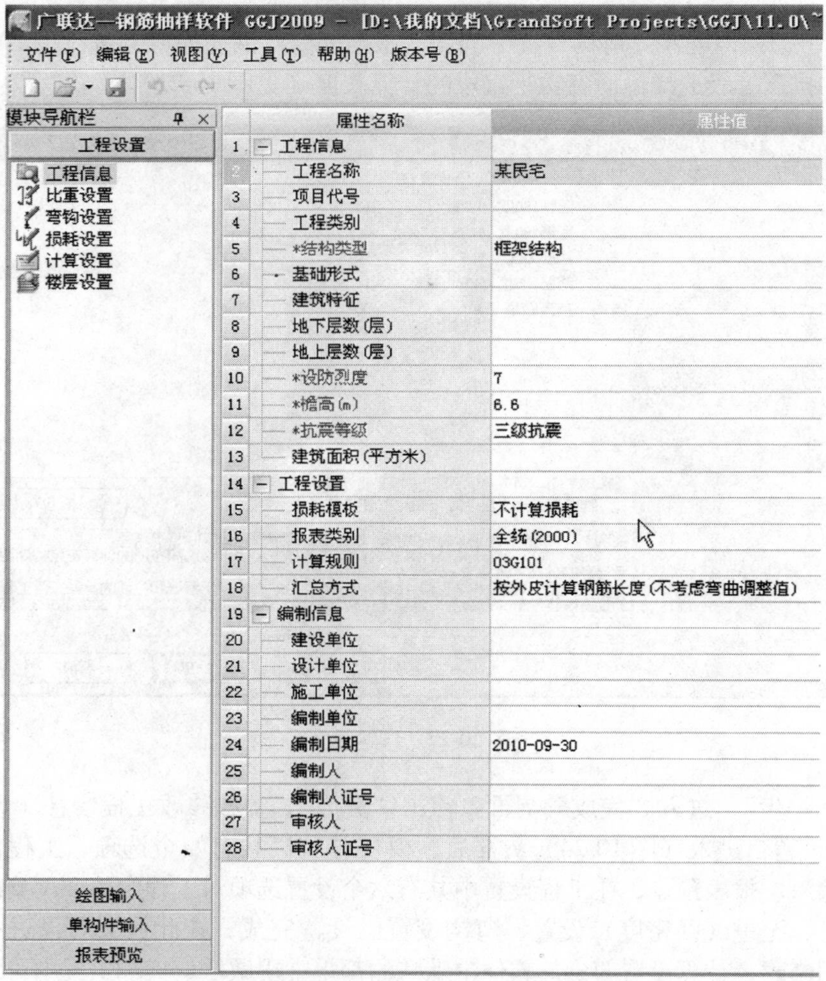

图   10-24

计算设置部分的内容，是软件内置的规范和图集的显示和设置，包括各类构件计算工程中所用到的参数的设置，直接影响钢筋的计算结果，软件中默认的都是规范中规定的数值和工程中最常用的数值，按照图集设计的工程，一般不需要进行调整，有特殊需要的按照施工说明和施工图对具体项目进行调整（见图 10-25）。

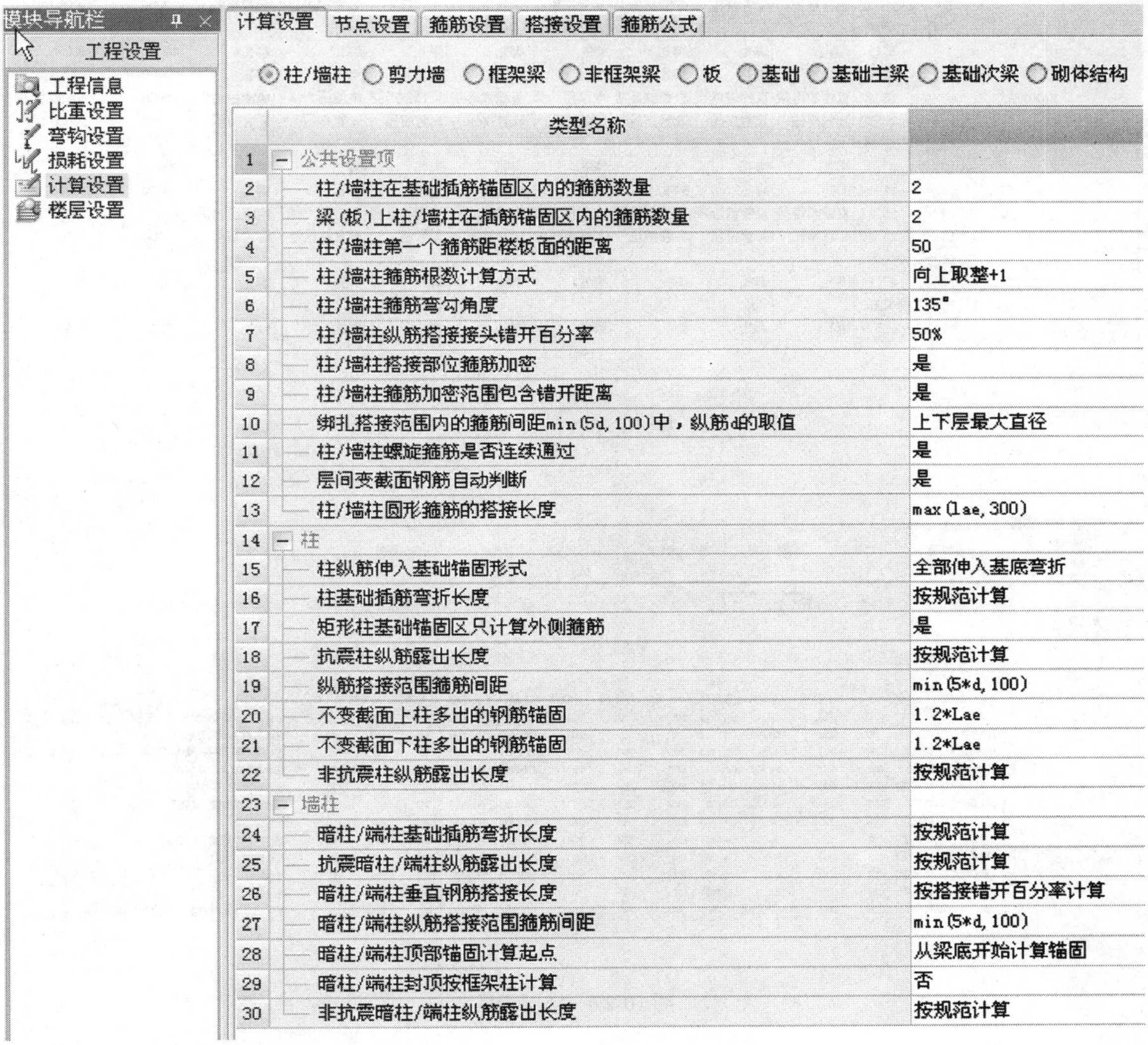
模块导航栏
工程设置
工程信息
比重设置
弯钩设置
损耗设置
计算设置
楼层设置
计算设置
节点设置
箍筋设置
搭接设置
箍筋公式
柱/墙柱
剪力墙
框架梁
非框架梁
板
基础
基础主梁
基础次梁
砌体结构
类型名称
1 公共设置项
2 柱/墙柱在基础插筋锚固区内的箍筋数量 2
3 梁(板)上柱/墙柱在插筋锚固区内的箍筋数量 2
4 柱/墙柱第一个箍筋距楼板面的距离 50
5 柱/墙柱箍筋根数计算方式 向上取整+1
6 柱/墙柱箍筋弯勾角度 135°
7 柱/墙柱纵筋搭接接头错开百分率 50%
8 柱/墙柱搭接部位箍筋加密 是
9 柱/墙柱箍筋加密范围包含错开距离 是
10 绑扎搭接范围内的箍筋间距min(5d,100)中，纵筋d的取值 上下层最大直径
11 柱/墙柱螺旋箍筋是否连续通过 是
12 层间变截面钢筋自动判断 是
13 柱/墙柱圆形箍筋的搭接长度 max(lae,300)
14 柱
15 柱纵筋伸入基础锚固形式 全部伸入基底弯折
16 柱基础插筋弯折长度 按规范计算
17 矩形柱基础锚固区只计算外侧箍筋 是
18 抗震柱纵筋露出长度 按规范计算
19 纵筋搭接范围箍筋间距 min(5*d,100)
20 不变截面上柱多出的钢筋锚固 1.2*Lae
21 不变截面下柱多出的钢筋锚固 1.2*Lae
22 非抗震柱纵筋露出长度 按规范计算
23 墙柱
24 暗柱/端柱基础插筋弯折长度 按规范计算
25 抗震暗柱/端柱纵筋露出长度 按规范计算
26 暗柱/端柱垂直钢筋搭接长度 按搭接错开百分率计算
27 暗柱/端柱纵筋搭接范围箍筋间距 min(5*d,100)
28 暗柱/端柱顶部锚固计算起点 从梁底开始计算锚固
29 暗柱/端柱封顶按框架柱计算 否
30 非抗震暗柱/端柱纵筋露出长度 按规范计算

图 10-25　计算设置

计算设置中的搭接设置一般根据设计需要调整连接方式（见图 10-26）。

4）建楼层：调整完计算设置，进入楼层设置界面。主要包含两方面内容，建立楼层，输入层高的信息；根据施工图确定某层“楼层缺省钢筋设置”中的抗震等级、混凝土标号、锚固和搭接、保护层厚度（见图 10-27）。

（2）建立轴网：楼层建立完毕后切换到模块导航栏的“绘图输入”界面，进行绘图建模和计算。同 GCL 图形软件相同，定义轴网并绘制（见图 10-28）。

计算设置　节点设置　箍筋设置　搭接设置　箍筋公式

	钢筋直径范围	连接形式								墙柱垂直筋定尺	其余钢筋定尺
		基础	框架梁	非框架梁	柱	板	墙水平筋	墙垂直筋	其它		
1	− 一级钢										
2	3~10	绑扎	绑扎	绑扎	绑扎	绑扎	绑扎	绑扎	绑扎	8000	8000
3	12~14	绑扎	绑扎	绑扎	绑扎	绑扎	绑扎	绑扎	绑扎	10000	10000
4	16~22	直螺纹连接	直螺纹连接	直螺纹连接	电渣压力焊	直螺纹连接	直螺纹连接	电渣压力焊	电渣压力焊	10000	10000
5	25~32	套管挤压	套管挤压	套管挤压	套管挤压	套管挤压	套管挤压	套管挤压	套管挤压	10000	10000
6	− 二级钢										
7	3~11	绑扎	绑扎	绑扎	绑扎	绑扎	绑扎	绑扎	绑扎	8000	10000
8	12~14	绑扎	绑扎	绑扎	绑扎	绑扎	绑扎	绑扎	绑扎	10000	10000
9	16~22	直螺纹连接	直螺纹连接	直螺纹连接	电渣压力焊	直螺纹连接	直螺纹连接	电渣压力焊	电渣压力焊	10000	10000
10	25~50	套管挤压	套管挤压	套管挤压	套管挤压	套管挤压	套管挤压	套管挤压	套管挤压	10000	10000
11	− 三级钢										
12	3~10	绑扎	绑扎	绑扎	绑扎	绑扎	绑扎	绑扎	绑扎	8000	8000
13	12~14	绑扎	绑扎	绑扎	绑扎	绑扎	绑扎	绑扎	绑扎	10000	10000
14	16~22	直螺纹连接	直螺纹连接	直螺纹连接	电渣压力焊	直螺纹连接	直螺纹连接	电渣压力焊	电渣压力焊	10000	10000
15	25~50	套管挤压	套管挤压	套管挤压	套管挤压	套管挤压	套管挤压	套管挤压	套管挤压	10000	10000
16	− 冷轧带										
17	4~12	绑扎	绑扎	绑扎	绑扎	绑扎	绑扎	绑扎	绑扎	8000	8000
18	− 冷轧扭										
19	6.5~1	绑扎	绑扎	绑扎	绑扎	绑扎	绑扎	绑扎	绑扎	8000	8000

图 10-26　搭接设置

插入楼层　删除楼层　上移　下移

	编码	楼层名称	层高(m)	首层	底标高(m)	相同层数	板厚(mm)	建筑面积(m2)	备注
1	2	第2层	3.3	☐	3.25	1	120		
2	1	首层	3.3	☑	-0.05	1	120		
3	0	基础层	1.7	☐	-1.75	1	500		

楼层缺省钢筋设置(基础层, -1.75m~-0.05m)

	抗震等级	砼标号	锚固					搭接					保护层厚度(mm)	备注
			一级钢	二级钢	三级钢	冷轧带肋	冷轧扭	一级钢	二级钢	三级钢	冷轧带肋	冷轧扭		
基础	(三级抗震)	C30	(25)	(31/34)	(37/41)	(32)	(35)	(30)	(36/41)	(45/50)	(39)	(42)	40	包含所有的基础构件, 不含基础梁
基础梁	(三级抗震)	C30	(25)	(31/34)	(37/41)	(32)	(35)	(30)	(38/41)	(45/50)	(39)	(42)	40	包含基础主梁和基础次梁
框架梁	(三级抗震)	C30	(24)	(31/34)	(37/41)	(32)	(35)	(29)	(38/41)	(45/50)	(39)	(42)	25	包含楼层框架梁、屋面框架梁、框支梁、地框梁、基础
非框架梁	(非抗震)	C30	(24)	(30/33)	(36/39)	(30)	(35)	(29)	(36/40)	(44/47)	(36)	(42)	25	包含非框架梁、井字梁
柱	(三级抗震)	C35	(23)	(29/31)	(34/38)	(30)	(35)	(33)	(41/44)	(48/54)	(42)	(49)	30	包含框架柱、框支柱
现浇板	(非抗震)	C30	(24)	(30/33)	(36/39)	(30)	(35)	(29)	(36/40)	(44/47)	(36)	(42)	15	包含现浇板、螺旋板、柱帽
剪力墙	(三级抗震)	C35	(23)	(29/31)	(34/38)	(30)	(35)	(28)	(35/38)	(41/46)	(36)	(42)	15	仅包含墙身
墙梁	(三级抗震)	C35	(23)	(29/31)	(34/38)	(30)	(35)	(28)	(35/38)	(41/46)	(36)	(42)	15	包含连梁、暗梁、边框梁
墙柱	(三级抗震)	C35	(23)	(29/31)	(34/38)	(30)	(35)	(33)	(41/44)	(48/54)	(42)	(49)	30	包含暗柱、端柱
圈梁	(三级抗震)	C25	(28)	(35/39)	(42/46)	(37)	(40)	(40)	(49/55)	(59/65)	(52)	(56)	15	包含圈梁、过梁
构造柱	(三级抗震)	C25	(26)	(35/39)	(42/46)	(37)	(40)	(40)	(49/55)	(59/65)	(52)	(56)	15	构造柱
其它	(非抗震)	C15	(37)	(47/52)	(47/52)	(40)	(45)	(45)	(57/63)	(57/63)	(48)	(54)	15	包含除以上构件类型之外的所有构件类型

图 10-27　楼层设置

（3）基础构件的定义和绘制：轴网定义和绘制完成后，开始绘制主体结构。按个人习惯顺序，完成所有构件的定义和绘制。现以附图的施工图为例，从下至上定义构件的顺序介绍一下软件的应用。

独立基础的定义和绘制，在导航栏中选择"基础"，"独立基础"，点击"定义"按钮进入

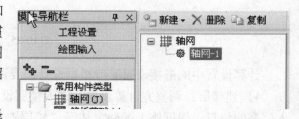

图 10-28　绘图输入

定义界面，点击"新建"，选择"新建独立基础"，新建 DJ - 1，"新建矩形基础单元"，在"属性编辑"中输入独基的信息（见图10-29）。

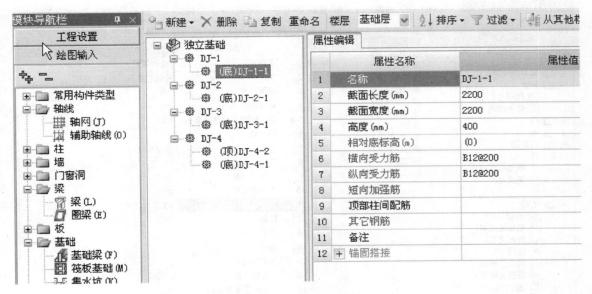

图 10-29　定义独立基础

点击"绘图"切换到绘图界面，绘图（见图 10-30）。

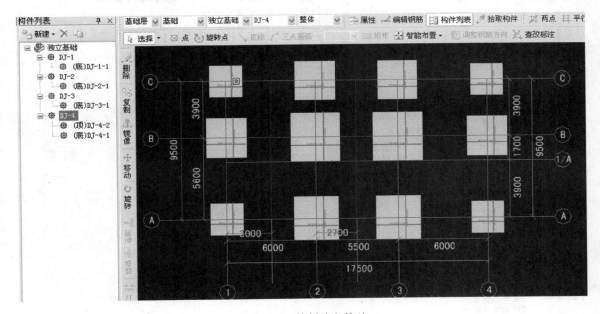

图 10-30　绘制独立基础

基础梁的定义和绘制，选择"基础梁"，新建基础梁，选择"新建矩形基础梁"，新建 JKL－1，在编辑属性中输入基础梁的信息（见图 10-31）。

定义完成后，切换到绘图界面，绘制基础梁，一般采用"直线"。然后进行原位标注（在框架梁画法中详细介绍），输入完毕后，基础梁绘制成功。

（4）柱构件的定义和绘制：进入框架柱的定义界面后，点击"新建"，选择"新建矩形柱"，新建 KZ－1，在"属性编辑"中输入柱的属性信息（见图 10-32），按提示输入信息（软件中箍筋输入可以用"－"代替"@"，方便操作）。

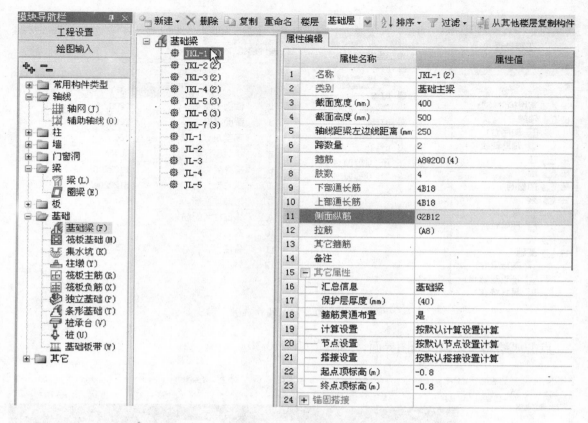

图 10-31　定义基础梁

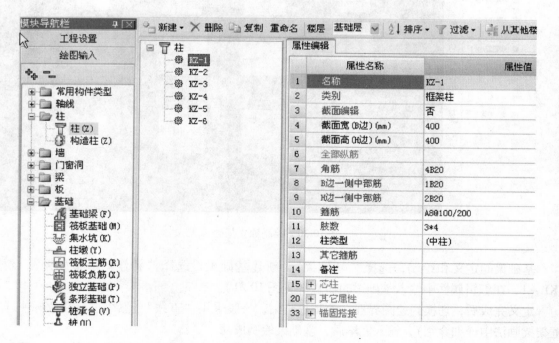

图 10-32　定义柱

框架柱定义完毕后，点击"绘图"切换到绘图界面，绘图（见图 10-33）。

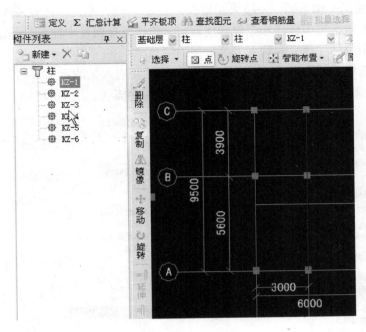

图 10-33　绘制柱

　　其他楼层有相同或相似的构件，可以进入目标层，在"楼层"中选择"从其他楼层复制构件图元"，来复制构件，简化输入（见图 10-34）。

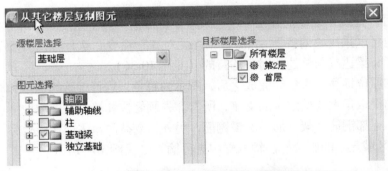

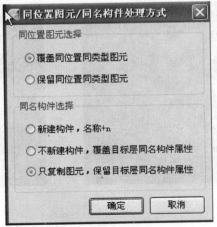

图 10-34　复制构件

（5）梁构件的定义和绘制：一般采用定义－绘制－输入原位标注（提取梁跨）的顺序进行，梁的标注信息包括集中标注和原位标注，定义构件时在属性中输入梁的集中标注信息，绘制完毕后，通过原位标注信息的输入来确定梁的信息。

在导航栏中选择"梁"构件组下面的"梁"构件，进入梁的定义界面，新建矩形梁 KL－1，根据图样中的集中标注，输入属性编辑器中各属性的值（见图10-35）。

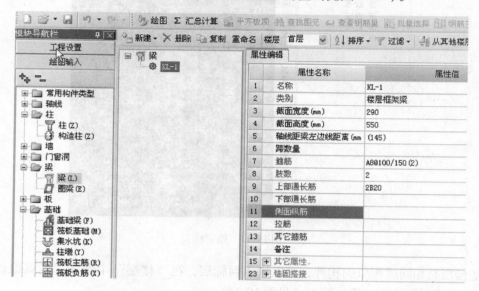

图10-35　定义梁

梁可以采用"直线"绘制的方法，中心线不在轴线上，除了采用"shift＋左键"的方法偏移绘制之外，也可以采用"对齐"功能，"单图元对齐"命令：选择柱对齐侧边线，再选梁侧边线，就实现了将梁边线与柱边线对齐的目的（见图10-36）。

提取梁跨和原位标注，梁绘制完成之后，图示为粉色，进行梁跨的提取和原位标注后梁变为绿色。梁跨的提取是主要确定梁的支座，所有需先画好柱和墙。梁的原位标注主要有：支座钢筋、跨中筋、下部钢筋、架立筋、次梁钢筋，另外，变截面也需要在原位标注中输入。

1）在绘图区域显示的原位标注输入框中进行输入（见图10-37）。

图10-36　梁的直线绘制

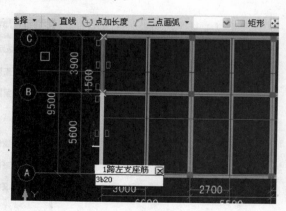

图10-37　梁的原位标注

2）在"梁平法表格"中输入（见图10-38）。

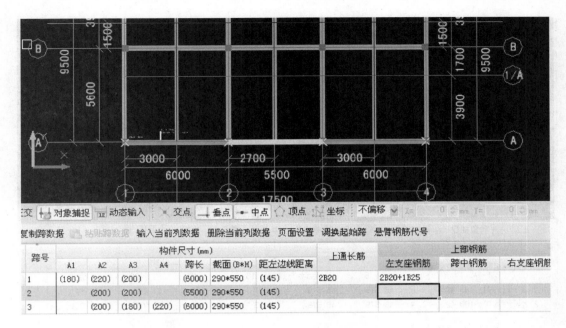

图 10-38　梁平法表格中输入

查看计算结果，选择"汇总计算"算量后，可通过"编辑钢筋"查看每根钢筋的详细信息（见图 10-39）。

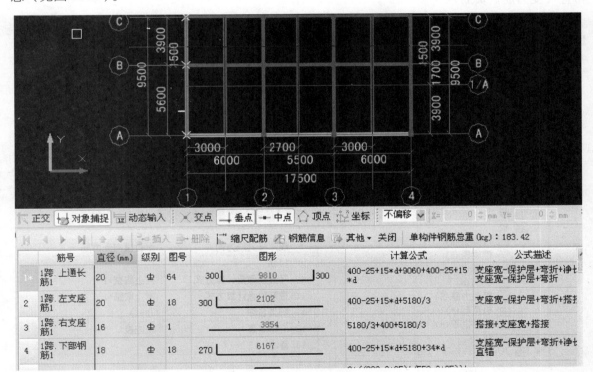

图 10-39　查看钢筋详细信息

通过"查看钢筋量"来查看计算结果（见图 10-40）。

可以应用同名梁、梁跨数据复制、梁原位标注复制。

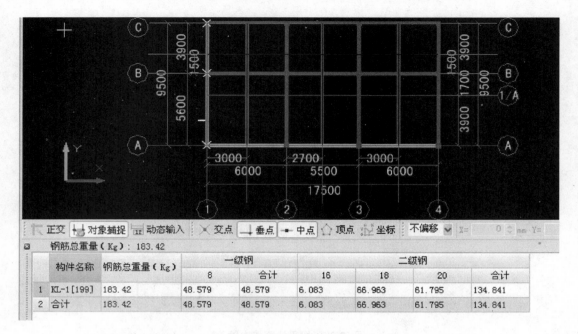

图 10-40　查看钢筋计算结果

（6）板构件的建模和钢筋计算：板构件的建模和钢筋计算分为板的定义和绘制，钢筋的布置（受力筋、负筋）。

在导航栏中选择"板"构件组下面的"板"构件，进入板的定义界面，新建 B-1，根据图样属性编辑器中各属性的值，注意马凳筋根据实际情况输入（见图 10-41）。

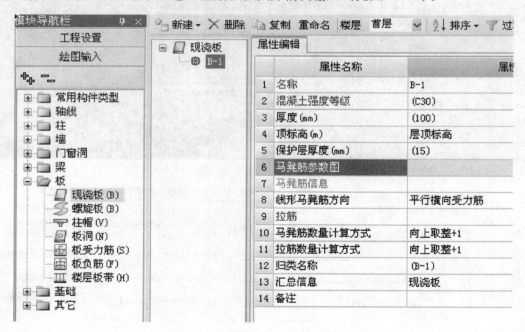

图 10-41　板构件建模和钢筋计算

绘图时可采用"点"、"线"、"矩形"等方法。

板受力筋的定义和绘制：进入定义界面，根据提示输入信息（见图 10-42）。

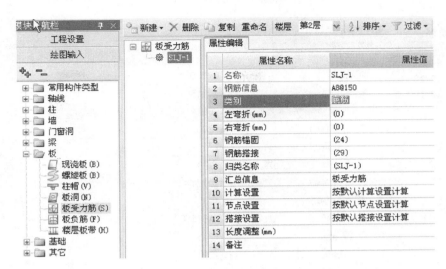

图 10-42　板受力筋的定义

布置板的受力筋，按照板的布置范围，有"单板""多板"和"自定义"范围布置，按照钢筋方向，有"水平""垂直""xy 方向"布置，以及"其他方式"（见图 10-43）。

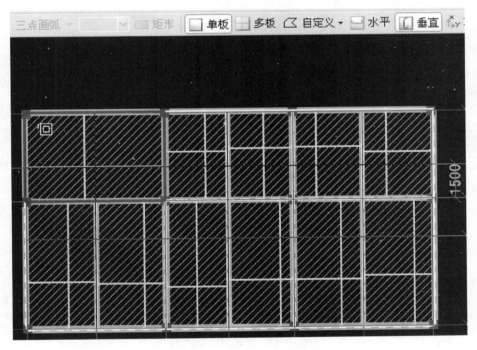

图 10-43　板受力筋的布置

负筋的定义和绘制，进入定义界面，根据提示输入信息（见图 10-44）。

实际工程中相同直径和间距（例如 A8@200）负筋的很多，不同的只是左右标注，可以定义一个名称，在绘制过程中根据实际采用原位标注的方法调整。

绘制时可选用"按墙布置""按梁布置""画线布置"等。

（7）其他构件钢筋的输入

1）砌体加筋：新建 – 选择参数图 – 输入截面参数 – 输入钢筋信息 – 计算设置 – 绘制。

	属性名称	属性值	附加
1	名称	8-150	
2	钢筋信息	A8@150	□
3	左标注(mm)	900	□
4	右标注(mm)	1200	□
5	马凳筋排数	1/1	□
6	非单边标注含支座宽	(是)	□
7	左弯折(mm)	(0)	□
8	右弯折(mm)	(0)	□
9	分布钢筋	(A6@250)	□
10	钢筋锚固	(24)	
11	钢筋搭接	(29)	
12	归类名称	(8-150)	□
13	计算设置	按默认计算设置计算	
14	节点设置	按默认节点设置计算	
15	搭接设置	按默认搭接设置计算	
16	汇总信息	板负筋	□
17	备注		□

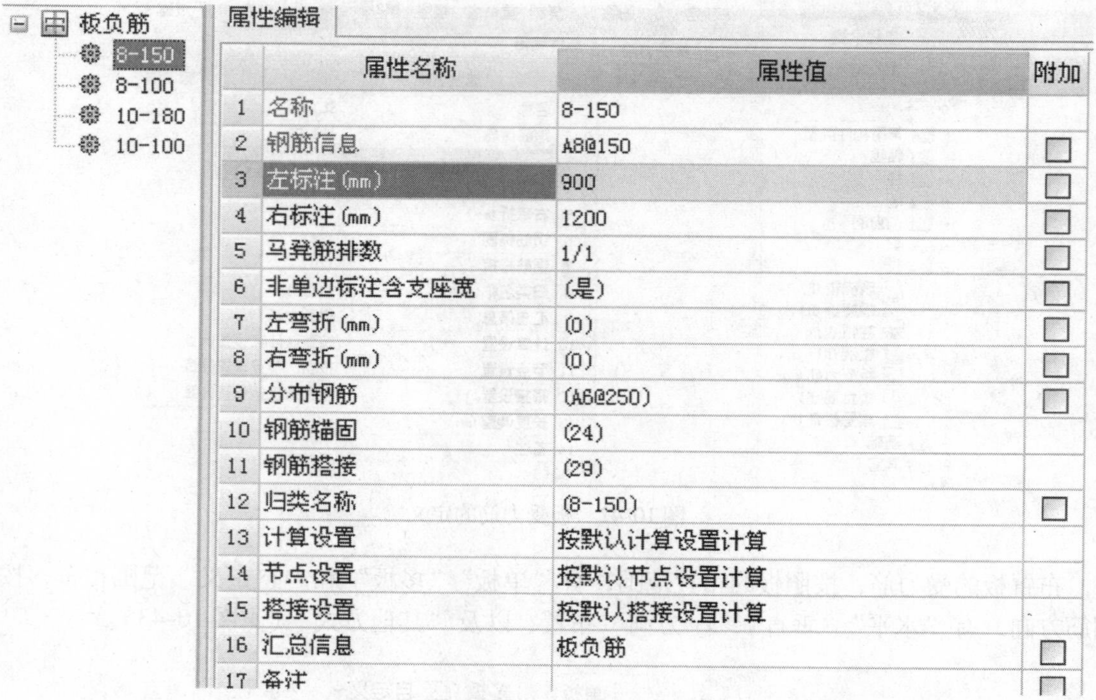

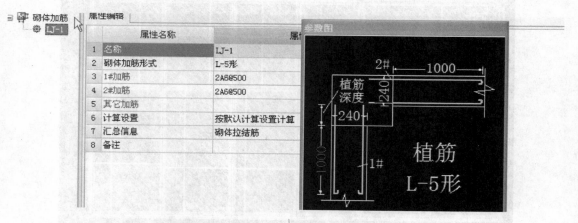

图 10-44　板负筋的定义

在“砌体加筋”定义界面，新建砌体加筋，选择参数图形，输入构造信息，计算参数设置，绘制（见图 10-45）。

	属性名称	属性值
1	名称	LJ-1
2	砌体加筋形式	L-5形
3	1#加筋	2A6@500
4	2#加筋	2A6@500
5	其它加筋	
6	计算设置	按默认计算设置计算
7	汇总信息	砌体拉结筋
8	备注	

图 10-45　砌体加筋的定义

2）过梁：在“过梁”定义界面新建过梁，输入过梁信息，截面宽度在绘制到墙上时自动取墙厚。选择要布置过梁的门窗洞口，采用“点”的方法布置。

3）楼梯：软件输入有两种方式，“绘图输入”“单构件输入”，在绘图输入不方便是，可以采用单构件输入。在导航栏中切换到“单构件输入”，点击“构件管理”选择“楼梯”构件，点击“添加构件”，添加 LT-1，确定（见图 10-46）。

新建构件后，选择工具栏上的“参数输入”，进入“参数输入法”界面，点击“选择图集”，选择相应的楼梯类型，按需要输入楼梯信息（见图 10-47）。

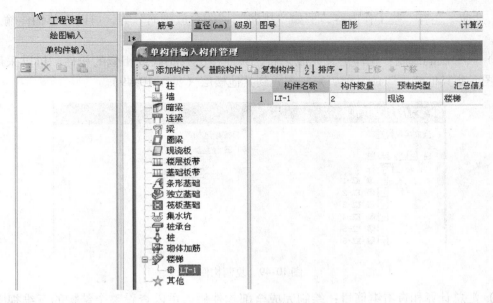

图 10-46　楼梯输入

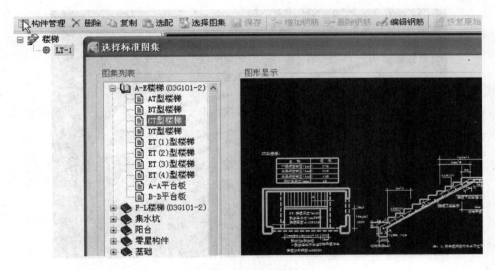

图 10-47　楼梯参数输入

输入完毕后，计算退出（见图 10-48）。

	筋号	直径(mm)	级别	图号	图形	计算公式
1	下梯梁端上部纵筋	10	Φ	101		3500/4*1.144+270+120-2*15+6.25*d
2	梯板下部纵筋1	10	Φ	31		3788+12.5*d
3	上梯梁端上部纵筋	10	Φ	256		617.76+638+150+90+6.25*d
4	梯板下部纵筋2	10	Φ	31		920+12.5*d
5	梯板分布筋	8	Φ	3	1170	1170+12.5*d
6						

图 10-48　楼梯参数输入结果显示

4）其他。还有一些工作内容，例如"挑檐"、"阳台放脚筋"等，可以在单构件输入中直接输入。

（8）其他层的绘制：构件定义完成之后，其他楼层有相同或相似的构件，可以采用"复制选定图元到其他楼层"的功能，复制图元到其他楼层（见图10-49）。

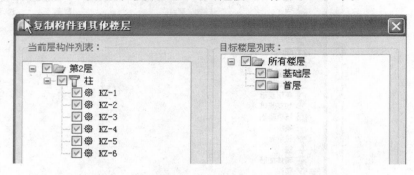

图 10-49 复制构件

（9）汇总计算和查看钢筋量：绘制完成全部构件后，可以查看整个结构的三维视图（见图10-50），检查工程输入情况。

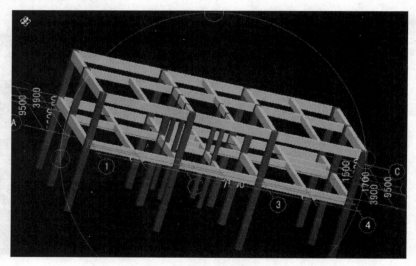

图 10-50 查看输入后的三维视图

点击"汇总计算"，汇总钢筋工程量（见图10-51）。汇总之后，可以"查看工程量"。

（10）报表预览：要查看构件钢筋的汇总量，点击导航栏"报表预览"，切换到报表页面，查看钢筋工程量（见附表2）。

3. 工程计价

工程量计算完成之后，进行工程计价。使用工程量清单计价软件（GBQ），按照定额规定，套取定额对应项目，按市场价格找差价，按有关文件规定记取各项费用，打印报表，完成工程的工程造价确定工作（见表10-1～表10-9）。

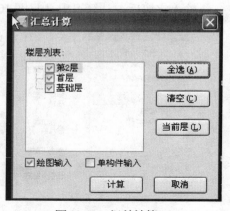

图 10-51 汇总计算

表　10-1

定额汇总表

序号	编码	项目名称	单位	工程量	工程量明细	
					绘图输入	表格输入
1	1-1	土方工程　人工平整场地	100m²	1.761	1.761	0
2	1-17	土方工程　人工挖沟槽基坑　挖沟槽　三类土　深度2m以内	100m³	0.7144	0.7144	0
3	1-26	土方工程　人工挖沟槽基坑　挖基坑　三类土　深度2m以内	100m³	3.263	3.263	0
4	1-300	土石方回填　原土打夯	100m²	1.5439	1.5439	0
5	3-81	砌块墙　小型空心　砌块	10m³	11.0722	11.0722	0
6	4-8	现浇混凝土基础　独立基础　混凝土　现场混凝土	10m³	3.8722	3.8722	0
7	4-24	现浇混凝土柱　现浇混凝土　矩形柱　现场混凝土	10m³	1.5051	1.5051	0
8	4-32	现浇混凝土梁　现浇混凝土　基础梁　现场混凝土	10m³	1.7656	1.7656	0
9	4-34	现浇混凝土梁　矩形梁　现浇混凝土　单梁连续梁　现场混凝土	10m³	3.2327	3.2327	0
10	4-59	现浇混凝土板　现浇混凝土　平板　现场混凝土	10m³	2.7631	2.7631	0
11	4-67	现浇混凝土板　天沟挑檐板　现场混凝土	10m³	0.3648	0.3648	0
12	4-69	现浇混凝土板　雨篷、阳台板　现场混凝土	10m³	0.0356	0.0356	0
13	4-71	现浇混凝土楼梯　整体楼梯　直形　现场混凝土	10m² 投影	0.9638	0.9638	0
14	4-81	现浇混凝土其他构件　台阶　一步混凝土　现场混凝土	10m²	0	0	0
15	4-85	现浇混凝土其他构件　窗下混凝土　现场混凝土	10m³	0.4752	0.4752	0
16	4-93	现浇混凝土其他构件　混凝土散水　现场混凝土	100m²	0.5071	0.5071	0
17	7-54	屋面卷材防水　冷粘法　单层	100m²	2.0828	2.0828	0
18	7-126	墙、地面防水、防潮　高分子卷材防水　再生橡胶卷材　冷贴满铺　平面	100m²	0.1202	0.1202	0
19	7-127	墙、地面防水、防潮　高分子卷材防水　再生橡胶卷材　冷贴满铺　立面	100m²	0.0985	0.0985	0
20	8-207	隔热、保温屋面保温　炉（矿）渣　石灰	10m³	1.6662	1.6662	0
21	8-208	隔热、保温屋面保温　聚苯乙烯板	100m²	2.0828	2.0828	0
22	8-225	保温隔热墙　外墙聚苯乙烯（EPS）保温板粘贴　外墙聚苯乙烯	100m²	2.3558	2.3558	0

（续）

定额汇总表

序号	编码	项目名称	单位	工程量	工程量明细	
					绘图输入	表格输入
23	9-13	楼地面工程　垫层　砾（碎）石垫层　灌浆	10m³	2.3158	2.3158	0
24	9-21	楼地面工程　垫层　现浇混凝土垫层　不分格	10m³	2.2517	2.2517	0
25	9-28	找平层水泥砂浆　混凝土或硬基层上20mm	100m²	2.0828	2.0828	0
26	9-29	找平层水泥砂浆　在填充材料上20mm	100m²	2.0828	2.0828	0
27	9-30	找平层水泥砂浆　每增减5mm	100m²	2.0828	2.0828	0
28	9-37	整体面层　水泥砂浆楼地面　水泥砂浆　加浆抹光随捣随抹5mm	100m²	2.2969	2.2969	0
29	9-38	整体面层　细石混凝土楼地面　细石混凝土30mm	100m²	2.8937	2.8937	0
30	9-39	整体面层　细石混凝土楼地面　细石混凝土每增减5mm	100m²	2.8937	2.8937	0
31	9-41	水泥砂浆面层　水泥砂浆踢脚线　踢脚板底20mm	100m	1.9161	1.9161	0
32	10-20	抹灰工程　墙面一般抹灰　墙面墙裙抹水泥砂浆　20mm　砖墙	100m²	1.1248	1.1248	0
33	10-26	抹灰工程　墙面一般抹灰　墙面墙裙抹混合砂浆　20mm　砖墙	100m²	5.9196	5.9196	0
34	10-79	抹灰工程　顶棚抹灰　混凝土面顶棚　水泥砂浆　现浇	100m²	0.2557	0.2557	0
35	10-81	抹灰工程　顶棚抹灰　混凝土面顶棚　一次抹灰　混合砂浆	100m²	2.8392	2.8392	0
36	12-12	混凝土、钢筋混凝土模板及支架现浇混凝土模板　独立基础　混凝土　复合模板	100m²	0.5779	0.5779	0
37	12-23	混凝土、钢筋混凝土模板及支架现浇混凝土模板　混凝土　基础垫层　木模板	100m²	0.1384	0.1384	0
38	12-51	混凝土、钢筋混凝土模板及支架现浇混凝土模板矩形柱　复合模板　木支撑	100m²	1.4318	1.4318	0
39	12-62	混凝土、钢筋混凝土模板及支架现浇混凝土模板基础梁　复合模板　木支撑	100m²	0.9708	0.9708	0
40	12-66	混凝土、钢筋混凝土模板及支架现浇混凝土模板单梁、连续梁　复合模板　木支撑	100m²	2.4976	2.4976	0
41	12-93	混凝土、钢筋混凝土模板及支架现浇混凝土模板　平板　复合模板　木支撑	100m²	2.7631	2.7631	0
42	12-101	混凝土、钢筋混凝土模板及支架现浇混凝土模板　其他　楼梯　直形　木模板木支撑	10m²	0.9638	0.9638	0

（续）

定额汇总表

序号	编码	项目名称	单位	工程量	工程量明细	
					绘图输入	表格输入
43	12-103	混凝土、钢筋混凝土模板及支架现浇混凝土模板　其他　悬挑板（阳台雨篷）　直形　木模板木支撑	10m²	0.3564	0.3564	0
44	12-111	混凝土、钢筋混凝土模板及支架现浇混凝土模板　其他　挑檐天沟　木模板木支撑	100m²	0.4461	0.4461	0
45	12-208	建筑物20m以内垂直运输　现浇框架结构	100m²	1.7888	1.7888	0
46	12-225	特、大型机械每安装、拆卸一次费用　塔式起重机（起重量）600kNm	台次	1	1	0
47	12-241	塔式起重机基础及轨道铺拆费用　固定式基础（带配重）　现浇混凝土	座	1	1	0
48	12-256	特、大型机械安装、拆卸及场外运输费用　塔式起重机（起重量t）600kNm	台次	1	1	0
49	12-286	脚手架　综合脚手架　钢管脚手架（高度15m以内）	100m²	1.7888	1.7888	0
50	[960] 1-27	花岗石楼地面周长3200mm以内单色	100m²	0.3271	0.3271	0
51	[960] 1-35	地砖楼地面周长（1200mm以内）	100m²	0.043	0.043	0
52	[960] 1-36	地砖楼地面周长（1600mm以内）	100m²	0.1202	0.1202	0
53	[960] 1-37	地砖楼地面周长（2000mm以内）	100m²	0.1065	0.1065	0
54	[960] 1-126	花岗石成品踢脚线　水泥砂浆粘贴	100m	0.6054	0.6054	0
55	[960] 1-147	花岗石楼梯　水泥砂浆	100m²	0.1743	0.1743	0
56	[960] 1-170	直线型不锈钢扶手带不锈钢管栏杆　竖条式	10m	0	0	0
57	[960] 2-66	瓷板200×300水泥砂浆粘贴内墙面	100m²	1.0289	1.0289	0
58	[960] 3-11	方木顶棚龙骨（吊在人字架或搁在砖墙上）单层楞	100m²	0.2557	0.2557	0
59	[960] 4-25	实木门框	100m	0.765	0.765	0
60	[960] 4-26	实木镶板门扇（凸凹型）	100m²	0.2835	0.2835	0
61	[960] 4-105	带亮塑钢门（全板）	100m²	0	0	0
62	[960] 4-266	单层塑钢窗	100m²	0.594	0.594	0
63	[960] 4-345	大理石窗台板（厚25mm）	100m²	0.0704	0.0704	0
64	[960] 5-215	乳胶漆二遍抹灰面	100m²	8.7588	8.7588	0
65	[960] 5-248	外墙面钙塑涂料（成品）	100m²	1.1906	1.1906	0
66	[960] 5-301	顶棚刮大白三遍	100m²	2.8392	2.8392	0
67	[960] 5-302	墙面刮大白三遍	100m²	5.9196	5.9196	0

表 10-2　绘图输入工程量汇总表（按构件）－梁

楼层	构件名称	工程量名称						
		体积/m³	模板面积/m²	脚手架面积/m²	截面周长/m	梁净长/m	轴线长度/m	梁侧面面积/m²
首层	KL－1	2.7658	22.3061	57.222	1.68	17.34	19	9.537
	KL-2	0.777	5.991	17.094	1.6	5.18	5.6	2.59
	KL-2（300＊400）	0.4176	3.0695	11.484	1.4	3.48	3.9	1.392
	KL-3	1.302	9.548	28.644	1.6	8.68	9.5	4.34
	KL-4	2.5999	20.7895	53.79	1.68	16.3	17.5	8.965
	KL-5	2.439	17.436	53.658	1.6	16.26	17.5	8.13
	KL-6	2.5935	20.7504	53.658	1.68	16.26	17.5	8.943
	L-1	0.898	7.633	29.634	1.3	8.98	9.5	3.592
	L-2	0.898	7.8745	29.634	1.3	8.98	9.5	3.592
	L-3	0.898	7.5705	29.634	1.3	8.98	9.5	3.592
	L-4	0.2122	2.0613	8.0025	1.2	2.425	2.7	0.8488
	L-5	0.2122	1.8188	8.0025	1.2	2.425	2.7	0.8488
	L-6	0.2419	2.0738	9.1245	1.2	2.765	3	0.9678
	小计	**16.2551**	**128.9224**	**389.5815**	**18.74**	**118.055**	**127.4**	**57.3384**
第2层	WL-1	0.534	4.539	17.622	1.3	5.34	5.6	2.136
	WL-2	1.796	15.266	59.268	1.3	17.96	19	7.184
	WKL-1	3.0358	22.7998	57.222	1.78	17.34	19	10.404
	WKL-2	2.601	19.074	57.222	1.6	17.34	19	8.67
	WKL-3	2.8362	20.802	53.79	1.78	16.3	17.5	9.78
	WKL-4	2.439	17.511	53.658	1.6	16.26	17.5	8.13
	WKL-5	2.8297	20.8462	53.658	1.78	16.26	17.5	9.756
	小计	**16.0717**	**120.838**	**352.44**	**11.14**	**106.8**	**115.1**	**56.06**
合计		32.3268	249.7604	742.0215	29.88	224.855	242.5	113.3984

表　10-3

钢筋定额表		
定额号	定额项目	钢筋量
5-294	现浇构件圆钢筋直径为6.5	
5-295	现浇构件圆钢筋直径为8	2.511
5-296	现浇构件圆钢筋直径为10	0.561
5-297	现浇构件圆钢筋直径为12	
5-298	现浇构件圆钢筋直径为14	
5-299	现浇构件圆钢筋直径为16	
5-300	现浇构件圆钢筋直径为18	
5-307	现浇构件螺纹钢直径为10	
5-308	现浇构件螺纹钢直径为12	0.472
5-309	现浇构件螺纹钢直径为14	0.79
5-310	现浇构件螺纹钢直径为16	0.14
5-311	现浇构件螺纹钢直径为18	5.044
5-312	现浇构件螺纹钢直径为20	1.509

（续）

钢筋定额表

定额号	定额项目	钢筋量
5-313	现浇构件螺纹钢直径为 22	1.966
5-314	现浇构件螺纹钢直径为 25	1.396
5-315	现浇构件螺纹钢直径为 28	
5-316	现浇构件螺纹钢直径为 30	
5-354	箍筋直径为 5 以内	
5-355	箍筋直径为 6	0.017
5-356	箍筋直径为 8	3.272
5-357	箍筋直径为 10	0.03
5-358	箍筋直径为 12	
5-359	先张法预应力钢筋直径 5 以内	
软件补	直径 6 以内（不含箍筋及预制构件直径为 6）	0.421

表 10-4　单位工程造价费用汇总表

序　号	汇总内容	计算基础	费率（%）	金额/元
一	分部分项工程费	分部分项合计		372102.45
1.1	其中：人工费	分部分项人工费		83907.88
1.2	其中：机械费	分部分项机械费		20495.11
二	措施项目费	措施项目合计		11484.33
三	其他项目费	其他项目合计		
四	税费前工程造价合计	分部分项工程费 + 措施项目费 + 其他项目费		383586.78
五	规费	工程排污费 + 社会保障费 + 住房公积金 + 危险作业意外伤害保险		35883.3
六	税金	税费前工程造价合计 + 规费	3.445	14450.74
合计				433 920.82

表 10-5　单位工程规费计价表

序号	汇总内容	计算基础	费率（%）	金额/元
5.1	工程排污费			
5.2	社会保障费	养老保险＋失业保险＋医疗保险＋生育保险＋工伤保险		27343.14
5.2.1	养老保险	其中：人工费＋其中：机械费	16.36	17080.33
5.2.2	失业保险	其中：人工费＋其中：机械费	1.64	1712.21
5.2.3	医疗保险	其中：人工费＋其中：机械费	6.55	6838.4
5.2.4	生育保险	其中：人工费＋其中：机械费	0.82	856.1
5.2.5	工伤保险	其中：人工费＋其中：机械费	0.82	856.1
5.3	住房公积金	其中：人工费＋其中：机械费	8.18	8540.16
5.4	危险作业意外伤害保险			
	合计			35883.3

表 10-6　分部分项工程量清单计价表

序号	项目编码	项目名称/项目特征	计量单位	工程数量	金额/元							
					综合单价	合价	其中					
							人工费单价	人工费合价	机械费单价	机械费合价	企业管理费单价	企业管理费合价
		A.1　土、石方工程										
1	010101001001	人工平整场地	100m²	3.0298	127.02	384.85	110.88	335.94			7.06	21.39
2	010101003004	人工挖沟槽，三类土，深度2m以内	100m³	0.7144	2166.65	1547.85	1891.28	1351.13			120.47	86.06
3	010101003013	人工挖基坑，三类土，深度2m以内	100m³	3.263	2551.76	8326.39	2227.44	7268.14			141.89	462.99
		A.3　砌筑工程										
1	010301001001	砖基础	10m³	0.975	2090.13	2037.88	401.81	391.76			73.13	71.3
2	010304001008	小型空心砌块墙	10m³	8.889	2158.05	19182.91	404.74	3597.73			73.66	654.76
3	010305001001	毛石基础	10m³	1.212	1133.43	1373.72	363.19	440.19			66.1	80.11
4	010307002003	现场搅拌砌筑砂浆、水泥砂浆，强度等级 M7.5	m³	4.76316	173.17	824.84	13.31	63.4	16.16	76.97	5.36	25.53
5	010307002006	现场搅拌砌筑砂浆、混合砂浆强度等级 M5	m³	8.44455	180.3	1522.55	14.69	124.05	16.16	136.46	5.61	47.37
6	010307002010	现场搅拌砌筑砂浆、水泥砂浆，强度等级 M7.5	m³	2.301	173.17	398.46	13.31	30.63	16.16	37.18	5.36	12.33
		A.4　混凝土、钢筋工程										
1	010401002004	独立基础，现场混凝土	10m³	3.872	2683.89	10392.02	360.3	1395.08	171.72	664.9	96.83	374.93
2	010402001002	现浇混凝土矩形柱，现场混凝土	10m³	1.5051	2991.3	4502.21	595.12	895.72	110.48	166.28	128.42	193.28
3	010403001002	现浇混凝土基础梁，现场混凝土	10m³	1.7656	2753.77	4862.06	431.59	762.02	106.61	188.23	97.95	172.94
4	010403002002	现浇混凝土单梁、连续梁，现场混凝土	10m³	3.233	2853.18	9224.33	501.81	1622.35	106.61	344.67	110.73	357.99
5	010405003002	现浇混凝土平板，现场混凝土	10m³	2.763	2814.32	7775.97	460.1	1271.26	106.61	294.56	103.14	284.98
6	010405007002	现浇混凝土天沟挑檐板，现场混凝土	10m³	0.365	3392.16	1238.14	745.62	272.15	169.23	61.77	166.5	60.77
—		本页小计	—			73594.18		19821.55		1971.02		2906.73

（续）

序号	项目编码	项目名称/项目特征	计量单位	工程数量	金额/元							
					综合单价	合价	人工费单价	人工费合价	机械费单价	机械费合价	企业管理费单价	企业管理费合价
									其中			
7	010405008002	现浇混凝土雨蓬、阳台板，现场混凝土	10m³	0.0356	3366.38	119.84	721.07	25.67	169.1	6.02	162.01	5.77
8	010406001002	现浇混凝土整体楼梯，直形，现场混凝土	10m² 投影面	0.9638	872.37	840.79	195.83	188.74	44	42.41	43.65	42.07
9	010407001008	现浇混凝土台阶，一步，混凝土：现场混凝土	10m²	0.356	1793.9	638.63	532.39	189.53	31.43	11.19	102.62	36.53
10	010407001012	现浇混凝土，窗下混凝土，现场混凝土	10m³	0.4753	3384.66	1608.73	714.22	339.47	169.22	80.43	160.79	76.42
11	010407002002	现浇混凝土，混凝土散水，现场混凝土	100m²	0.5071	5336.76	2706.27	1705.46	864.84	128.85	65.34	333.84	169.29
12	010416001001	现浇混凝土，钢筋：圆钢筋φ6.5	t	0.342	4896.37	1674.56	797.57	272.77	47.78	16.34	153.85	52.62
13	010416001002	现浇混凝土，钢筋：圆钢筋φ8	t	2.511	4472.54	11230.55	519.86	1305.37	50.44	126.65	103.79	260.62
14	010416001003	现浇混凝土，钢筋：圆钢筋φ10	t	0.561	4258.5	2389.02	384.17	215.52	46.13	25.88	78.31	43.93
15	010416001018	现浇混凝土，钢筋：螺纹钢筋φ12	t	0.472	4362.43	2059.07	379.6	179.17	73.18	34.54	82.41	38.9
16	010416001019	现浇混凝土，钢筋：螺纹钢筋φ14	t	0.79	4267.76	3371.53	318.27	251.43	72	56.88	71.03	56.11
17	010416001020	现浇混凝土，钢筋：螺纹钢筋φ16	t	0.14	4160.47	582.47	287.64	40.27	72.86	10.2	65.61	9.19
18	010416001021	现浇混凝土，钢筋：螺纹钢筋φ18	t	5.044	4110.63	20734.02	248.8	1254.95	66.61	335.98	57.4	289.53
19	010416001022	现浇混凝土，钢筋：螺纹钢筋φ20	t	1.509	4077.42	6152.83	228.73	345.15	66.65	100.57	53.76	81.12
20	010416001023	现浇混凝土，钢筋：螺纹钢筋φ22	t	1.966	4030.09	7923.16	204.43	401.91	58.94	115.88	47.93	94.23
—		本页小计	—	—		62031.47		5874.79		1028.31		1256.33

（续）

序号	项目编码	项目名称/项目特征	计量单位	工程数量	金额/元		其中					
					综合单价	合价	人工费单价	人工费合价	机械费单价	机械费合价	企业管理费单价	企业管理费合价
21	010416001024	现浇混凝土，钢筋：螺纹钢筋Φ25	t	1.396	4007.94	5595.08	182.9	255.33	58.47	81.62	43.93	61.33
22	010416001031	现浇混凝土，钢筋：箍筋Φ6.5	t	0.542	5212.34	2825.09	1017.84	551.67	50.65	27.45	194.47	105.4
23	010416001032	现浇混凝土，钢筋：箍筋Φ8	t	3.272	4700.62	15380.43	658.02	2153.04	73.35	240	133.11	435.54
24	010416001033	现浇混凝土，钢筋：箍筋Φ10	t	0.03	4396.05	131.88	467.67	14.03	59.67	1.79	95.98	2.88
A.7		屋面及防水工程										
1	010702001030	屋面改性沥青卷材防水，冷粘法，单层	100m²	2.0828	4157.11	8658.43	218.6	455.3			39.79	82.87
2	010703001017	卫生间地面防水	100m²	0.1202	4426.88	532.11	704.58	84.69			128.23	15.41
3	010703001018	卫生间地面防水，立面	100m²	0.0985	4718.45	464.77	910.46	89.68			165.7	16.32
A.8		防腐、保温、隔热工程										
1	010803001012	屋面炉（矿）渣石灰保温	10m³	1.666	1251.01	2084.18	422.28	703.52			76.85	128.03
2	010803001013	屋面聚苯乙烯板保温	100m²	2.0828	5408.7	11265.24	301.99	628.98	4.11	8.56	55.71	116.03
3	010803003016	外墙粘贴聚苯乙烯（EPS）保温板	100m²	2.3558	8064.61	18998.61	1968.44	4637.25			358.26	843.99
A.9		楼地面工程										
1	010901001013	楼地面灌浆砾（碎）石垫层	10m³	2.3158	1479.94	3427.25	297.76	689.55	51.92	120.24	63.64	147.38
2	010901001021	楼地面现浇混凝土垫层，不分格	10m³	2.2517	2557.58	5758.9	447.58	1007.82	170.91	384.84	112.57	253.47
—		本页小计	—	—		75121.97		11270.86		864.5		2208.65

（续）

序号	项目编码	项目名称/项目特征	计量单位	工程数量	综合单价	合价	人工费单价	人工费合价	机械费单价	机械费合价	企业管理费单价	企业管理费合价
3	010902001001	楼地面混凝土或硬基层上水泥砂浆找平层20mm	100m²	2.0828	885.25	1843.8	309.75	645.15	32.9	68.52	62.36	129.88
4	010902001002	楼地面:在填充材料上做水泥砂浆找平层20mm	100m²	2.0828	950.84	1980.41	317.65	661.6	40.64	84.64	65.21	135.82
5	010902001003	楼地面:水泥砂浆找平层每增减5mm	100m²	2.0828	180.72	376.4	56	116.64	8.71	18.14	11.78	24.54
6	010903001002	水泥砂浆楼地面加浆抹光，随捣随抹5mm	100m²	2.2969	601.95	1382.62	297.86	684.15	8.71	20.01	55.8	128.17
7	010903002001	细石混凝土楼地面30mm	100m²	2.8937	1245.95	3605.41	322.8	934.09	54.17	156.75	68.61	198.54
8	010903002002	细石混凝土楼地面，每增减5mm	100m²	2.8937	206.23	596.77	56.08	162.28	9.03	26.13	11.85	34.29
9	010904001001	水泥砂浆踢脚板底20mm	100m	1.9161	344.83	660.73	198.54	380.42	4.84	9.27	37.02	70.93
A.10		抹灰工程										
1	011001001020	墙面墙裙抹水泥砂浆，20mm，砖墙	100m²	3.1458	1056.92	3324.86	733.12	2306.25			133.43	419.74
2	011001001026	墙面墙裙抹混合砂浆，20mm，砖墙	100m²	5.9196	1002.55	5934.69	694.75	4112.64			126.44	748.47
3	011001004003	现浇混凝土面顶棚抹水泥砂浆	100m²	0.2557	1219.96	311.94	799.49	204.43			145.51	37.21
4	011001004005	现浇混凝土面顶棚一次抹灰混合砂浆	100m²	2.8392	866.89	2461.27	587.85	1669.02			106.99	303.77
5	011001006008	现场搅拌抹灰砂浆水泥砂浆1:2.5	m³	2.170602	236.69	513.76	14.32	31.08	12.1	26.26	4.81	10.44
—		本页小计	—	—		22992.66		11907.75		409.72		2241.8

（续）

序号	项目编码	项目名称/项目特征	计量单位	工程数量	综合单价	金额/元							
						合价	其中						
							人工费单价	人工费合价	机械费单价	机械费合价	企业管理费单价	企业管理费合价
6	011001006009	现场搅拌抹灰砂浆：水泥砂浆1:3	m³	5.096196	212.09	1080.85	14.32	72.98	12.1	61.66	4.81	24.51
7	011001006016	现场搅拌抹灰砂浆：混合砂浆1:1:6	m³	9.589752	181.16	1737.28	15.68	150.37	12.58	120.64	5.14	49.29
8	011001006019	现场搅拌抹灰砂浆：混合砂浆1:1:4	m³	4.084524	208.36	851.05	15.68	64.05	12.58	51.38	5.14	20.99
9	011001006022	现场搅拌抹灰砂浆：水泥砂浆1:2.5	m³	0.184104	236.74	43.58	14.34	2.64	12.11	2.23	4.81	0.89
10	011001006023	现场搅拌抹灰砂浆：水泥砂浆1:3	m³	0.258257	212.07	54.77	14.33	3.7	12.08	3.12	4.81	1.24
11	011001006024	现场搅拌抹灰砂浆：混合砂浆1:1:6	m³	3.208296	181.16	581.21	15.68	50.31	12.58	40.36	5.14	16.49
A.12		措施项目										
1	011201001012	现浇混凝土独立基础，复合模板木支撑	100m²	0.5779	3368.86	1946.86	899.57	519.86	148.87	86.03	190.82	110.27
2	011201001023	现浇混凝土混凝土基础，垫层木模板	100m²	0.1384	2637.89	365.08	498.63	69.01	48.55	6.72	99.59	13.78
3	011201001051	现浇混凝土矩形柱，复合模板木支撑	100m²	1.4318	3707.84	5308.89	1366.43	1956.45	161.22	230.83	278.03	398.08
4	011201001062	现浇混凝土基础梁，复合模板木支撑	100m²	0.9708	3669.51	3562.36	1169.7	1135.54	135.82	131.85	237.6	230.66
5	011201001066	现浇混凝土单梁、连续梁，复合模板木支撑	100m²	2.4976	4782.43	11944.6	1702.56	4252.31	205.26	512.66	347.22	867.22
6	011201001093	现浇混凝土平板，复合模板木支撑	100m²	2.7631	4012.38	11086.61	1236.48	3416.52	189.92	524.77	259.6	717.3
7	011201001101	现浇混凝土直形楼梯，木模板木支撑	10m²	9.638	1112.01	10717.55	417.41	4023	32.68	314.97	81.92	789.54
—		本页小计	—	—		49280.69		15716.74		2087.22		3240.26

（续）

序号	项目编码	项目名称/项目特征	计量单位	工程数量	金额/元		其中					
					综合单价	合价	人工费单价	人工费合价	机械费单价	机械费合价	企业管理费单价	企业管理费合价
8	011201001103	现浇混凝土直形悬挑板（阳台雨篷），木模板木支撑	10m²	3.564	896.84	3196.34	292.1	1041.04	33.01	117.65	59.17	210.88
9	011201001111	现浇混凝土挑檐天沟，木模板木支撑	100m²	0.4461	4884.48	2178.97	2103.45	938.35	132.21	58.98	406.89	181.51
10	011202001002	建筑物20m内垂直运输现浇框架结构	100m²	1.7888	1171.98	2096.44			827.67	1480.54	150.64	269.46
11	011203001001	特、大型机械每安装、拆卸一次费用塔式起重机（起重量）600kN·m	台次	1	10207.18	10207.18	2349.6	2349.6	4813.52	4813.52	1303.69	1303.69
12	011203002002	塔式起重机基础及轨道铺拆费用，固定式基础（带配重）现浇混凝土	座	1	6540.69	6540.69	1057.32	1057.32	135.21	135.21	217.04	217.04
13	011203003014	特、大型机械场外运输费用，塔式起重机（起重量t）600kNm	台次	1	10819.74	10819.74	422.4	422.4	7184.41	7184.41	1384.44	1384.44
14	011204001001	综合脚手架钢管脚手架（高度15m以内）	100m²	1.7888	1478.26	2644.31	351.92	629.51	125.71	224.87	86.93	155.5
B.1		楼地面工程										
1	020102001008	花岗石楼地面，周长3200mm以内，单色	100m²	0.3271	13544.84	4430.52	1269.06	415.11	50.32	16.46	161.62	52.87
2	020102002003	地砖楼地面，周长（1600mm以内）	100m²	0.1632	6293.08	1027.03	1326.23	216.44	33.88	5.53	166.61	27.19
3	020102002004	地砖楼地面，周长（2000mm以内）	100m²	0.1065	6275.67	668.36	1272.58	135.53	33.9	3.61	160.04	17.04
4	020105002003	花岗石直线形踢脚线，水泥砂浆粘贴	100m²	0.6054	10497.02	6354.9	2312.41	1399.93	21.29	12.89	285.88	173.07
—		本页小计	—	—		50164.48		8605.23		14053.67		3992.69

（续）

序号	项目编码	项目名称/项目特征	计量单位	工程数量	综合单价	金额/元 合价	其中 人工费单价	人工费合价	机械费单价	机械费合价	企业管理费单价	企业管理费合价
5	020106001003	花岗石楼梯，水泥砂浆	100m²	0.1743	26708.64	4655.32	3305.51	576.15	44.52	7.76	410.38	71.53
6	020107001008	直线型不锈钢扶手，带不锈钢管栏杆，竖条式	10m	0.771	2043.32	1575.4	149.77	115.47	45.5	35.08	23.92	18.44
B.2		墙柱面工程										
1	020204003013	瓷板 200×300，水泥砂浆粘贴，内墙面	100m²	1.0289	6645.8	6837.86	2013.43	2071.62	36.77	37.83	251.15	258.41
B.3		顶棚工程										
1	020302001011	方木顶棚龙骨（吊在人字架或搁在砖墙上）单层楞	100m²	0.2557	3003.52	768	589.28	150.68			72.19	18.46
2	020302001087	塑料板顶棚面板	100m²	0.2557	3972.84	1015.86	570.24	145.81			69.85	17.86
B.4		门窗工程										
1	020401003001	实木门框	100m	0.765	1437.97	1100.05	448.8	343.33			54.98	42.06
2	020401003002	实木镶板门扇（凸凹型）	100m²	0.2835	14143.78	4009.76	4039.19	1145.11			494.8	140.28
3	020402005001	带亮塑钢门（全板）	100m²	0.0486	6626.32	322.04	2365.43	114.96			289.77	14.08
4	020406007001	单层塑钢窗	100m²	0.594	6257.72	3717.09	2069.76	1229.44			253.55	150.61
5	020409003001	大理石窗台板（厚25mm）	100m²	0.0704	22653.6	1594.81	3006.96	211.69			368.35	25.93
B.5		油漆、涂料、裱糊工程										
1	020506001001	乳胶漆二遍抹灰面	100m²	8.7588	531.39	4654.34	188.64	1652.26			23.11	202.42
—		本页小计	—	—		30250.53		7756.52		80.67		960.08

（续）

序号	项目编码	项目名称 项目特征	计量单位	工程数量	综合单价	合价	人工费单价	人工费合价	机械费单价	机械费合价	企业管理费单价	企业管理费合价
2	02050700101010	外墙面钙塑涂料（成品）	100m²	1.1906	2186.48	2603.22	142.57	169.74			17.46	20.79
3	020507001063	顶棚刮大白三遍	100m²	2.8392	719.74	2043.49	337.93	959.45			41.4	117.54
4	020507001064	墙面刮大白三遍	100m²	5.9196	679.06	4019.76	308.34	1825.25			37.77	223.58
		本页小计	—	—		8666.47		2954.44				361.91
—		合　计	—	—		372102.45		83907.88		20495.11		17168.45